高等学校建筑环境与能源应用工程专业推荐教材

# 民用建筑空气调节

## Air Conditioning of Civil Buildings

公绪金　主编
李晓燕　主审

中国建筑工业出版社

图书在版编目（CIP）数据

民用建筑空气调节＝Air Conditioning of Civil
Buildings/公绪金主编. —北京：中国建筑工业出版
社，2020.12
高等学校建筑环境与能源应用工程专业推荐教材
ISBN 978-7-112-26383-7

Ⅰ. ①民… Ⅱ. ①公… Ⅲ. ①民用建筑-空气调节系
统-高等学校-教材 Ⅳ.①TU831

中国版本图书馆 CIP 数据核字（2021）第 143641 号

　　本书以民用建筑空气调节系统为重点，通过工程设计规范、方法、示例等相结合的方式，系统地阐述了空气调节理论基础、空调负荷与送风状态、典型空气调节系统与设备、热泵及温湿度独立控制系统、气流组织与风管系统、中央空调水系统及空调机房与中央制冷机房等内容。

　　本书可供建筑环境与能源应用工程、能源与动力工程、动力工程及工程热物理等专业、学科的本科生及研究生使用，亦可供民用建筑环境设计、低温及制冷工程与能源转化等行业的工程技术人员参考与自学之用。

责任编辑：李笑然
责任校对：张惠雯

高等学校建筑环境与能源应用工程专业推荐教材
**民用建筑空气调节**
Air Conditioning of Civil Buildings
公绪金　主编
李晓燕　主审
\*
中国建筑工业出版社出版、发行（北京海淀三里河路9号）
各地新华书店、建筑书店经销
霸州市顺浩图文科技发展有限公司制版
北京同文印刷有限责任公司印刷
\*
开本：787 毫米×1092 毫米　1/16　印张：21　字数：523 千字
2021 年 9 月第一版　　2021 年 9 月第一次印刷
定价：**49.00** 元
ISBN 978-7-112-26383-7
（36662）

# 前　言

空气调节是以工程热力学、传热学、流体力学、机械及电子电工等学科成果为主要理论基础，专门研究和解决各类工作、生活、生产和科学实验所要求的内部空气环境问题的工程技术。空气调节工程已成为高等教育建筑环境与能源应用工程和能源与动力工程等专业的主干核心课程之一。

本书主要包括空气调节理论基础、空调负荷与送风状态、典型空气调节系统与设备、热泵及温湿度独立控制系统、气流组织与风管系统、中央空调水系统、空调机房与中央制冷机房等内容。

本书编写过程中将湿空气热湿处理的基础理论和空气调节工程设计规范、方法、示例等相结合，旨在使学生掌握空气的净化与质量控制、湿空气的物理性质及其焓湿图、空调负荷计算、空气调节系统、空气的热湿处理设备、空调水系统及风系统设计、中央空调冷（热）源工程的基本知识及国内外空气调节先进技术与实践经验。本书适合建筑环境与能源应用工程、能源与动力工程、动力工程及工程热物理等专业、学科的本科生及研究生使用；同时可作为课程设计、校内实训和创新实验的指导书；也可供民用建筑环境设计、低温及制冷工程与能源转化等行业的专业人士使用和参考。

本书由公绪金担任主编并统稿。哈尔滨商业大学李晓燕教授主审，郭子瑞、张庆刚、董玉奇及郭荣参与编写。参编分工：郭子瑞参与编写第五、六章的部分内容（参编字数约10万字）；张庆钢参与编写第七章的部分内容（参编字数约3万字）；研究生董玉奇参与编写第二章的部分内容，并负责全书校对；大连理工大学研究生郭荣参与第二章第五节冷负荷计算示例的整理与校对。

在本书的编写过程中，编者参阅并引用了许多国内外相关书籍、规范标准、文献和资料，还得到了哈尔滨商业大学能源与建筑工程学院能源与动力工程教研室老师们的指导和帮助，在此一并表示衷心的感谢。本书得到了国家自然科学基金项目（NO. 51708162）、黑龙江省普通本科高等学校青年创新人才培养计划（UNPYSCT-2018131）及哈尔滨商业大学青年学术骨干支持计划（2020CX06）的资助。

由于编者水平所限，难免存在疏漏，望广大读者给予批评、指正。

主编联系方式：
地址：哈尔滨市松北区学海街1号哈尔滨商业大学能源与建筑工程学院
邮编：150028
邮箱：kimkung@126.com（索取本书配套的电子课件可发邮件至此邮箱）

编　者
2020 年 11 月

# 目　　录

# 第一章　空气调节理论基础

供暖、通风和空气调节（HVAC—Heating、Ventilating、Air Conditioning）是基本建设领域中一个不可缺少的组成部分，它对合理利用资源、节约能源、保护环境、保证工作条件及提高生活质量等方面都有着十分重要的作用。其中，空气调节（Air Conditioning）是为满足生产、生活要求，改善劳动卫生条件，用人工的方法使房间或密闭空间的空气温度、相对湿度、洁净度和气流速度等参数达到一定要求的技术。空气调节系统在建筑物运行过程中持续消耗能源，如何通过合理选择系统与优化设计使其能耗降低，对实现我国建筑节能目标和推动绿色建筑发展作用巨大。本章主要介绍空气调节相关基础理论。

## 第一节　湿空气状态参数

完全不含水蒸气的空气称为干空气。干空气的主要成分为 $N_2$（体积百分比约为78%）、$O_2$（约占 21%）、$CO_2$（约占 0.04%～0.05%）及其他惰性气体等。但自然界中的空气或多或少都含一定的水蒸气，因此平时生活中的空气不存在绝对的干空气，都是指湿空气。因此，湿空气由干空气和水蒸气混合而成（图 1-1）。湿空气是构成空气环境的主体，也是空气调节的基本工质。由干空气和水蒸气组成的湿空气中，水蒸气的含量虽少，但其作用颇大。在某种意义上，空气调节的任务之一就是对空气中水蒸气含量的调节。

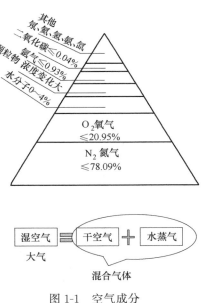

图 1-1　空气成分

干空气通常可作为理想气体看待，其分子量为 28.97，气体常数 $R_g$ 为 0.287kJ/(kg·K)。湿空气中所含的水蒸气量通常较少，因此，湿空气中水蒸气的分压力很低，比体积较大。湿空气中的水蒸气也可以视为理想气体（分子量为18.02），其气体常数 $R_q = 0.461$kJ/(kg·K)。由于干空气和湿空气中的水蒸气都可作为理想气体，所以湿空气也可以作为理想气体。因此，在实际工程计算中，可以用理想气体状态方程式表达湿空气的压力、温度和体积之间的关系。

在民用建筑空气调节过程中，除湿空气的压力、温度等基本状态参数外，湿空气的含湿量、相对湿度、比焓等的调节对改善空气质量、满足人体对热舒适度的要求有着至关重要的影响。

1. 湿空气的总压力 $B$ 与水蒸气分压力 $P_q$

湿空气的总压力 $B$ 一般就是指当时当地的大气压力，可以采用气压计测定。海平面的标准大气压力为 101325Pa。根据道尔定律，湿空气的总压力应等于干空气的分压力（$P_g$）和水蒸气分压力（$P_q$）之和，即

$$B = P_g + P_q \tag{1-1}$$

湿空气中所含水蒸气的量越大，水蒸气分压力 $P_q$ 就越大。因此，水蒸气分压力 $P_q$ 的大小可以反映湿空气中所含水蒸气量的多少。在一定温度下，空气只能容纳一定数量的水蒸气。某温度下，一定量的空气中所含有的水蒸气达到最大值时，这时的湿空气称为饱和空气，对应的状态为饱和状态。饱和状态下湿空气中水蒸气的分压力达到当时温度所对应的饱和水蒸气分压力（$P_{q,b}$）。

湿空气的饱和水蒸气分压力是温度的单值函数，即 $P_{q,b} = f(T)$。当 $-100℃ \leqslant t \leqslant 0℃$ 时，可以通过式（1-2）计算：

$$\ln P_{q,b} = \frac{c_1}{T} + c_2 + c_3 \cdot T + c_4 \cdot T^2 + c_5 \cdot T^3 + c_6 \cdot T^4 + c_7 \cdot \ln T \tag{1-2}$$

当 $0℃ \leqslant t \leqslant 200℃$ 时，可以通过式（1-3）计算：

$$\ln P_{q,b} = \frac{c_8}{T} + c_9 + c_{10} \cdot T + c_{11} \cdot T^2 + c_{12} \cdot T^3 + c_{13} \cdot \ln T \tag{1-3}$$

式中：$T = 273.15 + t$；$c_1 = -5674.5359$；$c_2 = 6.3925247$；$c_3 = -0.9677843 \times 10^{-2}$；$c_4 = 0.62215701 \times 10^{-6}$；$c_5 = 0.20747825 \times 10^{-18}$；$c_6 = -0.9484024 \times 10^{-12}$；$c_7 = 4.1635019$；$c_8 = -5800.2206$；$c_9 = 1.3914993$；$c_{10} = -0.04860239$；$c_{11} = 0.41764768 \times 10^{-4}$；$c_{12} = -0.14452093 \times 10^{-7}$；$c_{13} = 6.5459673$。

表 1-1 列举了部分温度下饱和湿空气的水蒸气分压力值。

**饱和水蒸气分压力及饱和含湿量（$B = 101325Pa$）**　　　　表 1-1

| 空气温度（℃） | 干空气密度 $\rho$（kg/m³） | 饱和空气密度 $\rho_b$（kg/m³） | 饱和水蒸气分压力 $P_{q,b}$（Pa） | 饱和含湿量 $d_b$（g/kg） | 饱和空气焓值 $h_b$（kJ/kg） |
|---|---|---|---|---|---|
| 7 | 1.261 | 1.256 | 999 | 6.21 | 22.61 |
| 10 | 1.248 | 1.242 | 1225 | 7.63 | 29.18 |
| 15 | 1.226 | 1.218 | 1701 | 10.60 | 41.78 |
| 20 | 1.205 | 1.195 | 2331 | 14.70 | 57.78 |
| 25 | 1.185 | 1.171 | 3160 | 20.00 | 75.78 |
| 30 | 1.165 | 1.146 | 4232 | 27.20 | 99.65 |
| 35 | 1.146 | 1.121 | 5610 | 36.60 | 128.95 |

2. 湿空气的密度 $\rho$

湿空气的密度应为干空气的密度（$\rho_g$）与水蒸气的密度（$\rho_q$）之和，即

$$\rho = \rho_g + \rho_q = \frac{P_g}{R_g T} + \frac{P_q}{R_q T} = 0.003484 \frac{B}{T} - 0.00134 \frac{P_q}{T} \tag{1-4}$$

由表 1-1 可知，干空气在标准条件下（压力为 101325Pa，温度为 293K，即 20℃）的

密度 $\rho_{g}$ 为 $1.205 \mathrm{kg/m^{3}}$。由于水蒸气的密度较小，故干空气与湿空气的密度在标准条件下相差较小，在实际工程计算中，可近似取湿空气的密度 $\rho \approx 1.20 \mathrm{kg/m^{3}}$。

3. 含湿量 $d$

湿空气中所含水蒸气的质量（$m_{q}$）与干空气质量（$m_{g}$）之比，即对应于 $1 \mathrm{kg}$ 干空气的湿空气所含有的水蒸气量，可以通过式（1-5）进行计算。

$$d = \frac{m_{q}}{m_{g}} = 0.622 \frac{P_{q}}{P_{g}} = 0.622 \frac{P_{q}}{B - P_{q}} (\mathrm{kg/kg}) \tag{1-5}$$

当大气压力 $B$ 一定时，水蒸气分压力只取决于含湿量。水蒸气分压力越大，含湿量也越大。当含湿量一定时，水蒸气分压力将随大气压力的增加而增加，随大气压力的减少而减少。含湿量可以表示水蒸气的含量，但不能表示空气接近饱和的程度。某一温度下，湿空气达到饱和状态时对应的含湿量为该温度下的饱和含湿量 $d_{b}$，由表 1-1 可见，温度为 $10℃$、$20℃$、$30℃$ 时，饱和含湿量分别为 $7.63 \mathrm{g/kg}$、$14.70 \mathrm{g/kg}$ 和 $27.20 \mathrm{g/kg}$。

有时，也常采用绝对湿度（$w$）表示单位体积空气中所含水蒸气的质量，单位为 $\mathrm{kg/m^{3}}$。

4. 相对湿度 $\varphi$

湿空气的相对湿度为空气实际的水蒸气分压力 $P_{q}$ 与同温度下饱和状态空气水蒸气分压力 $P_{q,b}$ 之比，用百分率表示，可以通过式（1-6）进行计算。

$$\varphi = \frac{P_{q}}{P_{q,b}} \times 100\% \tag{1-6}$$

与含湿量相比，相对湿度可以表征湿空气中水蒸气接近饱和的程度，但不能表示水蒸气的实际含量。结合式（1-5）可以导出式（1-7）和式（1-8）。

$$d = 0.622 \frac{\varphi P_{q,b}}{B - \varphi P_{q,b}} \tag{1-7}$$

$$d_{b} = 0.622 \frac{P_{q,b}}{B - P_{q,b}} \tag{1-8}$$

因此，通过式（1-7）和式（1-8）可以导出式（1-9）。

$$\frac{d}{d_{b}} = \varphi \frac{B - P_{q,b}}{B - P_{q}} \tag{1-9}$$

所以

$$\varphi = \frac{d}{d_{b}} \cdot \frac{B - P_{q}}{B - P_{q,b}} \times 100\% \tag{1-10}$$

式（1-10）中，$B$ 值远大于 $P_{q}$ 和 $P_{q,b}$。因此，在工程中相对湿度可以近似表示为式（1-11），误差约为 $1\% \sim 3\%$。

$$\varphi = \frac{d}{d_{b}} \times 100\% \tag{1-11}$$

5. 湿空气的焓 $h$

民用建筑空气调节过程一般可近似于定压过程，因此可直接用空气的焓变化来衡量空气的热量变化过程。湿空气的焓 $h$ 定义为 $1 \mathrm{kg}$ 干空气的焓（$h_{g}$）加上与其同时存在的 $d \mathrm{kg}$ 水蒸气的焓（$h_{q}$），即

$$h=h_g+h_q=c_{p \cdot g} \cdot t+(2500+c_{p \cdot q} \cdot t)d \qquad (1\text{-}12)$$

式中：$c_{p \cdot g}$——干空气的定压比热，1.005kJ/(kg·℃)，近似取值 1.01；

$\quad\quad c_{p \cdot q}$——水蒸气的定压热容，1.84kJ/(kg·℃)；

$\quad\quad$ 2500——0℃时水蒸气的汽化潜热 $r_0$，kJ/kg。已知水的质量比热为 4.19kJ/(kg·℃)，因此，$t$℃时，水蒸气的汽化潜热可通过式（1-13）计算。

$$r_t=r_0-2.35t=2500-2.35t \qquad (1\text{-}13)$$

【例 1-1】　已知大气压力为 101325Pa，温度 $t=20$℃，（1）求干空气的密度；（2）求相对湿度为 90% 时的湿空气密度、含湿量及焓值。

【解】　（1）已知干空气的气体常数 $R_g=287$J/(kg·K)，此时干空气压力即为大气压力 $B$，因此：

$$\rho_g=\frac{B}{287 \cdot T}=0.003484\frac{B}{T}=0.003484\frac{101325}{293}=1.205\text{kg/m}^3$$

（2）由表 1-1 可知，20℃时的水蒸气饱和压力为 $P_{q,b}=2331$Pa，由公式（1-4）可得：

$$\rho=0.003484\frac{B}{T}-0.00134\frac{P_q}{T}=0.003484\frac{B}{T}-0.00134\frac{\varphi P_{q,b}}{T}$$

$$=0.003484\frac{101325}{293}-0.00134\frac{0.9 \times 2331}{293}=1.195\text{kg/m}^3$$

含湿量：

$$d=0.622\frac{\varphi P_{q,b}}{B-\varphi P_{q,b}}=0.622\frac{0.9 \times 2331}{101325-0.9 \times 2331}=0.0132\text{kg/kg}$$

焓值：

$$h=1.01t+(1.84t+2500)d$$
$$=1.01 \times 20+(1.84 \times 20+2500)0.0132=53.7\text{kJ/kg}$$

## 第二节　湿空气焓湿图及应用

### 一、湿空气焓湿图

常用的湿空气性质图是以 $h$ 与 $d$ 为坐标的焓湿图（$h\text{-}d$ 图）。$h\text{-}d$ 图表示了一定大气压力 $B$（Pa）下空气各状态参数的相互关系，包括焓 $h$（kJ/kg）、含湿量 $d$（g/kg）、温度 $t$（℃）、相对湿度 $\varphi$（%）和水蒸气分压力 $P_q$（Pa）。因此，$h\text{-}d$ 图对于空气调节系统的设计和运行管理是一个十分重要的工具。

在 $h\text{-}d$ 图的绘制过程中，为尽可能扩大不饱和湿空气区的范围，便于各相关参数间分度清晰，一般取焓 $h$ 为纵坐标，含湿量 $d$ 为横坐标，且两坐标之间的夹角等于或大于 135°。在实际使用中，为避免图面过长，常将 $d$ 坐标改为水平线。$h\text{-}d$ 图上的 $h$、$d$ 的取值都是以含 1kg 干空气的湿空气作为计算基准。在选定的坐标比例尺和坐标网格的基础上，进一步确定等焓线、等含湿量线、等干球温度线、等相对湿度线、水蒸气分压力标尺及热湿比等。以图 1-2 所示的北京地区标准大气压下的 $h\text{-}d$ 图为例进行说明。

（1）等焓线：平行于斜线（或称横轴）的线为等焓线（$h=$常数）。

（2）等含湿量线：平行纵轴的垂直线，为等含湿量线（$d=$常数）。

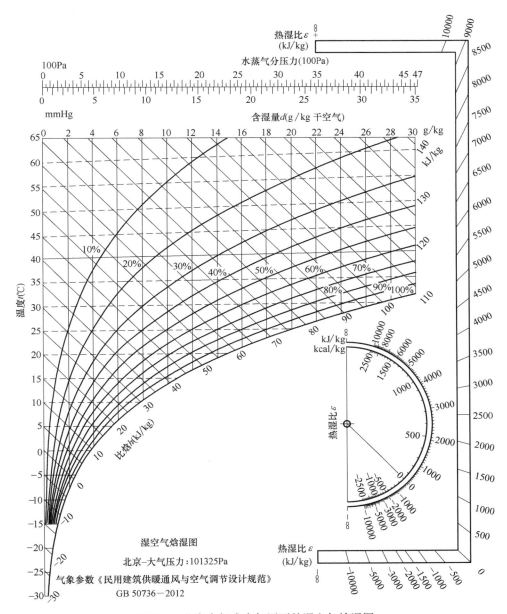

图 1-2　北京市标准大气压下的湿空气焓湿图

（3）等干球温度线：图上一系列近似的水平线是等温线，每条线代表一个温度。等干球温度线（t＝常数）是一组互不平行的直线，只有 t＝0 的线才是真正水平的。但由于温度 t 对倾斜的影响不显著，所以各等温线之间又近似平行。

（4）等相对湿度线：φ＝0％的等相对湿度线是纵坐标轴；φ＝100％的等相对湿度线是湿空气的饱和状态线，该线左上方为湿空气区，右下方为水蒸气过饱和状态区。由于过饱和状态是不稳定的，常有凝结现象，所以该区内湿空气中存在悬浮水滴，形成雾状，故称为"结雾区"。在湿空气区中，水蒸气处于过热状态，其状态是相对稳定的。

（5）等湿球温度线：工程上可将湿空气的等湿球温度变化过程，近似看作等焓过程，

所以大多数 $h$-$d$ 图使用等焓线近似表示等湿球温度线。

另外，$h$-$d$ 图上还画有水蒸气分压力线和热湿比线。水蒸气分压力与含湿量存在一一对应的关系。

通过 $h$-$d$ 图可以根据两个独立的参数比较简便地确定空气的状态及其余参数，反映空气状态在热湿交换作用下的变化过程。在空气调节过程中，空气的状态变化过程可以认为是在一定大气压力下进行的，故 $h$-$d$ 图是在大气压力已知条件下绘制的。在工程上，为了使用方便，绘制了不同大气压力下的湿空气的 $h$-$d$ 图。因此，不同地区应使用符合本地区大气压力的 $h$-$d$ 图。

如图 1-3 所示，如果当地大气压力高于标准大气压力时，$h$-$d$ 图的饱和曲线（$\varphi=100\%$）将向上移；低于标准大气压力时，将向下移。当空气温度和相对湿度相同而大气压力增高时，则空气的焓和含湿量减小；而大气压力降低，则空气的焓和含湿量增大（均与标准大气压力下的焓和含湿量相比）。因此，在工程应用中，应根据当地大气压力优先选用较为接近的 $h$-$d$ 图。当缺乏工程资料和设计资料时，大气压力的允许选择误差为 2666Pa。

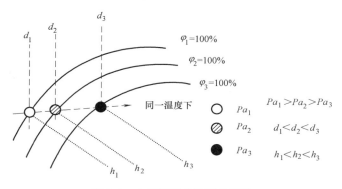

图 1-3　大气压对焓湿图的影响

**二、湿空气焓湿图的应用**

无论是在空调系统设计计算中，还是在空调系统运行调试与管理中，湿空气焓湿图都有着非常重要的作用，$h$-$d$ 图的主要应用可归纳为以下几点：

① 确定湿空气的状态参数；

② 确定湿球温度和露点温度；

③ 表示湿空气状态变化过程；

④ 求解湿空气的混合状态参数；

⑤ 确定空调系统的送风状态点及送风焓差；

⑥ 利用 $h$-$d$ 图分析空调系统设计与运行工况等。

本章重点介绍前四种应用，后两种应用形式将在后续章节进行介绍。

1. 确定湿空气的状态参数

当已知湿空气的任意两个参数时，利用 $h$-$d$ 图可快速查图确定其他状态参数。例如当 A 状态湿空气的大气压力为 $B=101325\text{Pa}$、空气温度 $t=25℃$、相对湿度 $\varphi=60\%$ 时，求其他状态参数的具体过程可表述为：首先在焓湿图上通过等温线（25℃）与等相对湿度线（60%）的交点可以确定该湿空气状态点 A（$t=25℃$，$\varphi=60\%$）；通过该点做等含湿量线和等比焓线，则可确定该状态空气的含湿量和比焓分别为 11.80g/kg 和 55.5kJ/kg。

已知 B 状态湿空气的压力为 99300Pa、温度 $t=20℃$、相对湿度 $\varphi=60\%$。此时，B 状态空气不是处于标准大气压下，在选择焓湿图时需要选用大气压力为 93300Pa 的焓湿图。当缺乏该大气压力下的焓湿图时，由于 99300Pa 与标准大气压力的差值为 2025Pa<2666Pa。所以，在进行工程估算时，仍可以采用标准大气压下的焓湿图进行分析，通过焓湿图确定的其他空气状态参数为：含湿量 $d=8.7g/kg$，比焓 $h=42kJ/kg$。

2. 确定湿球温度与露点温度

除确定湿空气状态的焓值、含湿量及相对湿度等参数外，利用 $h\text{-}d$ 图还可以更加快速地确定湿球温度（$t_s$）和露点温度（$t_L$）。

湿球温度（$t_s$）可以定义为：定压绝热条件下，空气与水接触达到稳定热湿平衡时的绝热饱和温度为热力学湿球温度。工程计算中，等焓线可近似为等湿球温度线。因此，A 状态空气点沿着等焓线变化到 100% 相对湿度线时对应的温度即为 A 状态空气的湿球温度 $t_s$。如上例中 A 状态空气所对应的湿球温度为 19.50℃。一般采用湿球温度计（图 1-4）测定的湿球温度近似替代热力学湿球温度。

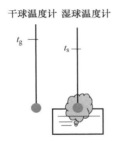

图 1-4　干湿球温度计

露点温度（$t_L$）可以定义为：使湿空气中所含的未饱和水蒸气在含湿量 $d$ 不变的情况下变成饱和（$\varphi=100\%$）时的温度。用 $h\text{-}d$ 图可以直接查出空气的露点温度 $t_L$。例如：$B=101300Pa$，湿空气的温度 $t=25℃$、$\varphi=70\%$ 时，通过 $t=25℃$、$\varphi=70\%$ 确定的状态点 C 做等含湿量线，其与 $\varphi=100\%$ 等相对湿度线的交点处所对应的温度即为 C 状态空气所对应的露点温度 $t_{L,C}$（19.2℃）。

空气的露点温度 $t_L$ 与 B 和 $d$ 相关，因而不是独立参数。对于含湿量相同的湿空气，露点温度为定值。湿空气的露点温度还可以通过式（1-14）和式（1-15）进行计算获得。

$$-60℃\leq t_L\leq 0℃：t_L=7.0332\ln P_q+0.37(\ln P_q)^2-60.45 \tag{1-14}$$

$$0℃\leq t_L\leq 70℃：t_L=1.1689(\ln P_q)^2-1.8726\ln P_q-35.957 \tag{1-15}$$

湿空气的露点温度是判断是否结露的判据。当某一状态的湿空气被冷却时（或与某冷表面接触时），只要冷媒或冷表面的温度大于或等于主体空气的露点温度，则不会出现结露现象。当冷媒或冷表面的温度低于主体空气的露点温度时，则会出现结露。

在实际空气调节过程中，常用设备露点温度（或称"机器露点温度"）表示经过喷水室或者表冷器冷却处理后，所得的接近饱和状态（一般在 $\varphi=90\%\sim95\%$ 范围内）的空气温度。这主要是因为，在一定温度条件下，当空气通过冷却器或喷淋室时，有一部分直接与低温管壁或冷冻水（7℃左右）接触而达到饱和，结出露水；但还有相当一部分的空气未直接接触冷源，虽然也经过热交换而降温，但它们的相对湿度却处在90%～95%左右，这时的状态温度常定义为机器露点温度。应注意"机器露点温度"和物理学上的"露点温度"在概念上的不同处。机器露点接近饱和状态的程度与冷却设备的结构、入口空气参数、迎面风速、冷媒温度等因素有关。

3. 表示湿空气状态变化过程及方向

一般在 $h\text{-}d$ 图的周边或者右下角给出热湿比 $\varepsilon$ 方向线（或称角系数），如图1-5（a）所示。热湿比 $\varepsilon$ 的定义是湿空气的焓变化与含湿量变化之比。

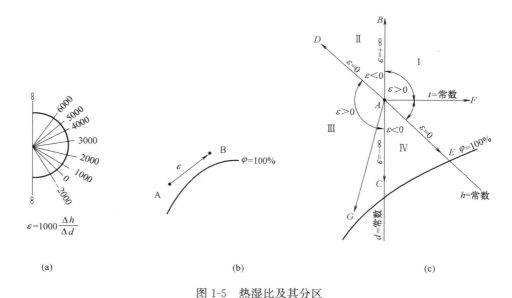

图1-5 热湿比及其分区

以图1-5（b）中湿空气由状态 A 变化到状态 B 为例，空气状态变化过程中的热湿比 $\varepsilon$ 可表述为：

$$\varepsilon = 1000\frac{\Delta h}{\Delta d} = 1000\frac{h_B - h_A}{d_B - d_A}(\text{kJ/kg}) \tag{1-16}$$

同样，如有 A 状态的湿空气，其热量（$Q$，kJ/h）变化和湿量（$W$，kg/h）变化已知，其对应的热湿比也可以表示为：

$$\varepsilon = \frac{\pm Q}{\pm W}(\text{kJ/kg}) \tag{1-17}$$

由上述公式可知，热湿比 $\varepsilon$ 有正负，并代表湿空气状态变化的方向。相对于 A 状态的湿空气，其状态变化终点在 $h\text{-}d$ 图不同分区内对应的热湿比 $\varepsilon$ 可以分为四个分区，如图1-5（c）所示，具体变化过程详见表1-2。

4. 湿空气混合状态参数的确定

当室外空气与室内空气以不同比例混合时，或室内回风和经过处理后新风以不同比例混合时，混合空气的状态参数也可以通过 $h\text{-}d$ 图确定。

**热湿比分区及状态变化描述** 表 1-2

| 类别 | | | 热湿比 | 状态参数变化趋势 | | | 过程特征 |
|---|---|---|---|---|---|---|---|
| 象限 | 边界 | 典型过程 | $\varepsilon$ | $h$ | $d$ | $t$ | |
| Ⅰ | | | >0 | + | + | ± | 增焓加湿 |
| Ⅱ | | | <0 | + | − | + | 增焓除湿升温 |
| Ⅲ | | | >0 | − | − | ± | 减焓除湿 |
| Ⅳ | | | <0 | − | + | − | 减焓增湿降温 |
| | A→B | | +∞ | + | = | + | 等湿升温增焓 |
| | A→C | | −∞ | − | = | − | 减焓等湿降温(干式冷却) |
| | A→D | | 0 | = | − | + | 等焓除湿升温 |
| | A→E | | 0 | = | + | − | 等焓增湿降温(绝热加湿) |
| | | A→F | >0 | + | + | + | 等温加湿 |
| | | A→G | >0 | − | − | − | 降温减焓除湿(冷却干燥) |

注：＋：增加或升高；－：降低或减少；＝：保持不变；±：表示状态变化可正可负

根据能量与质量守恒定律，图 1-6 所示的两种状态的空气混合过程中，应遵循以下方程：

$$q_A \cdot h_A + q_B \cdot h_B = q_C \cdot h_C \qquad (1\text{-}18)$$

$$q_A \cdot d_A + q_B \cdot d_B = q_C \cdot d_C \qquad (1\text{-}19)$$

式中，$q_A$ 和 $q_B$ 分别为 A 状态空气和 B 状态空气的风量（m³/h 或 g/s）。通过上述公式可知，

$$\frac{q_A}{q_C} = \frac{h_B - h_C}{h_B - h_A} = \frac{d_B - d_C}{d_B - d_A} \qquad (1\text{-}20)$$

$$\frac{q_A}{q_B} = \frac{h_B - h_C}{h_C - h_A} = \frac{d_B - d_C}{d_C - d_A} \qquad (1\text{-}21)$$

在 $h$-$d$ 图上确定出 A、B 两状态点后，假定 C 点为混合态，由式（1-20）、式（1-21）可知，A→C 与 C→B 具有相同的斜率。因此，A、C、B 在同一直线上。同时，混合态 C 将线段 AB 分为两段，即线段 AC 与线段 CB，且

$$\frac{q_A}{q_C} = \frac{h_B - h_C}{h_B - h_A} = \frac{d_B - d_C}{d_B - d_A} = \frac{\overline{CB}}{\overline{AB}} \qquad (1\text{-}22)$$

$$\frac{q_A}{q_B} = \frac{h_B - h_C}{h_C - h_A} = \frac{d_B - d_C}{d_C - d_A} = \frac{\overline{CB}}{\overline{AC}} \qquad (1\text{-}23)$$

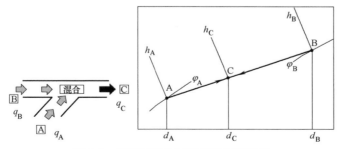

图 1-6 湿空气混合过程及焓湿图表达

显然，参与混合的两种空气的质量比（体积比）与 C 点分割成的两条线段长度成反比。据此，在 $h$-$d$ 图上求混合状态时，只需将线段 AB 划分成满足 $q_A/q_B$ 比例的两段长度，并取 C 点使其接近空气质量大的一端，而不必用公式求解。

如图 1-7 所示，当已知 $B=101325Pa$、$q_A=2000kg/h$、$t_A=20℃$、$\varphi_A=60\%$、$q_B=500kg/h$、$t_B=35℃$、$\varphi_B=80\%$，混合状态点的状态参数可以通过计算或查图法确定。

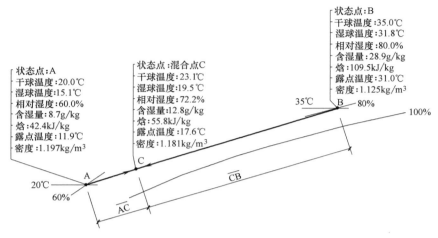

图 1-7　湿空气混合状态参数图例

两种不同状态空气的混合，若其混合点处于"结雾区"，则此种空气状态是饱和空气加水雾，是一种不稳定状态。假定饱和空气状态为 D，则混合点 C 的焓值 $h_C$ 应等于 $h_D$ 与水雾焓值 $4.19t_D \cdot \Delta d$ 之和，即：$h_C = h_D + 4.19t_D \cdot \Delta d$。其中，$h_C$ 已知，$h_D$、$t_D$ 及 $\Delta d$ 是相关的未知量，可通过试算找到一组满足 $h_C = h_D + 4.19t_D \cdot \Delta d$ 的值，则 D 状态即可确定。

# 第三节　湿空气热湿处理基本途径

空气调节的核心任务是将湿空气处理到所要求的送风状态，然后送入空调区以满足人体舒适度要求或室内热湿标准要求及工艺对室内温度、湿度、洁净度等的要求。一般来讲，湿空气的热湿处理的基本过程包括加热、冷却、加湿、除湿、灭菌、除臭和空气的混合等，而实现这些处理过程的设备称为空气热湿处理设备。按照空气与进行热湿处理的冷、热媒流体间是否直接接触，可以将空气的热湿处理分成两大类，即直接接触式和间接接触式。

**一、湿空气热湿处理基本原理**

1. 直接接触式热湿处理过程

直接接触式热湿处理过程是指被处理的空气与进行热湿交换的冷、热媒流体彼此接触进行热湿交换；具体做法是让空气流过冷、热媒流体的表面或将冷、热媒流体直接喷淋到空气中。在民用建筑空调系统中，最常用的冷、热媒流体是水。空气与水直接接触的热湿交换过程主要包括空气与水表面热湿交换［图 1-8（a）］，以及通过将水喷淋雾化形成细小的水滴后与空气进行热湿交换［图 1-8（b）］。

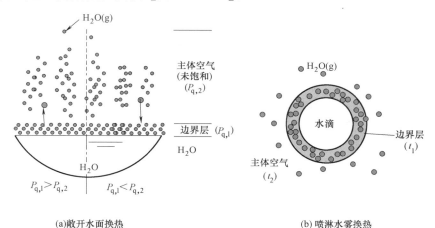

(a)敞开水面换热　　　　　　　　(b)喷淋水雾换热

图 1-8　直接接触式热湿处理原理图

空气与水直接接触时，根据水温的不同，可能仅发生显热交换；也可能既有显热交换又有潜热交换，即同时伴有质交换（湿交换）。显热交换是空气与水之间存在温差时，由导热、对流和辐射作用而引起的换热结果。潜热交换是空气中的水蒸气凝结（或蒸发）而放出（或吸收）汽化潜热的结果。总热交换是显热交换和潜热交换的代数和。

如图 1-8 所示，当空气与敞开水面或飞溅水滴表面接触时，由于水分子做不规则运动的结果，在贴近水表面处存在一个温度等于水表面温度的饱和空气边界层，而且边界层的水蒸气分压力取决于水表面温度。空气与水之间的热湿交换量和边界层周围空气（主体空气）与边界层内饱和空气之间的温差及水蒸气分压力差的大小有关。如果边界层内空气温度高于主体空气温度，则由边界层向主体空气传热；反之，则由主体空气向边界层传热。如果边界层内水蒸气分压力大于主体空气的水蒸气分压力，则水蒸气分子将由边界层向主体空气迁移；反之，则水蒸气分子将由主体空气向边界层迁移。所谓"蒸发"与"凝结"现象就是这种水蒸气分子迁移的结果。在蒸发过程中，边界层减少了的水蒸气分子又由水面跃出的水分子补充；在凝结过程中，边界层中过多的水蒸气分子将回到水面。如上所述，温差是显热交换的推动力，而水蒸气分压力差则是质交换（湿交换）的推动力。

质交换存在两种基本形式：分子扩散和紊流扩散。在静止的流体或做层流运动的流体中的扩散，是由微观分子运动所引起的，称之为分子扩散，类似于热交换过程中的导热。在流体中由于紊流脉动引起的物质传递为紊流扩散，它的机理类似于热交换过程中的对流作用。在紊流流体中，除有层流底层中的分子扩散外，还有主流中因紊流脉动而引起的紊流扩散，此两者的共同作用称为对流质交换，它的机理与对流换热相类似。以空气掠过水表面为例，水蒸气先以分子扩散的方式进入水表面上的空气层流底层（即饱和空气边界层），然后再以紊流扩散的方式与主体空气混合，形成对流质交换。由此可见，质交换与热交换的机理相类似，所以在分析方法上和热交换也有相同之处。

2. 间接接触式热湿处理基本原理

如图 1-9 所示，与直接接触式热湿处理有所不同，间接接触式（表面式或间壁式）热湿处理依靠的是空气与金属固体表面相接触，在金属固体表面处进行热湿交换，热湿交换的结果将取决于金属固体表面的温度。实际上，由于空气侧的表面传热系数总是远低于冷、热媒流体侧的表面传热系数，一般情况下，金属固体表面的温度更接近于冷、热媒流体的温度。

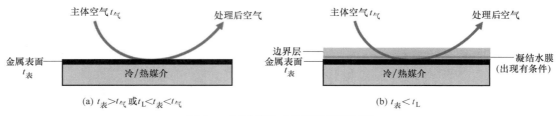

图 1-9  间接接触式热湿处理原理图

如图 1-9（a）所示，当金属固体表面的温度高于空气的温度时（$t_{表}>t_{气}$），空气以对流换热方式为主与金属固体表面间进行显热交换，此时并不会发生质量交换，空气的含湿量不发生变化。当金属固体表面的温度低于空气的温度而高于空气的露点温度时（$t_L<t_{表}<t_{气}$），空气与金属固体表面间同样以对流换热方式为主进行换热，与加热情况所不同的是空气将因失热而温度不断降低，空气的含湿量同样也未发生变化。

如图 1-9（b）所示，当金属固体表面的温度低于空气的露点温度时（$t_{表}<t_L$）的情况就比较复杂。空气中的部分水蒸气将开始在金属固体表面上凝结，随着凝结液的不断增多，在金属固体表面处将形成一层流动的水膜；在与空气相邻的水膜一侧，将形成饱和空气边界层，可以近似认为边界层的温度与金属固体表面上的水膜温度相等。此时，空气与金属固体表面的热交换是由于空气与凝结水膜之间的温差而产生的；质交换则是由于空气与水膜相邻的饱和空气边界层中的水蒸气的分压力差引起的。而湿空气气流与紧靠水膜饱和空气的焓差是热、质交换的推动力。这个过程将会导致空气的温度和含湿量降低，从而实现冷却除湿的目的。

**二、湿空气热湿处理的焓湿图表达**

空气热湿处理设备大多是使空气与水（热水、冷水等）、水蒸气、冰、各种盐类及其水溶液（氯化锂）、制冷剂和其他介质（硅胶、分子筛等）进行热湿交换的设备。因此，需要了解各种处理方法如何使空气发生变化，这些变化如何在 $h$-$d$ 图上表示，这些变化使用什么设备得以实现，这对于合理地确定空气处理方案是十分重要的。

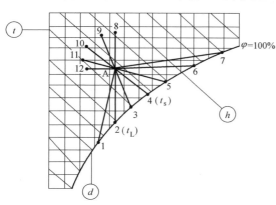

图 1-10  湿空气状态变化过程线

图 1-10 和表 1-3 总结了湿空气主要热湿处理过程在焓湿图上的表达。

图 1-10 中，A 表示空气的初始状态点；1、2、3……12 表示 A 状态的空气用不同的处理方法可能达到的终状态点；$t_s$ 和 $t_L$ 分别表示 A 状态空气对应的湿球温度和露点温度。

表 1-3 所述的空气处理方法只作为一般介绍，除表中所列的方法外，还可以用其他方法达到相同的处理过程。

**湿空气主要热湿处理过程**

表 1-3

| 过程 | 空气状态参数变化趋势 | | | | 过程描述 | 处理设备 | 热湿处理特点及方法/设备 |
|---|---|---|---|---|---|---|---|
| | $d$ | $h$ | $t$ | $\varepsilon$ | | | |
| A→1 | − | − | − | >0 | 冷却干燥 湿式冷却 | 喷水室 | 用低于空气露点温度的水喷淋（$t_w<t_L$） |
| | | | | | | 表面冷却器 | 用低于空气露点温度的制冷剂蒸发温度低于空气露点温度的制冷剂通过冷却器 |
| A→2 | = | − | − | −∞ | 等湿冷却 干式冷却 | 喷水室 | 用等于空气露点温度的水喷淋（$t_w=t_L$） |
| | | | | | | 表面冷却器 | 用水的平均温度等于或稍低于空气的露点温度或制冷剂蒸发温度等于或稍低于空气的露点温度的水或制冷剂通过冷却器 |
| | | | | | | 其他设备 | 露点式蒸发冷却器 |
| A→3 | + | − | − | <0 | 加湿冷却 | 喷水室 | 用低于空气干球温度、高于空气露点温度的水喷淋（$t_L<t_w<t_s$） |
| | | | | | | | 用循环水喷淋，水温等于空气的湿球温度 $t_w=t_s$ |
| A→4 | + | = | − | 0 | 等焓加湿 绝热加湿 | 喷雾装置 | 用压缩空气或电动喷雾机向空气中喷入常温的水雾；高压喷雾加湿器；汽水混合加湿器 |
| | | | | | | 加湿设备 | 湿膜加湿器；超声波加湿器；离心式加湿器 |
| | | | | | | 蒸发冷却器 | 直接蒸发冷却器，水收集空气中的显热而蒸发加湿。换热充分时，最低可接近空气的湿球温度，详见第五章第三节蒸发冷却空调系统 |
| A→5 | + | + | − | >0 | 增焓加湿 | 喷水室 | 用低于空气干球温度、高于空气湿球温度的水喷淋（$t_s<t_w<t$） |
| A→6 | + | + | = | >0 | 等温加湿 | 喷水室 | 用等于空气温度的水喷淋（$t_w=t$） |
| | | | | | | 喷水蒸气装置 | 喷低压饱和蒸汽或蒸汽用电极、电加热式加湿器加湿空气：干蒸汽加湿器；电热式加湿器；红外线加湿器；PTC蒸汽加湿器；电极式加湿器等 |
| A→7 | + | + | + | >0 | 升温加湿 | 喷水室 | 用高于空气干球温度的水喷淋（$t_w>t$） |
| A→8 | = | + | + | +∞ | 等湿加热 | 空气加热器 | 用各种热媒（蒸汽、热水）的加热器或电加热器加热 |
| A→9 | − | + | + | <0 | 增焓除湿 | 除湿机 | 冷冻除湿机 |
| A→10 | − | = | + | 0 | 等焓除湿 | 固体吸湿装置 | 固体吸湿剂除湿：硅胶、氧化钙等 |
| A→11 | − | − | + | >0 | 减焓除湿 | 液体吸湿装置 | 用温度稍高于空气初温的大量液体除湿剂溶液喷淋（$CaCl_2$、氯化锂、三甘醇等） |
| A→12 | − | − | = | >0 | 等温除湿 | 液体吸湿装置 | 用温度等于空气初温的大量液体除湿剂溶液喷淋（$CaCl_2$、氯化锂、三甘醇等） |

注：+ 增加或升高；− 降低或减少；= 保持不变；$t_w$ 为水温。表中相关处理过程与设备的详细介绍将在后文进行。

### 三、空气调节常用热湿处理途径

由 $h\text{-}d$ 图分析可见，在空气调节工程中，为得到同一送风状态点，可能有不同的湿空气热湿处理过程。以完全使用室外新风的空气调节系统（全新风系统，见第三章）为例，一般夏季需对室外空气进行冷却干燥处理；而冬季则需加热加湿。然而具体到将夏、冬季分别为 $W_x$ 和 $W_d$ 点的室外空气如何处理到送风状态点 $O_x$ 或 $O_d$，则可能有如图 1-11 所示的各种空气处理方案；表 1-4 是对这些空气处理方案的简要说明。图 1-11 中，N 为室内设计状态点（确定过程详见第二章），L 为机器露点（$\varphi＝90\%～95\%$），A、B、C、D、E 和 F 表示空气热湿处理中的中间状态点。需要注意的是，图 1-11 中 $O_x$ 变化到 N 及 $O_d$ 变化到 N 的过程是 $O_x$ 和 $O_d$ 状态的空气吸收空调房间内的余热余湿后自发进行的，具体变化过程将在第二章进行介绍。

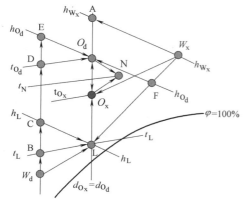

图 1-11　全新风系统空气调节的可能途径的 $h\text{-}d$ 图表达

**湿空气主要热湿处理过程**　　　　　　　　　　　　　表 1-4

| 工况 | 空气调节方案 | 热湿处理过程 | 湿空气热湿处理设备 |
|---|---|---|---|
| 夏季工况 | $W_x \rightarrow L \rightarrow O_x \xrightarrow{\varepsilon_x} N$ | $W_x \xrightarrow{冷却干燥} L \xrightarrow{再加热}$<br>$O_x \xrightarrow{\varepsilon_x} N$ | $W_x \xrightarrow{喷水室} L \xrightarrow{加热器} O_x \xrightarrow{\varepsilon_x} N$<br>$W_x \xrightarrow{表面冷却器} L \xrightarrow{加热器} O_x \xrightarrow{\varepsilon_x} N$ |
| | $W_x \rightarrow A \rightarrow O_x \xrightarrow{\varepsilon_x} N$ | $W_x \xrightarrow{等焓除湿} A \xrightarrow{等湿冷却}$<br>$O_x \xrightarrow{\varepsilon_x} N$ | $W_x \xrightarrow{固体吸湿剂} A \xrightarrow{干式表面冷却器} O_x \xrightarrow{\varepsilon_x} N$ |
| | $W_x \rightarrow O_x \xrightarrow{\varepsilon_x} N$ | $W_x \xrightarrow{冷却除湿} O_x \xrightarrow{\varepsilon_x} N$ | $W_x \xrightarrow{液体吸湿剂} O_x \xrightarrow{\varepsilon_x} N$ |
| 冬季工况 | $W_d \rightarrow B \rightarrow L \rightarrow O_d \xrightarrow{\varepsilon_d} N$ | $W_d \xrightarrow{预热} B \xrightarrow{等温加湿} L \xrightarrow{再加热}$<br>$O_d \xrightarrow{\varepsilon_d} N$ | $W_d \xrightarrow{预热器} B \xrightarrow{喷蒸汽加湿} L \xrightarrow{再加热器} O_d \xrightarrow{\varepsilon_d} N$ |
| | $W_d \rightarrow C \rightarrow L \rightarrow O_d \xrightarrow{\varepsilon} N$ | $W_d \xrightarrow{预热} C \xrightarrow{绝热加湿} L \xrightarrow{再加热}$<br>$O_d \xrightarrow{\varepsilon_d} N$ | $W_d \xrightarrow{预热器} C \xrightarrow{喷水室} L \xrightarrow{再加热器} O_d \xrightarrow{\varepsilon_d} N$ |
| | $W_d \rightarrow D \rightarrow O_d \xrightarrow{\varepsilon_d} N$ | $W_d \xrightarrow{预热} D \xrightarrow{等温加湿} O_d \xrightarrow{\varepsilon_d} N$ | $W_d \xrightarrow{预热器} D \xrightarrow{喷蒸气加湿} O_d \xrightarrow{\varepsilon_d} N$ |
| | $W_d \rightarrow L \rightarrow O_d \xrightarrow{\varepsilon_d} N$ | $W_d \xrightarrow{升温加湿} L \xrightarrow{再加热}$<br>$O_d \xrightarrow{\varepsilon_d} N$ | $W_d \xrightarrow{喷水室喷热水加热加湿} L \xrightarrow{再加热器}$<br>$O_d \xrightarrow{\varepsilon_d} N$ |
| | $W_d \rightarrow E \rightarrow F \xrightarrow{\varepsilon_d} O_d \xrightarrow{\varepsilon_d} N$ | $W_d \xrightarrow{预热} E \xrightarrow{部分E状态空气绝热加湿}$<br>$F' \xrightarrow{与状态E的部分空气混合} O_d \xrightarrow{\varepsilon_d} N$ | $W_d \xrightarrow{预热} E \xrightarrow{喷水室} F \xrightarrow{E与L'状态空气混合过程}$<br>$O_d \xrightarrow{\varepsilon_d} N$ |

表 1-4 中列举的各种空气处理方案都是一些简单湿空气热湿处理过程的组合。由此可见，可以通过不同的途径，即采用不同的空气调节方案而得到同一种送风状态。至于究竟采用哪种方案，则需结合各种空气处理方案及使用设备的特点，经过分析比较才能最后确定。各类空调系统所适用的具体空气调节途径将在第三章和第四章进行详细的说明。表中所涉及的热湿处理过程将在后续章节进行介绍。

# 习　题

1. 绝对湿度、相对湿度和含湿量的物理意义有什么不同？为什么要用这三种不同的湿度来表示空气的含湿情况？它们之间有什么关系？

2. 是否必须把空气的干、湿球温度都测定出来，才能确定某一空气状态的比焓值？

3. 在 $h$-$d$ 图上表示某空气状态的干、湿球温度及露点温度，并说明三者之间有何规律？

4. 已知 $p_a$＝101325Pa，空气干球温度 $t$＝25℃、$d$＝0.016kg/kg，求空气的湿球温度、露点温度和相对湿度。

5. 表面温度为 18℃的壁面，在室温为 20℃、$\varphi$＝70％的室内会结露吗？在室温为 40℃、$\varphi$＝30％的室内会结露吗？

6. 已知大气压力为 101325Pa，湿空气的初态为 $t_A$＝25℃、$\varphi_A$＝60％，当加入 10000kJ/h 的热量和 2kg/h 的湿量后，温度 $t_B$＝32℃，求湿空气的终状态。

7. 显热交换、潜热交换、全热交换的推动力是什么？

8. 空气与水直接接触进行热、湿交换时，什么条件下仅发生潜热交换？什么条件下发生全热交换？

9. 用表面式换热器处理空气时可以实现哪些过程？空气冷却器能否加湿？

10. 等温加湿和等焓加湿空气加湿器有哪些？各适用于什么场所？

11. 试在 $h$-$d$ 图上分别画出下列各空气状态变化过程：

（a）喷蒸汽加湿；

（b）潮湿地面洒水蒸发加湿；

（c）喷水室内循环水绝热加湿；

（d）电极式加湿器加湿。

# 第二章　空调负荷与送风状态

## 第一节　室内外空气计算参数

室内计算参数主要是指建筑室内的温度、相对湿度及其允许波动范围；室内空气的流速、洁净度等级以及新风量等。这些参数的变化直接影响室内的环境的"热舒适"度以及建筑的能耗。民用建筑空调室内设计参数的确定，主要取决于房间使用功能对舒适性的要求，以及综合考虑地区、经济条件与节能要求等因素。

### 一、室内设计状态参数

根据美国供暖、制冷与空调工程师协会标准（ASHRAE Standard 55-1992）的定义，"热舒适"是指对热环境表示满意的意识状态。热舒适度等级可以采用预计平均热感觉指数（PMV-PredictedMeanVote）和预计不满意者的百分数（PPD-Predicted Percentage of Dissatisfied）评价。PMV 指数是根据人体热平衡的基本方程式以及心理生理学主观热感觉的等级为出发点，考虑了人体热舒适感的诸多有关因素的全面评价指标（表 2-1）。其中，Ⅰ级热舒适水平较高（$-0.5 \leqslant PMV \leqslant +0.5$），Ⅱ级热舒适水平较低（$-1 \leqslant PMV < -0.5$ 和 $0.5 < PMV \leqslant 1$）。考虑到建筑节能的限制，要求冬季室内环境在满足舒适的条件下偏冷，夏季在满足舒适的条件下偏热。

**不同热舒适度等级所对应的 PMV 及 PPD 值**　　　　表 2-1

| 热舒适度等级 | 预计平均热感觉指数 PMV | | 预计不满意者的百分数 PPD（%） |
|---|---|---|---|
| | 冬季 | 夏季 | |
| Ⅰ级（热舒适度较高） | $-0.5 \leqslant PMV \leqslant 0$ | $0 \leqslant PMV \leqslant 0.5$ | $\leqslant 10$ |
| Ⅱ级（热舒适度一般） | $-1 \leqslant PMV < -0.5$ | $0.5 < PMV \leqslant 1$ | $\leqslant 27$ |

根据现行国家标准《民用建筑供暖通风与空气调节设计规范》GB 50736—2012（后文简称为《设计规范》），民用建筑人员长期逗留区域空气调节室内计算参数应按表 2-2 采用。

**长期逗留区域空气调节室内计算参数**　　　　表 2-2

| 参数 | 热舒适度等级 | 温度（℃） | 相对湿度（%） | 允许风速（m/s） |
|---|---|---|---|---|
| 冬季 | Ⅰ级 | 22~24 | 30~60 | $\leqslant 0.2$ |
| | Ⅱ级 | 18~21 | $\leqslant 60$ | $\leqslant 0.2$ |
| 夏季 | Ⅰ级 | 24~26 | 40~60 | $\leqslant 0.25$ |
| | Ⅱ级 | 27~28 | $\leqslant 70$ | $\leqslant 0.30$ |

表 2-2 中的计算参数的确定与 PMV 相关。如：冬季的热舒适（$-1 \leqslant PMV \leqslant +1$）温度范围为 18~28.4℃。从节能原则出发，满足舒适的条件下尽量考虑节能，因此选择偏冷（$-1 \leqslant PMV \leqslant 0$）的环境。对应 PMV=0 时的温度上限为 24℃，所以冬季供暖设计

温度范围为 18～24℃。结合人体的热舒适度及节能的角度考虑，冬季空调室内设计湿度不宜大于 60%。对于Ⅰ级建筑，当室内相对湿度在 30%～60% 之间，$PMV$ 值在 $-0.5$～0 之间时，经过热舒适区的计算，所得舒适温度的范围为 22～24℃。同理对于Ⅱ级，经过热舒适区的计算所得舒适温度的范围为 18～21℃。

对于空调夏季工况，相对湿度在 30%～70% 之间时，对应的满足热舒适的温度范围是 22～28℃。本着节能的原则，夏季应在满足舒适条件的前提下选择偏热的环境。由此确定夏季室内设计参数为：温度 24～28℃，相对湿度 40%～70%。

对于民用建筑短期逗留区域，如商场、车站、营业厅、展厅、门厅、书店等观览场所和商业设施；夏季或冬季空调室内计算温度宜在长期逗留区域基础上分别提高或降低 2℃。对于设置工艺性空调的民用建筑，其室内参数应根据工艺要求，并考虑必要的卫生条件确定。在可能的条件下，应尽量提高夏季室内温度基数，以节省建设投资和运行费用。

表 2-3 所示为不同建筑类型及功能区室内设计温度及相对湿度的常用推荐值。

民用建筑空气调节室内设计参数推荐值 表 2-3

| 建筑类别 | 房间类型 | | 夏季 | | 冬季 | |
|---|---|---|---|---|---|---|
| | | | 温度（℃） | 相对湿度（%） | 温度（℃） | 相对湿度（%） |
| 住宅 | 严寒与寒冷地区 | | 26～28 | ≤70 | 18～24 | ≥30 |
| | 夏热冬冷地区 | | 26～28 | ≤70 | 16～22 | |
| 旅馆 | 客房 | 一级 | 24 | ≤55 | 24 | ≥50 |
| | | 二级 | 25 | ≤60 | 23 | ≥40 |
| | | 三级 | 26 | ≤65 | 22 | ≥30 |
| | | 四级 | 27 | — | 21 | — |
| | 餐厅、宴会厅 | | 24～27 | ≤65 | 20～23 | ≥40 |
| | 娱乐 | | 25～27 | ≤65 | 18～20 | 40～50 |
| | 门厅、过厅 | | 室内外温差≤10 | 40～50 | 18 | 30～60 |
| 办公楼 | 一般办公室 | | 26～28 | ≤70 | 18～22 | ≥30 |
| | 高级办公室 | | 24～26 | 40～60 | 22～24 | ≥30 |
| | 会议室、接待室 | | 25～27 | ＜65 | 16～18 | ≥30 |
| | 计算机房 | | 25～27 | 45～65 | 16～18 | 30～40 |
| 商业建筑 | 较高标准 | | 26～28 | 55～65 | 16～18 | 30～50 |
| | 一般标准 | | 27～29 | 55～65 | 15～18 | 30～40 |
| 影剧院 | 观众厅 | | 26～28 | ≤65 | 16～18 | ≥35 |
| | 舞台 | | 25～27 | ≤65 | 16～20 | ≥35 |
| | 化妆 | | 25～27 | ≤65 | 18～22 | ≥35 |
| | 休息厅 | | 28～30 | ≤65 | 16～18 | — |
| 学校 | 教室 | | 26～28 | ≤65 | 16～18 | — |
| | 礼堂 | | 26～28 | ≤65 | 16～18 | — |
| | 实验室 | | 25～27 | ≤65 | 16～20 | — |
| | 图书馆/阅览室 | | 26～28 | 45～65 | 16～18 | ≥30 |

续表

| 建筑类别 | 房间类型 | 夏季 | | 冬季 | |
|---|---|---|---|---|---|
| | | 温度（℃） | 相对湿度（%） | 温度（℃） | 相对湿度（%） |
| 博物馆 | 展厅 | 26～28 | 45～60 | 16～18 | 40～50 |
| 美术馆 | 珍藏、储放室 | 22～24 | 45～60 | 12～16 | 45～60 |
| 体育馆 | 观众席 | 26～28 | ≤65 | 16～18 | 35～50 |
| | 比赛厅 | 26～28 | ≤65 | 16～18 | ≥35 |
| | 练习厅 | 26～28 | ≤65 | 18～16 | — |
| | 游泳池大厅 | 28～30 | ≤65 | 16～18 | — |
| | 休息厅 | 28～30 | ≤65 | 16～18 | — |
| 电视、广播中心 | 播音室、演播室 | 25～27 | 40～60 | 18～20 | 40～50 |
| | 控制室 | 24～26 | 40～60 | 20～22 | 40～55 |
| | 制作室、录音室 | 25～27 | 40～60 | 18～20 | 40～50 |
| 医院 | 病房 | 25～27 | 45～65 | 18～22 | 40～55 |
| | 手术室、产房 | 25～27 | 40～60 | 22～26 | 40～60 |
| | 检查室、诊断室 | 25～27 | 40～60 | 18～22 | 40～60 |
| 餐厅 | 一级餐厅 | 24～26 | ＜65 | 18～20 | — |
| | 二级餐厅 | 25～28 | ＜65 | 18～20 | — |

　　民用建筑人员长期逗留区域空气调节室内计算风速应按表 2-2 所示规定采用。表 2-2 中允许风速的推荐值参照国际通用标准 BS EN ISO7730—2016 和 ASHRAE55—2017，并结合我国的实际国情确定。根据相关文献的研究结果，取室内由于吹风感而造成的不满意度 $PPD$ 为不大于 20% 时，空气温度（$t_a$）、平均风速（$v_a$）和空气紊流度（$T_u$）之间的关系如图 2-1 所示。根据图 2-1，夏季室内紊流度较高，$T_u$ 取 40%，空气温度取平均值 $t_a=26℃$ 时，得到夏季室内允许最大风速约为 $v_a≤0.25m/s$。冬季一般室内空气紊流度较小，$T_u$ 取为 20%，空气温度取 $t_a=18℃$ 时，得到冬季室内允许最大风速约为 $v_a≤0.2m/s$。

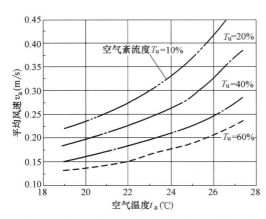

图 2-1　空气温度、平均风速和紊流度关系图

**二、室内新风量计算参数**

　　室内空气是室内主要环境影响因子。石油危机出现之后，建筑节能问题日益得到普遍关注，而降低新风负荷也就成为主要的节能措施之一。然而，病态建筑综合症和建筑相关疾病以及化学物质过敏症的出现使人们认识到提高建筑新风量是构建健康建筑的必然选择。各种大型公共场所、办公楼、居民住宅等现代建筑物的室内空气质量问题已经成为各国环境控制的焦点。

　　现行国家标准《室内空气质量标准》GB/T 18883—2002 规定：室内空气应无毒、无害、无异常臭味，并具体给出了物理性、化学性、生物性和放射性等参数的限定标准值（表 2-4）。

室内空气品质标准值（根据 GB/T 18883—2002）　　　　　表 2-4

| 分类 | 参数 | 单位 | 标准值 | 备注 |
|---|---|---|---|---|
| 物理性 | 温度 | ℃ | 22～28 | 夏季空调 |
| | | | 16～24 | 冬季空调 |
| | 相对湿度 | % | 40～80 | 夏季空调 |
| | | | 30～60 | 冬季空调 |
| | 空气流速 | m/s | 0.30 | 夏季空调 |
| | | | 0.20 | 冬季空调 |
| | 新风量 | $m^3/(h \cdot 人)$ | $\geqslant 30^a$ | |
| 化学性 | 二氧化硫 $SO_2$ | $mg/m^3$ | 0.50 | 1h 均值 |
| | 二氧化氮 $NO_2$ | $mg/m^3$ | 0.24 | 1h 均值 |
| | 一氧化碳 CO | % | 10 | 1h 均值 |
| | 二氧化碳 $CO_2$ | $mg/m^3$ | 0.10 | 1h 均值 |
| | 氨 $NH_3$ | $mg/m^3$ | 0.20 | 1h 均值 |
| | 臭氧 $O_3$ | $mg/m^3$ | 0.16 | 1h 均值 |
| | 甲醛 HCHO | $mg/m^3$ | 0.10 | 1h 均值 |
| | 苯 $C_6H_6$ | $mg/m^3$ | 0.11 | 1h 均值 |
| | 甲苯 $C_7H_8$ | $mg/m^3$ | 0.20 | 1h 均值 |
| | 二甲苯 $C_8H_{10}$ | $mg/m^3$ | 0.20 | 1h 均值 |
| | 苯并[a]芘 B(a)P | $mg/m^3$ | 1.00 | 日平均值 |
| | 可吸入颗粒 PM10 | $mg/m^3$ | 0.15 | 日平均值 |
| | 总挥发性有机物 TVOC | $mg/m^3$ | 0.60 | 8h 均值 |
| 生物性 | 菌落数 | $cfu/m^3$ | 2500 | 依据仪器定[b] |
| 放射性 | 氡$^{222}$Rn | $Bq/m^3$ | 400 | 年平均值（行动水平[c]） |

注：a：新风量要求不小于标准值，除温度、相对湿度外的其他参数要求不大于标准值；

　　b：参见 GB/T 18883—2002 的附录 D；

　　c：行动水平即达到此水平建议采取干预行动以降低室内氡浓度。

新风对于改善室内空气品质，减少病态建筑综合症具有不可替代的重要作用。因此，合理确定建筑新风量的大小，对改善室内空气环境和保证室内人员的健康舒适具有重要的现实意义。空调区、空调系统的新风量计算，应符合下列规定：

（1）人员所需新风量，应根据人员的活动和工作性质，以及在室内的停留时间等确定。

（2）空调区的新风量，应按不小于人员所需新风量，补偿排风和保持空调区空气压力所需新风量之和以及新风除湿所需新风量中的最大值确定。

（3）全空气空调系统的新风量，当系统服务于多个不同新风比的空调区时，系统新风比应小于空调区新风比中的最大值。

（4）新风系统的新风量，宜按所服务空调区或系统的新风量累计值确定。

空气调节系统新风量的要求适用于所有空气调节系统，包括风机盘管加新风系统、多联分体式空调系统、水环热泵的新风系统等。有资料规定空气调节系统的新风量占送风量的百分数不应低于10％。但温、湿度波动范围要求很小或洁净度要求很高的空调区送风量都很大。如要求最小新风量达到送风量10％，新风量也很大，不仅不节能，大量室外空气还影响了室内温湿度的稳定，增加了过滤器的负担。一般舒适性空气调节系统，按人员和正压要求确定的新风量达不到10％时，由于人员较少，室内 $CO_2$ 浓度也较小（氧气含量相对较高），也没必要加大新风量；因此现行国家标准《设计规范》GB 50736—2012没有规定新风量的最小比例。

民用建筑物主要空调区人员所需最小新风量应符合以下规定：

（1）公共建筑主要房间每人所需最小新风量应符合表 2-5 规定：

民用建筑主要房间每人所需最小新风量 $[m^3/(h \cdot 人)]$　　　　表 2-5

| 建筑类型 | 新风量 | 建筑类型 | 新风量 |
|---|---|---|---|
| 办公室 | 30 | 美容室 | 45 |
| 客房 | 30 | 理发室 | 20 |
| 多功能厅 | 20 | 宴会厅 | 20 |
| 大堂 | 10 | 餐厅 | 20 |
| 四季厅 | 10 | 咖啡厅 | 10 |
| 游艺厅 | 30 | | |

（2）设置新风系统的居住建筑和医院建筑，设计最小新风量宜按照换气次数法确定。由于居住建筑和医院建筑的建筑污染部分比重一般要高于人员污染部分，按照现有人员新风量指标所确定的新风量没有考虑建筑污染部分，从而不能保证始终完全满足室内卫生要求。因此，对于这两类建筑应将建筑的污染构成按建筑污染与人员污染同时考虑，并以换气次数的形式给出所需最小新风量，具体数值见表 2-6。

住宅和医院建筑最小新风量 $(h^{-1})$　　　　表 2-6

| 建筑类型 | | 换气次数 |
|---|---|---|
| 居住建筑 | 人均居住面积≤10m² | 0.70 |
| | 10m²＜人均居住面积≤20m² | 0.60 |
| | 20m²＜人均居住面积≤50m² | 0.50 |
| | 人均居住面积＞50m² | 0.45 |
| 医院建筑 | 门诊室 | 2 |
| | 病房 | 2 |
| | 手术室 | 5 |
| | 急诊 | 2 |
| | 放射室 | 2 |
| | 配药室 | 5 |

（3）高密人群建筑设计最小新风量宜按照不同人员密度下的每人所需最小新风量确定。按照目前我国现有新风量指标，计算得到的高密人群建筑新风量所形成的新风负荷在

空调负荷中的比重一般高达 20%～40%。对于人员密度超高建筑,新风能耗有时会高到人们难以接受的程度。另一方面,高密人群建筑的人流量变化幅度大,且受季节、气候和节假日等因素影响明显。

因此,该类建筑应该考虑不同人员密度条件下对新风量指标的具体要求;并且应重视室内人员的适应性和控制一定比例的不满意率等因素对新风量指标的影响。鉴于此,为了反映以上因素对新风量指标的具体要求,该类建筑新风量大小宜参考 ASHRAE Standard 62.1—2007 的规定,对不同人员密度下的每人所需最小新风量做出规定,结果见表 2-7。

不同人员密度下的每人所需最小新风量 $[m^3/(h \cdot 人)]$                         表 2-7

| 建筑对象 | 人员密度(人/m²) | | |
|---|---|---|---|
| | $PF \leqslant 0.4$ | $0.4 < PF \leqslant 1.0$ | $PF > 1.0$ |
| 影剧院 | 14 | 12 | 11 |
| 音乐厅 | 14 | 12 | 11 |
| 商场 | 19 | 16 | 15 |
| 超市 | 19 | 16 | 15 |
| 歌厅 | 23 | 20 | 19 |
| 游艺厅 | 26 | 18 | 16 |
| 酒吧 | 30 | 25 | 23 |
| 多功能厅 | 30 | 25 | 23 |
| 宴会厅 | 30 | 25 | 23 |
| 餐厅 | 30 | 25 | 23 |
| 咖啡厅 | 30 | 25 | 23 |
| 体育馆 | 19 | 16 | 15 |
| 健身房 | 40 | 38 | 37 |
| 保龄球房 | 30 | 25 | 23 |
| 图书馆 | 20 | 17 | 16 |
| 教室 | 28 | 24 | 22 |
| 博物馆 | 19 | 16 | 15 |
| 展览厅 | 19 | 16 | 15 |
| 幼儿园 | 13 | 10 | 9 |
| 交通工具等候室 | 30 | 25 | 23 |

舒适性空气调节和条件允许的工艺性空气调节可用新风作冷源时,全空气空气调节系统应最大限度地使用新风。除过渡季可使用全新风外,还有冬季不采用最小新风量的特例:冬季发热量较大的内区,如采用最小新风量,仍需要对空气进行冷却,此时可加大新风量作为冷源。全空气系统不能最大限度使用新风的限制条件,是指室内温湿度允许波动范围小或需保持正压稳定的空调区以及洁净室等,应减少过滤器负担,不宜改变或增加新风量的情况。

当全空气空调系统必须服务于不同新风比的多个空调区域时,其系统的新风量应按下列公式确定:

$$Y = \frac{X}{1 + X - Z} \tag{2-1}$$

$$Y = \frac{q_{ot}}{q_{st}} \qquad (2\text{-}2)$$

$$X = \frac{q_{on}}{q_{st}} \qquad (2\text{-}3)$$

$$Z = \frac{q_{oc}}{q_{sc}} \qquad (2\text{-}4)$$

式中：$Y$——修正后的系统新风量在送风量中的比例；

$\quad q_{ot}$——修正后的总新风量，$m^3/h$；

$\quad q_{st}$——总送风量，即系统中所有房间送风量之和，$m^3/h$；

$\quad X$——未修正的系统新风量在送风量中的比例；

$\quad q_{on}$——系统中所有房间的新风量之和，$m^3/h$；

$\quad Z$——需求最大的房间的新风比；

$\quad q_{oc}$——需求最大的房间的新风量，$m^3/h$；

$\quad q_{sc}$——需求最大的房间的送风量，$m^3/h$。

下列情况应采用直流式（全新风）空气调节系统：

（1）夏季空气调节系统的回风焓值高于室外空气焓值；

（2）系统服务的各空调区排风量大于按负荷计算出的送风量；

（3）室内散发有害物质，以及防火防爆等要求不允许空气循环使用；

（4）卫生或工艺要求采用直流式（全新风）空调系统。

**三、室外空气计算参数**

室外空气计算参数是负荷计算的重要基础数据，其取值范围将影响到空调系统运行效果及设备初投资和运行费用。我国使用的室外空气计算参数确定方法一般是按平均或累年不保证日（时）数确定。

（1）夏季空气调节室外计算干球温度（$t_{wg}$）：应采用历年平均不保证 50h 的干球温度，简化计算时，可采用下式计算

$$t_{wg} = 0.71t_{rp} + 0.29t_{max} \qquad (2\text{-}5)$$

式中：$t_{wg}$——夏季空气调节室外计算干球温度，℃；

$\quad t_{rp}$——累年最热月平均温度，℃；

$\quad t_{max}$——累年极端最高温度，℃。

（2）夏季空气调节室外计算湿球温度（$t_{ws}$）：应采用历年平均不保证 50h 的湿球温度，简化计算时，可采用下式计算

$$t_{ws} = 0.72t_{s \cdot rp} + 0.28t_{s \cdot max} \text{（适用于北部地区）} \qquad (2\text{-}6)$$

$$t_{ws} = 0.75t_{s \cdot rp} + 0.25t_{s \cdot max} \text{（适用于中部地区）} \qquad (2\text{-}7)$$

$$t_{ws} = 0.80t_{s \cdot rp} + 0.20t_{s \cdot max} \text{（适用于南部地区）} \qquad (2\text{-}8)$$

式中：$t_{ws}$——夏季空气调节室外计算湿球温度，℃；

$\quad t_{s \cdot rp}$——与累年最热月平均温度和平均相对温度相对应的湿球温度，可在当地大气压力下的焓湿图上查得，℃；

$\quad t_{s \cdot max}$——与累年极端最高温度和最热月平均相对湿度相对应的湿球温度，可在当地大气压力下的焓湿图上查得，℃。

（3）夏季空气调节室外计算日平均温度（$t_{wp}$）：应采用历年平均不保证 5d 的日平均温度。关于夏季室外计算日平均温度的确定原则是考虑与空调室外计算干湿球温度相对应的，即不保证小时数应为 50h 左右。统计结果表明，50h 的不保证小时数大致分布在 15d 左右，而在这 15d 左右的时间内，分布也是不均等的，有些天仅有 1～2h，出现较多的不保证小时数的天数一般在 5d 左右。因此，取不保证 5d 的日平均温度，大致与室外计算干湿球温度不保证 50h 是相对应的。简化计算时，可采用下列公式

$$t_{wp}=0.8t_{rp}+0.20t_{max} \tag{2-9}$$

式中：$t_{wp}$——夏季空气调节室外计算日平均温度，℃；

$t_{rp}$——累年最热月平均温度，℃。

（4）夏季空气调节室外计算逐时温度（$t_{sh}$）：夏季空气调节室外计算逐时温度可按下式计算

$$t_{sh}=t_{wp}+\beta\Delta t_r \tag{2-10}$$

$$\Delta t_r=\frac{t_{wg}-t_{wp}}{0.52} \tag{2-11}$$

式中：$t_{sh}$——室外计算逐时温度，℃；

$t_{wp}$——夏季空气调节室外计算日平均温度，℃；

$\beta$——室外温度逐时变化系数，见表 2-8；

$\Delta t_r$——夏季室外计算平均日较差，℃；

$t_{wg}$——夏季空气调节室外计算干球温度，℃。

**室外温度逐时变化系数 $\beta$**　　　　　　　　　　　　　表 2-8

| 时刻 | 1 | 2 | 3 | 4 | 5 | 6 | 7 | 8 | 9 | 10 | 11 | 12 |
|---|---|---|---|---|---|---|---|---|---|---|---|---|
| $\beta$ | —0.35 | —0.38 | —0.42 | —0.45 | —0.47 | —0.41 | —0.28 | —0.12 | 0.03 | 0.16 | 0.29 | 0.40 |
| 时刻 | 13 | 14 | 15 | 16 | 17 | 18 | 19 | 20 | 21 | 22 | 23 | 24 |
| $\beta$ | 0.48 | 0.52 | 0.51 | 0.43 | 0.39 | 0.28 | 0.14 | 0.00 | —0.10 | —0.17 | —0.23 | —0.26 |

（5）冬季空气调节室外计算温度（$t_{wk}$）

应采用历年平均不保证 1d 的日平均温度。冬季空气调节室外计算温度，也可按下式确定（化为整数）

$$t_{wk}=0.30t_{lp}+0.70t_{p\cdot min} \tag{2-12}$$

式中：$t_{wk}$——冬季空气调节室外计算温度，℃；

$t_{lp}$——累年最冷月平均温度，℃；

$t_{p\cdot min}$——累年最低日平均温度，℃。

（6）冬季空气调节室外计算相对湿度（$\varphi_{wk}$）

冬季空气调节室外计算相对湿度应采用累年最冷月平均相对湿度（累年逐月平均气温最低月份的累年月平均相对湿度）。

此外，冬季室外平均风速应采用累年最冷 3 个月各月平均风速的平均值。冬季最多风向及其频率应采用累年最冷 3 个月的最多风向及其平均频率。

表 2-9 所示为依据《设计规范》GB 50736—2012 进行统计计算出的我国主要城市的空气调节室外空气计算参数表，可在设计时根据需要选用。

表 2-9

## 我国主要城市室外空气计算参数表

| 地点 | | 北京 | 天津 | 石家庄 | 太原 | 呼和浩特 | 沈阳 | 大连 | 长春 | 哈尔滨 | 上海 | 南京 |
|---|---|---|---|---|---|---|---|---|---|---|---|---|
| 年平均温度（℃） | | 12.3 | 12.7 | 13.4 | 10 | 6.7 | 8.4 | 10.9 | 5.7 | 4.2 | 16.1 | 25.5 |
| 室外计算温、湿度（℃） | 冬季 空调室外计算干球温度（℃） | −9.9 | −9.6 | −8.8 | −12.8 | −20.3 | −20.7 | −13 | −24.3 | −27.1 | −2.2 | −4.1 |
| | 空调相对湿度（%） | 44 | 56 | 55 | 50 | 58 | 60 | 56 | 66 | 73 | 75 | 76 |
| | 夏季 空调室外计算干球温度（℃） | 33.5 | 33.9 | 35.1 | 31.5 | 30.6 | 31.5 | 29 | 30.5 | 30.7 | 34.4 | 34.8 |
| | 空气调节室外计算湿球温度（℃） | 26.4 | 26.8 | 26.8 | 23.8 | 21 | 25.3 | 24.9 | 24.1 | 23.9 | 27.9 | 28.1 |
| | 空气调节室外计算日平均温度（℃） | 29.6 | 29.4 | 30 | 26.1 | 25.9 | 27.5 | 26.5 | 26.3 | 26.3 | 30.8 | 31.2 |
| 室外风向、风速及频率 | 夏季 平均风速（m/s） | 2.1 | 2.2 | 1.7 | 1.8 | 1.8 | 2.6 | 4.1 | 3.2 | 3.2 | 3.1 | 2.6 |
| | 最多风向 | C SW | C S | C S | C N | C SW | SW | SSW | WSW | SSW | SE | C SSE |
| | 最多风向的频率（%） | 18 10 | 15 9 | 26 13 | 30 10 | 36 8 | 16 | 19 | 15 | 12 | 14 | 18 11 |
| | 最多风向的平均风速（m/s） | 3 | 2.4 | 2.6 | 2.4 | 3.4 | 3.5 | 4.6 | 4.6 | 3.9 | 3 | 3 |
| | 冬季 平均风速（m/s） | 2.6 | 2.4 | 1.8 | 2 | 1.5 | 2.6 | 5.2 | 3.7 | 3.2 | 2.6 | 2.4 |
| | 最多风向 | C N | C N | C NNE | C N | C NNW | C NNE | NNE | WSW | SW | NW | C ENE |
| | 最多风向的频率（%） | 19 12 | 20 11 | 25 12 | 30 13 | 50 9 | 13 10 | 24 | 20 | 14 | 14 | 28 10 |
| | 最多风向的平均风速（m/s） | 4.7 | 4.8 | 2 | 2.6 | 4.2 | 3.6 | 7 | 4.7 | 3.7 | 3 | 3.5 |
| | 年最多风向 | C SW | C SW | C S | C N | C NNW | SW | NNE | WSW | SSW | SE | C E |
| | 年最多风向的频率（%） | 17 10 | 16 9 | 25 12 | 29 11 | 40 7 | 13 | 15 | 17 | 12 | 10 | 23 9 |
| 冬季日照百分率（%） | | 64 | 58 | 56 | 57 | 63 | 56 | 65 | 64 | 56 | 40 | 43 |
| 大气压力（hPa） | 冬季 | 1021.7 | 1027.1 | 1017.2 | 933.5 | 901.2 | 1020.8 | 1013.9 | 994.4 | 1004.2 | 1025.4 | 1025.5 |
| | 夏季 | 1000.2 | 1005.2 | 995.8 | 919.8 | 889.6 | 1000.9 | 997.8 | 978.4 | 987.7 | 1005.4 | 1004.3 |
| 极端最高温度（℃） | | 41.9 | 40.5 | 41.5 | 37.4 | 38.5 | 36.1 | 35.3 | 35.7 | 36.7 | 39.4 | 39.7 |
| 极端最低温度（℃） | | −18.3 | −17.8 | −19.3 | −22.7 | −30.5 | −29.4 | −18.8 | −33 | −37.7 | −10.1 | −13.1 |

续表

| 地点 | | | 苏州 | 杭州 | 宁波 | 合肥 | 福州 | 厦门 | 南昌 | 济南 | 青岛 | 郑州 | 武汉 |
|---|---|---|---|---|---|---|---|---|---|---|---|---|---|
| 年平均温度(℃) | | | 16.1 | 16.5 | 16.5 | 15.8 | 19.8 | 20.6 | 17.6 | 14.7 | 12.7 | 14.3 | 16.6 |
| 室外计算温湿度(℃) | 冬季 | 空调室外计算干球温度(℃) | -2.5 | -2.4 | -1.5 | -4.2 | 4.4 | 6.6 | -1.5 | -7.7 | -7.2 | -6 | -2.6 |
| | | 空调相对湿度(%) | 77 | 76 | 79 | 76 | 74 | 79 | 77 | 53 | 63 | 61 | 77 |
| | 夏季 | 空调室外计算干球温度(℃) | 34.4 | 35.6 | 35.1 | 35 | 35.9 | 33.5 | 35.5 | 34.7 | 29.4 | 34.9 | 35.2 |
| | | 空气调节室外计算湿球温度(℃) | 28.3 | 27.9 | 28 | 28.1 | 28 | 27.5 | 28.2 | 26.8 | 26 | 27.4 | 28.4 |
| | | 空气调节室外计算日平均温度(℃) | 31.3 | 31.6 | 30.6 | 31.7 | 30.8 | 29.7 | 32.1 | 31.3 | 27.3 | 30.2 | 32 |
| 室外计算风速、风向及频率 | 夏季 | 平均风速(m/s) | 3.5 | 2.4 | 2.6 | 2.9 | 3 | 3.1 | 2.2 | 2.8 | 4.6 | 2.2 | 2 |
| | | 最多风向 | SE | SW | S | C SSW | SSE | SSE | C WSW | SW | S | C S | C ENE |
| | | 最多风向的频率(%) | 15 | 17 | 17 | 11 10 | 24 | 10 | 21 11 | 14 | 17 | 21 11 | 23 8 |
| | | 最多风向的平均风速(m/s) | 3.9 | 2.9 | 2.7 | 3.4 | 4.2 | 3.4 | 3.1 | 3.6 | 4.6 | 2.8 | 2.3 |
| | 冬季 | 平均风速(m/s) | 3.5 | 2.3 | 2.3 | 2.7 | 2.4 | 3.3 | 2.6 | 2.9 | 5.4 | 2.7 | 1.8 |
| | | 最多风向 | N | C N | C N | C E | C NNW | ESE | NE | E | N | C NW | C NE |
| | | 最多风向的频率(%) | 16 | 20 15 | 18 17 | 17 10 | 17 23 | 23 | 26 | 16 | 23 | 22 12 | 28 13 |
| | | 最多风向的平均风速(m/s) | 4.8 | 3.3 | 3.4 | 3 | 3.1 | 4 | 3.6 | 3.7 | 6.6 | 4.9 | 3 |
| | | 年最多风向 | SE | C N | C S | C E | C SSE | ESE | NE | SW | S | C ENE | C ENE |
| | | 年最多风向的频率(%) | 10 | 18 11 | 15 10 | 14 9 | 18 14 | 18 | 20 | 17 | 14 | 21 10 | 26 10 |
| 冬季日照百分率(%) | | | 41 | 36 | 37 | 40 | 32 | 33 | 33 | 56 | 59 | 47 | 37 |
| 大气压力(hPa) | 冬季 | | 1024.1 | 1021.1 | 1025.7 | 1022.3 | 1012.9 | 1006.5 | 1019.5 | 1019.1 | 1017.4 | 1013.3 | 1023.5 |
| | 夏季 | | 1003.7 | 1000.9 | 1005.9 | 1001.2 | 996.6 | 994.5 | 999.5 | 997.9 | 1000.4 | 992.3 | 1002.1 |
| 极端最高温度(℃) | | | 38.8 | 39.9 | 39.5 | 39.1 | 39.9 | 38.5 | 40.1 | 40.5 | 37.4 | 42.3 | 39.3 |
| 极端最低温度(℃) | | | -8.3 | -8.6 | -8.5 | -13.5 | -1.7 | 1.5 | -9.7 | -14.9 | -14.3 | -17.9 | -18.1 |

续表

| 地点 | | | 长沙 | 广州 | 深圳 | 南宁 | 桂林 | 海口 | 三亚 | 重庆 | 成都 | 贵阳 | 昆明 |
|---|---|---|---|---|---|---|---|---|---|---|---|---|---|
| 年平均温度(℃) | | | 17 | 22 | 22.6 | 21.8 | 18.9 | 24.1 | 25.8 | 17.7 | 16.1 | 15.3 | 14.9 |
| 室外计算温度,湿度(℃) | 冬季 | 空调室外计算干球温度(℃) | -1.9 | 5.2 | 6 | 5.7 | 1.1 | 10.3 | 15.8 | 2.2 | 1 | -2.5 | 0.9 |
| | | 空调相对湿度(%) | 83 | 72 | 72 | 78 | 74 | 86 | 73 | 83 | 83 | 80 | 68 |
| | 夏季 | 空气调节室外计算干球温度(℃) | 35.8 | 34.2 | 33.7 | 34.5 | 34.2 | 35.1 | 32.8 | 35.5 | 31.8 | 30.1 | 26.2 |
| | | 空气调节室外计算湿球温度(℃) | 27.7 | 27.8 | 27.5 | 27.9 | 27.3 | 28.1 | 28.1 | 26.5 | 26.4 | 23 | 20 |
| | | 空气调节室外计算日平均温度(℃) | 31.6 | 30.7 | 30.5 | 30.7 | 30.4 | 30.5 | 30.2 | 32.3 | 27.9 | 26.5 | 22.4 |
| 室外风向、风速及频率 | 夏季 | 平均风速(m/s) | 2.6 | 1.7 | 2.2 | 1.5 | 1.6 | 2.3 | 2.2 | 1.5 | 1.2 | 2.1 | 1.8 |
| | | 最多风向 | C NNW | C SSE | C ESE | C S | C NE | S | C SSE | C ENE | C NNE | C SSW | C WSW |
| | | 最多风向的频率(%) | 16 13 | 28 12 | 21 11 | 31 10 | 32 16 | 19 | 15 9 | 33 8 | 41 8 | 24 17 | 31 13 |
| | | 最多风向的平均风速(m/s) | 1.7 | 2.3 | 2.7 | 2.6 | 2.6 | 2.7 | 2.4 | 1.1 | 2 | 3 | 2.6 |
| | 冬季 | 平均风速(m/s) | 2.3 | 1.7 | 2.8 | 1.2 | 3.2 | 2.5 | 2.7 | 1.1 | 0.9 | 2.1 | 2.2 |
| | | 最多风向 | NNW | C NNE | ENE | C E | NE | ENE | ENE | C NNE | C NE | C ENE | C WSW |
| | | 最多风向的频率(%) | 32 | 34 19 | 20 | 43 12 | 48 | 24 | 19 | 46 13 | 50 13 | 23 | 35 19 |
| | | 最多风向的平均风速(m/s) | 3 | 2.7 | 2.9 | 1.9 | 4.4 | 3.1 | 3 | 1.6 | 1.9 | 2.5 | 3.7 |
| | | 年最多风向 | NNW | C NNE | ESE | C E | NE | ENE | C ESE | C NNE | C NE | C ENE | C WSW |
| | | 年最多风向的频率(%) | 22 | 31 11 | 14 | 38 10 | 35 | 14 | 14 13 | 44 13 | 43 11 | 23 15 | 31 16 |
| 冬季日照百分率(%) | | | 26 | 36 | 43 | 25 | 24 | 34 | 54 | 7.5 | 17 | 15 | 66 |
| 大气压力(hPa) | 冬季 | | 1019.6 | 1019 | 1016.6 | 1011 | 1003 | 1016.4 | 1016.2 | 980.6 | 963.7 | 897.4 | 811.9 |
| | 夏季 | | 999.2 | 1004 | 1002.4 | 995.5 | 986.1 | 1002.8 | 1005.6 | 963.8 | 948 | 887.8 | 808.2 |
| 极端最高温度(℃) | | | 39.7 | 38.1 | 38.7 | 39 | 38.5 | 38.7 | 35.9 | 40.2 | 36.7 | 35.1 | 30.4 |
| 极端最低温度(℃) | | | -11.3 | 0 | 1.7 | 1.9 | -3.6 | 4.9 | 5.1 | -1.8 | -5.9 | -7.3 | -7.8 |

| 地点 | 西双版纳州 | 拉萨 | 西安 | 延安 | 兰州 | 西宁 | 银川 | 乌鲁木齐 | 台北 | 香港 |
|---|---|---|---|---|---|---|---|---|---|---|
| 年平均温度(℃) | 22.4 | 8 | 13.7 | 9.9 | 9.8 | 6.1 | 9 | 7 | 22.1 | 22.8 |
| 室外计算温度、湿度(℃)　冬季　空调室外计算干球温度(℃) | 10.5 | -7.6 | -5.7 | -13.3 | -11.5 | -13.6 | -17.3 | -23.7 | 9 | 8 |
| 冬季　空调相对湿度(%) | 85 | 28 | 66 | 53 | 54 | 45 | 55 | 78 | 82 | 71 |
| 夏季　空调室外干球温度(℃) | 34.7 | 24.1 | 35 | 32.4 | 31.2 | 26.5 | 31.2 | 33.5 | 33.6 | 32.4 |
| 夏季　空调室外计算湿球温度(℃) | 25.7 | 13.5 | 25.8 | 22.8 | 20.1 | 16.6 | 22.1 | 18.2 | 27.3 | 27.3 |
| 夏季　空调室外计算日平均温度(℃) | 28.5 | 19.2 | 30.7 | 26.1 | 26 | 20.8 | 26.2 | 28.3 | 30.5 | 30 |
| 室外风向、风速及风频率　夏季　平均风速(m/s) | 0.8 | 1.8 | 1.9 | 1.6 | 1.2 | 1.5 | 2.1 | 3 | 2.8 | 5.3 |
| 夏季　最多风向 | C ESE | C SE | C ENE | C WSW | C ESE | C SSE | C SSW | C NNW | C E | E |
| 夏季　最多风向的频率(%) | 58　8 | 30　12 | 28　13 | 28　16 | 48　9 | 37　17 | 21　11 | 15 | 15　13 | 25 |
| 夏季　最多风向的平均风速(m/s) | 1.7 | 2.7 | 2.5 | 2.2 | 2.1 | 2.9 | 2.9 | 3.7 | — | — |
| 冬季　平均风速(m/s) | 0.4 | 2 | 1.4 | 1.8 | 0.5 | 1.3 | 1.8 | 1.6 | 3.7 | 6.5 |
| 冬季　最多风向 | C ESE | C ESE | C ENE | C WSW | C E | C SSE | C NNE | C SSW | E | E |
| 冬季　最多风向的频率(%) | 72　3 | 27　15 | 41　10 | 25　20 | 74　5 | 49　18 | 26　11 | 29　10 | 29 | 42 |
| 冬季　最多风向的平均风速(m/s) | 1.4 | 2.3 | 2.5 | 2.4 | 1.7 | 3.2 | 2.2 | 2 | — | — |
| 年最多风向 | C ESE | C SE | C ENE | C WSW | C ESE | C SSE | C NNE | C NNW | E | E |
| 年最多风向的频率(%) | 68　5 | 28　12 | 35　11 | 26　17 | 59　7 | 41　20 | 23　9 | 15　12 | 24 | 39 |
| 冬季日照百分率(%) | 57 | 77 | 32 | 61 | 53 | 68 | 68 | 39 | — | 44 |
| 大气压力(hPa)　冬季 | 851.3 | 650.6 | 979.1 | 913.8 | 851.5 | 774.4 | 896.1 | 924.6 | 1019.7 | 1019.5 |
| 大气压力(hPa)　夏季 | 942.7 | 652.9 | 959.8 | 900.7 | 843.2 | 772.9 | 883.9 | 911.2 | 1005.3 | 1005.6 |
| 极端最高温度(℃) | 41.1 | 29.9 | 41.8 | 38.3 | 39.8 | 36.5 | 38.7 | 42.1 | 33 | 36.1 |
| 极端最低温度(℃) | 1.9 | -16.5 | -12.8 | -23 | -19.7 | -24.9 | -27.7 | -32.8 | -2 | 0 |

## 第二节　空调区得热量与冷负荷

### 一、室内热环境营造桑基能流图

对建筑热过程的正确理解和分析是提出合理室内热环境营造技术的基础。建筑热过程构建桑基能流图适合展示不同阶段的能量流动，已广泛应用于能源、材料和金融领域等。图 2-2 所示为涵盖设计与运行阶段的室内热环境营造桑基能流图。

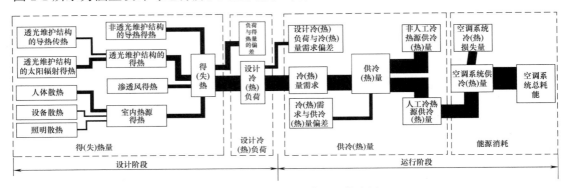

图 2-2　建筑热过程构建桑基能流图

建筑在内外扰作用下与周围环境进行换热。如图 2-2 所示，透光和非透光围护结构的导热得热、透光围护结构的太阳辐射得热、渗透风得热及室内热源得热四部分构成了该建筑的总得热。其中，室内热源得热及太阳辐射得热始终在加热室内空间，而围护结构导热的方向及渗透风得热还是失热，则与当前室内外温度相对高低有关。

对于有热环境控制需求的建筑，空调设计冷（热）负荷是确定空调系统的设备容量、系统参数及控制方案的基础。对于送风空调系统来说，室内负荷与得热并不相等，前者只包含得热中的对流部分。从图 2-2 可以看出，降低室内得（失）热，将从源头上减少设计负荷。

建筑室内热环境营造系统运行时，室内冷（热）量需求为当前时刻人体达到热舒适时与外界的换热量。由于人员所需的室内舒适温度与设计温度存在差别，导致室内设计冷（热）负荷与人体冷（热）量需求存在偏差。加之实际运行工况中内外扰如气象条件、室内热扰大小等与设计工况不同，也使得人体冷（热）量需求与营造系统末端实际供冷（热）量存在偏差。室内人员的热不舒适正是由这种偏差引起的。若末端实际供冷（热）量大于人员冷（热）量需求，则会导致室内过冷（过热），同时也增加了空调能耗。

从全年的时间尺度来看，室内供冷（热）量既可来自于非人工冷（热）源，如过渡季自然通风时较低温度的室外空气，也可来自于人工冷（热）源。减少供暖空调能耗的途径之一是尽可能减少室内热环境营造对人工冷（热）源的需求。而空调系统提供的冷（热）量除到达室内末端部分外，另一部分受管网保温隔热等影响消耗在运输途中。设备及系统的能量传输和转化效率影响营造系统的最终能耗。

可见，从建筑热过程的角度，室内热环境营造经历了得（失）热、冷（热）负荷、供冷（热）量到能源消耗之间的能量传输与转化过程。

**二、得热量与冷负荷**

以空气调节房间为例，某一时刻通过围护结构进入室内的热量，以及房间内部散出的各种热量，称为房间得热量；这些热量中有显热或潜热，或两者兼有。现行国家标准《设计规范》GB 50736—2012 规定：空调区的夏季计算得热量应根据下列各项确定：

（1）通过围护结构传入的热量：包括外围护结构与内围护结构传热；

（2）通过外窗进入的太阳辐射热量；

（3）人体散热量；

（4）照明散热量；

（5）设备、器具、管道及其他内部热源的散热量；

（6）食品或物料的散热量；

（7）渗透空气带入的热量，正压房间可忽略；

（8）伴随各种散湿过程产生的潜热量。

在计算空调区的夏季得热量时，只能计算空调区域得到的热量（包括空调区自身的得热量和由空调区外传入的得热量，例如分层空调中的对流热转移和辐射热转移等），处于空调区域之外的得热量不应计算。食品的散热量在一些建筑类型的得热量计算中应予以考虑，因为该项散热量对于若干民用建筑（如饭店、宴会厅等）的空调负荷影响颇大。

为保持所要求的室内设计温度的稳定，必须由空气调节系统从房间带走的热量称为房间冷负荷。空调房间的冷负荷主要包括如下内容：

（1）由于室内外温差和太阳辐射作用，通过建筑物围护结构传入室内热量形成的冷负荷；

（2）人体散热、散湿形成的冷负荷；

（3）灯光照明散热形成的冷负荷；

（4）其他设备散热形成的冷负荷。

空调房间的冷负荷是确定空调送风系统风量和空调设备容量的依据。

《设计规范》GB 50736—2012 明确规定空调区的夏季冷负荷应根据各项得热量的种类和性质以及空调区的蓄热特性，分别进行计算。因此，首先要明确得热量与冷负荷的关系（图 2-3）。

得热量与冷负荷是两个不同的概念。得热量与冷负荷在数值上不一定相等，这取决于得热中是否含有时变的辐射成分。由于只有得热中的对流成分才能被室内空气立即吸收；当时变的得热量中含有辐射成分时，或者虽然时变得热曲线相同但所含的辐射百分比不同时，由于进入房间的辐射成分不能

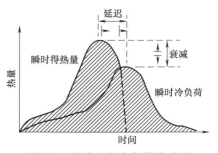

图 2-3　得热量与冷负荷关系图

被空气调节系统的送风消除，只能被房间内表面及室内各种陈设所吸收、反射、放热、再吸收、再反射、再放热……在多次放热过程中，由于房间及陈设的蓄热、放热作用，得热当中的辐射成分逐渐转化为对流成分，即转化为冷负荷。显然，此时得热曲线与负荷曲线不再一致（图 2-3）。比起得热量曲线，冷负荷曲线将产生峰值上的衰减和时间上的延迟，这对于削减空气调节设计负荷有重要意义。

# 第三节　空调房间冷负荷计算

在计算空调负荷时，必须考虑围护结构的吸热、蓄热和放热过程，不同性质的得热量所形成的室内逐时冷负荷是不同步的。因此，在确定房间逐时冷负荷时，必须按不同性质的得热分别计算，然后取逐时冷负荷分量之和。《设计规范》GB 50736—2012 明确规定，除在方案设计或初步设计阶段可使用热、冷负荷指标进行必要的估算外，施工图阶段应对空调区进行冬季热负荷和夏季逐项逐时冷负荷计算。

空调冷负荷的计算方法很多，如谐波反应法、反应系数法、Z传递函系数法和冷负荷系数法等。目前，我国常采用冷负荷系数法和谐波反应法的简化计算方法计算空调冷负荷。本节所述的冷负荷系数法是建立在传递函数法的基础上，便于在工程上进行计算的一种简化算法。空调负荷宜采用建筑冷负荷计算软件进行计算；采用手算时，宜按以下方法进行计算。

**一、维护结构传入室内热量形成的冷负荷**

1. 外围护结构非稳态传热形成的逐时冷负荷

在日射和室外气温综合作用下，外墙、屋顶或外窗瞬变传热引起的逐时冷负荷可按下列公式计算：

$$CL_{Wq} = K_{Wq} F_{Wq}(t_{wlq} - t_{Nx}) \tag{2-13}$$

$$CL_{Wm} = K_{Wm} F_{Wm}(t_{wlm} - t_{Nx}) \tag{2-14}$$

$$CL_{Wc} = K_{Wc} F_{Wc}(t_{wlc} - t_{Nx}) \tag{2-15}$$

式中：　　$CL_{Wq}$——外墙传热形成的逐时冷负荷，W；

$CL_{Wm}$——屋面传热形成的逐时冷负荷，W；

$CL_{Wc}$——外窗传热形成的逐时冷负荷，W；

$K_{Wq}$——外墙传热系数，W/(m²·K)，Ⅰ型和Ⅱ型外墙结构及其热工性能指标，见表2-10；

$K_{Wm}$——屋面传热系数，W/(m²·K)，Ⅰ型和Ⅱ型屋面热工性能指标，见表2-10；

$K_{Wc}$——外窗传热系数，W/(m²·K)，单层窗可取 5.8W/(m²·K)，双层窗可取 2.9W/(m²·K)；

$F_{Wq}$、$F_{Wm}$、$F_{Wc}$——分别为外墙、屋面或外窗传热面积，m²；

$t_{wlq}$——外墙的逐时冷负荷计算温度，℃，应根据外墙结构及热工特性进行选择，可按表2-11至表2-14选用，并按照设计地点进行修正；

$t_{wlm}$——屋面的逐时冷负荷计算温度，℃，应根据屋面结构及热工特性进行选择，可按表2-11至表2-14选用，并按照设计地点进行修正；

$t_{wlc}$——外窗的逐时冷负荷计算温度，℃，可按表2-15选用；

$t_{Nx}$——夏季空调室内计算温度，℃。

必须注意，《设计规范》GB 50736—2012 中仅给出北京、西安、上海、广州四个代表城市外墙、屋面逐时冷负荷计算温度。对其他城市外墙、屋面逐时冷负荷计算温度可根据相近的代表城市外墙、屋面逐时冷负荷计算温度给予修正。如与北京相近的其他城市（天津、石家庄、乌鲁木齐、沈阳、长春、哈尔滨、呼和浩特、银川、太原、大连等）修正值可由表2-11查得。

外墙/屋面类型及热工性能指标（由外到内） 表 2-10

| 类型 | 材料名称 | 厚度 (mm) | 密度 (kg/cm³) | 导热系数 [W/(m·K)] | 热容 [J/(kg·K)] | 传热系数 [W/(m²·k)] | 衰减 | 延迟 (h) |
|---|---|---|---|---|---|---|---|---|
| 外墙Ⅰ | 水泥砂浆 | 20 | 1800 | 0.93 | 1050 | 0.83 | 0.17 | 8.4 |
| | 挤塑聚苯板 | 25 | 35 | 0.028 | 1380 | | | |
| | 水泥砂浆 | 20 | 1800 | 0.93 | 1050 | | | |
| | 钢筋混凝土 | 200 | 2500 | 1.74 | 1050 | | | |
| 外墙Ⅱ | EPS外保温 | 40 | 30 | 0.042 | 1380 | 0.79 | 0.16 | 8.3 |
| | 水泥砂浆 | 25 | 1800 | 0.93 | 1050 | | | |
| | 钢筋混凝土 | 200 | 2500 | 1.74 | 1050 | | | |
| 屋面Ⅰ | 细石混凝土 | 40 | 2300 | 1.51 | 920 | 0.49 | 0.16 | 12.3 |
| | 防水卷材 | 4 | 900 | 0.23 | 1620 | | | |
| | 水泥砂浆 | 2 | 1800 | 0.93 | 1050 | | | |
| | 挤塑聚苯板 | 35 | 30 | 0.042 | 1380 | | | |
| | 水泥砂浆 | 20 | 1800 | 0.93 | 1050 | | | |
| | 水泥炉渣 | 20 | 1000 | 0.023 | 920 | | | |
| | 钢筋混凝土 | 120 | 2500 | 1.74 | 920 | | | |
| 屋面Ⅱ | 细石混凝土 | 40 | 2300 | 1.51 | 920 | 0.77 | 0.27 | 8.2 |
| | 挤塑聚苯板 | 40 | 30 | 0.042 | 1380 | | | |
| | 水泥砂浆 | 20 | 1800 | 0.93 | 1050 | | | |
| | 水泥陶粒混凝土 | 30 | 1300 | 0.52 | 980 | | | |
| | 钢筋混凝土 | 120 | 2500 | 1.74 | 920 | | | |

对于室温允许波动范围≥±1℃的舒适性空调区，通过非轻型外墙进入的传热量，可按稳定传热方法计算其形成的冷负荷。室外计算温度可采用近似室外计算日平均综合温度，按式（2-16）和式（2-17）计算。

$$CL_{Wq} = KF(t_{zp} - t_{Nx}) \tag{2-16}$$

$$t_{zp} = t_{wp} + \frac{\rho J_p}{\alpha_w} \tag{2-17}$$

式中：$CL_{Wq}$——通过非轻型外墙传热形成的逐时冷负荷，W；

　　　　$K$——非轻型外墙传热系数，W/(m²·K)；

　　　　$t_{zp}$——夏季空调室外计算日平均综合温度，℃；

　　　　$t_{wp}$——夏季空调室外计算日平均温度，℃，可按表2-9选用；

　　　　$J_p$——围护结构所在朝向太阳总辐射照度的日平均值，W/m²，可按表2-16选用；

　　　　$\rho$——围护结构外表面对于太阳辐射热的吸收系数，青灰色水泥屋面可取0.74，油毛毡屋面可取0.72～0.86，水泥粉刷墙面取0.56；

　　　　$\alpha_w$——围护结构外表面换热系数，W/(m²·K)，可按表2-17选用。

表 2-11

## 北京市外墙、屋面逐时冷负荷计算温度（℃）

| 类别 | 类型 | 朝向 | 1 | 2 | 3 | 4 | 5 | 6 | 7 | 8 | 9 | 10 | 11 | 12 | 13 | 14 | 15 | 16 | 17 | 18 | 19 | 20 | 21 | 22 | 23 | 24 |
|---|---|---|---|---|---|---|---|---|---|---|---|---|---|---|---|---|---|---|---|---|---|---|---|---|---|---|
| 墙体 $t_{wlq}$ | I | 东 | 36.0 | 35.6 | 35.1 | 34.7 | 34.4 | 34.0 | 33.7 | 33.6 | 33.7 | 34.2 | 34.8 | 35.4 | 36.0 | 36.5 | 36.8 | 37.0 | 37.2 | 37.3 | 37.4 | 37.3 | 37.3 | 37.1 | 36.9 | 36.5 |
| | | 南 | 34.7 | 34.2 | 33.9 | 33.6 | 33.2 | 32.9 | 32.6 | 32.4 | 32.2 | 32.1 | 32.1 | 32.3 | 32.7 | 33.1 | 33.7 | 34.2 | 34.7 | 35.1 | 35.4 | 35.5 | 35.5 | 35.5 | 35.3 | 35.0 |
| | | 西 | 37.4 | 36.9 | 36.5 | 36.1 | 35.7 | 35.3 | 34.9 | 34.6 | 34.3 | 34.1 | 33.9 | 33.9 | 33.9 | 34.1 | 34.3 | 34.7 | 35.3 | 36.1 | 36.9 | 37.6 | 38.0 | 38.2 | 38.1 | 37.8 |
| | | 北 | 32.6 | 32.3 | 32.0 | 31.8 | 31.5 | 31.3 | 31.1 | 30.9 | 30.9 | 30.9 | 31.0 | 31.1 | 31.2 | 31.4 | 31.7 | 32.0 | 32.2 | 32.5 | 32.7 | 33.0 | 33.1 | 33.1 | 33.1 | 32.9 |
| | II | 东 | 36.1 | 35.7 | 35.2 | 34.9 | 34.5 | 34.2 | 33.9 | 33.8 | 34.0 | 34.4 | 35.0 | 35.7 | 36.2 | 36.6 | 36.9 | 37.1 | 37.3 | 37.4 | 37.4 | 37.4 | 37.3 | 37.1 | 36.9 | 36.6 |
| | | 南 | 34.7 | 34.3 | 34.1 | 34.0 | 33.7 | 33.3 | 33.0 | 32.5 | 32.4 | 32.3 | 32.2 | 32.5 | 32.9 | 33.3 | 33.9 | 33.9 | 34.4 | 35.2 | 35.5 | 35.6 | 35.6 | 35.5 | 35.4 | 35.1 |
| | | 西 | 37.4 | 37.0 | 36.6 | 36.2 | 35.8 | 35.4 | 35.0 | 34.7 | 34.4 | 34.2 | 34.1 | 34.1 | 34.1 | 34.2 | 34.5 | 34.9 | 35.6 | 36.3 | 37.1 | 37.7 | 38.1 | 38.2 | 38.1 | 37.9 |
| | | 北 | 32.7 | 32.4 | 32.1 | 31.9 | 31.6 | 31.4 | 31.2 | 31.1 | 31.0 | 31.0 | 31.1 | 31.2 | 31.4 | 31.6 | 31.9 | 32.1 | 32.4 | 32.6 | 32.8 | 33.1 | 33.2 | 33.2 | 33.2 | 33.0 |
| 屋面 $t_{wlm}$ | I | | 44.7 | 44.6 | 44.4 | 44.0 | 43.5 | 43.0 | 42.3 | 41.7 | 41.0 | 40.4 | 39.8 | 39.4 | 39.1 | 39.1 | 39.2 | 39.6 | 40.1 | 40.8 | 41.6 | 42.3 | 43.1 | 43.7 | 44.2 | 44.5 |
| | II | | 44.5 | 43.5 | 42.4 | 41.4 | 40.5 | 39.5 | 38.6 | 37.9 | 37.3 | 37.0 | 37.1 | 37.6 | 38.4 | 39.6 | 40.9 | 42.3 | 43.7 | 44.8 | 45.8 | 46.5 | 46.7 | 46.6 | 46.2 | 45.5 |

注：其他城市的地点修正值可按以下采用：

| 地点 | 石家庄、乌鲁木齐 | 天津 | 沈阳 | 哈尔滨、长春、呼和浩特、银川、太原、大连 |
|---|---|---|---|---|
| 修正值 | +1 | 0 | −2 | −3 |

表 2-12

## 上海市外墙、屋面逐时冷负荷计算温度（℃）

| 类别 | 类型 | 朝向 | 1 | 2 | 3 | 4 | 5 | 6 | 7 | 8 | 9 | 10 | 11 | 12 | 13 | 14 | 15 | 16 | 17 | 18 | 19 | 20 | 21 | 22 | 23 | 24 |
|---|---|---|---|---|---|---|---|---|---|---|---|---|---|---|---|---|---|---|---|---|---|---|---|---|---|---|
| 墙体 $t_{wlq}$ | I | 东 | 36.8 | 36.4 | 36.0 | 35.6 | 35.2 | 34.9 | 34.6 | 34.5 | 34.6 | 35.0 | 35.6 | 36.2 | 36.8 | 37.2 | 37.5 | 37.8 | 37.9 | 38.1 | 38.1 | 38.1 | 38.0 | 37.9 | 37.7 | 37.3 |
| | | 南 | 34.4 | 34.0 | 33.7 | 33.5 | 33.2 | 32.9 | 32.7 | 32.5 | 32.4 | 32.3 | 32.3 | 32.5 | 32.8 | 33.1 | 33.6 | 34.0 | 34.4 | 34.7 | 34.9 | 35.1 | 35.1 | 35.1 | 35.0 | 34.7 |
| | | 西 | 38.0 | 37.6 | 37.2 | 36.8 | 36.4 | 36.0 | 35.7 | 35.4 | 35.1 | 34.9 | 34.8 | 34.8 | 34.8 | 35.0 | 35.3 | 35.7 | 36.3 | 37.1 | 37.8 | 38.4 | 38.8 | 38.9 | 38.8 | 38.5 |
| | | 北 | 34.0 | 33.6 | 33.3 | 33.1 | 32.9 | 32.7 | 32.4 | 32.2 | 32.2 | 32.2 | 32.4 | 32.6 | 33.0 | 33.2 | 33.5 | 33.8 | 34.0 | 34.3 | 34.5 | 34.5 | 34.6 | 34.5 | 34.5 | 34.3 |
| | II | 东 | 36.9 | 36.5 | 36.1 | 35.7 | 35.3 | 34.9 | 34.8 | 34.7 | 34.9 | 35.3 | 35.7 | 36.4 | 37.0 | 37.4 | 37.7 | 37.9 | 38.1 | 38.1 | 38.2 | 38.2 | 38.2 | 37.7 | 37.7 | 37.4 |
| | | 南 | 34.5 | 34.1 | 33.8 | 33.6 | 33.3 | 33.1 | 32.9 | 32.7 | 32.5 | 32.5 | 32.5 | 32.7 | 33.0 | 33.4 | 33.8 | 34.2 | 34.5 | 34.8 | 35.0 | 35.1 | 35.2 | 35.1 | 35.0 | 34.8 |
| | | 西 | 38.0 | 37.7 | 37.3 | 36.9 | 36.5 | 36.1 | 35.8 | 35.5 | 35.5 | 35.3 | 35.0 | 35.0 | 35.0 | 35.2 | 35.4 | 35.9 | 36.5 | 37.3 | 38.0 | 38.5 | 38.8 | 38.9 | 38.8 | 38.5 |
| | | 北 | 34.0 | 33.7 | 33.5 | 33.3 | 32.9 | 32.7 | 32.5 | 32.4 | 32.4 | 32.4 | 32.6 | 32.7 | 32.8 | 33.0 | 33.3 | 33.5 | 33.8 | 34.0 | 34.3 | 34.5 | 34.6 | 34.6 | 34.5 | 34.3 |
| 屋面 $t_{wlm}$ | I | | 45.7 | 45.6 | 45.4 | 44.9 | 44.4 | 43.9 | 43.3 | 42.6 | 42.0 | 41.3 | 40.8 | 40.4 | 40.1 | 40.1 | 40.2 | 40.6 | 41.2 | 41.9 | 42.7 | 43.4 | 44.1 | 44.8 | 45.3 | 45.6 |
| | II | | 45.4 | 44.4 | 43.3 | 42.3 | 41.4 | 40.5 | 39.6 | 38.8 | 38.3 | 38.1 | 38.3 | 38.7 | 39.5 | 40.7 | 42.1 | 43.5 | 44.9 | 46.0 | 47.0 | 47.5 | 47.5 | 47.1 | 47.1 | 46.4 |

注：其他城市的地点修正值可按以下采用：

| 地点 | 南京、宁波 | 成都 | 拉萨 | 重庆、武汉、长沙、南昌、合肥、杭州 |
|---|---|---|---|---|
| 修正值 | 0 | −3 | −11 | +1 |

表 2-13

## 广州市外墙、屋面逐时冷负荷计算温度（℃）

| 类别 | 类型 | 朝向 | 1 | 2 | 3 | 4 | 5 | 6 | 7 | 8 | 9 | 10 | 11 | 12 | 13 | 14 | 15 | 16 | 17 | 18 | 19 | 20 | 21 | 22 | 23 | 24 |
|---|---|---|---|---|---|---|---|---|---|---|---|---|---|---|---|---|---|---|---|---|---|---|---|---|---|---|
| 墙体 $t_{wlq}$ | I | 东 | 36.4 | 36.0 | 35.6 | 35.2 | 34.9 | 34.6 | 34.3 | 34.1 | 34.1 | 34.4 | 34.9 | 35.5 | 36.1 | 36.6 | 36.9 | 37.2 | 37.4 | 37.6 | 37.7 | 37.7 | 37.6 | 37.4 | 37.2 | 36.9 |
| | | 南 | 33.2 | 32.9 | 32.6 | 32.4 | 32.2 | 31.9 | 31.7 | 31.6 | 31.5 | 31.4 | 31.5 | 31.6 | 31.8 | 32.1 | 32.4 | 32.7 | 33.0 | 33.3 | 33.5 | 33.7 | 33.7 | 33.8 | 33.7 | 33.5 |
| | | 西 | 34.5 | 34.1 | 33.8 | 33.6 | 33.3 | 33.0 | 32.8 | 32.6 | 32.4 | 32.4 | 32.4 | 32.4 | 32.6 | 32.9 | 33.2 | 33.5 | 33.9 | 34.4 | 34.7 | 34.9 | 35.1 | 35.1 | 35.0 | 34.8 |
| | | 北 | 36.5 | 36.1 | 35.7 | 35.4 | 35.0 | 34.7 | 34.4 | 34.2 | 33.9 | 33.8 | 33.8 | 33.8 | 33.9 | 34.1 | 34.3 | 34.7 | 35.2 | 35.8 | 36.5 | 36.9 | 37.2 | 37.3 | 37.2 | 36.9 |
| | II | 东 | 36.5 | 36.1 | 35.7 | 35.4 | 35.0 | 34.7 | 34.4 | 34.2 | 34.3 | 34.3 | 34.5 | 35.0 | 36.3 | 36.8 | 37.1 | 37.3 | 37.5 | 37.7 | 37.7 | 37.7 | 37.7 | 37.5 | 37.3 | 37.0 |
| | | 南 | 33.3 | 33.0 | 32.7 | 32.5 | 32.3 | 32.1 | 31.9 | 31.7 | 31.6 | 31.6 | 31.6 | 31.8 | 32.0 | 32.2 | 32.6 | 32.6 | 32.9 | 33.2 | 33.4 | 33.6 | 33.8 | 33.8 | 33.8 | 33.6 |
| | | 西 | 34.5 | 34.2 | 33.9 | 33.7 | 33.4 | 33.2 | 32.9 | 32.7 | 32.6 | 32.5 | 32.5 | 32.6 | 32.8 | 33.0 | 33.4 | 33.7 | 34.1 | 34.5 | 34.8 | 35.0 | 35.2 | 35.1 | 35.1 | 34.9 |
| | | 北 | 36.6 | 36.2 | 35.8 | 35.5 | 35.2 | 34.8 | 34.6 | 34.3 | 34.1 | 34.0 | 34.0 | 34.0 | 34.1 | 34.3 | 34.5 | 34.5 | 35.4 | 36.0 | 36.6 | 37.1 | 37.3 | 37.2 | 37.2 | 37.0 |
| 屋面 $t_{wlm}$ | I | | 45.1 | 45.0 | 44.8 | 44.4 | 44.0 | 43.4 | 42.8 | 42.1 | 41.5 | 40.8 | 40.3 | 39.8 | 39.5 | 39.5 | 39.6 | 40.0 | 40.5 | 41.2 | 42.0 | 42.8 | 43.5 | 44.2 | 44.6 | 45.0 |
| | II | | 44.9 | 43.9 | 42.8 | 41.9 | 41.0 | 40.1 | 39.2 | 38.4 | 37.8 | 37.4 | 37.5 | 37.9 | 38.7 | 39.9 | 41.3 | 42.7 | 44.2 | 45.4 | 46.4 | 46.9 | 47.1 | 47.0 | 46.6 | 45.9 |

注：其他城市的地点修正值可按以下采用：

| 地点 | 福州、南宁、海口、深圳 | 贵阳 | 厦门 | 昆明 |
|---|---|---|---|---|
| 修正值 | 0 | -3 | -1 | -7 |

表 2-14

## 西安市外墙、屋面逐时冷负荷计算温度（℃）

| 类别 | 类型 | 朝向 | 1 | 2 | 3 | 4 | 5 | 6 | 7 | 8 | 9 | 10 | 11 | 12 | 13 | 14 | 15 | 16 | 17 | 18 | 19 | 20 | 21 | 22 | 23 | 24 |
|---|---|---|---|---|---|---|---|---|---|---|---|---|---|---|---|---|---|---|---|---|---|---|---|---|---|---|
| 墙体 $t_{wlq}$ | I | 东 | 36.9 | 36.4 | 35.9 | 35.6 | 35.2 | 34.8 | 34.5 | 34.3 | 34.3 | 34.7 | 35.2 | 35.8 | 36.4 | 36.9 | 37.2 | 37.5 | 37.7 | 37.9 | 38.0 | 38.1 | 38.0 | 37.9 | 37.7 | 37.3 |
| | | 南 | 34.9 | 34.5 | 34.2 | 33.9 | 33.6 | 33.3 | 33.0 | 32.8 | 32.6 | 32.5 | 32.5 | 32.7 | 32.9 | 33.3 | 33.8 | 34.3 | 34.8 | 35.2 | 35.5 | 35.6 | 35.7 | 35.6 | 35.5 | 35.3 |
| | | 西 | 38.0 | 37.5 | 37.1 | 36.7 | 36.3 | 35.9 | 35.5 | 35.2 | 34.9 | 34.7 | 34.6 | 34.6 | 34.6 | 34.6 | 35.0 | 35.5 | 36.1 | 36.8 | 37.6 | 38.2 | 38.6 | 38.8 | 38.8 | 38.4 |
| | | 北 | 33.9 | 33.6 | 33.3 | 33.0 | 32.7 | 32.5 | 32.2 | 32.1 | 32.0 | 32.0 | 32.2 | 32.3 | 32.3 | 32.6 | 32.9 | 33.2 | 33.5 | 33.8 | 34.0 | 34.3 | 34.4 | 34.4 | 34.4 | 34.2 |
| | II | 东 | 36.9 | 36.5 | 36.1 | 35.7 | 35.4 | 35.0 | 34.6 | 34.5 | 34.6 | 34.9 | 35.4 | 36.1 | 36.6 | 37.0 | 37.4 | 37.6 | 37.9 | 38.0 | 38.1 | 38.1 | 38.1 | 37.9 | 37.4 | 37.4 |
| | | 南 | 35.0 | 34.6 | 34.3 | 34.0 | 33.7 | 33.4 | 33.2 | 32.9 | 32.8 | 32.7 | 32.7 | 32.8 | 33.2 | 33.6 | 34.0 | 34.5 | 35.0 | 35.3 | 35.6 | 35.7 | 35.7 | 35.7 | 35.6 | 35.3 |
| | | 西 | 38.0 | 37.6 | 37.2 | 36.8 | 36.4 | 36.0 | 35.7 | 35.3 | 35.1 | 34.9 | 34.8 | 34.8 | 34.8 | 35.0 | 35.2 | 35.7 | 36.3 | 37.0 | 37.8 | 38.4 | 38.7 | 38.7 | 38.7 | 38.4 |
| | | 北 | 34.0 | 33.6 | 33.4 | 33.1 | 32.9 | 32.6 | 32.4 | 32.2 | 32.1 | 32.1 | 32.2 | 32.3 | 32.5 | 32.8 | 33.0 | 33.0 | 33.3 | 33.9 | 34.2 | 34.4 | 34.5 | 34.5 | 34.5 | 34.3 |
| 屋面 $t_{wlm}$ | I | | 45.4 | 45.3 | 45.1 | 44.8 | 44.3 | 43.7 | 43.1 | 42.5 | 41.8 | 41.1 | 40.5 | 40.0 | 39.8 | 39.7 | 39.8 | 40.1 | 40.6 | 41.3 | 42.1 | 42.9 | 43.7 | 44.4 | 44.8 | 45.2 |
| | II | | 45.3 | 44.3 | 43.3 | 42.3 | 41.3 | 40.3 | 39.4 | 38.6 | 38.0 | 37.6 | 37.7 | 38.1 | 38.8 | 40.0 | 41.3 | 42.7 | 44.2 | 45.5 | 46.5 | 47.2 | 47.4 | 47.0 | 46.3 |  |

注：其他城市的地点修正值可按以下采用：

| 地点 | 兰州、青岛 | 郑州 | 济南 | 西宁 |
|---|---|---|---|---|
| 修正值 | -3 | -1 | +1 | -9 |

典型城市外窗传热逐时冷负荷计算温度 $t_{wlc}$（℃）

表2-15

| 地点 | 1 | 2 | 3 | 4 | 5 | 6 | 7 | 8 | 9 | 10 | 11 | 12 | 13 | 14 | 15 | 16 | 17 | 18 | 19 | 20 | 21 | 22 | 23 | 24 |
|---|---|---|---|---|---|---|---|---|---|---|---|---|---|---|---|---|---|---|---|---|---|---|---|---|
| 北京 | 27.8 | 27.5 | 27.2 | 26.9 | 26.8 | 27.1 | 27.7 | 28.5 | 29.3 | 30.0 | 30.8 | 31.5 | 32.1 | 32.4 | 32.4 | 32.3 | 32.0 | 31.5 | 30.8 | 30.1 | 29.6 | 29.1 | 28.7 | 28.3 |
| 天津 | 27.4 | 27.0 | 26.6 | 26.3 | 26.2 | 26.5 | 27.2 | 28.1 | 29.0 | 29.9 | 30.8 | 31.6 | 32.2 | 32.6 | 32.7 | 32.5 | 32.2 | 31.6 | 30.8 | 30.0 | 29.4 | 28.8 | 28.3 | 27.9 |
| 石家庄 | 27.7 | 27.2 | 26.8 | 26.5 | 26.4 | 26.7 | 27.5 | 28.5 | 29.6 | 30.6 | 31.6 | 32.5 | 33.2 | 33.6 | 33.7 | 33.5 | 33.2 | 32.5 | 31.6 | 30.7 | 30.0 | 29.3 | 28.8 | 28.3 |
| 太原 | 23.7 | 23.2 | 22.7 | 22.4 | 22.3 | 22.6 | 23.4 | 24.5 | 25.6 | 26.7 | 27.8 | 28.7 | 29.5 | 30.0 | 30.0 | 29.8 | 29.5 | 28.8 | 27.8 | 26.8 | 26.1 | 25.4 | 24.8 | 24.3 |
| 呼和浩特 | 23.8 | 23.4 | 23.0 | 22.7 | 22.5 | 22.9 | 23.6 | 24.5 | 25.5 | 26.4 | 27.3 | 28.2 | 28.9 | 29.3 | 29.3 | 29.1 | 28.8 | 28.2 | 27.4 | 26.6 | 25.9 | 25.3 | 24.8 | 24.3 |
| 沈阳 | 25.7 | 25.3 | 25.0 | 24.7 | 24.6 | 24.9 | 25.5 | 26.3 | 27.2 | 27.9 | 28.7 | 29.4 | 30.0 | 30.4 | 30.4 | 30.2 | 30.0 | 29.5 | 28.8 | 28.0 | 27.5 | 27.0 | 26.6 | 26.2 |
| 大连 | 25.4 | 25.2 | 24.9 | 24.8 | 24.7 | 24.9 | 25.3 | 25.8 | 26.3 | 26.8 | 27.3 | 27.7 | 28.1 | 28.3 | 28.3 | 28.2 | 28.1 | 27.7 | 27.3 | 26.8 | 26.5 | 26.2 | 25.9 | 25.7 |
| 长春 | 24.4 | 24.0 | 23.7 | 23.4 | 23.3 | 23.6 | 24.2 | 25.1 | 25.9 | 26.8 | 27.6 | 28.3 | 28.9 | 29.3 | 29.3 | 29.2 | 28.9 | 28.4 | 27.6 | 26.9 | 26.3 | 25.8 | 25.3 | 24.9 |
| 哈尔滨 | 24.3 | 23.9 | 23.6 | 23.3 | 23.2 | 23.5 | 24.1 | 25.0 | 25.9 | 26.8 | 27.7 | 28.4 | 29.1 | 29.4 | 29.5 | 29.3 | 29.1 | 28.5 | 27.7 | 26.9 | 26.3 | 25.7 | 25.3 | 24.8 |
| 上海 | 29.2 | 28.9 | 28.6 | 28.3 | 28.2 | 28.5 | 29.0 | 29.7 | 30.5 | 31.2 | 31.9 | 32.5 | 33.1 | 33.4 | 33.4 | 33.3 | 33.1 | 32.6 | 31.9 | 31.3 | 30.8 | 30.3 | 30.0 | 29.6 |
| 南京 | 29.6 | 29.3 | 29.0 | 28.7 | 28.6 | 28.9 | 29.4 | 30.1 | 30.9 | 31.6 | 32.3 | 32.9 | 33.5 | 33.8 | 33.8 | 33.7 | 33.5 | 33.0 | 32.3 | 31.7 | 31.2 | 30.7 | 30.4 | 30.0 |
| 杭州 | 29.8 | 29.4 | 29.1 | 28.8 | 28.7 | 29.0 | 29.6 | 30.4 | 31.3 | 32.0 | 32.8 | 33.5 | 34.1 | 34.5 | 34.5 | 34.3 | 34.1 | 33.6 | 32.9 | 32.1 | 31.6 | 31.1 | 30.7 | 30.3 |
| 宁波 | 28.6 | 28.2 | 27.8 | 27.5 | 27.4 | 27.7 | 28.4 | 29.3 | 30.2 | 31.1 | 32.0 | 32.8 | 33.4 | 33.8 | 33.9 | 33.7 | 33.4 | 32.8 | 32.0 | 31.2 | 30.6 | 30.0 | 29.5 | 29.1 |
| 合肥 | 30.2 | 29.9 | 29.6 | 29.4 | 29.3 | 29.6 | 30.1 | 30.7 | 31.4 | 32.1 | 32.7 | 33.3 | 33.8 | 34.1 | 34.1 | 33.9 | 33.8 | 33.3 | 32.7 | 32.2 | 31.7 | 31.3 | 30.9 | 30.6 |
| 福州 | 28.5 | 28.0 | 27.6 | 27.3 | 27.2 | 27.5 | 28.3 | 29.3 | 30.4 | 31.4 | 32.4 | 33.3 | 34.0 | 34.4 | 34.5 | 34.3 | 34.0 | 33.3 | 32.4 | 31.5 | 30.8 | 30.1 | 29.6 | 29.1 |
| 厦门 | 28.0 | 27.6 | 27.3 | 27.1 | 27.0 | 27.2 | 27.8 | 28.6 | 29.4 | 30.1 | 30.9 | 31.5 | 32.1 | 32.4 | 32.5 | 32.3 | 32.1 | 31.6 | 30.9 | 30.2 | 29.7 | 29.2 | 28.8 | 28.4 |
| 南昌 | 30.6 | 30.3 | 30.0 | 29.8 | 29.7 | 29.9 | 30.4 | 31.1 | 31.8 | 32.5 | 33.1 | 33.8 | 34.2 | 34.5 | 34.6 | 34.4 | 34.2 | 33.8 | 33.2 | 32.6 | 32.1 | 31.7 | 31.3 | 31.0 |
| 济南 | 29.8 | 29.5 | 29.2 | 29.0 | 28.9 | 29.1 | 29.6 | 30.3 | 31.0 | 31.7 | 32.3 | 33.0 | 33.4 | 33.7 | 33.8 | 33.6 | 33.4 | 33.0 | 32.4 | 31.8 | 31.3 | 30.9 | 30.5 | 30.2 |
| 青岛 | 26.3 | 26.2 | 26.0 | 25.8 | 25.8 | 25.9 | 26.3 | 26.7 | 27.1 | 27.5 | 27.9 | 28.3 | 28.6 | 28.8 | 28.8 | 28.7 | 28.6 | 28.3 | 28.0 | 27.6 | 27.3 | 27.0 | 26.8 | 26.6 |
| 郑州 | 28.1 | 27.7 | 27.3 | 27.0 | 26.8 | 27.2 | 27.9 | 28.8 | 29.8 | 30.7 | 31.6 | 32.5 | 33.2 | 33.6 | 33.6 | 33.4 | 33.1 | 32.5 | 31.7 | 30.9 | 30.2 | 29.6 | 29.1 | 28.6 |

续表

| 地点 | 1 | 2 | 3 | 4 | 5 | 6 | 7 | 8 | 9 | 10 | 11 | 12 | 13 | 14 | 15 | 16 | 17 | 18 | 19 | 20 | 21 | 22 | 23 | 24 |
|---|---|---|---|---|---|---|---|---|---|---|---|---|---|---|---|---|---|---|---|---|---|---|---|---|
| 武汉 | 30.6 | 30.3 | 30.0 | 29.8 | 29.7 | 29.9 | 30.4 | 31.1 | 31.7 | 32.3 | 33.0 | 33.6 | 34.0 | 34.3 | 34.3 | 34.2 | 34.0 | 33.6 | 33.0 | 32.4 | 32.0 | 31.6 | 31.2 | 30.9 |
| 长沙 | 29.7 | 29.3 | 29.0 | 28.7 | 28.6 | 28.9 | 29.5 | 30.4 | 31.2 | 32.1 | 32.9 | 33.6 | 34.2 | 34.6 | 34.6 | 34.5 | 34.2 | 33.7 | 32.9 | 32.2 | 31.6 | 31.1 | 30.6 | 30.2 |
| 广州 | 29.1 | 28.8 | 28.5 | 28.2 | 28.2 | 28.4 | 28.9 | 29.6 | 30.4 | 31.1 | 31.8 | 32.4 | 32.9 | 33.2 | 33.2 | 33.1 | 32.9 | 32.4 | 31.8 | 31.1 | 30.6 | 30.2 | 29.8 | 29.5 |
| 深圳 | 29.1 | 28.8 | 28.5 | 28.3 | 28.2 | 28.4 | 28.9 | 29.6 | 30.2 | 30.8 | 31.5 | 32.1 | 32.5 | 32.8 | 32.7 | 32.7 | 32.5 | 32.1 | 31.5 | 30.9 | 30.5 | 30.1 | 29.7 | 29.4 |
| 南宁 | 29.0 | 28.6 | 28.3 | 28.1 | 28.0 | 28.2 | 28.8 | 29.6 | 30.4 | 31.1 | 31.9 | 32.5 | 33.1 | 33.4 | 33.5 | 33.3 | 33.1 | 32.6 | 31.9 | 31.2 | 30.7 | 30.2 | 29.8 | 29.4 |
| 海口 | 28.4 | 28.0 | 27.6 | 27.3 | 27.2 | 27.5 | 28.2 | 29.2 | 30.1 | 31.0 | 31.9 | 32.7 | 33.4 | 33.8 | 33.8 | 33.6 | 33.4 | 32.8 | 31.9 | 31.1 | 30.5 | 29.9 | 29.4 | 29.0 |
| 重庆 | 30.9 | 30.6 | 30.3 | 30.1 | 30.0 | 30.2 | 30.7 | 31.4 | 32.0 | 32.6 | 33.3 | 33.9 | 34.3 | 34.6 | 34.6 | 34.5 | 34.3 | 33.9 | 33.3 | 32.7 | 32.3 | 31.9 | 31.5 | 31.2 |
| 成都 | 26.1 | 25.8 | 25.5 | 25.2 | 25.1 | 25.4 | 26.0 | 26.8 | 27.6 | 28.3 | 29.1 | 29.8 | 30.4 | 30.7 | 30.7 | 30.6 | 30.3 | 29.8 | 29.1 | 28.4 | 27.9 | 27.4 | 27.0 | 26.6 |
| 贵阳 | 24.9 | 24.6 | 24.3 | 24.0 | 23.9 | 24.2 | 24.7 | 25.4 | 26.2 | 26.9 | 27.6 | 28.2 | 28.8 | 29.1 | 29.1 | 29.0 | 28.8 | 28.3 | 27.6 | 27.0 | 26.5 | 26.0 | 25.7 | 25.3 |
| 昆明 | 20.7 | 20.3 | 20.0 | 19.8 | 19.7 | 19.9 | 20.5 | 21.3 | 22.1 | 22.8 | 23.6 | 24.2 | 24.8 | 25.1 | 25.2 | 25.0 | 24.8 | 24.3 | 23.6 | 22.9 | 22.4 | 21.9 | 21.5 | 21.1 |
| 拉萨 | 17.0 | 16.6 | 16.1 | 15.8 | 15.7 | 16.0 | 16.8 | 17.8 | 18.8 | 19.7 | 20.7 | 21.6 | 22.2 | 22.7 | 22.8 | 22.5 | 22.3 | 21.6 | 20.7 | 19.9 | 19.2 | 18.6 | 18.0 | 17.6 |
| 西安 | 28.8 | 28.4 | 28.0 | 27.7 | 27.6 | 27.9 | 28.6 | 29.4 | 30.3 | 31.2 | 32.0 | 32.8 | 33.4 | 33.8 | 33.8 | 33.6 | 33.4 | 32.8 | 32.0 | 31.3 | 30.7 | 30.1 | 29.7 | 29.3 |
| 兰州 | 23.6 | 23.2 | 22.8 | 22.4 | 22.3 | 22.6 | 23.4 | 24.5 | 25.6 | 26.6 | 27.6 | 28.5 | 29.3 | 29.7 | 29.8 | 29.5 | 29.3 | 28.6 | 27.6 | 26.7 | 26.0 | 25.3 | 24.8 | 24.3 |
| 西宁 | 18.2 | 17.7 | 17.2 | 16.9 | 16.7 | 17.1 | 18.0 | 19.1 | 20.3 | 21.4 | 22.5 | 23.6 | 24.4 | 24.9 | 24.9 | 24.7 | 24.4 | 23.6 | 22.6 | 21.6 | 20.8 | 20.1 | 19.5 | 18.9 |
| 银川 | 23.9 | 23.5 | 23.1 | 22.7 | 22.6 | 23.0 | 23.7 | 24.7 | 25.8 | 26.7 | 27.7 | 28.6 | 29.4 | 29.8 | 29.8 | 29.6 | 29.3 | 28.7 | 27.8 | 26.9 | 26.2 | 25.5 | 25.0 | 24.5 |
| 乌鲁木齐 | 25.9 | 25.5 | 25.1 | 24.7 | 24.6 | 24.9 | 25.7 | 26.8 | 27.9 | 28.9 | 29.9 | 30.8 | 31.6 | 32.0 | 32.1 | 31.8 | 31.6 | 30.9 | 29.9 | 29.0 | 28.3 | 27.6 | 27.1 | 26.6 |

太阳总辐射日平均照度 $J_p$（W/m²）

表 2-16

| 纬度（北纬） | 透明度等级 | 朝向 | | | | | |
|---|---|---|---|---|---|---|---|
| | | S | SE/SW | E/W | NE/NW | N | H（水平） |
| 20° | 4 | 63 | 120 | 164 | 149 | 104 | 330 |
| | 5 | 66 | 117 | 156 | 142 | 101 | 317 |
| 25° | 2 | 68 | 143 | 191 | 163 | 97 | 369 |
| | 3 | 70 | 138 | 180 | 154 | 94 | 353 |
| | 4 | 73 | 132 | 168 | 146 | 92 | 335 |
| | 5 | 76 | 128 | 160 | 139 | 91 | 322 |
| 30° | 1 | 87 | 163 | 205 | 166 | 91 | 388 |
| | 2 | 88 | 156 | 194 | 157 | 89 | 372 |
| | 4 | 90 | 143 | 171 | 141 | 86 | 338 |
| | 5 | 92 | 139 | 163 | 135 | 86 | 325 |
| | 6 | 93 | 132 | 151 | 128 | 86 | 304 |
| 35° | 1 | 110 | 176 | 207 | 158 | 85 | 388 |
| | 2 | 110 | 169 | 197 | 150 | 84 | 372 |
| | 3 | 109 | 162 | 185 | 143 | 83 | 355 |
| | 4 | 108 | 154 | 173 | 136 | 83 | 337 |
| | 5 | 109 | 149 | 165 | 130 | 84 | 324 |
| 40° | 2 | 133 | 183 | 198 | 144 | 79 | 369 |
| | 3 | 130 | 174 | 186 | 138 | 79 | 351 |
| | 4 | 128 | 165 | 174 | 131 | 79 | 333 |
| | 5 | 127 | 159 | 166 | 127 | 80 | 320 |
| 45° | 2 | 157 | 195 | 198 | 138 | 77 | 362 |
| | 3 | 152 | 186 | 187 | 133 | 77 | 345 |
| | 4 | 148 | 176 | 174 | 126 | 77 | 326 |
| | 5 | 145 | 169 | 166 | 122 | 79 | 314 |
| 50° | 3 | 172 | 198 | 187 | 128 | 73 | 336 |
| | 4 | 165 | 185 | 174 | 121 | 73 | 317 |

围护结构外表面换热系数 $\alpha_w$［W/(m²·K)］

表 2-17

| 室外平均风速（m/s） | 1.0 | 1.5 | 2.0 | 2.5 | 3.0 | 3.5 | 4.0 |
|---|---|---|---|---|---|---|---|
| 换热系数 $\alpha_w$ | 14.0 | 17.5 | 19.8 | 22.1 | 24.4 | 26.1 | 27.9 |

**2. 内维护结构瞬变传热引起的冷负荷**

当空调区与邻室的夏季温差＞3℃时，通过隔墙、楼板等内围护结构进入的传热量所形成的冷负荷也是通过温差传热（即与邻室的温差）而产生的，这部分可视为稳定传热，不随时间而变化，其计算式为：

$$CL_{Wn}=K_{Wn}F_{Wn}(t_{ls}-t_{Nx})$$

（2-18）

$$t_{ls} = t_{wp} + \Delta t_{ts} \tag{2-19}$$

式中：$CL_{Wn}$——内维护结构瞬变传热引起的冷负荷，W；

$\quad\quad K_{Wn}$——内墙或内楼板传热系数，$W/(m^2 \cdot K)$，可按表 2-18 选用；

$\quad\quad F_{Wn}$——内墙或内楼板面积，$m^2$；

$\quad\quad t_{ls}$——邻室计算平均温度，℃；

$\quad\quad t_{wp}$——夏季空气调节室外计算日均温度，采用历年平均不保证 5d 的日平均温度，℃；查表 2-9；

$\quad\quad \Delta t_{ls}$——邻室计算平均温度与夏季空气调节室外计算日平均温度的差值，℃。

当邻室为非空调房间时，若邻室散热量小于 $23W/m^3$ 时，通过内墙楼板产生的 $\Delta t_{ls} \approx 3℃$；当 $23W/m^3 < $ 邻室散热量 $< 116W/m^3$ 时，$\Delta t_{ls} \approx 5℃$；散热量很少的办公室或走廊等，可取 $\Delta t_{ls} \approx 0 \sim 2℃$。另外，舒适性空调区，夏季可不计算通过地面传热形成的冷负荷；工艺性空调区有外墙时，宜计算距外墙 2m 范围内地面传热形成的冷负荷，此时 $\Delta t_{ls} \approx 16℃$。

内围护结构换热系数　　　　　　　　表 2-18

| 类型 | 分类 | 材料名称 | 厚度(mm) | 密度(kg/m³) | 导热系数[W/(m²·K)] |
|---|---|---|---|---|---|
| 轻型房间 | 内墙 | 加气混凝土 | 200 | 500 | 0.19 |
| | 楼板 | 钢筋混凝土 | 120 | 2500 | 1.74 |
| 重型房间 | 内墙 | 石膏板 | 200 | 1050 | 0.33 |
| | 楼板 | 钢筋混凝土 | 150 | 2500 | 1.74 |
| | | 水泥砂浆 | 20 | 1800 | 0.93 |

### 二、玻璃窗太阳辐射得热形成的逐时冷负荷

透过玻璃窗进入的太阳辐射得热形成的逐时冷负荷按下式计算：

$$CL_C = C_Z F_C D_{J,max} C_{clC} \tag{2-20}$$

$$C_z = C_a C_i C_s \tag{2-21}$$

式中：$CL_C$——透过玻璃窗进入的太阳辐射得热形成的逐时冷负荷，W；

$\quad\quad C_z$——外窗综合遮挡系数；存在外遮阳设施的，还需要附加外遮阳修正系数 $C_w$，其计算过程较为复杂，可以参照《空气调节设计手册（第三版）》的相关方法，本书不做介绍；

$\quad\quad C_a$——窗的有效面积系数，可按表 2-19 选用；

$\quad\quad C_i$——窗内遮阳设施的遮阳系数，可按照表 2-20 选取；

$\quad\quad C_s$——玻璃类型修正系数，为实际玻璃的日射得热与标准玻璃（将 3mm 厚的普通平板玻璃定义为标准玻璃）的日射得热的比值，可按照表 2-21 选取；

$\quad\quad D_{J,max}$——日射得热因数最大值，可按表 2-22 选用；

$\quad\quad F_C$——窗玻璃净面积，$m^2$；

$\quad\quad C_{clC}$——透过无遮阳标准玻璃太阳辐射冷负荷系数，可按表 2-23 选用。

**窗的有效面积系数 $C_a$**　　　　　　　　　　　表 2-19

| 窗的种类 | 有效面积系数 $C_a$ | 窗的种类 | 有效面积系数 $C_a$ |
|---|---|---|---|
| 单层钢窗 | 0.85 | 双层钢窗 | 0.75 |
| 单层木窗 | 0.70 | 双层木窗 | 0.60 |

**窗内遮阳设施的遮阳系数 $C_i$**　　　　　　　　　表 2-20

| 窗的内遮阳类型 | 颜色 | $C_i$ | 窗的内遮阳类型 | 颜色 | $C_i$ |
|---|---|---|---|---|---|
| 布窗帘 | 白色 | 0.50 | 活动百叶(叶片 45°) | 白色 | 0.60 |
| 布窗帘 | 浅蓝色 | 0.60 | 活动百叶(叶片 45°) | 浅黄色 | 0.68 |
| 布窗帘 | 深黄色 | 0.65 | 活动百叶(叶片 45°) | 浅灰色 | 0.75 |
| 布窗帘 | 紫红色 | 0.65 | 窗上涂白 | 白色 | 0.60 |
| 布窗帘 | 深绿色 | 0.65 | 毛玻璃 | 瓷白色 | 0.40 |

**玻璃类型修正系数（窗玻璃的遮阳系数）$C_s$**　　　　　表 2-21

| 玻璃类型 | 层数 | 厚度（mm） | $C_s$ | 玻璃类型 | 层数 | 厚度（mm） | $C_s$ |
|---|---|---|---|---|---|---|---|
| 透明普通玻璃 | 单 | 3 | 1.00 | 灰色浮法玻璃＋透明浮法玻璃 | 双 | 4＋4 | 0.63 |
| 透明普通玻璃 | 单 | 5 | 0.93 | 灰色浮法玻璃＋透明浮法玻璃 | 双 | 6＋6 | 0.55 |
| 透明普通玻璃 | 单 | 6 | 0.89 | 灰色浮法玻璃＋透明浮法玻璃 | 双 | 10＋6 | 0.40 |
| 浅蓝色吸热玻璃 | 单 | 3 | 0.96 | 绿色浮法玻璃＋透明浮法玻璃 | 双 | 6＋6 | 0.55 |
| 浅蓝色吸热玻璃 | 单 | 5 | 0.88 | 透明反射玻璃＋透明浮法玻璃 | 双 | 4＋4 | 0.58 |
| 浅蓝色吸热玻璃 | 单 | 6 | 0.83 | 透明反射玻璃＋透明浮法玻璃 | 双 | 5＋5 | 0.57 |
| 透明普通玻璃 | 双 | 3＋3 | 0.86 | 透明反射玻璃＋透明浮法玻璃 | 双 | 6＋6 | 0.55 |
| 透明普通玻璃 | 双 | 5＋5 | 0.78 | 透明反射玻璃＋透明浮法玻璃 | 双 | 8＋8 | 0.52 |
| 透明普通玻璃 | 双 | 6＋6 | 0.74 | 透明反射玻璃＋透明浮法玻璃 | 双 | 10＋10 | 0.49 |
| 茶色浮法玻璃＋透明浮法玻璃 | 双 | 4＋4 | 0.66 | 透明浮法玻璃 | 双 | 6＋6 | 0.84 |
| 茶色浮法玻璃＋透明浮法玻璃 | 双 | 6＋6 | 0.55 | | | | |
| 茶色浮法玻璃＋透明浮法玻璃 | 双 | 10＋6 | 0.40 | | | | |

注：1. "标准玻璃"系指 3mm 厚的单层普通玻璃；

2. 表中 $C_s$ 对应的内、外表面放热系数为 $\alpha_n = 8.7W/(m^2 \cdot K)$ 和 $\alpha_w = 18.6W/(m^2 \cdot K)$；

3. 这里的双层玻璃内、外层玻璃是相同的

**夏季透过标准玻璃窗的太阳总辐射照度最大值 $D_{J,max}$**　　　表 2-22

| 城市 方位 | 北京 | 天津 | 上海 | 福州 | 长沙 | 昆明 |
|---|---|---|---|---|---|---|
| 东 | 579 | 534 | 529 | 574 | 575 | 572 |
| 南 | 312 | 299 | 210 | 158 | 174 | 149 |
| 西 | 579 | 534 | 529 | 574 | 575 | 572 |
| 北 | 133 | 143 | 145 | 139 | 138 | 138 |

续表

| 城市<br>方位 | 太原 | 石家庄 | 南京 | 厦门 | 广州 | 拉萨 |
|---|---|---|---|---|---|---|
| 东 | 579 | 579 | 533 | 525 | 524 | 736 |
| 南 | 287 | 290 | 216 | 156 | 152 | 186 |
| 西 | 579 | 579 | 533 | 525 | 524 | 736 |
| 北 | 136 | 136 | 136 | 146 | 147 | 147 |
| 城市<br>方位 | 大连 | 哈尔滨 | 郑州 | 重庆 | 银川 | 杭州 |
| 东 | 534 | 575 | 534 | 480 | 579 | 532 |
| 南 | 297 | 384 | 248 | 202 | 295 | 198 |
| 西 | 534 | 575 | 534 | 480 | 579 | 532 |
| 北 | 143 | 128 | 146 | 157 | 135 | 145 |
| 城市<br>方位 | 长春 | 贵阳 | 武汉 | 成都 | 乌鲁木齐 | 大连 |
| 东 | 577 | 574 | 577 | 480 | 639 | 534 |
| 南 | 362 | 161 | 198 | 208 | 172 | 297 |
| 西 | 577 | 574 | 577 | 480 | 639 | 534 |
| 北 | 130 | 139 | 137 | 157 | 121 | 143 |
| 城市<br>方位 | 沈阳 | 合肥 | 青岛 | 海口 | 西宁 | 呼和浩特 |
| 东 | 533 | 533 | 534 | 521 | 691 | 641 |
| 南 | 330 | 215 | 265 | 149 | 254 | 331 |
| 西 | 533 | 533 | 534 | 521 | 691 | 641 |
| 北 | 140 | 146 | 146 | 150 | 127 | 123 |
| 城市<br>方位 | 南昌 | 济南 | 南宁 | 兰州 | 深圳 | 西安 |
| 东 | 576 | 534 | 523 | 640 | 525 | 534 |
| 南 | 177 | 272 | 151 | 251 | 159 | 243 |
| 西 | 576 | 534 | 523 | 640 | 525 | 534 |
| 北 | 138 | 145 | 148 | 128 | 147 | 146 |

### 三、人体散热形成的冷负荷

人体散热形成的冷负荷（$CL_{rt}$）包括人体显热散热引起的冷负荷（$CL_{rt-1}$）与人体散湿形成的潜热冷负荷（$CL_{rt-2}$）两部分。

$$CL_{rt} = CL_{rt-1} + CL_{rt-2} = n\varphi(q_1 C_r + q_2) \qquad (2-22)$$

式中：$CL_{rt}$——人体散热形成的冷负荷，W。

$CL_{rt-1}$——人体显热散热形成的逐时冷负荷，$CL_{rt-1} = n\varphi q_1 C_r$，W。

$CL_{rt-2}$——人体散湿形成的潜热冷负荷，$CL_{rt-2} = n\varphi q_2$，W。

$n$——空调房间内总人数。

$\varphi$——群集系数，可按表 2-24 选用。

$q_1$——每个人散发的显热量，W；可按表 2-25 选用，成年女子的散热量约为成年男子散热量的 85%，儿童散热量相当于成年男子散热量的 75%。

$q_2$——每个人散发的潜热量，W；可按表 2-25 选用。

$C_r$——人体显热散热冷负荷系数，可按表 2-26 选用。

透过无遮阳标准玻璃太阳辐射冷负荷系数值 $C_{clC}$

表 2-23

| 地点 | 房间类型 | 朝向 | 1 | 2 | 3 | 4 | 5 | 6 | 7 | 8 | 9 | 10 | 11 | 12 | 13 | 14 | 15 | 16 | 17 | 18 | 19 | 20 | 21 | 22 | 23 | 24 |
|---|---|---|---|---|---|---|---|---|---|---|---|---|---|---|---|---|---|---|---|---|---|---|---|---|---|---|
| 北京 | 轻 | 东 | 0.03 | 0.02 | 0.02 | 0.01 | 0.01 | 0.13 | 0.3 | 0.43 | 0.55 | 0.58 | 0.56 | 0.17 | 0.18 | 0.19 | 0.19 | 0.17 | 0.15 | 0.13 | 0.09 | 0.07 | 0.06 | 0.04 | 0.04 | 0.03 |
| | | 南 | 0.05 | 0.03 | 0.03 | 0.02 | 0.02 | 0.06 | 0.11 | 0.16 | 0.24 | 0.34 | 0.46 | 0.44 | 0.63 | 0.65 | 0.62 | 0.54 | 0.28 | 0.24 | 0.17 | 0.13 | 0.11 | 0.08 | 0.07 | 0.05 |
| | | 西 | 0.03 | 0.02 | 0.02 | 0.01 | 0.01 | 0.03 | 0.06 | 0.09 | 0.12 | 0.14 | 0.16 | 0.17 | 0.22 | 0.31 | 0.42 | 0.52 | 0.59 | 0.6 | 0.48 | 0.13 | 0.12 | 0.11 | 0.1 | 0.09 |
| | | 北 | 0.11 | 0.08 | 0.07 | 0.05 | 0.05 | 0.23 | 0.38 | 0.37 | 0.5 | 0.6 | 0.69 | 0.75 | 0.79 | 0.8 | 0.8 | 0.74 | 0.7 | 0.67 | 0.5 | 0.29 | 0.25 | 0.19 | 0.17 | 0.13 |
| | 重 | 东 | 0.07 | 0.06 | 0.05 | 0.05 | 0.06 | 0.18 | 0.32 | 0.41 | 0.48 | 0.49 | 0.45 | 0.21 | 0.21 | 0.21 | 0.21 | 0.2 | 0.18 | 0.16 | 0.13 | 0.11 | 0.1 | 0.09 | 0.08 | 0.07 |
| | | 南 | 0.1 | 0.09 | 0.08 | 0.08 | 0.07 | 0.1 | 0.13 | 0.18 | 0.24 | 0.33 | 0.43 | 0.42 | 0.55 | 0.55 | 0.52 | 0.46 | 0.3 | 0.26 | 0.21 | 0.17 | 0.16 | 0.14 | 0.13 | 0.11 |
| | | 西 | 0.08 | 0.07 | 0.07 | 0.06 | 0.06 | 0.07 | 0.09 | 0.1 | 0.13 | 0.14 | 0.16 | 0.17 | 0.22 | 0.3 | 0.4 | 0.48 | 0.52 | 0.52 | 0.4 | 0.13 | 0.12 | 0.11 | 0.1 | 0.09 |
| | | 北 | 0.2 | 0.18 | 0.16 | 0.15 | 0.14 | 0.31 | 0.4 | 0.38 | 0.47 | 0.59 | 0.61 | 0.66 | 0.69 | 0.71 | 0.71 | 0.68 | 0.65 | 0.66 | 0.53 | 0.36 | 0.32 | 0.28 | 0.25 | 0.23 |
| 西安 | 轻 | 东 | 0.03 | 0.02 | 0.02 | 0.01 | 0.01 | 0.11 | 0.27 | 0.42 | 0.54 | 0.59 | 0.57 | 0.2 | 0.22 | 0.22 | 0.22 | 0.2 | 0.18 | 0.14 | 0.1 | 0.08 | 0.07 | 0.05 | 0.04 | 0.03 |
| | | 南 | 0.06 | 0.05 | 0.04 | 0.03 | 0.03 | 0.07 | 0.14 | 0.21 | 0.3 | 0.4 | 0.51 | 0.53 | 0.67 | 0.68 | 0.65 | 0.44 | 0.39 | 0.32 | 0.22 | 0.17 | 0.14 | 0.11 | 0.09 | 0.07 |
| | | 西 | 0.03 | 0.02 | 0.02 | 0.01 | 0.01 | 0.03 | 0.04 | 0.01 | 0.13 | 0.16 | 0.16 | 0.2 | 0.2 | 0.34 | 0.46 | 0.55 | 0.6 | 0.58 | 0.17 | 0.08 | 0.07 | 0.05 | 0.04 | 0.03 |
| | | 北 | 0.1 | 0.08 | 0.07 | 0.05 | 0.04 | 0.18 | 0.34 | 0.43 | 0.48 | 0.59 | 0.68 | 0.74 | 0.79 | 0.7 | 0.79 | 0.75 | 0.69 | 0.63 | 0.37 | 0.29 | 0.24 | 0.19 | 0.16 | 0.12 |
| | 重 | 东 | 0.07 | 0.06 | 0.06 | 0.05 | 0.05 | 0.12 | 0.31 | 0.41 | 0.48 | 0.58 | 0.45 | 0.23 | 0.2 | 0.23 | 0.23 | 0.21 | 0.19 | 0.17 | 0.13 | 0.12 | 0.11 | 0.09 | 0.08 | 0.07 |
| | | 南 | 0.12 | 0.11 | 0.1 | 0.09 | 0.08 | 0.08 | 0.17 | 0.22 | 0.3 | 0.39 | 0.47 | 0.57 | 0.69 | 0.57 | 0.54 | 0.51 | 0.37 | 0.32 | 0.25 | 0.21 | 0.19 | 0.17 | 0.15 | 0.13 |
| | | 西 | 0.08 | 0.08 | 0.07 | 0.06 | 0.05 | 0.07 | 0.1 | 0.12 | 0.14 | 0.15 | 0.18 | 0.19 | 0.24 | 0.35 | 0.44 | 0.54 | 0.52 | 0.48 | 0.16 | 0.14 | 0.12 | 0.11 | 0.1 | 0.09 |
| | | 北 | 0.19 | 0.17 | 0.15 | 0.14 | 0.13 | 0.27 | 0.36 | 0.41 | 0.46 | 0.54 | 0.61 | 0.65 | 0.69 | 0.7 | 0.7 | 0.67 | 0.65 | 0.61 | 0.4 | 0.34 | 0.3 | 0.27 | 0.24 | 0.21 |
| 上海 | 轻 | 东 | 0.03 | 0.02 | 0.02 | 0.01 | 0.01 | 0.11 | 0.27 | 0.42 | 0.53 | 0.58 | 0.56 | 0.19 | 0.2 | 0.21 | 0.2 | 0.19 | 0.17 | 0.13 | 0.09 | 0.07 | 0.06 | 0.05 | 0.04 | 0.03 |
| | | 南 | 0.07 | 0.06 | 0.05 | 0.04 | 0.03 | 0.08 | 0.16 | 0.24 | 0.34 | 0.43 | 0.54 | 0.57 | 0.69 | 0.7 | 0.67 | 0.5 | 0.44 | 0.36 | 0.26 | 0.2 | 0.16 | 0.13 | 0.11 | 0.09 |
| | | 西 | 0.03 | 0.02 | 0.02 | 0.01 | 0.01 | 0.06 | 0.06 | 0.09 | 0.12 | 0.15 | 0.18 | 0.19 | 0.24 | 0.33 | 0.44 | 0.54 | 0.6 | 0.58 | 0.09 | 0.07 | 0.06 | 0.05 | 0.04 | 0.03 |
| | | 北 | 0.1 | 0.08 | 0.07 | 0.05 | 0.04 | 0.2 | 0.36 | 0.45 | 0.48 | 0.59 | 0.68 | 0.75 | 0.79 | 0.81 | 0.8 | 0.76 | 0.7 | 0.66 | 0.37 | 0.29 | 0.24 | 0.19 | 0.16 | 0.12 |

续表

| 地点 | 房间类型 | 朝向 | 1 | 2 | 3 | 4 | 5 | 6 | 7 | 8 | 9 | 10 | 11 | 12 | 13 | 14 | 15 | 16 | 17 | 18 | 19 | 20 | 21 | 22 | 23 | 24 |
|---|---|---|---|---|---|---|---|---|---|---|---|---|---|---|---|---|---|---|---|---|---|---|---|---|---|---|
| 上海 | 重 | 东 | 0.06 | 0.06 | 0.05 | 0.05 | 0.09 | 0.2 | 0.32 | 0.41 | 0.47 | 0.46 | 0.44 | 0.21 | 0.22 | 0.22 | 0.21 | 0.2 | 0.18 | 0.15 | 0.12 | 0.11 | 0.1 | 0.09 | 0.08 | 0.07 |
| | | 南 | 0.13 | 0.12 | 0.1 | 0.09 | 0.1 | 0.14 | 0.2 | 0.26 | 0.35 | 0.43 | 0.5 | 0.52 | 0.59 | 0.58 | 0.55 | 0.45 | 0.4 | 0.34 | 0.27 | 0.23 | 0.21 | 0.18 | 0.16 | 0.15 |
| | | 西 | 0.08 | 0.07 | 0.06 | 0.06 | 0.06 | 0.07 | 0.1 | 0.12 | 0.14 | 0.16 | 0.17 | 0.2 | 0.28 | 0.36 | 0.44 | 0.49 | 0.49 | 0.43 | 0.15 | 0.13 | 0.11 | 0.1 | 0.09 | 0.08 |
| | | 北 | 0.18 | 0.17 | 0.15 | 0.14 | 0.17 | 0.29 | 0.38 | 0.44 | 0.48 | 0.55 | 0.62 | 0.67 | 0.7 | 0.71 | 0.69 | 0.69 | 0.65 | 0.58 | 0.39 | 0.34 | 0.3 | 0.26 | 0.24 | 0.21 |
| 广州 | 轻 | 东 | 0.03 | 0.02 | 0.02 | 0.01 | 0.01 | 0.08 | 0.23 | 0.39 | 0.52 | 0.58 | 0.57 | 0.21 | 0.22 | 0.23 | 0.22 | 0.2 | 0.18 | 0.14 | 0.1 | 0.08 | 0.06 | 0.05 | 0.04 | 0.03 |
| | | 南 | 0.09 | 0.08 | 0.06 | 0.05 | 0.04 | 0.08 | 0.2 | 0.32 | 0.45 | 0.56 | 0.65 | 0.72 | 0.77 | 0.78 | 0.76 | 0.7 | 0.61 | 0.47 | 0.34 | 0.27 | 0.22 | 0.18 | 0.14 | 0.12 |
| | | 西 | 0.03 | 0.02 | 0.02 | 0.01 | 0.01 | 0.02 | 0.06 | 0.09 | 0.13 | 0.16 | 0.19 | 0.21 | 0.26 | 0.35 | 0.47 | 0.56 | 0.6 | 0.55 | 0.1 | 0.08 | 0.06 | 0.05 | 0.04 | 0.03 |
| | | 北 | 0.1 | 0.08 | 0.06 | 0.05 | 0.04 | 0.14 | 0.32 | 0.47 | 0.58 | 0.63 | 0.67 | 0.74 | 0.79 | 0.82 | 0.82 | 0.79 | 0.75 | 0.64 | 0.35 | 0.28 | 0.22 | 0.18 | 0.15 | 0.12 |
| | 重 | 东 | 0.07 | 0.06 | 0.05 | 0.05 | 0.05 | 0.15 | 0.28 | 0.39 | 0.46 | 0.47 | 0.44 | 0.22 | 0.23 | 0.23 | 0.22 | 0.21 | 0.19 | 0.16 | 0.13 | 0.11 | 0.1 | 0.09 | 0.08 | 0.07 |
| | | 南 | 0.17 | 0.15 | 0.13 | 0.12 | 0.11 | 0.15 | 0.24 | 0.34 | 0.43 | 0.51 | 0.58 | 0.63 | 0.67 | 0.68 | 0.66 | 0.61 | 0.54 | 0.44 | 0.35 | 0.3 | 0.27 | 0.24 | 0.21 | 0.19 |
| | | 西 | 0.08 | 0.07 | 0.06 | 0.06 | 0.05 | 0.06 | 0.09 | 0.11 | 0.14 | 0.16 | 0.18 | 0.2 | 0.27 | 0.36 | 0.45 | 0.5 | 0.51 | 0.42 | 0.15 | 0.13 | 0.12 | 0.11 | 0.1 | 0.09 |
| | | 北 | 0.19 | 0.17 | 0.15 | 0.13 | 0.13 | 0.25 | 0.37 | 0.46 | 0.53 | 0.58 | 0.61 | 0.66 | 0.69 | 0.72 | 0.73 | 0.72 | 0.69 | 0.58 | 0.38 | 0.33 | 0.3 | 0.26 | 0.24 | 0.21 |

注：其他城市可按以下采用：

| 代表城市 | 适用城市 |
|---|---|
| 北京 | 哈尔滨、长春、乌鲁木齐、沈阳、呼和浩特、天津、银川、石家庄、太原、大连 |
| 西安 | 济南、西宁、兰州、郑州、青岛 |
| 上海 | 南京、合肥、成都、武汉、杭州、拉萨、重庆、南昌、长沙、宁波 |
| 广州 | 贵阳、福州、台北、昆明、南宁、海口、厦门、深圳 |

群集系数 $\varphi$　　　　　　　　　　　　　　　　表 2-24

| 工作场所 | $\varphi$ | 工作场所 | $\varphi$ |
|---|---|---|---|
| 影剧院 | 0.89 | 图书阅览室 | 0.96 |
| 百货商店 | 0.89 | 工厂轻劳动 | 0.9 |
| 旅馆 | 0.93 | 银行 | 1 |
| 体育馆 | 0.92 | 工厂重劳动 | 1 |

成年男子的散热量（W）和散湿量（g/h）　　　　　表 2-25

| 名称 | 室温（℃） | | | | | | | | |
|---|---|---|---|---|---|---|---|---|---|
| | 20 | 21 | 22 | 23 | 24 | 25 | 26 | 27 | 28 |
| 静坐:影剧院,会堂,阅览室 | | | | | | | | | |
| 显热 $q_1$ | 79 | 76 | 72 | 69 | 64 | 60 | 57 | 52 | 48 |
| 潜热 $q_2$ | 30 | 33 | 36 | 39 | 44 | 48 | 51 | 56 | 60 |
| 散湿 $q_w$ | 38 | 41 | 45 | 50 | 56 | 61 | 68 | 75 | 82 |
| 极轻劳动:办公室,旅馆,体育馆,手表装配,电子元件制作 | | | | | | | | | |
| 显热 $q_1$ | 90 | 85 | 79 | 74 | 70 | 65 | 61 | 57 | 51 |
| 潜热 $q_2$ | 47 | 31 | 56 | 60 | 64 | 69 | 73 | 77 | 83 |
| 散湿 $q_w$ | 69 | 76 | 83 | 89 | 96 | 102 | 109 | 115 | 123 |
| 轻劳动:商店,化学实验室,电子计算机房,工厂轻台面工作 | | | | | | | | | |
| 显热 $q_1$ | 104 | 97 | 88 | 83 | 77 | 72 | 66 | 61 | 56 |
| 潜热 $q_2$ | 69 | 74 | 83 | 88 | 94 | 99 | 105 | 110 | 115 |
| 散湿 $q_w$ | 134 | 140 | 150 | 158 | 167 | 175 | 184 | 193 | 203 |
| 中度劳动:纺织车间,印刷车间,机加工车间 | | | | | | | | | |
| 显热 $q_1$ | 118 | 112 | 104 | 97 | 88 | 83 | 74 | 67 | 60 |
| 潜热 $q_2$ | 118 | 123 | 131 | 138 | 147 | 152 | 161 | 168 | 175 |
| 散湿 $q_w$ | 175 | 184 | 196 | 207 | 219 | 227 | 240 | 250 | 260 |
| 重劳动:炼钢,铸造车间,排练室,室内运动场 | | | | | | | | | |
| 显热 $q_1$ | 169 | 163 | 157 | 151 | 145 | 140 | 134 | 128 | 122 |
| 潜热 $q_2$ | 238 | 244 | 250 | 256 | 262 | 267 | 273 | 279 | 285 |
| 散湿 $q_w$ | 356 | 365 | 373 | 382 | 382 | 400 | 408 | 417 | 425 |

人体显热散热冷负荷系数值 $C_r$

表 2-26

| 工作小时数 | 从开始工作时刻算起到计算时刻的持续时间 | | | | | | | | | | | | | | | | | | | | | | | |
|---|---|---|---|---|---|---|---|---|---|---|---|---|---|---|---|---|---|---|---|---|---|---|---|---|
| | 1 | 2 | 3 | 4 | 5 | 6 | 7 | 8 | 9 | 10 | 11 | 12 | 13 | 14 | 15 | 16 | 17 | 18 | 19 | 20 | 21 | 22 | 23 | 24 |
| 1 | 0.44 | 0.32 | 0.05 | 0.03 | 0.02 | 0.02 | 0.02 | 0.01 | 0.01 | 0.01 | 0.01 | 0.01 | 0.01 | 0.01 | 0.01 | 0 | 0 | 0 | 0 | 0 | 0 | 0 | 0 | 0 |
| 2 | 0.44 | 0.77 | 0.38 | 0.08 | 0.05 | 0.04 | 0.03 | 0.03 | 0.03 | 0.02 | 0.02 | 0.02 | 0.01 | 0.01 | 0.01 | 0.01 | 0.01 | 0.01 | 0.01 | 0.01 | 0.01 | 0 | 0 | 0 |
| 3 | 0.44 | 0.77 | 0.82 | 0.41 | 0.1 | 0.07 | 0.06 | 0.05 | 0.04 | 0.04 | 0.03 | 0.03 | 0.02 | 0.02 | 0.02 | 0.02 | 0.01 | 0.01 | 0.01 | 0.01 | 0.01 | 0.01 | 0.01 | 0.01 |
| 4 | 0.45 | 0.77 | 0.82 | 0.85 | 0.43 | 0.12 | 0.08 | 0.07 | 0.06 | 0.05 | 0.04 | 0.04 | 0.03 | 0.03 | 0.03 | 0.02 | 0.02 | 0.02 | 0.02 | 0.01 | 0.02 | 0.01 | 0.01 | 0.01 |
| 5 | 0.45 | 0.77 | 0.82 | 0.85 | 0.87 | 0.45 | 0.14 | 0.1 | 0.08 | 0.07 | 0.06 | 0.05 | 0.04 | 0.04 | 0.03 | 0.03 | 0.02 | 0.02 | 0.02 | 0.02 | 0.02 | 0.01 | 0.01 | 0.01 |
| 6 | 0.45 | 0.77 | 0.83 | 0.85 | 0.87 | 0.89 | 0.46 | 0.15 | 0.11 | 0.09 | 0.08 | 0.07 | 0.06 | 0.05 | 0.04 | 0.04 | 0.03 | 0.03 | 0.03 | 0.02 | 0.03 | 0.02 | 0.02 | 0.01 |
| 7 | 0.46 | 0.78 | 0.83 | 0.85 | 0.87 | 0.89 | 0.9 | 0.48 | 0.16 | 0.12 | 0.1 | 0.09 | 0.07 | 0.06 | 0.06 | 0.05 | 0.04 | 0.04 | 0.03 | 0.03 | 0.03 | 0.02 | 0.02 | 0.01 |
| 8 | 0.46 | 0.78 | 0.83 | 0.86 | 0.87 | 0.89 | 0.91 | 0.92 | 0.49 | 0.17 | 0.13 | 0.11 | 0.09 | 0.08 | 0.07 | 0.06 | 0.05 | 0.05 | 0.04 | 0.04 | 0.04 | 0.03 | 0.02 | 0.02 |
| 9 | 0.46 | 0.78 | 0.83 | 0.86 | 0.88 | 0.89 | 0.91 | 0.92 | 0.93 | 0.5 | 0.18 | 0.14 | 0.11 | 0.1 | 0.09 | 0.07 | 0.06 | 0.06 | 0.05 | 0.05 | 0.05 | 0.03 | 0.03 | 0.02 |
| 10 | 0.47 | 0.79 | 0.84 | 0.86 | 0.88 | 0.9 | 0.91 | 0.92 | 0.93 | 0.94 | 0.51 | 0.19 | 0.14 | 0.12 | 0.1 | 0.09 | 0.08 | 0.07 | 0.06 | 0.06 | 0.06 | 0.04 | 0.04 | 0.03 |
| 11 | 0.47 | 0.79 | 0.84 | 0.87 | 0.88 | 0.9 | 0.91 | 0.92 | 0.93 | 0.94 | 0.95 | 0.51 | 0.2 | 0.15 | 0.12 | 0.11 | 0.09 | 0.08 | 0.07 | 0.07 | 0.07 | 0.05 | 0.04 | 0.03 |
| 12 | 0.48 | 0.8 | 0.85 | 0.87 | 0.88 | 0.9 | 0.92 | 0.92 | 0.93 | 0.94 | 0.95 | 0.96 | 0.52 | 0.2 | 0.15 | 0.13 | 0.11 | 0.1 | 0.08 | 0.09 | 0.08 | 0.06 | 0.05 | 0.04 |
| 13 | 0.49 | 0.8 | 0.85 | 0.88 | 0.89 | 0.9 | 0.92 | 0.93 | 0.93 | 0.95 | 0.95 | 0.96 | 0.96 | 0.53 | 0.21 | 0.16 | 0.13 | 0.12 | 0.1 | 0.1 | 0.1 | 0.07 | 0.06 | 0.04 |
| 14 | 0.49 | 0.81 | 0.86 | 0.88 | 0.89 | 0.91 | 0.92 | 0.93 | 0.94 | 0.95 | 0.95 | 0.96 | 0.96 | 0.97 | 0.53 | 0.21 | 0.16 | 0.14 | 0.12 | 0.12 | 0.11 | 0.08 | 0.07 | 0.05 |
| 15 | 0.5 | 0.82 | 0.86 | 0.89 | 0.9 | 0.91 | 0.92 | 0.93 | 0.94 | 0.95 | 0.96 | 0.96 | 0.96 | 0.97 | 0.97 | 0.54 | 0.22 | 0.17 | 0.14 | 0.14 | 0.13 | 0.09 | 0.08 | 0.06 |
| 16 | 0.51 | 0.83 | 0.87 | 0.89 | 0.9 | 0.92 | 0.93 | 0.94 | 0.94 | 0.95 | 0.96 | 0.96 | 0.97 | 0.97 | 0.98 | 0.98 | 0.54 | 0.22 | 0.17 | 0.15 | 0.15 | 0.11 | 0.09 | 0.07 |
| 17 | 0.52 | 0.84 | 0.88 | 0.9 | 0.91 | 0.93 | 0.93 | 0.94 | 0.95 | 0.96 | 0.96 | 0.97 | 0.97 | 0.97 | 0.98 | 0.98 | 0.98 | 0.54 | 0.22 | 0.17 | 0.17 | 0.13 | 0.11 | 0.08 |
| 18 | 0.54 | 0.85 | 0.89 | 0.91 | 0.92 | 0.93 | 0.94 | 0.95 | 0.95 | 0.96 | 0.97 | 0.97 | 0.97 | 0.98 | 0.98 | 0.98 | 0.98 | 0.99 | 0.55 | 0.23 | 0.18 | 0.15 | 0.13 | 0.1 |
| 19 | 0.55 | 0.86 | 0.9 | 0.92 | 0.93 | 0.94 | 0.94 | 0.96 | 0.96 | 0.97 | 0.97 | 0.97 | 0.97 | 0.98 | 0.98 | 0.98 | 0.99 | 0.99 | 0.99 | 0.55 | 0.23 | 0.18 | 0.15 | 0.11 |
| 20 | 0.57 | 0.88 | 0.92 | 0.93 | 0.94 | 0.95 | 0.95 | 0.96 | 0.96 | 0.97 | 0.98 | 0.98 | 0.98 | 0.98 | 0.98 | 0.98 | 0.99 | 0.99 | 0.99 | 0.99 | 0.55 | 0.23 | 0.18 | 0.13 |
| 21 | 0.59 | 0.9 | 0.93 | 0.94 | 0.95 | 0.96 | 0.96 | 0.97 | 0.97 | 0.98 | 0.99 | 0.98 | 0.98 | 0.99 | 0.99 | 0.99 | 0.99 | 0.99 | 0.99 | 0.99 | 0.99 | 0.56 | 0.23 | 0.15 |
| 22 | 0.62 | 0.92 | 0.95 | 0.96 | 0.97 | 0.97 | 0.96 | 0.98 | 0.98 | 0.98 | 0.99 | 0.99 | 0.98 | 0.99 | 0.99 | 0.99 | 0.99 | 1 | 0.99 | 1 | 1 | 1 | 0.56 | 0.18 |
| 23 | 0.68 | 0.95 | 0.97 | 0.98 | 0.98 | 0.98 | 0.99 | 0.99 | 0.99 | 0.99 | 1 | 0.99 | 0.99 | 0.99 | 1 | 1 | 1 | 1 | 1 | 1 | 1 | 1 | 1 | 0.56 |
| 24 | 1 | 1 | 1 | 1 | 1 | 1 | 1 | 1 | 1 | 1 | 1 | 1 | 1 | 1 | 1 | 1 | 1 | 1 | 1 | 1 | 1 | 1 | 1 | 1 |

### 四、照明冷负荷

明装荧光灯（镇流器安装在空调房间内）

$$CL_{zm} = (P_1 + P_2)n_1 C_{zm} \qquad (2\text{-}23)$$

式中：$CL_{zm}$——荧光灯散热形成的冷负荷，W。

$P_1$——荧光灯功率，W。

$P_2$——镇流器功率，W；当明装荧光灯的镇流器装在空调房间内时，一般取荧光灯功率的 20%；当暗装荧光灯镇流器装设在顶棚内时，可忽略。

$n_1$——灯具同时使用系数。

$C_{zm}$——照明散热形成的冷负荷系数，可按表 2-27 选用。

暗装荧光灯（灯管安装在顶棚玻璃罩内）

$$CL_{zm} = (P_1 + P_2)n_1 n_2 C_{zm} \qquad (2\text{-}24)$$

式中：$n_2$——考虑灯罩玻璃反射、顶棚内通风情况等因素的系数，当荧光灯罩上部有小孔时，可利用自然通风散热于顶棚内时，取 0.5～0.6；灯罩无孔时，取 0.6～0.8。

### 五、电动设备散热量形成的冷负荷

（1）电动机和驱动设备均在空调房间内

$$CL_{sb} = 1000 n_1 n_2 n_3 \frac{P}{\eta} C_{sb} \qquad (2\text{-}25)$$

（2）电动机在空调房间内，驱动设备不在空调房间内

$$CL_{sb} = 1000 n_1 n_2 n_3 \frac{P(1-\eta)}{\eta} C_{sb} \qquad (2\text{-}26)$$

（3）电动机不在空调房间内，驱动设备在空调房间内

$$CL_{sb} = 1000 n_1 n_2 n_3 P C_{sb} \qquad (2\text{-}27)$$

式中：$CL_{sb}$——电动设备散热形成的冷负荷，W；

$P$——电动设备的安装功率，kW；

$n_1$——同时使用系数，定义为室内电动机同时使用的安装功率与总安装功率之比，一般取 0.5～0.8；

$n_2$——安装系数（利用系数），定义为电动机最大消耗功率与安装功率之比，一般可取 0.7～0.9；

$n_3$——电动机的负荷系数，定义为电动机每小时平均实耗功率与机器设计时最大实耗功率之比，对精密机床可取 0.15～0.40，对普通机床可取 0.50 左右；

$\eta$——电动机效率，可由产品样本查得，一般取 0.8～0.9；

$C_{sb}$——电动设备和用具散热的冷负荷系数，可按表 2-28 选用。

除上述冷负荷外，餐厅等类型建筑区域的空调设计时，应考虑食物的散热量。食物的显热散热形成的冷负荷，可按每位就餐客人 9W 考虑，即食物散湿量可按照 11.5g/(h·人)计算。在一些建筑物内，敞开的水面散湿量所产生的冷负荷可按后文式（2-31）计算，并累加到空调区冷负荷的计算过程中。

照明冷负荷系数 $C_{zm}$

表 2-27

| 工作小时数 | \ 从开灯时刻算起到计算时刻的持续时间 |
|---|---|

| 时数 | 1 | 2 | 3 | 4 | 5 | 6 | 7 | 8 | 9 | 10 | 11 | 12 | 13 | 14 | 15 | 16 | 17 | 18 | 19 | 20 | 21 | 22 | 23 | 24 |
|---|---|---|---|---|---|---|---|---|---|---|---|---|---|---|---|---|---|---|---|---|---|---|---|---|
| 1 | 0.37 | 0.33 | 0.06 | 0.04 | 0.03 | 0.03 | 0.02 | 0.02 | 0.02 | 0.01 | 0.01 | 0.01 | 0.01 | 0.01 | 0.01 | 0.01 | 0.01 | 0.00 | 0.00 | 0.00 | 0.37 | 0.33 | 0.06 | 0.04 |
| 2 | 0.37 | 0.69 | 0.38 | 0.09 | 0.07 | 0.06 | 0.05 | 0.04 | 0.04 | 0.03 | 0.03 | 0.02 | 0.02 | 0.02 | 0.02 | 0.01 | 0.01 | 0.01 | 0.01 | 0.01 | 0.37 | 0.69 | 0.38 | 0.09 |
| 3 | 0.37 | 0.70 | 0.75 | 0.42 | 0.13 | 0.09 | 0.08 | 0.07 | 0.06 | 0.05 | 0.04 | 0.04 | 0.03 | 0.03 | 0.02 | 0.02 | 0.02 | 0.02 | 0.01 | 0.01 | 0.37 | 0.70 | 0.75 | 0.42 |
| 4 | 0.38 | 0.70 | 0.75 | 0.79 | 0.45 | 0.15 | 0.12 | 0.1 | 0.08 | 0.07 | 0.06 | 0.05 | 0.05 | 0.04 | 0.04 | 0.03 | 0.03 | 0.02 | 0.02 | 0.02 | 0.38 | 0.70 | 0.75 | 0.79 |
| 5 | 0.38 | 0.70 | 0.76 | 0.79 | 0.82 | 0.48 | 0.17 | 0.13 | 0.11 | 0.10 | 0.08 | 0.07 | 0.06 | 0.05 | 0.05 | 0.04 | 0.04 | 0.03 | 0.03 | 0.02 | 0.38 | 0.70 | 0.76 | 0.79 |
| 6 | 0.38 | 0.70 | 0.76 | 0.79 | 0.82 | 0.84 | 0.50 | 0.19 | 0.15 | 0.13 | 0.11 | 0.09 | 0.08 | 0.07 | 0.06 | 0.05 | 0.05 | 0.04 | 0.04 | 0.03 | 0.38 | 0.70 | 0.76 | 0.79 |
| 7 | 0.39 | 0.71 | 0.76 | 0.80 | 0.82 | 0.85 | 0.87 | 0.52 | 0.21 | 0.17 | 0.14 | 0.12 | 0.10 | 0.09 | 0.08 | 0.07 | 0.06 | 0.05 | 0.05 | 0.04 | 0.39 | 0.71 | 0.76 | 0.80 |
| 8 | 0.39 | 0.71 | 0.77 | 0.80 | 0.83 | 0.85 | 0.87 | 0.89 | 0.53 | 0.22 | 0.18 | 0.15 | 0.13 | 0.11 | 0.10 | 0.08 | 0.07 | 0.06 | 0.06 | 0.05 | 0.39 | 0.71 | 0.77 | 0.80 |
| 9 | 0.40 | 0.72 | 0.77 | 0.80 | 0.83 | 0.85 | 0.87 | 0.89 | 0.90 | 0.55 | 0.23 | 0.19 | 0.16 | 0.14 | 0.12 | 0.10 | 0.09 | 0.08 | 0.07 | 0.06 | 0.40 | 0.72 | 0.77 | 0.80 |
| 10 | 0.40 | 0.72 | 0.78 | 0.81 | 0.83 | 0.86 | 0.88 | 0.89 | 0.90 | 0.92 | 0.56 | 0.25 | 0.20 | 0.17 | 0.14 | 0.13 | 0.11 | 0.09 | 0.08 | 0.07 | 0.40 | 0.72 | 0.78 | 0.81 |
| 11 | 0.41 | 0.73 | 0.78 | 0.81 | 0.84 | 0.86 | 0.88 | 0.89 | 0.91 | 0.92 | 0.93 | 0.57 | 0.25 | 0.21 | 0.18 | 0.15 | 0.13 | 0.11 | 0.10 | 0.09 | 0.41 | 0.73 | 0.78 | 0.81 |
| 12 | 0.42 | 0.74 | 0.79 | 0.82 | 0.84 | 0.86 | 0.88 | 0.90 | 0.91 | 0.92 | 0.93 | 0.94 | 0.58 | 0.26 | 0.21 | 0.18 | 0.16 | 0.12 | 0.12 | 0.10 | 0.42 | 0.74 | 0.79 | 0.82 |
| 13 | 0.43 | 0.75 | 0.79 | 0.82 | 0.85 | 0.87 | 0.89 | 0.90 | 0.91 | 0.92 | 0.93 | 0.94 | 0.95 | 0.59 | 0.27 | 0.22 | 0.19 | 0.16 | 0.14 | 0.12 | 0.43 | 0.75 | 0.79 | 0.82 |
| 14 | 0.44 | 0.75 | 0.80 | 0.83 | 0.86 | 0.87 | 0.89 | 0.91 | 0.92 | 0.93 | 0.94 | 0.94 | 0.95 | 0.96 | 0.6 | 0.28 | 0.22 | 0.19 | 0.17 | 0.14 | 0.44 | 0.75 | 0.80 | 0.83 |
| 15 | 0.45 | 0.77 | 0.81 | 0.84 | 0.86 | 0.88 | 0.90 | 0.91 | 0.92 | 0.93 | 0.94 | 0.95 | 0.95 | 0.96 | 0.96 | 0.60 | 0.28 | 0.23 | 0.2 | 0.17 | 0.45 | 0.77 | 0.81 | 0.84 |
| 16 | 0.47 | 0.78 | 0.82 | 0.85 | 0.86 | 0.89 | 0.91 | 0.92 | 0.93 | 0.94 | 0.94 | 0.95 | 0.96 | 0.96 | 0.97 | 0.97 | 0.61 | 0.29 | 0.23 | 0.20 | 0.47 | 0.78 | 0.82 | 0.85 |
| 17 | 0.48 | 0.79 | 0.83 | 0.86 | 0.88 | 0.90 | 0.92 | 0.92 | 0.93 | 0.95 | 0.95 | 0.95 | 0.96 | 0.97 | 0.97 | 0.97 | 0.98 | 0.61 | 0.29 | 0.24 | 0.48 | 0.79 | 0.83 | 0.86 |
| 18 | 0.5 | 0.81 | 0.85 | 0.87 | 0.89 | 0.91 | 0.93 | 0.93 | 0.94 | 0.95 | 0.96 | 0.96 | 0.96 | 0.97 | 0.97 | 0.98 | 0.98 | 0.98 | 0.62 | 0.29 | 0.5 | 0.81 | 0.85 | 0.87 |
| 19 | 0.52 | 0.83 | 0.87 | 0.89 | 0.90 | 0.92 | 0.94 | 0.94 | 0.95 | 0.96 | 0.96 | 0.97 | 0.97 | 0.98 | 0.98 | 0.98 | 0.98 | 0.99 | 0.98 | 0.62 | 0.52 | 0.83 | 0.87 | 0.89 |
| 20 | 0.55 | 0.85 | 0.88 | 0.90 | 0.92 | 0.93 | 0.95 | 0.95 | 0.95 | 0.97 | 0.97 | 0.98 | 0.98 | 0.98 | 0.98 | 0.98 | 0.99 | 0.99 | 0.99 | 0.99 | 0.55 | 0.85 | 0.88 | 0.90 |
| 21 | 0.58 | 0.87 | 0.91 | 0.92 | 0.93 | 0.94 | 0.96 | 0.96 | 0.96 | 0.98 | 0.98 | 0.98 | 0.98 | 0.99 | 0.99 | 0.99 | 0.99 | 0.99 | 0.99 | 0.99 | 0.58 | 0.87 | 0.91 | 0.92 |
| 22 | 0.62 | 0.90 | 0.93 | 0.94 | 0.95 | 0.96 | 0.98 | 0.97 | 0.97 | 0.99 | 0.99 | 0.99 | 0.99 | 0.99 | 0.99 | 0.99 | 1.00 | 1.00 | 1.00 | 1.00 | 0.62 | 0.90 | 0.93 | 0.94 |
| 23 | 0.67 | 0.94 | 0.96 | 0.97 | 0.97 | 0.98 | 0.98 | 0.98 | 0.99 | 1.00 | 1.00 | 1.00 | 1.00 | 1.00 | 1.00 | 1.00 | 1.00 | 1.00 | 1.00 | 1.00 | 0.67 | 0.94 | 0.96 | 0.97 |
| 24 | 1.00 | 1.00 | 1.00 | 1.00 | 1.00 | 1.00 | 1.00 | 1.00 | 1.00 | 1.00 | 1.00 | 1.00 | 1.00 | 1.00 | 1.00 | 1.00 | 1.00 | 1.00 | 1.00 | 1.00 | 1.00 | 1.00 | 1.00 | 1.00 |

## 设备冷负荷系数 $C_{sb}$

表 2-28

| 工作小时数 | 从开机时刻算起到计算时刻的持续时间 | | | | | | | | | | | | | | | | | | | | | | | |
|---|---|---|---|---|---|---|---|---|---|---|---|---|---|---|---|---|---|---|---|---|---|---|---|---|
| | 1 | 2 | 3 | 4 | 5 | 6 | 7 | 8 | 9 | 10 | 11 | 12 | 13 | 14 | 15 | 16 | 17 | 18 | 19 | 20 | 21 | 22 | 23 | 24 |
| 1 | 0.77 | 0.14 | 0.02 | 0.01 | 0.01 | 0.01 | 0.01 | 0.01 | 0.00 | 0.00 | 0.00 | 0.00 | 0.00 | 0.00 | 0.00 | 0.00 | 0.00 | 0.00 | 0.00 | 0.00 | 0.00 | 0.00 | 0.00 | 0.00 |
| 2 | 0.77 | 0.90 | 0.16 | 0.03 | 0.02 | 0.02 | 0.01 | 0.01 | 0.01 | 0.01 | 0.01 | 0.01 | 0.00 | 0.01 | 0.00 | 0.00 | 0.00 | 0.00 | 0.00 | 0.00 | 0.00 | 0.00 | 0.00 | 0.00 |
| 3 | 0.77 | 0.90 | 0.93 | 0.17 | 0.04 | 0.03 | 0.02 | 0.02 | 0.02 | 0.01 | 0.01 | 0.01 | 0.01 | 0.01 | 0.01 | 0.01 | 0.01 | 0.01 | 0.01 | 0.01 | 0.00 | 0.00 | 0.00 | 0.00 |
| 4 | 0.77 | 0.90 | 0.93 | 0.94 | 0.18 | 0.05 | 0.03 | 0.03 | 0.02 | 0.02 | 0.02 | 0.02 | 0.01 | 0.01 | 0.01 | 0.01 | 0.01 | 0.01 | 0.01 | 0.01 | 0.01 | 0.00 | 0.00 | 0.00 |
| 5 | 0.77 | 0.90 | 0.93 | 0.94 | 0.95 | 0.19 | 0.06 | 0.04 | 0.03 | 0.03 | 0.02 | 0.02 | 0.02 | 0.02 | 0.01 | 0.01 | 0.01 | 0.01 | 0.01 | 0.01 | 0.01 | 0.01 | 0.00 | 0.00 |
| 6 | 0.77 | 0.91 | 0.93 | 0.94 | 0.95 | 0.95 | 0.19 | 0.06 | 0.05 | 0.04 | 0.03 | 0.03 | 0.02 | 0.02 | 0.02 | 0.02 | 0.02 | 0.01 | 0.01 | 0.01 | 0.01 | 0.01 | 0.01 | 0.01 |
| 7 | 0.77 | 0.91 | 0.93 | 0.94 | 0.95 | 0.95 | 0.96 | 0.20 | 0.07 | 0.05 | 0.04 | 0.04 | 0.03 | 0.03 | 0.02 | 0.02 | 0.02 | 0.02 | 0.02 | 0.02 | 0.02 | 0.01 | 0.01 | 0.01 |
| 8 | 0.77 | 0.91 | 0.93 | 0.94 | 0.95 | 0.96 | 0.96 | 0.96 | 0.20 | 0.07 | 0.05 | 0.04 | 0.04 | 0.03 | 0.03 | 0.03 | 0.02 | 0.02 | 0.02 | 0.02 | 0.02 | 0.02 | 0.01 | 0.01 |
| 9 | 0.78 | 0.91 | 0.93 | 0.94 | 0.95 | 0.96 | 0.96 | 0.97 | 0.97 | 0.21 | 0.08 | 0.06 | 0.05 | 0.04 | 0.04 | 0.03 | 0.03 | 0.03 | 0.02 | 0.03 | 0.02 | 0.02 | 0.01 | 0.01 |
| 10 | 0.78 | 0.91 | 0.93 | 0.94 | 0.95 | 0.96 | 0.96 | 0.97 | 0.97 | 0.97 | 0.21 | 0.08 | 0.06 | 0.05 | 0.04 | 0.04 | 0.04 | 0.03 | 0.03 | 0.03 | 0.03 | 0.02 | 0.01 | 0.01 |
| 11 | 0.78 | 0.91 | 0.93 | 0.94 | 0.95 | 0.96 | 0.96 | 0.97 | 0.97 | 0.98 | 0.98 | 0.21 | 0.08 | 0.06 | 0.05 | 0.05 | 0.04 | 0.04 | 0.03 | 0.03 | 0.03 | 0.02 | 0.02 | 0.01 |
| 12 | 0.78 | 0.92 | 0.94 | 0.94 | 0.95 | 0.96 | 0.96 | 0.97 | 0.97 | 0.98 | 0.98 | 0.98 | 0.22 | 0.08 | 0.06 | 0.07 | 0.05 | 0.04 | 0.04 | 0.04 | 0.03 | 0.03 | 0.02 | 0.02 |
| 13 | 0.79 | 0.92 | 0.94 | 0.95 | 0.95 | 0.96 | 0.96 | 0.97 | 0.97 | 0.98 | 0.98 | 0.98 | 0.98 | 0.22 | 0.09 | 0.08 | 0.06 | 0.05 | 0.04 | 0.04 | 0.04 | 0.03 | 0.02 | 0.02 |
| 14 | 0.79 | 0.92 | 0.94 | 0.95 | 0.96 | 0.96 | 0.97 | 0.97 | 0.98 | 0.98 | 0.98 | 0.98 | 0.99 | 0.99 | 0.22 | 0.09 | 0.07 | 0.06 | 0.05 | 0.05 | 0.04 | 0.03 | 0.03 | 0.02 |
| 15 | 0.79 | 0.92 | 0.94 | 0.95 | 0.96 | 0.96 | 0.97 | 0.97 | 0.98 | 0.98 | 0.98 | 0.99 | 0.99 | 0.99 | 0.99 | 0.22 | 0.09 | 0.07 | 0.06 | 0.05 | 0.05 | 0.04 | 0.03 | 0.03 |
| 16 | 0.80 | 0.93 | 0.95 | 0.96 | 0.96 | 0.96 | 0.97 | 0.97 | 0.98 | 0.98 | 0.98 | 0.99 | 0.99 | 0.99 | 0.99 | 0.99 | 0.23 | 0.09 | 0.07 | 0.06 | 0.05 | 0.04 | 0.04 | 0.03 |
| 17 | 0.80 | 0.93 | 0.95 | 0.96 | 0.96 | 0.97 | 0.97 | 0.97 | 0.98 | 0.98 | 0.98 | 0.99 | 0.99 | 0.99 | 0.99 | 0.99 | 0.99 | 0.23 | 0.09 | 0.07 | 0.06 | 0.05 | 0.04 | 0.03 |
| 18 | 0.81 | 0.94 | 0.96 | 0.97 | 0.97 | 0.97 | 0.98 | 0.98 | 0.98 | 0.98 | 0.98 | 0.99 | 0.99 | 0.99 | 0.99 | 0.99 | 0.99 | 0.99 | 0.23 | 0.09 | 0.07 | 0.06 | 0.05 | 0.04 |
| 19 | 0.81 | 0.94 | 0.97 | 0.97 | 0.97 | 0.97 | 0.98 | 0.98 | 0.98 | 0.98 | 0.99 | 0.99 | 0.99 | 0.99 | 0.99 | 0.99 | 0.99 | 0.99 | 1.00 | 0.23 | 0.09 | 0.07 | 0.05 | 0.05 |
| 20 | 0.82 | 0.95 | 0.97 | 0.98 | 0.98 | 0.98 | 0.98 | 0.98 | 0.99 | 0.99 | 0.99 | 0.99 | 0.99 | 0.99 | 0.99 | 1.00 | 0.99 | 1.00 | 1.00 | 1.00 | 0.23 | 0.10 | 0.07 | 0.05 |
| 21 | 0.83 | 0.96 | 0.98 | 0.98 | 0.98 | 0.98 | 0.99 | 0.99 | 0.99 | 0.99 | 0.99 | 1.00 | 1.00 | 1.00 | 1.00 | 1.00 | 1.00 | 1.00 | 1.00 | 1.00 | 1.00 | 0.23 | 0.10 | 0.06 |
| 22 | 0.84 | 0.97 | 0.99 | 0.99 | 0.99 | 0.99 | 0.99 | 1.00 | 1.00 | 0.99 | 0.99 | 1.00 | 1.00 | 1.00 | 1.00 | 1.00 | 1.00 | 1.00 | 1.00 | 1.00 | 1.00 | 1.00 | 0.23 | 0.07 |
| 23 | 0.86 | 0.98 | 1.00 | 1.00 | 0.99 | 0.99 | 0.99 | 1.00 | 1.00 | 1.00 | 1.00 | 1.00 | 1.00 | 1.00 | 1.00 | 1.00 | 1.00 | 1.00 | 1.00 | 1.00 | 1.00 | 1.00 | 1.00 | 0.23 |
| 24 | 1.00 | 1.00 | 1.00 | 1.00 | 1.00 | 1.00 | 1.00 | 1.00 | 1.00 | 1.00 | 1.00 | 1.00 | 1.00 | 1.00 | 1.00 | 1.00 | 1.00 | 1.00 | 1.00 | 1.00 | 1.00 | 1.00 | 1.00 | 1.00 |

# 第四节　空调区与空调系统夏季冷负荷

**一、空调区的夏季冷负荷**

空调房间的冷负荷是确定空调送风系统风量和空调设备容量的依据。《设计规范》GB 50736—2012明确指出，空调区的夏季冷负荷，应按空调区各项逐时冷负荷的综合最大值确定。空调区的夏季冷负荷，包括通过围护结构的传热、通过玻璃窗的太阳辐射得热、室内人员和照明设备等散热形成的冷负荷，其计算应分项逐时计算，逐时分项累加，按照逐时分项累加最大值确定（图2-4）。

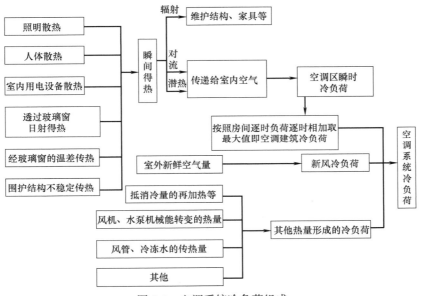

图2-4　空调系统冷负荷组成

**二、空调系统冷负荷**

根据空气调节区的同时使用情况、空气调节系统类型及控制方式等各种情况的不同。在确定空气调节系统夏季冷负荷时，主要有两种不同算法：

（1）取同时使用的各空气调节区逐时冷负荷的综合最大值，即从各空气调节区逐时冷负荷相加之后得出的数列中找出的最大值；

（2）取同时使用的各空气调节区夏季冷负荷的累计值，即找出各空气调节区逐时冷负荷的最大值并将它们相加在一起，而不考虑它们是否同时发生。

后一种方法的计算结果显然比前一种方法的结果要大。例如：当采用变风量集中式空气调节系统时，由于系统本身具有适应各空气调节区冷负荷变化的调节能力，此时即应采用各空气调节区逐时冷负荷的综合最大值；当末端设备没有室温控制装置时，由于系统本身不能适应各空气调节区冷负荷的变化，为了保证最不利情况下达到空气调节区的温湿度要求，即应采用各空气调节区夏季冷负荷的累计值。

因此，《设计规范》GB 50736—2012明确指出，空调系统的夏季冷负荷应满足下列规定：

（1）设有温度自控时，空调系统夏季总冷负荷按所有空调区作为一个整体空间进行逐时冷负荷计算所得的综合最大小时冷负荷确定。

（2）无温度自控时，空调系统夏季总冷负荷按所有空调区逐时冷负荷的累计值确定。

（3）空调系统夏季总冷负荷应计入各项有关的附加负荷。空调系统的夏季附加负荷应包括以下内容：新风冷负荷；空气处理过程中产生冷热抵消现象引起的冷负荷；空气通过风机、风管的温升引起的冷负荷，当回风管敷设在非空调空间时，应考虑漏入风量对回风参数的影响；风管漏风引起的附加冷负荷。本节主要介绍新风冷负荷，因温升造成的附加冷负荷将在第三章进行说明。

其中，新风冷负荷应按最小新风量标准和夏季室外空调计算干、湿球温度确定，按式（2-28）计算：

$$CL_W = q_{m,W}(h_W - h_N) \tag{2-28}$$

式中：$CL_W$——新风冷负荷，kW；

　　　$q_{m,W}$——新风量，kg/s；

　　　$h_W$——室外空气计算焓值，kJ/kg；

　　　$h_N$——室内空气计算焓值，kJ/kg。

（4）应考虑各空调区在使用时间上的不同，采用小于 1 的同时使用系数。

**三、空调冷源冷负荷**

空调冷源冷负荷（制冷系统的冷负荷）计算应注意以下几个方面：

（1）按照各空调系统冷负荷的综合最大值确定，并计入系统同时使用系数。制冷系统的冷负荷等于空调系统总冷负荷、新风冷负荷和其他热量形成的冷负荷之和；也就是说空调制冷系统的供冷能力除了要补偿室内的冷负荷外，还要补偿空调系统新风量负荷和抵消冷量的再加热等其他热量形成的冷负荷。

值得指出的是，制冷系统的总装机冷量并不是所有空调房间最大冷负荷的叠加。因为各空调房间的朝向、工作时间并不一致，它们出现最大冷负荷的时刻也不会一致，简单地将各空调房间最大冷负荷叠加，势必造成制冷系统装机冷量过大。因此，应对制冷系统所服务的空调房间冷负荷逐时进行叠加，以其中出现的最大冷负荷作为确定空调制冷设备容量的依据。

（2）采用夏季新风逐时焓值计算新风冷负荷，与空气调节系统总冷负荷叠加后采用综合最大值。

（3）计入供冷系统输送冷损失。

# 第五节　冷负荷计算示例

**一、空调区建筑平面图**

图 2-5 所示为某办公楼顶层建筑平面图。

**二、空调区设计计算参数**

（1）地点：南京市某办公楼。

（2）夏季室内设计参数：夏季空调区设计温度 $t_{Nx} = 25℃$。

（3）外墙：墙体为Ⅱ型外墙，外墙传热系数 $K_q = 0.79W/(m^2 \cdot K)$；外墙传热面积（以 1 号房间为例）：南北 $18m^2$、东西 $21m^2$。忽略邻室传热造成的冷负荷。

（4）屋面：采用Ⅰ型屋面，屋面传热系数 $K_m = 0.49W/(m^2 \cdot K)$；1 号房间屋面传热面积 $32.7m^2$。

（5）外窗：外窗采用双层钢窗，外窗传热系数 $K_c = 2.9W/(m^2 \cdot K)$；1 号房间外窗传热面积：南北 $12m^2$，东西 $9m^2$。

（6）窗玻璃：采用双层透明普通玻璃，厚度为3+3mm；采用白色活动百叶（叶片 45°）。

（7）人员：空调房间内总人数，每个房间 $n = 6$，群集系数 $\varphi = 0.93$。

（8）照明：照明采用明装荧光灯（镇流器安装在空调房间内），荧光灯功率 $P_1 = 200W$；灯具同时使用系数 $n_1 = 1$。

（9）室内设备：1 号房间电动设备安装功率 $N = 5kW$；同时使用系数 $n_1 = 0.8$；安装系数 $n_2 = 0.8$；电动机的负荷系数，$n_3 = 0.5$；电动机效率 $\eta$ 一般取 0.8～0.9。电动机不在空调房间内，驱动设备在空调房间内。

（10）空调系统设有温度自控。

试确定 1 号空调房间夏季冷负荷及空调区夏季冷负荷。

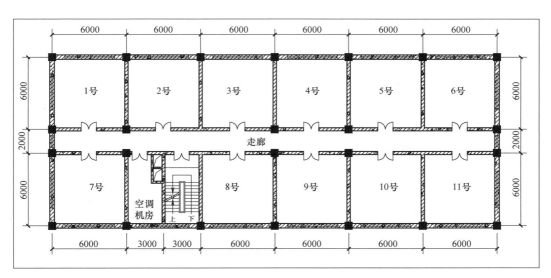

图 2-5　某办公楼顶层建筑平面图

### 三、冷负荷计算过程

1. 外墙瞬变传热引起的冷负荷

已知，墙体为Ⅱ型外墙，外墙传热系数 $K_q = 0.79W/(m^2 \cdot K)$（查表 2-10）。依据上海市Ⅱ型外墙逐时冷负荷计算温度 $t_{wlq}$，南京地区的地点修正值为 0，因此可以直接从表 2-12 中查取南京市北向和西向外墙逐时冷负荷计算温度 $t_{wlq}$。北外墙和西外墙瞬变传热引起的冷负荷计算结果分别列于表 2-29 和表 2-30 中。

**北外墙瞬变传热引起的冷负荷**　　　　　　　　　　　　表 2-29

| 参数 | 时刻 | | | | | | | | | | | |
|---|---|---|---|---|---|---|---|---|---|---|---|---|
| | 9：00 | 10：00 | 11：00 | 12：00 | 13：00 | 14：00 | 15：00 | 16：00 | 17：00 | 18：00 | 19：00 | 20：00 |
| $K_q$(W/m²·k) | 0.79 | 0.79 | 0.79 | 0.79 | 0.79 | 0.79 | 0.79 | 0.79 | 0.79 | 0.79 | 0.79 | 0.79 |
| $F$(m²) | 18.00 | 18.00 | 18.00 | 18.00 | 18.00 | 18.00 | 18.00 | 18.00 | 18.00 | 18.00 | 18.00 | 18.00 |
| $t_{wlq}$(℃) | 32.40 | 32.40 | 32.50 | 32.60 | 32.80 | 33.00 | 33.30 | 33.50 | 33.80 | 34.00 | 34.30 | 34.50 |
| $t_{Nx}$(℃) | 25.00 | 25.00 | 25.00 | 25.00 | 25.00 | 25.00 | 25.00 | 25.00 | 25.00 | 25.00 | 25.00 | 25.00 |
| $\Delta t$(℃) | 7.40 | 7.40 | 7.50 | 7.60 | 7.80 | 8.00 | 8.30 | 8.50 | 8.80 | 9.00 | 9.30 | 9.50 |
| $CL_{Wq}$(W) | 105.23 | 105.23 | 106.65 | 108.07 | 110.92 | 113.76 | 118.03 | 120.87 | 125.14 | 127.98 | 132.25 | 135.09 |

**西外墙瞬变传热引起的冷负荷**　　　　　　　　　　　　表 2-30

| 参数 | 时刻 | | | | | | | | | | | |
|---|---|---|---|---|---|---|---|---|---|---|---|---|
| | 9：00 | 10：00 | 11：00 | 12：00 | 13：00 | 14：00 | 15：00 | 16：00 | 17：00 | 18：00 | 19：00 | 20：00 |
| $K_q$(W/m²·k) | 0.79 | 0.79 | 0.79 | 0.79 | 0.79 | 0.79 | 0.79 | 0.79 | 0.79 | 0.79 | 0.79 | 0.79 |
| $F$(m²) | 21.00 | 21.00 | 21.00 | 21.00 | 21.00 | 21.00 | 21.00 | 21.00 | 21.00 | 21.00 | 21.00 | 21.00 |
| $t_{wlq}$(℃) | 35.30 | 35.10 | 35.00 | 35.00 | 35.00 | 35.20 | 35.40 | 35.90 | 36.50 | 37.30 | 38.00 | 38.50 |
| $t_{Nx}$(℃) | 25.00 | 25.00 | 25.00 | 25.00 | 25.00 | 25.00 | 25.00 | 25.00 | 25.00 | 25.00 | 25.00 | 25.00 |
| $\Delta t$(℃) | 10.30 | 10.10 | 10.00 | 10.00 | 10.00 | 10.20 | 10.40 | 10.90 | 11.50 | 12.30 | 13.00 | 13.50 |
| $CL_{Wq}$(W) | 170.88 | 167.56 | 165.90 | 165.90 | 165.90 | 169.22 | 172.54 | 180.83 | 190.79 | 204.06 | 215.67 | 223.97 |

**2. 屋面瞬变传热引起的冷负荷**

已知，采用 I 型屋面，屋面传热系数 $K_m = 0.49$W/(m²·K)，屋面传热面积 32.7m²。依据上海市 I 型屋面逐时冷负荷计算温度 $t_{wlm}$，南京地区的地点修正值为 0，因此可以直接从表 2-12 中查取南京市屋面逐时冷负荷计算温度 $t_{wlm}$。屋面瞬变传热引起的冷负荷计算结果列于表 2-31 中。

**屋面瞬变传热引起的冷负荷**　　　　　　　　　　　　表 2-31

| 参数 | 时刻 | | | | | | | | | | | |
|---|---|---|---|---|---|---|---|---|---|---|---|---|
| | 9：00 | 10：00 | 11：00 | 12：00 | 13：00 | 14：00 | 15：00 | 16：00 | 17：00 | 18：00 | 19：00 | 20：00 |
| $K_m$(W/m²·k) | 0.49 | 0.49 | 0.49 | 0.49 | 0.49 | 0.49 | 0.49 | 0.49 | 0.49 | 0.49 | 0.49 | 0.49 |
| $F$(m²) | 32.70 | 32.70 | 32.70 | 32.70 | 32.70 | 32.70 | 32.70 | 32.70 | 32.70 | 32.70 | 32.70 | 32.70 |
| $t_{wlm}$(℃) | 42.00 | 41.30 | 40.80 | 40.40 | 40.10 | 40.10 | 40.20 | 40.60 | 41.20 | 41.90 | 42.70 | 43.40 |
| $t_{Nx}$(℃) | 25.00 | 25.00 | 25.00 | 25.00 | 25.00 | 25.00 | 25.00 | 25.00 | 25.00 | 25.00 | 25.00 | 25.00 |
| $\Delta t$(℃) | 17.00 | 16.30 | 15.80 | 15.40 | 15.10 | 15.10 | 15.20 | 15.60 | 16.20 | 16.90 | 17.70 | 18.40 |
| $CL_{Wm}$(W) | 272.39 | 261.17 | 253.16 | 246.75 | 241.95 | 241.95 | 243.55 | 249.96 | 259.57 | 270.79 | 283.61 | 294.82 |

**3. 外窗瞬变传热引起的冷负荷**

已知，外窗采用双层钢窗，外窗传热系数 $K_c = 2.9$W/(m²·K)，外窗传热面积：南北方向为 12m²，东西方向为 9m²。查表 2-15 中南京市外窗传热逐时冷负荷计算温度 $t_{wlc}$，北外窗和西外窗瞬变传热引起的冷负荷计算结果分别列于表 2-32 和表 2-33 中。

**北外窗瞬变传热引起的冷负荷**　　　　　　表 2-32

| 参数 | 时刻 | | | | | | | | | | | |
|---|---|---|---|---|---|---|---|---|---|---|---|---|
| | 9：00 | 10：00 | 11：00 | 12：00 | 13：00 | 14：00 | 15：00 | 16：00 | 17：00 | 18：00 | 19：00 | 20：00 |
| $K_c$(W/m$^2$·k) | 2.90 | 2.90 | 2.90 | 2.90 | 2.90 | 2.90 | 2.90 | 2.90 | 2.90 | 2.90 | 2.90 | 2.90 |
| $F$(m$^2$) | 12.00 | 12.00 | 12.00 | 12.00 | 12.00 | 12.00 | 12.00 | 12.00 | 12.00 | 12.00 | 12.00 | 12.00 |
| $t_{wlc}$(℃) | 30.90 | 31.60 | 32.30 | 32.90 | 33.50 | 33.80 | 33.80 | 33.70 | 33.50 | 33.00 | 32.30 | 31.70 |
| $t_{Nx}$(℃) | 25.00 | 25.00 | 25.00 | 25.00 | 25.00 | 25.00 | 25.00 | 25.00 | 25.00 | 25.00 | 25.00 | 25.00 |
| $\Delta t$(℃) | 5.90 | 6.60 | 7.30 | 7.90 | 8.50 | 8.80 | 8.80 | 8.70 | 8.50 | 8.00 | 7.30 | 6.70 |
| $CL_{Wc}$(W) | 205.32 | 229.68 | 254.04 | 274.92 | 295.80 | 306.24 | 306.24 | 302.76 | 295.80 | 278.40 | 254.04 | 233.16 |

**西外窗瞬变传热引起的冷负荷**　　　　　　表 2-33

| 参数 | 时刻 | | | | | | | | | | | |
|---|---|---|---|---|---|---|---|---|---|---|---|---|
| | 9：00 | 10：00 | 11：00 | 12：00 | 13：00 | 14：00 | 15：00 | 16：00 | 17：00 | 18：00 | 19：00 | 20：00 |
| $K_c$(W/m$^2$·k) | 2.90 | 2.90 | 2.90 | 2.90 | 2.90 | 2.90 | 2.90 | 2.90 | 2.90 | 2.90 | 2.90 | 2.90 |
| $F$(m$^2$) | 9.00 | 9.00 | 9.00 | 9.00 | 9.00 | 9.00 | 9.00 | 9.00 | 9.00 | 9.00 | 9.00 | 9.00 |
| $t_{wlc}$(℃) | 30.90 | 31.60 | 32.30 | 32.90 | 33.50 | 33.80 | 33.80 | 33.70 | 33.50 | 33.00 | 32.30 | 31.70 |
| $t_{Nx}$(℃) | 25.00 | 25.00 | 25.00 | 25.00 | 25.00 | 25.00 | 25.00 | 25.00 | 25.00 | 25.00 | 25.00 | 25.00 |
| $\Delta t$(℃) | 5.90 | 6.60 | 7.30 | 7.90 | 8.50 | 8.80 | 8.80 | 8.70 | 8.50 | 8.00 | 7.30 | 6.70 |
| $CL_{Wc}$(W) | 153.99 | 172.26 | 190.53 | 206.19 | 221.85 | 229.68 | 229.68 | 227.07 | 221.85 | 208.80 | 190.53 | 174.87 |

4. 透过玻璃窗进入的太阳辐射得热形成的逐时冷负荷

已知，外窗采用双层钢窗，双层透明普通玻璃（3+3mm），外窗面积：南北 12m$^2$，东西 9m$^2$。查表 2-19 得窗有效面积系数 $C_a=0.75$；采用白色活动百叶（45°），查表 2-20 可得窗内遮阳设施的遮阳系数 $C_i=0.6$；查表 2-21 可得玻璃类型修正系数 $C_s=0.86$。查表 2-22 可得南京市日射得热因数最大值 $D_{J,max}$。透过无遮阳标准玻璃太阳辐射冷负荷系数 $C_{clC}$ 可参照表 2-23 上海市数据。太阳辐射得热形成的逐时冷负荷计算结果列于表 2-34 和表 2-35 中。

**透过玻璃窗进入的太阳辐射得热形成的逐时冷负荷（北）**　　　　　　表 2-34

| 参数 | 时刻 | | | | | | | | | | | |
|---|---|---|---|---|---|---|---|---|---|---|---|---|
| | 9：00 | 10：00 | 11：00 | 12：00 | 13：00 | 14：00 | 15：00 | 16：00 | 17：00 | 18：00 | 19：00 | 20：00 |
| $C_{clC}$ | 0.48 | 0.59 | 0.68 | 0.75 | 0.79 | 0.81 | 0.80 | 0.76 | 0.70 | 0.66 | 0.37 | 0.29 |
| $C_s$ | 0.86 | 0.86 | 0.86 | 0.86 | 0.86 | 0.86 | 0.86 | 0.86 | 0.86 | 0.86 | 0.86 | 0.86 |
| $C_i$ | 0.60 | 0.60 | 0.60 | 0.60 | 0.60 | 0.60 | 0.60 | 0.60 | 0.60 | 0.60 | 0.60 | 0.60 |
| $C_a$ | 0.75 | 0.75 | 0.75 | 0.75 | 0.75 | 0.75 | 0.75 | 0.75 | 0.75 | 0.75 | 0.75 | 0.75 |
| $C_z$ | 0.39 | 0.39 | 0.39 | 0.39 | 0.39 | 0.39 | 0.39 | 0.39 | 0.39 | 0.39 | 0.39 | 0.39 |
| $D_{J,max}$ | 136.00 | 136.00 | 136.00 | 136.00 | 136.00 | 136.00 | 136.00 | 136.00 | 136.00 | 136.00 | 136.00 | 136.00 |
| $F_C$ | 12.00 | 12.00 | 12.00 | 12.00 | 12.00 | 12.00 | 12.00 | 12.00 | 12.00 | 12.00 | 12.00 | 12.00 |
| $CL_C$ | 303.16 | 372.63 | 429.48 | 473.69 | 498.95 | 511.58 | 505.27 | 480.00 | 442.11 | 416.85 | 233.69 | 183.16 |

**透过玻璃窗进入的太阳辐射得热形成的逐时冷负荷（西）**　　　　表 2-35

| 参数 | 时刻 | | | | | | | | | | | |
|---|---|---|---|---|---|---|---|---|---|---|---|---|
| | 9：00 | 10：00 | 11：00 | 12：00 | 13：00 | 14：00 | 15：00 | 16：00 | 17：00 | 18：00 | 19：00 | 20：00 |
| $C_{clC}$ | 0.12 | 0.15 | 0.18 | 0.19 | 0.24 | 0.33 | 0.44 | 0.54 | 0.60 | 0.58 | 0.09 | 0.07 |
| $C_s$ | 0.86 | 0.86 | 0.86 | 0.86 | 0.86 | 0.86 | 0.86 | 0.86 | 0.86 | 0.86 | 0.86 | 0.86 |
| $C_i$ | 0.60 | 0.60 | 0.60 | 0.60 | 0.60 | 0.60 | 0.60 | 0.60 | 0.60 | 0.60 | 0.60 | 0.60 |
| $C_a$ | 0.75 | 0.75 | 0.75 | 0.75 | 0.75 | 0.75 | 0.75 | 0.75 | 0.75 | 0.75 | 0.75 | 0.75 |
| $C_z$ | 0.39 | 0.39 | 0.39 | 0.39 | 0.39 | 0.39 | 0.39 | 0.39 | 0.39 | 0.39 | 0.39 | 0.39 |
| $D_{J,max}$ | 533.00 | 533.00 | 533.00 | 533.00 | 533.00 | 533.00 | 533.00 | 533.00 | 533.00 | 533.00 | 533.00 | 533.00 |
| $F_C$ | 9.00 | 9.00 | 9.00 | 9.00 | 9.00 | 9.00 | 9.00 | 9.00 | 9.00 | 9.00 | 9.00 | 9.00 |
| $CL_C$ | 222.77 | 278.47 | 334.16 | 352.72 | 445.55 | 612.62 | 816.83 | 1002.48 | 1113.86 | 1076.73 | 167.08 | 129.95 |

**5. 人体散热形成的冷负荷**

已知，每个房间人数 $n=6$，群集系数 $\varphi=0.93$。办公室按照极轻劳动分类，查表 2-25 可得每个人散发的显热量 $q_1=6.50\mathrm{W}$、潜热量 $q_2=69\mathrm{W}$。人体显热散热冷负荷系数 $C_r$ 查表 2-26。室内人体散热形成的冷负荷计算结果列于表 2-36 中。

**室内人体散热形成的冷负荷**　　　　表 2-36

| 参数 | 时刻 | | | | | | | | | | | |
|---|---|---|---|---|---|---|---|---|---|---|---|---|
| | 9：00 | 10：00 | 11：00 | 12：00 | 13：00 | 14：00 | 15：00 | 16：00 | 17：00 | 18：00 | 19：00 | 20：00 |
| 小时数 | 0(24) | 1 | 2 | 3 | 4 | 5 | 6 | 7 | 8 | 9 | 10 | 11 |
| $n$ | 6.00 | 6.00 | 6.00 | 6.00 | 6.00 | 6.00 | 6.00 | 6.00 | 6.00 | 6.00 | 6.00 | 6.00 |
| $\varphi$ | 0.93 | 0.93 | 0.93 | 0.93 | 0.93 | 0.93 | 0.93 | 0.93 | 0.93 | 0.93 | 0.93 | 0.93 |
| $q_1$ | 65.00 | 65.00 | 65.00 | 65.00 | 65.00 | 65.00 | 65.00 | 65.00 | 65.00 | 65.00 | 65.00 | 65.00 |
| $q_2$ | 69.00 | 69.00 | 69.00 | 69.00 | 69.00 | 69.00 | 69.00 | 69.00 | 69.00 | 69.00 | 69.00 | 69.00 |
| $C_r$ | 0.04 | 0.47 | 0.79 | 0.84 | 0.87 | 0.88 | 0.90 | 0.91 | 0.92 | 0.93 | 0.94 | 0.95 |
| $CL_{rt}$ | 399.53 | 555.49 | 671.55 | 689.69 | 700.57 | 704.20 | 711.45 | 715.08 | 718.70 | 722.33 | 725.96 | 729.59 |

**6. 照明冷负荷**

已知，房间内照明采用明装荧光灯（镇流器安装在空调房间内），荧光灯功率 $P_1=200\mathrm{W}$，灯具同时使用系数 $n_1=1$。镇流器功率 $P_2$ 取荧光灯功率的 20%。照明散热形成的冷负荷系数按照表 2-27 查取。照明散热引起的冷负荷计算结果列于表 2-37 中。

**照明散热引起的冷负荷**　　　　表 2-37

| 参数 | 时刻 | | | | | | | | | | | |
|---|---|---|---|---|---|---|---|---|---|---|---|---|
| | 9：00 | 10：00 | 11：00 | 12：00 | 13：00 | 14：00 | 15：00 | 16：00 | 17：00 | 18：00 | 19：00 | 20：00 |
| 小时数 | 0 | 1 | 2 | 3 | 4 | 5 | 6 | 7 | 8 | 9 | 10 | 11 |
| $P_1$ | 200.00 | 200.00 | 200.00 | 200.00 | 200.00 | 200.00 | 200.00 | 200.00 | 200.00 | 200.00 | 200.00 | 200.00 |
| $P_2$ | 40.00 | 40.00 | 40.00 | 40.00 | 40.00 | 40.00 | 40.00 | 40.00 | 40.00 | 40.00 | 40.00 | 40.00 |
| $n_1$ | 1.00 | 1.00 | 1.00 | 1.00 | 1.00 | 1.00 | 1.00 | 1.00 | 1.00 | 1.00 | 1.00 | 1.00 |
| $C_{zm}$ | 0.81 | 0.41 | 0.73 | 0.78 | 0.81 | 0.84 | 0.86 | 0.88 | 0.89 | 0.91 | 0.92 | 0.93 |
| $CL_{zm}$ | 194.40 | 98.40 | 175.20 | 187.20 | 194.40 | 201.60 | 206.40 | 211.20 | 213.60 | 218.40 | 220.80 | 223.20 |

7. 电动设备散热量形成的冷负荷

已知，空调房间存在电动设备，安装功率 $P=5\mathrm{kW}$，同时使用系数 $n_1=0.8$，安装系数 $n_2=0.8$；电动机的负荷系数 $n_3=0.5$。电动机不在空调房间内，可按照式（2-27）计算，电动设备散热的冷负荷系数 $C_{\mathrm{sb}}$ 查表 2-28 确定。电动设备散热量形成的冷负荷计算结果列于表 2-38 中。

8. 1 号空调房间夏季冷负荷确定

空调房间的夏季冷负荷，按照通过围护结构的传热、通过玻璃窗的太阳辐射得热、室内人员和照明设备等散热形成的冷负荷，进行分项逐时计算后，再进行逐时分项累加，按照逐时分项累加最大值确定。各分项逐时冷负荷汇总结果列于表 2-39 中。

**电动设备散热量形成的冷负荷**　　　　　　　　　　　表 2-38

| 参数 | 时刻 | | | | | | | | | | | |
|---|---|---|---|---|---|---|---|---|---|---|---|---|
| | 9：00 | 10：00 | 11：00 | 12：00 | 13：00 | 14：00 | 15：00 | 16：00 | 17：00 | 18：00 | 19：00 | 20：00 |
| 小时数 | 0 | 1 | 2 | 3 | 4 | 5 | 6 | 7 | 8 | 9 | 10 | 11 |
| $n_1$ | 0.80 | 0.80 | 0.80 | 0.80 | 0.80 | 0.80 | 0.80 | 0.80 | 0.80 | 0.80 | 0.80 | 0.80 |
| $n_2$ | 0.80 | 0.80 | 0.80 | 0.80 | 0.80 | 0.80 | 0.80 | 0.80 | 0.80 | 0.80 | 0.80 | 0.80 |
| $n_3$ | 0.50 | 0.50 | 0.50 | 0.50 | 0.50 | 0.50 | 0.50 | 0.50 | 0.50 | 0.50 | 0.50 | 0.50 |
| $P$ | 5.00 | 5.00 | 5.00 | 5.00 | 5.00 | 5.00 | 5.00 | 5.00 | 5.00 | 5.00 | 5.00 | 5.00 |
| $C_{\mathrm{sb}}$ | 0.02 | 0.78 | 0.91 | 0.93 | 0.94 | 0.95 | 0.96 | 0.96 | 0.97 | 0.97 | 0.98 | 0.98 |
| $CL_{\mathrm{sb}}$ | 32.00 | 1248.00 | 1456.00 | 1488.00 | 1504.00 | 1520.00 | 1536.00 | 1536.00 | 1552.00 | 1552.00 | 1568.00 | 1568.00 |

**1 号房间的各分项逐时冷负荷汇总表**　　　　　　　　表 2-39

| 分项 | 时刻 | | | | | | | | | | | |
|---|---|---|---|---|---|---|---|---|---|---|---|---|
| | 9：00 | 10：00 | 11：00 | 12：00 | 13：00 | 14：00 | 15：00 | 16：00 | 17：00 | 18：00 | 19：00 | 20：00 |
| 北外墙 | 105.23 | 105.23 | 106.65 | 108.07 | 110.92 | 113.76 | 118.03 | 120.87 | 125.14 | 127.98 | 132.25 | 135.09 |
| 西外墙 | 170.88 | 167.56 | 165.90 | 165.90 | 165.90 | 169.22 | 172.54 | 180.83 | 190.79 | 204.06 | 215.67 | 223.97 |
| 北外窗 | 205.32 | 229.68 | 254.04 | 274.92 | 295.80 | 306.24 | 306.24 | 302.76 | 295.80 | 278.40 | 254.04 | 233.16 |
| 西外窗 | 153.99 | 172.26 | 190.53 | 206.19 | 221.25 | 229.68 | 229.68 | 227.07 | 221.85 | 208.80 | 190.53 | 174.87 |
| 屋面 | 272.39 | 261.17 | 253.16 | 246.75 | 241.95 | 241.95 | 243.55 | 249.96 | 259.57 | 270.79 | 283.61 | 294.82 |
| 日射得热（北） | 303.16 | 372.63 | 429.48 | 473.69 | 498.95 | 511.58 | 505.27 | 480.00 | 442.11 | 416.85 | 233.69 | 183.16 |
| 日射得热（西） | 222.77 | 278.47 | 334.16 | 352.72 | 445.55 | 612.62 | 816.83 | 1002.48 | 1113.86 | 1076.73 | 167.08 | 129.95 |
| 照明 | 194.40 | 98.40 | 175.20 | 187.20 | 194.40 | 201.60 | 206.40 | 211.20 | 213.60 | 218.40 | 220.80 | 223.20 |
| 人体 | 399.53 | 555.49 | 671.55 | 689.69 | 700.57 | 704.20 | 711.45 | 715.08 | 718.70 | 722.33 | 725.96 | 729.59 |
| 设备 | 32.00 | 1248.00 | 1456.00 | 1488.00 | 1504.00 | 1520.00 | 1536.00 | 1536.00 | 1552.00 | 1552.00 | 1568.00 | 1568.00 |
| 汇总 | 2059.67 | 3488.89 | 4036.67 | 4193.14 | 4379.88 | 4610.85 | 4845.98 | 5026.25 | 5133.42 | 5076.34 | 3991.62 | 3895.80 |

9. 空调区冷负荷汇总表

已知，空调系统设有自控，则由空调房间 1 号至 11 号组成的空调区的夏季建筑冷负荷应按所有空调房间作为一个整体空间进行逐时冷负荷计算所得的综合最大小时冷负荷确定，计算结果列于表 2-40 中。

**1～11 号房间组成的空调区冷负荷汇总表**　　　　表 2-40

| 房间 | 时刻 | | | | | | | | | | | |
|---|---|---|---|---|---|---|---|---|---|---|---|---|
| | 9：00 | 10：00 | 11：00 | 12：00 | 13：00 | 14：00 | 15：00 | 16：00 | 17：00 | 18：00 | 19：00 | 20：00 |
| 1 | 2059.67 | 3488.89 | 4036.67 | 4193.14 | 4379.88 | 4610.85 | 4845.98 | 5026.25 | 5133.42 | 5076.34 | 3991.62 | 3895.80 |
| 2 | 1512.03 | 2870.61 | 3346.08 | 3468.32 | 3546.58 | 3599.33 | 3626.93 | 3615.87 | 3606.92 | 3586.75 | 3418.34 | 3367.02 |
| 3 | 1512.03 | 2870.61 | 3346.08 | 3468.32 | 3546.58 | 3599.33 | 3626.93 | 3615.87 | 3606.92 | 3586.75 | 3418.34 | 3367.02 |
| 4 | 1512.03 | 2870.61 | 3346.08 | 3468.32 | 3546.58 | 3599.33 | 3626.93 | 3615.87 | 3606.92 | 3586.75 | 3418.34 | 3367.02 |
| 5 | 1512.03 | 2870.61 | 3346.08 | 3468.32 | 3546.58 | 3599.33 | 3626.93 | 3615.87 | 3606.92 | 3586.75 | 3418.34 | 3367.02 |
| 6 | 2814.17 | 4290.48 | 4755.39 | 4216.36 | 4338.80 | 4424.57 | 4438.59 | 4409.67 | 4361.70 | 4255.87 | 3994.93 | 3890.83 |
| 7 | 2098.98 | 3549.01 | 4148.87 | 4292.64 | 4575.91 | 4807.13 | 5019.90 | 5057.75 | 5142.63 | 5031.98 | 4028.69 | 3921.80 |
| 8 | 1551.34 | 2930.73 | 3458.28 | 3567.83 | 3742.62 | 3795.60 | 3800.86 | 3647.37 | 3616.13 | 3542.39 | 3455.41 | 3393.01 |
| 9 | 1551.34 | 2930.73 | 3458.28 | 3567.83 | 3742.62 | 3795.60 | 3800.86 | 3647.37 | 3616.13 | 3542.39 | 3455.41 | 3393.01 |
| 10 | 1551.34 | 2930.73 | 3458.28 | 3567.83 | 3742.62 | 3795.60 | 3800.86 | 3647.37 | 3616.13 | 3542.39 | 3455.41 | 3393.01 |
| 11 | 2853.49 | 4350.60 | 4867.59 | 4315.82 | 4534.84 | 4620.85 | 4612.52 | 4441.18 | 4370.91 | 4211.52 | 4032.01 | 3916.82 |
| 汇总 | 17674.96 | 31602.99 | 36700.12 | 37278.90 | 38708.78 | 39626.67 | 40214.78 | 39899.27 | 39913.83 | 39338.35 | 36054.83 | 35355.53 |

　　由表 2-39 和表 2-40 可以看出，1 号空调房间最大冷负荷出现在 17：00，其值为 5133.42W。1～11 号各个空调房间的冷负荷峰值基本集中在 15：00～17：00，整体空调房间最大冷负荷出现在 15：00，值为 40214.78W。

## 第六节　空调冷负荷的估算指标法

　　在空调初步设计阶段，空调负荷一般都是根据空调负荷的概算指标来估算的，或根据实际工作中积累起来空调负荷的经验数据进行粗略估算。所谓空调负荷概算指标是指折算到建筑物中每 1m$^2$ 空调面积（或建筑面积）所需冷冻机负荷值或热负荷值。本节摘录了国内外部分有代表性的空调负荷概算指标（表 2-41～表 2-43），仅供设计者参考。其概算指标值可用于设计计算的粗略估算和用于方案阶段、扩初阶段的估算。

**民用建筑空调冷负荷的估算指标**　　　　表 2-41

| 序号 | 建筑类型及房间名称 | 每 m$^2$ 人数 | 建筑负荷 (W/m$^2$) | 人体负荷 (W/m$^2$) | 照明负荷 (W/m$^2$) | 新风量 [m$^3$/(人·h)] | 新风负荷 (W/m$^2$) | 总负荷 (W/m$^2$) |
|---|---|---|---|---|---|---|---|---|
| 1 | 旅游旅馆：客房 | 0.063 | 60 | 7 | 20 | 50 | 27 | 114 |
| 2 | 酒吧，咖啡 | 0.50 | 35 | 70 | 15 | 25 | 136 | 256 |
| 3 | 西餐厅 | 0.50 | 40 | 84 | 17 | 25 | 136 | 277 |
| 4 | 中餐厅 | 0.67 | 35 | 116 | 20 | 25 | 190 | 360 |
| 5 | 宴会厅 | 0.80 | 30 | 134 | 30 | 25 | 216 | 410 |
| 6 | 中厅、接待室 | 0.13 | 90 | 17 | 60 | 18 | 24 | 191 |

| 序号 | 建筑类型及房间名称 | 每m²人数 | 建筑负荷(W/m²) | 人体负荷(W/m²) | 照明负荷(W/m²) | 新风量[m³/(人·h)] | 新风负荷(W/m²) | 总负荷(W/m²) |
|---|---|---|---|---|---|---|---|---|
| 7 | 小会议厅 | 0.33 | 60 | 43 | 40 | 25 | 92 | 235 |
| 8 | 大会议厅 | 0.67 | 40 | 88 | 40 | 25 | 190 | 358 |
| 9 | 理发、美容 | 0.25 | 50 | 41 | 50 | 25 | 67 | 208 |
| 10 | 健身房、保龄球 | 0.20 | 35 | 87 | 20 | 60 | 130 | 272 |
| 11 | 弹子房 | 0.20 | 35 | 46 | 30 | 30 | 65 | 176 |
| 12 | 棋牌室 | 0.05 | 35 | 63 | 40 | 25 | 136 | 274 |
| 13 | 舞厅 | 0.33 | 20 | 97 | 20 | 33 | 119 | 256 |
| 14 | 办公 | 0.10 | 40 | 14 | 50 | 25 | 27 | 131 |
| 15 | 商店、小卖部 | 0.20 | 40 | 31 | 40 | 18 | 40 | 151 |
| 16 | 科研、办公楼 | 0.20 | 40 | 28 | 40 | 20 | 43 | 151 |
| 17 | 商场:底层 | 1.00 | 35 | 160 | 40 | 12 | 130 | 365 |
| 18 | 二层 | 0.83 | 35 | 128 | 40 | 12 | 104 | 307 |
| 19 | 三层及三层以上 | 0.50 | 40 | 80 | 40 | 12 | 65 | 225 |
| 20 | 影剧院:观众席 | 2.00 | 30 | 228 | 15 | 8 | 174 | 447 |
| 21 | 休息厅 | 0.50 | 70 | 64 | 20 | 40 | 216 | 370 |
| 22 | 化妆室 | 0.25 | 40 | 25 | 50 | 20 | 55 | 180 |
| 23 | 体育馆:比赛馆(看台) | 0.40 | 35 | 65 | 40 | 15 | 65 | 205 |
| 24 | 观众休息厅 | 0.50 | 70 | 27.5 | 20 | 40 | 86 | 203 |
| 25 | 贵宾室 | 0.13 | 58 | 17 | 30 | 50 | 68 | 173 |
| 26 | 图书馆:阅览室 | 0.10 | 50 | 14 | 30 | 25 | 27 | 121 |
| 27 | 展览厅:陈列室 | 0.25 | 58 | 31 | 20 | 25 | 68 | 177 |
| 28 | 会堂:报告厅 | 0.50 | 35 | 58 | 40 | 25 | 136 | 269 |
| 29 | 公寓、住宅 | 0.10 | 70 | 14 | 20 | 50 | 54 | 158 |
| 30 | 医院:高级病房 | | | | | | | 110 |
| 31 | 一般手术室 | | | | | | | 150 |
| 32 | 洁净手术室 | | | | | | | 300 |
| 33 | X光、CT、B超 | | | | | | | 150 |
| 34 | 餐馆 | | | | | | | 300 |

**各类建筑物的冷热负荷概算指标**  表 2-42

| 序号 | 建筑物类型和房间名称 | 冷负荷(W/m²) | 热负荷(W/m²) |
|---|---|---|---|
| 1 | 旅馆/宾馆/饭店 | | 60～70 |
| | 客房(标准层) | 70～100 | |
| | 酒吧/咖啡室 | 80～120 | |
| | 西餐厅 | 100～150 | |

续表

| 序号 | 建筑物类型和房间名称 | 冷负荷（W/m²） | 热负荷（W/m²） |
|---|---|---|---|
| 1 | 中餐厅、宴会厅 | 150～250 | 60～70 |
| | 商店小卖部 | 80～110 | |
| | 中庭、接待 | 80～100 | |
| | 小会议室 | 120～200 | |
| | 大会议室 | 110～200 | |
| | 理发、美容 | 90～140 | |
| | 健身房保龄球 | 100～160 | |
| | 弹子房 | 90～120 | |
| | 室内游泳池 | 160～260 | |
| | 舞厅（交谊舞） | 180～220 | |
| | 舞厅（迪斯科） | 220～320 | |
| | 办公室 | 70～120 | |
| 2 | 办公室（全部） | 90～120 | 60～80 |
| | 超高层办公室 | 120～150 | 70～85 |
| 3 | 百货大楼商场 | | 60～80 |
| | 底层 | 160～280 | |
| | 二层或以上 | 150～200 | |
| 4 | 超级市场 | 150～200 | 60～70 |
| 5 | 医院 | | 65～80 |
| | 高级病房 | 80～115 | |
| | 一般手术室 | 100～150 | |
| | 洁净手术室 | 180～380 | |
| | X 光 CTB 超诊断室 | 90～120 | |
| 6 | 歌剧院 | | 80～90 |
| | 舞台（剧院） | 250～300 | |
| | 观众厅 | 180～250 | |
| | 休息厅 | 150～220 | |
| | 化妆室 | 90～120 | |
| 7 | 体育馆 | | 110～120 |
| | 比赛馆 | 120～160 | |
| | 观众休息厅 | 160～250 | |
| | 贵宾室 | 120～160 | |
| 8 | 展览厅陈列室 | 130～200 | 90～120 |
| 9 | 会展报告厅 | 150～200 | 120～140 |
| 10 | 图书馆（阅览） | 100～160 | 50～80 |
| 11 | 公寓住宅 | 90～120 | 50～70 |

末端设备冷负荷指标　　　　　　　　　表 2-43

| 序号 | 建筑功能 | 末端冷负荷指标(W/m²) | |
|------|----------|---------|---------|
| | | 水系统 | 氟系统 |
| 1 | 普通办公室(内区) | 220 | 170 |
| 2 | 普通办公室(外区) | 220～240 | 200 |
| 3 | 办公室(老大经理财务等) | 250 | 220 |
| 4 | 接待室 | 230 | 210 |
| 5 | 大、中、小会议室 | 330、300、280 | 250 |
| 6 | 宴会厅 | 400 | 350 |
| 7 | 计算机房 | 280 | 250 |
| 8 | 普通客房(内、外) | 190～220 | 170 |
| 9 | 商场(上、中、下) | 250、250、280 | 220、220、250 |
| 10 | 大型书店 | 250 | 220 |
| 11 | 中餐厅 | 300 | 250 |
| 12 | 西餐厅 | 250 | 220 |
| 13 | 火锅店 | 450 | 400 |
| 14 | 足浴 | 230 | 210 |
| 15 | 桑拿 | 250 | 230 |
| 16 | 茶楼大厅 | 230 | 210 |
| 17 | 茶楼包房 | 250 | 230 |
| 18 | 高大空间场所 | 240～350 | 230 |

注：1. 选择末端设备时其参数按照"高挡"选取，并适当考虑末端设备的噪声对房间使用功能带来的影响；家装卧室尽量选用 FP-102 以下的盘管；办公室、酒店类新风机、吊柜均选择 3000m³/h 风量以下吊柜；商场选择 5000m³/h 风量以下吊柜。

2. 新风机一般选择 4 排管，回风工况一般选择 6 排管，2000m³/h 以上的空调器均应在出风端设置消声静压箱；6000m³/h 以上的空调器出风端宜采用阻抗复合消声器，并在回风端安装消声静压箱。

3. 注意当西晒、大玻璃窗、角部房间、顶层房间等的负荷变化。若四周为玻璃幕墙，则负荷为 400W/m² 及以上。

在选用空调负荷概算指标时，要注意以下几个问题：

（1）概算指标很多，指标值差异也很大；故选用时，一定要分析概算指标的使用条件，尽量使选用的概算指标与实际情况相符。

（2）一般来说，概算指标中包括新风负荷，新风负荷的大小是与室外空气焓值有关的；而我国地域辽阔，不同地区气象条件差异很大，这势必引起新风负荷的差异也很大。例如，当室内参数一样且新风量也相同时，若北京新风负荷为 100% 的话，则上海为 120%，呼和浩特为 41%，哈尔滨为 65%，广州为 122%。因此，选用概算指标时，应注意各地区新风负荷的差异问题。

（3）《设计规范》GB 50736—2012 规定："除方案设计或初步设计阶段可使用冷负荷指标进行必要的估算之外，应对空调区进行逐项逐时的冷负荷计算"。因此，空调施工设计阶段，空调负荷要按《设计规范》GB 50736—2012 进行详细计算，否则会造成空调系统的冷负荷过大或过小。

（4）随着各种节能标准的贯彻执行，建筑外围护结构的热工性能正在逐步改善，围护结构的温差传热明显减少，因此，今后的空调负荷设计指标必然将相应减小。

# 第七节　湿负荷计算

散湿量直接关系到空气处理过程和空气调节系统的冷负荷。空调区的夏季计算散湿量应根据散湿源的种类，分别选用适宜的人员群集系数、同时使用系数以及通风系数等，并根据下列各项确定：

（1）人体散湿量；

（2）渗透空气带入的湿量；

（3）化学反应过程的散湿量；

（4）各种潮湿表面、液面或液流的散湿量；

（5）食品或气体物料的散湿量；

（6）设备的散湿量；

（7）地下建筑围护结构的散湿量。

大多数情况下，空调区的湿负荷主要来自人体散湿量和敞开水槽表面的散湿量。

**一、人体散湿量**

人体的湿负荷 $W_r$ 可按下式计算：

$$W_r = \frac{n\varphi q_w}{1000} \tag{2-29}$$

式中：$n$——空调房间内总人数；

　　　$\varphi$——群集系数；

　　　$q_w$——每名成年男子的散湿量，g/h；可按表 2-25 选用。成年女子的散热量约为成年男子散热量的 85%，儿童散热量相当于成年男子散热量的 75%。

**二、敞开水表面散湿量**

敞开水表面散湿量 $m_w$（kg/h）按下式计算：

$$m_w = \omega A \tag{2-30}$$

式中：$\omega$——单位水面蒸发量，kg/(m² · h)，见表 2-44；

　　　$A$——蒸发表面积，m²。

敞开水表面单位蒸发量 $\omega$　　　　　　　　表 2-44

| 室温（℃） | 室内相对湿度（%） | 水温 | | | | | | | | |
|---|---|---|---|---|---|---|---|---|---|---|
| | | 20℃ | 30℃ | 40℃ | 50℃ | 60℃ | 70℃ | 80℃ | 90℃ | 100℃ |
| 20 | 40 | 0.286 | 0.676 | 1.610 | 3.270 | 6.020 | 10.48 | 17.80 | 29.20 | 49.10 |
| | 45 | 0.262 | 0.654 | 1.570 | 3.240 | 5.970 | 10.42 | 17.80 | 29.10 | 49.00 |
| | 50 | 0.238 | 0.672 | 1.550 | 3.200 | 5.940 | 10.40 | 17.70 | 29.00 | 49.00 |
| | 55 | 0.214 | 0.603 | 1.520 | 3.170 | 5.900 | 10.35 | 17.70 | 29.00 | 48.90 |
| | 60 | 0.190 | 0.580 | 1.490 | 3.140 | 5.860 | 10.30 | 17.70 | 29.00 | 48.80 |
| | 65 | 0.167 | 0.556 | 1.460 | 3.100 | 5.820 | 10.27 | 17.60 | 28.90 | 48.70 |

| 室温(℃) | 室内相对湿度(%) | 水温 | | | | | | | | |
|---|---|---|---|---|---|---|---|---|---|---|
| | | 20℃ | 30℃ | 40℃ | 50℃ | 60℃ | 70℃ | 80℃ | 90℃ | 100℃ |
| 24 | 40 | 0.232 | 0.622 | 1.546 | 3.200 | 5.930 | 10.40 | 17.70 | 29.20 | 49.00 |
| | 45 | 0.203 | 0.581 | 1.550 | 3.150 | 5.890 | 10.32 | 17.70 | 29.00 | 48.90 |
| | 50 | 0.172 | 0.561 | 1.460 | 3.110 | 5.860 | 10.30 | 17.60 | 28.90 | 48.80 |
| | 55 | 0.142 | 0.532 | 1.430 | 3.070 | 5.780 | 10.22 | 17.60 | 28.80 | 48.70 |
| | 60 | 0.112 | 0.501 | 1.390 | 3.020 | 5.730 | 10.22 | 17.50 | 28.80 | 48.50 |
| | 65 | 0.083 | 0.472 | 1.360 | 3.020 | 5.680 | 10.12 | 17.40 | 28.80 | 48.50 |
| 28 | 40 | 0.168 | 0.557 | 1.460 | 3.110 | 5.840 | 10.30 | 17.60 | 28.90 | 48.90 |
| | 45 | 0.130 | 0.518 | 1.410 | 3.050 | 5.770 | 10.21 | 17.60 | 28.80 | 48.80 |
| | 50 | 0.091 | 0.480 | 1.370 | 2.990 | 5.710 | 10.12 | 17.50 | 28.75 | 48.70 |
| | 55 | 0.053 | 0.442 | 1.320 | 2.940 | 5.650 | 10.00 | 17.40 | 28.70 | 48.60 |
| | 60 | 0.015 | 0.404 | 1.270 | 2.890 | 5.600 | 10.00 | 17.30 | 28.60 | 48.50 |
| | 65 | —0.033 | 0.364 | 1.230 | 2.830 | 5.540 | 9.950 | 17.30 | 28.50 | 48.40 |
| 气化潜热(kJ·kg) | | 2458 | 2435 | 2414 | 2394 | 2380 | 2363 | 2336 | 2303 | 2265 |

注：指标条件规定水面风速 $v=0.3\text{m/s}$；大气压力 $B=101325\text{Pa}$；当所在地点大气压力为 $b$ 时，表中所列数据应乘以修正系数 $B/b$。

敞开水表面散湿形成的潜热冷负荷（$CL_{sm}$）可按下式计算：

$$CL_{sm}=0.28rm_w \tag{2-31}$$

式中：$r$——冷凝热（kJ/kg），见表2-44。

### 三、食物的散湿量

食物散湿量 $m_s$（kg/h）按下式估算：

$$m_s=0.12n\varphi \tag{2-32}$$

式中：$n$——计算时刻的就餐总人数；

$\varphi$——群集系数，取 0.90～0.95。

# 第八节 热负荷计算

冬季空气调节系统的热负荷应根据建筑物下列散失和获得的热量确定：围护结构的耗热量；加热由外门、窗缝隙渗入室内的冷空气耗热量；加热由外门开启时经外门进入室内的冷空气耗热量；通风耗热量；通过其他途径散失或获得的热量。

### 一、围护结构的耗热量

围护结构的耗热量，包括基本耗热量和附加耗热量。围护结构的基本耗热量，采用日均温差的稳态计算法计算，即按下式计算：

$$HL=\alpha FK(T_{Nd}-t_{Wd}) \tag{2-33}$$

式中：$HL$——围护结构的基本耗热量，W；

$\alpha$——围护结构温差修正系数，按表2-45采用；

$F$——围护结构的面积，$m^2$；

$K$——围护结构的传热系数，$W/(m^2 \cdot K)$；

$t_{Nd}$——冬季室内计算温度，℃，可按表2-3确定；

$t_{Wd}$——冬季室外空调计算温度，℃，查表2-9确定。在选取室外计算温度时，规定采用平均每年不保证1d的温度值，即应采用冬季空气调节室外计算温度。

温差修正系数 $\alpha$　　　　　　　　　　　　　　　　　表 2-45

| 围护结构特征 | $\alpha$ |
|---|---|
| 外墙、屋顶、地面以及与室外相通的楼板等 | 1.00 |
| 闷顶和与室外空气相通的非供暖地下室上面的楼板等 | 0.90 |
| 与有外门窗的不供暖楼梯间相邻的隔墙（1～6层建筑） | 0.60 |
| 与有外门窗的不供暖楼梯间相邻的隔墙（7～30层建筑） | 0.50 |
| 非供暖地下室上面的楼板，外墙上有窗时 | 0.75 |
| 非供暖地下室上面的楼板，外墙上无窗且位于室外地坪以上时 | 0.60 |
| 非供暖地下室上面的楼板，外墙上无窗且位于室外地坪以下时 | 0.40 |
| 与有外门窗的非供暖房间相邻的隔墙 | 0.70 |
| 与无外门窗的非供暖房间相邻的隔墙 | 0.40 |
| 伸缩缝墙、沉降缝墙 | 0.30 |
| 防震缝墙 | 0.70 |

与相邻房间的温差大于或等于5℃时，应计算通过隔墙或楼板等的传热量。与相邻房间的温差小于5℃，且通过隔墙和楼板等的传热量大于该房间热负荷的10%时，尚应计算其传热量。

**二、附加耗热量**

围护结构的附加耗热量应按其占基本耗热量的百分率确定，包括朝向修正率、风力附加率、外门附加率。各项附加百分率宜按下列规定的数值选用：

1. 朝向修正率

朝向修正率是基于太阳辐射的有利作用和南北向房间的温度平衡要求，而在耗热量计算中采取的修正系数。

| | |
|---|---|
| 北、东北、西北 | 0～10% |
| 东、西 | −5% |
| 东南、西南 | −10%～−15% |
| 南 | −15%～−30% |

应根据当地冬季日照率、辐射照度、建筑物使用和被遮挡等情况选用修正率。冬季日照率小于35%的地区，东南、西南和南向的修正率，宜采用−10%～0，东、西向可不修正。

2. 风力附加率

风力附加率是指在热负荷计算中，基于较大的室外风速会引起围护结构外表面换热系数增大即大于$23W/(m^2 \cdot K)$而增加的附加系数。由于我国大部分地区冬季平均风速不大，一般为2～3m/s，仅个别地区大于5m/s，影响不大，为简化计算起见，一般建筑物不必考虑风力附加。建筑在不避风的高地、河边、海岸、旷野上的建筑物，以及城镇特别高出的建筑物，垂直的外围护结构附加 5%～10%。

3. 外门附加率

外门附加率是基于建筑物外门开启的频繁程度以及冲入建筑物中的冷空气导致热负荷增大而增加的附加系数。外门附加率，只适用于短时间开启的、无热空气幕的外门。阳台门不应计入外门附加。当建筑物的楼层数为 $n$ 时，外门附加率：一道门取 65%×$n$；两道门（有门斗）取 80%×$n$；三道门（有两个门斗）取 60%×$n$；公共建筑的主要出入口按500%。注：一道门的传热系数是 4.65W/($m^2$·K)，两道门的传热系数是 2.33W/($m^2$·K)。

也可根据经验对两面外墙和窗墙面积比过大进行修正。当公共建筑房间有两面以上外墙时，可将外墙、窗、门的基本耗热量附加 5%。当窗墙（不含窗）面积比超过 1∶1 时，可将窗的基本耗热量附加 10%。

4. 高度附加率

高度附加率，是基于房间高度大于 4m 时，由于竖向温度梯度的影响导致上部空间及围护结构的热负荷增大的附加系数。民用建筑（楼梯间除外）的高度附加率，房间高度大于 4.0m 时，每高出 1.0m 应附加 2%，但总的附加率不应大于 15%。高度附加率应附加于围护结构的基本耗热量和其他附加耗热量上。

5. 当空调区有足够的正压时，不必计算经由门窗缝隙渗入室内冷空气的耗热量。

# 第九节　送风量及送风状态点的确定

## 一、空调房间热湿平衡

图 2-6 所示为空调房间热湿平衡关系图。以夏季工况为例，$\sum Q$ 与 $\sum W$ 分别为空调房间余热量及余湿量。当状态为 $O_x$ 的空气送入空调房间后，再抵消室内 $\sum Q$ 与 $\sum W$ 后，房间内的温度和相对湿度趋于稳定。根据能量与质量守恒定律，可以得到以下热湿平衡关系式。

$$q_m \cdot h_O + \sum Q = q_m \cdot h_N \tag{2-34}$$
$$q_m \cdot d_O + \sum W = q_m \cdot d_N \tag{2-35}$$

由上述关系式可以得到

$$q_m = \frac{\sum Q}{h_N - h_O} = \frac{\sum W}{d_N - d_O} \tag{2-36}$$

空气状态由 $O_x$ 变化到 N 的过程中，其变化方向是沿着热湿比方向线 $\varepsilon_x$ 变化的，即

$$\varepsilon_x = \frac{\Delta h}{\Delta d} = \frac{\sum Q}{\sum W} (kJ/kg) \tag{2-37}$$

## 二、夏季送风状态点和送风量

通过图 2-6 中对空调房间热湿平衡的分析，可以计算出空调房间达到设计温度和相对湿度所需要的送风量和空气状态。但式（2-36）中存在送风量 $q_m$ 和送风状态参数（$h_O$ 与 $d_O$）两组未知数，需要首先确定其中一组。一般，首先确定空调系统的送风状态点 $O_x$ 的参数。送风状态点 $O_x$ 的确定过程可以在 $h$-$d$ 图上进行（过程见图 2-7），具体步骤如下：

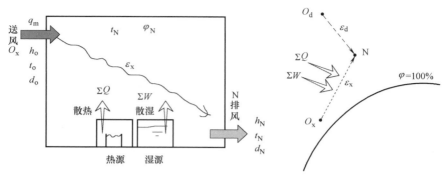

图 2-6　空调房间热湿平衡关系图

（1）在 $h\text{-}d$ 图上确定室内空气设计状态点 $t_{Nx}$；

（2）根据计算出的室内冷负荷 $\Sigma Q$ 与湿负荷 $\Sigma W$，按式（2-37）计算热湿比 $\varepsilon_x$，在通过空气设计状态点 $t_{Nx}$ 作 $\varepsilon_x$ 热湿比方向线；

（3）选取合理的送风温差 $\Delta t_O$，根据室温允许波动范围（即恒温精度）查取合理的送风温差 $\Delta t_O$，并求出送风温度 $\Delta t_O$。

众所周知，如果 $\Delta t_O$ 选取值大，则送风量就小；反之，$\Delta t_O$ 选取值小，送风量就大。对于空调系统来说，当然是风量越小越经济。但是，$\Delta t_O$ 是有限制的。$\Delta t_O$ 过大，将会出现：风量太小，可能使室内温湿度分布不均匀；送风温度 $t_O$ 将会很低，这样可能使室内人员感到"吹冷风"而感觉不舒服；有可能使送风温度 $t_O$ 低于室内空气露点温度，这样，可能使送风口上出现结露现象。

因此，空调设计中应根据室温允许波动范围（即恒温精度）查取送风温差 $\Delta t_O$，见表2-46。

送风温差 $\Delta t_O$ 与换气次数　　　　　　　　　　　表 2-46

| 室温允许波动范围 | 送风温差（℃） | 换气次数（/h） |
|---|---|---|
| $\pm 0.1\sim 0.2$℃ | $2\sim 3$ | $15\sim 20$ |
| $\pm 0.5$℃ | $3\sim 6$ | $>8$ |
| $\pm 1.0$℃ | $6\sim 10$ | $\geqslant 5$ |
| $>\pm 1.0$℃ | 人工冷源：$\leqslant 15$ | |
|  | 天然冷源：尽可能的最大值 | |

有的设计手册中对民用建筑舒适性空调，推荐按送风口形式确定送风温差 $\Delta t_O$，即：

① 送风口高度＞5m 时，送风温差 $\Delta t_O\leqslant 15$℃；

② 2m＜送风口高度≤5m 时，送风温差 $\Delta t_O\leqslant 10$℃；

③ 送风口高度≤2m 时，送风温差 $\Delta t_O\leqslant 6$℃。

（4）在 $h\text{-}d$ 图上画出送风温度 $t_O$ 的等温线，$t_O$ 等温线与 $\varepsilon_x$ 热湿比方向线的交点即为送风状态点 $O_x$。对于舒适性空调，一般常采用"露点"送风，其"露点"即为它的送风状态点。

（5）在 $h\text{-}d$ 图上查取送风状态点 $O_x$ 的状态参数（$h_O$ 与 $d_O$），通过式（2-36）计算送风量。空调房间夏季总送风量，应能消除室内最大余热和余湿，按室内最大冷负荷及送风焓差确定。在满足舒适的条件下，应尽量加大夏季送风焓差，但送风温差应满足表 2-46 中的要求。

如果知道室内显冷负荷，也可以通过下式计算送风量：

$$q_{\mathrm{m}} \approx \frac{\sum Q_{\text{显}}}{C_{\mathrm{p}}(t_{\mathrm{N}} - t_{\mathrm{O}})} \quad (2\text{-}38)$$

此外，舒适性空调对空调精度无严格要求，并且民用建筑房间中的散湿量一般都很小，热湿比 $\varepsilon$ 趋近于 $\infty$。因此，民用建筑的舒适性空调在确定送风状态时，一般可不精确计算热湿比，而按下述两种方法近似采用"机器露点"送风。

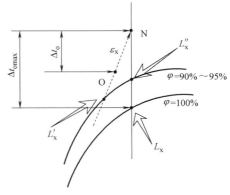

图 2-7　夏季工况送风状态点确定过程 $h$-$d$ 图

（1）近似取 $\varepsilon_{\mathrm{x}} = \infty$，即取热湿比线为 $d = d_{\mathrm{N}}$ 的等 $d$ 线，于是 $d = d_{\mathrm{N}}$ 的等 $d$ 线与 $\varphi = 90\% \sim 95\%$ 的等相对湿度线的交点，就是机器露点（图 2-7 的 $L''_{\mathrm{x}}$ 点），可将此机器露点作为送风状态点 $O_{\mathrm{x}}$。这种做法的送风温差有时偏小，要求的送风量较大，经济性差。此外，散湿量较大的房间采用这种做法的偏差也较大。

（2）用允许的最大送风温差 $\Delta t_{\mathrm{O,max}}$ 确定送风温度 $t_{\mathrm{O}}$，即取 $t = t_{\mathrm{O}}$ 的等温线与 $\varphi = 90\% \sim 95\%$ 的等相对湿度线的交点为机器露点（图 2-7 的 $L'_{\mathrm{x}}$ 点）。近似用 $L'_{\mathrm{x}}$ 作为送风状态点 $O_{\mathrm{x}}$。这种做法送风温差大，要求的送风量小，经济性较好；对散湿量较大的房间偏差也较小。但应注意使 $t_{\mathrm{O}} = t'_{\mathrm{Lx}}$ 不低于室内空气设计状态点 $N_{\mathrm{x}}$ 所对应的露点温度（图 2-7 的 $t_{\mathrm{Lx}}$），否则会在送风口上产生结露现象而造成滴水。

### 三、冬季送风状态点和送风量

冬季送风状态和送风量的确定方法和步骤与夏季是一样的。但是，应注意以下几点不同：

（1）在冬季通过围护结构的传热量往往是由内向外传递，冬季室内余热量往往比夏季少得多，甚至为负值，即在北方地区需要向室内补充热量。

（2）室内散湿量一般冬季、夏季基本相同，这样冬季房间的热湿比值 $\varepsilon$ 常小于夏季，也可能是负值。

（3）空调设备送风量是按夏季送风量确定的。因此，冬季一般是采用与夏季送风量相同，即全年送风量不变。这样，当冬夏室内散湿相同时，则冬季送风含湿量与夏季送风含湿量是相同的。

（4）送热风时，送风温差可比送冷风时大，因此，冬季也可减少送风量，提高送风温差，但不应超过 45℃。

## 习　题

1. 什么是得热量？什么是冷负荷？什么是除热量？
2. 简述得热量与冷负荷的区别。
3. 夏季空调室外计算湿球温度是如何确定的？夏季空调室外计算干球温度是如何确

定的？理论依据是什么？它们有什么不同？

4. 什么是空调区负荷？什么是系统负荷？

5. 空调区负荷包括哪些内容？系统负荷包括哪些内容？

6. 冬、夏季空调房间送风状态点和送风量的确定方法是否相同？为什么？

7. 为什么在送风温差没有限制的情况下，可利用室内的局部加湿来减少送风量？

8. 夏季送风状态点如何确定？为什么对送风温差有限制？

9. 如果夏季允许送风温差可以很大，试分析有没有别的因素限制送风状态取得过低？

10. 确定房间最小新风量的依据是什么？

11. 多个房间的最小新风量如何确定？

12. 某体育馆有 3000 人，每人散热量为：显热 65W，潜热 69W，人员群集系数取 0.92，试问该体育馆人员的空调冷负荷大约为多少？

13. 某空调机房总余热量为 4kW，总余湿量为 1.08kg/h。要求室内温度 18℃，相对湿度 55%。若送风温差取 6℃，则该空调送风系统的送风量约为多少 kg/h？

14. 某工艺用空调房间共有 10 名工作人员，人均最小新风量要求不少于 $30m^3/(h \cdot P)$，该房间设置了工艺要求的局部排风系统，其排风量为 $250m^3/h$，保证房间正压所要求的风量为 $200m^3/h$。问：该房间空调系统最小设计新风量应为多少 $m^3/h$？

15. 有一空调房间，冷负荷为 3kW，湿负荷 3kg/h 全年不变，热负荷 2kW，室内全年保持 $t_N = 20℃ \pm 1℃$、$\varphi = 55\% \pm 5\%$、$B = 101325Pa$，求夏、冬送风状态点和送风量（设全年风量不变）。

16. 某空调房间冷负荷 $Q = 3914W$，湿负荷 $W = 0.284g/s$，室内空气状态参数 $t_N = 22℃ \pm 1℃$、$\varphi = 55\% \pm 5\%$，当地大气压力为 101325Pa，求送风状态和送风量。

# 第三章　典型空气调节系统与设备

室内环境控制的任务可以归纳为：排除室内余热、余湿、$CO_2$、室内异味与其他有害气体（VOC），使其参数在规定的范围内。对于上述主要任务：

（1）排除余热可以采用多种方式实现，只要媒介的温度低于室温即可实现降温效果，可以采用间接接触的方式，又可以通过低温空气的流动置换来实现。

（2）排除余湿的任务则不能通过间接接触的方式，而只能通过低湿度的空气与房间空气的置换（质量交换）来实现。

（3）排除 $CO_2$、室内异味、VOC 与排除余湿的任务相同，需要通过低浓度的空气（如室外新风）与房间空气进行质量交换才能实现。

而实现上述过程的系统则称之为空气调节系统，本章将重点介绍常用的常规中央空调系统形式及特点。

## 第一节　空气调节系统概述

### 一、分类与特点

空调系统可按空气处理设备的位置、承担室内空调负荷所用的介质、适用环境及用途、服务对象、风量调节形式等进行分类，其具体的形式见表3-1。

空调系统分类及特点　　　　　　　　　　　　　　　　表 3-1

| 分类 | 类型 | 系统特点 | 系统适应性 | 典型形式 |
|---|---|---|---|---|
| 按空气处理设备的位置分类 | 集中式系统 | 空气处理设备（过滤、冷却、加热、加湿设备和风机等）集中设置在空调机房内，集中进行空气的处理、输送和分配的系统。也有把集中处理外，分房间另设有室温调节加热或过滤器的系统亦称为集中式系统 | （1）空调区域面积较大的场合；<br>（2）系统所需新风量变化大的情况；<br>（3）空调区室内温度、湿度、洁净度、噪声、振动等要求严格的场合；<br>（4）需进行全年多工况节能运行的系统；<br>（5）高大空间的场合 | （1）按送入每个房间的风管数量分为单风管系统和双风管系统；<br>（2）按送风量是否变化可分为定风量系统和变风量VAV系统 |
|  | 半集中式系统 | 集中处理部分或全部风量，空调房间内还有空气处理设备对空气进行补充处理，即采用二次设备（末端装置）进行补充处理；也包括分区机组系统 | （1）空调区室内温度、湿度控制要求一般的场合；<br>（2）要求各房间可单独进行调节的场合；<br>（3）空调区或空调房间面积大，但风管不宜布置的场合；<br>（4）要求各空调房间空气不串通的场合 | 末端再热式系统<br>风机盘管＋新风系统<br>水源热泵空调系统 |

续表

| 分类 | 类型 | 系统特点 | 系统适应性 | 典型形式 |
|---|---|---|---|---|
| 按空气处理设备的位置分类 | 分散式系统 | 空气处理、输送设备及冷(热)源都集中在一个箱体内对房间进行空气调节,即系统中每个房间的空气处理分别由各自的整体式空调机组承担,包括带冷冻机的空调机组、热泵机组、不设集中新风系统的风机盘管机组等 | (1)空调房间布置分散;<br>(2)各房间要求灵活控制空调使用时间;<br>(3)负荷大或潜热负荷大的场合 | 单元式空调器系统<br>窗式空调器系统<br>分体式空调器系统<br>多联机(热泵)空调系统 |
| 按承担室内空调负荷所用介质分类 | 全空气系统 | 以空气为能量输送媒介,向房间内输送所需的冷量或热量,即空调房间的室内负荷全部由经过处理的空气来承担 | (1)建筑空间大,易于布置风道;<br>(2)室内温、湿度及洁净度控制要求严格;<br>(3)负荷大或者潜热负荷大的场合 | 定风量或变风量的单/双风管集中式系统等,典型形式为一次回风式系统、二次回风式系统等 |
| | 全水系统 | 房间的热、湿负荷全部靠水作为冷、热介质来承担,一般不单独使用 | (1)建筑空间小,不易于布置风管的场合;<br>(2)不需要通风换气的场所 | 风机盘管机组系统(无新风)<br>辐射板系统 |
| | 空气-水系统 | 空调房间的热、湿负荷同时经过处理的空气和水来负担 | (1)室内温、湿度控制要求一般的场合;<br>(2)层高较低的场合;<br>(3)冷负荷较小、湿负荷也较小的场合 | 风机盘管+新风系统<br>新风加冷辐射吊顶空调系统 |
| | 冷剂系统 | 直接以制冷剂为能量输送媒介,将制冷系统的蒸发器直接设置在室内来承担空调房间的热、湿负荷 | (1)空调房间布置分散;<br>(2)要求灵活控制空调使用时间;<br>(3)无法设置集中式冷、热源 | 变制冷剂流量 VRV 系统<br>单元式空调机组<br>房间空调器<br>多联机空调机组 |
| 按使用环境及用途分类 | 家用中央空调系统 | 又称为户式中央空调系统,应用于家庭的小型化独立空调系统 | (1)适用于建筑面积比较大高级公寓、单元住宅楼、庭院别墅外;<br>(2)单元式写字楼、小型餐厅、小型会所等的小型商业用房 | 空气源热泵机组<br>水源热泵机组<br>变制冷剂流量(VRV)系统 |
| | 商用中央空调系统 | 商用中央空调是应用于大空间范围,能够对多个区域(或房间)进行集中控温的大型中央空调系统 | 企业单位、宾馆、饭店等公共场所或公用建筑 | 风冷式中央空调<br>水冷式中央空调 |
| 按服务对象分类 | 舒适性空调系统 | 舒适性空调是指创造和维持室内人员舒适和健康空气环境的空调系统 | 民用建筑如旅馆、办公楼、餐厅、商场、康乐中心、影剧院、体育馆、游泳馆等空调基本属于舒适性空调系统 | 全空气空调系统<br>空气-水系统等 |

续表

| 分类 | 类型 | 系统特点 | 系统适应性 | 典型形式 |
|---|---|---|---|---|
| 按服务对象分类 | 工艺性空调系统 | 工艺性空调是指创造和维持生产工艺过程或设备运行新要求的空气环境的空调系统 | 主要应用于工农业生产及科学实验过程,维持生产工艺过程或科学实验要求的室内空气状态,保证生产的正常进行和产品的质量 | 一般分为降温性空调、恒温恒湿空调、净化空调等;推荐在纺织、印刷、胶橡、食品工业;精密电子机械制造工业及制药、实验室、医院手术室等采用 |
| 按风量调节形式分类 | 定风量系统 | 定风量系统的全年送风量保持不变 | 下列空调区宜采用定风量全空气空气调节系统:空间较大、人员较多;温湿度允许波动范围小;噪声或洁净度标准高 | 推荐在剧院、体育馆等人员较多,运行时负荷和风量相对稳定的大空间建筑中采用 |
| | 变风量系统 | 需要根据负荷变化调整送风量的空调系统,变风量系统比其他空气调节系统造价高 | 下列空气调节系统宜采用变风量全空气空气调节系统:同一个空气调节风系统中,各空调区的冷、热负荷变化大、低负荷运行时间长,且需要分别控制各空调区温度;建筑内区全年需要送冷风、卫生等标准要求较高的舒适性空调系统 | 需全年送冷的内区更适宜变风量系统 |

除上述分类方式外,按照空气调节系统送风管风速大小还可以分为:

(1) 低风速系统:一般指主干风管风速低于 15m/s 的系统,对于民用建筑主干风管风速一般不超过 10m/s;

(2) 高风速系统:一般指主干风管风速高于 15m/s 的系统,对于民用建筑主干风管风速大于 12m/s 时也可归类为高风速系统。

按照送风温度又可以分为:

(1) 低温送风系统:送风温度一般在 4~10℃;

(2) 常温送风系统:送风温度一般在 10~15℃。

**二、空气调节系统组成**

以图 3-1 为例对集中式空调系统的主要组成进行说明。

1. 空调的冷(热)源

冷(热)源是中央空调系统的重要组成部分,为消除室内余热和余湿提供冷量或热量。在民用建筑空气调节过程中常用的冷源为冷水机组。冷水机组通过向空调系统中供应冷冻水(常规空调冷冻水供水温度为 7℃左右;温湿度独立控制空调系统供水温度详见第四章)的方式提供湿空气热湿处理所需的冷量。常用冷水机组包括电动式冷水机组(离心式冷水机组、螺杆式冷水机组、活塞式冷水机组)和溴化锂吸收式冷水机组(蒸汽型或热水型、单效或双效型、直燃式)等。常用热源为各种形式的锅炉(燃煤锅炉、燃油锅炉、燃气锅炉、电锅炉)。此外,直燃式溴化锂吸收式冷热水机组、空气源热泵冷热水机组、水源热泵冷热水机组还可以同时向系统中供应冷量和热量。条件允许的情况下,应优先使用天然冷（热）源（如太阳能、蒸发冷却技术、冷却塔供冷技术、夜间供冷、全新风等）。图 3-1 中所示冷（热）源组合为电动冷水机组与燃煤锅炉的组合形式。

2. 空气处理设备

湿空气热湿处理设备简称空调机组，主要包括加热段、冷却段、加湿段、除湿段和净化段等热湿处理过程的关键设备。如组合式空调机组（详见第七章）、吊装式和柜式空调机组、单元式空调机组、蒸发冷却式空调机组、风机盘管空调机组（本章第三节）、水源热泵空调机组（第四章）、冷辐射板等。在中央空调机组中，冷却段主要包括表面冷却器（表冷器）和喷水室等形式。加热段主要包括电加热和通热水加热等形式。加湿段主要包括喷干蒸汽加湿和湿膜加湿等形式。除湿过程主要通过冷却段的表冷器实现冷冻干燥的过程。空气净化段主要包括粗效过滤器、精细过滤器和吸附、氧化装置等空气处理单元。在中央空调系统中，冷（热）源常集中统一在中央制冷机房中，但空调机组的设置形式多样，应按照建筑结构及负荷特点，进行集中与分散相结合的布置形式。

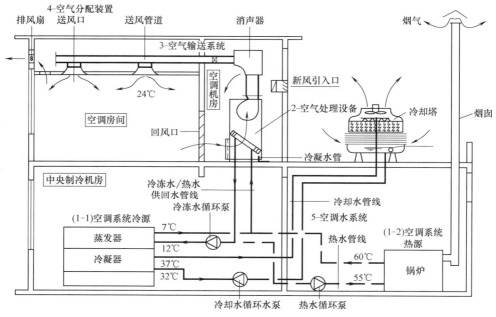

图 3-1 空调系统结构图

3. 空气输送系统

经过空调机组内的热湿处理后，将达到满足空调区送风状态和风量要求的冷风或热风输送至各空调区的系统，即为空气输送系统。空气输送系统主要包括风机、风道系统（送风管道、回风管道及排风管道等）、各类风阀（风量调节阀、防火阀等）、静压箱、消声器等。其中，风机是空气输送的动力装置，常采用离心式或轴流式风机。风道系统应根据送风量大小与风速要求进行设计计算，设计时常选用标准风道，以便节省材料并与空调附件相适应。风量调节阀是空调系统中控制风量的装置，常采用平行式或对开式多叶调节阀。

采用定风量全空气空调系统时，宜采用变新风比焓值控制方式。在大多数民用建筑中，如果采用双风机系统（设有回风机），其目的通常是为了节能和更多地利用新风（直至全新风）。因此，系统应采用变新风比焓值控制方式。其主要内容是：根据室内、外焓值的比较，通过调节新风、回风和排风阀的开度，最大限度地利用新风来节能。技术可靠时，可考虑夜间对室内温度进行自动再设定控制。目前也有一些工程采用"单风机空调机组加上排风机"的系统形式，通过对新风、排风阀的控制以及排风机的转速控制也可以实现变新风比控制的要求。

4. 空气分配装置

空气输送系统将风送到各空调区后，需要通过末端空气分配装置对风进行分配，均匀消除空调房间内的余热、余湿，以满足舒适度的要求。空气分配装置也是空调区气流组织的关键，主要包括送风口、回风口和排风口等。常采用的送风口形式有侧送风口（单层百叶送风口、双层百叶送风口、格栅送风口、条缝形送风口）、散流器、孔板送风口、喷射式送风口和旋流式送风口等。回风口有矩形网式回风口、格栅、百叶风口、条缝风口等。

5. 空调水系统

中央空调水系统包括冷冻（热）水系统、冷却水系统和冷凝水系统。其中：

（1）冷冻水系统：将中央制冷机房中冷（热）源供应的冷量或热量输送至各空调机组或末端装置内，主要通过冷冻水供回水管线、冷冻水循环水泵、热水管线及热水循环泵实现。

（2）冷却水系统：对于水冷式冷水机组，通过冷却水管线、冷却塔和冷却水循环水泵实现对冷凝器的冷却过程，将系统热量散发到室外空气中。

（3）冷凝水系统：冷凝水管线将空调器冷却干燥过程中产生的冷凝水排放出去。此外，水系统还包括过滤与加药装置、定压与补水装置、分集水器、管道阀门等附件。

6. 空调的自动控制与监测系统

空调系统是根据室内和室外设计参数进行设计的，但在实际运行中室内和室外的条件是不断变化的；空调系统经常在部分负荷下运行，如不进行调节，就不能保证室内空气参数处于要求的状态。因此，控制与监测系统是空调工程中不可缺少的组成部分。通过检测与控制系统，一方面是要了解空调系统实际运行的参数和设备的运行状态，另一方面要使空调系统安全、可靠、经济地运行，实现空调节能。

**三、空气调节系统设计内容**

由上述的空调系统组成可明显看出，一个较完整的空调系统设计内容应包括：

（1）选择空调系统并合理分区

空调系统的选择和分区，应根据建筑物的性质、规模、结构特点、内部功能划分、空调负荷特性、设计参数要求、同期使用情况、设备管道选择布置安装和调节控制的难易等因素综合考虑，经过技术经济比较后来确定。在满足使用要求的前提下，尽量做到一次投资省、系统运行经济并减少能耗。特别应注意避免把负荷特性（指热湿负荷大小及变化情况等）不同的空调房间划分为同一系统，否则会导致能耗的增加和系统调节的困难，甚至不能满足要求。负荷特性一致的空调房间，规模过大时宜划分为若干个子系统，分区设置空调系统，这样将会减少设备选择和管道布置安装及调节控制等方面的困难。

（2）明确室内外空气设计参数要求

这是空调负荷计算、管路系统设计计算、设备选择的依据。

（3）确定空调房间的冷（热）负荷、湿负荷

空调负荷是设备选择计算的主要依据。严格地说，空调负荷应按冷负荷系数法或谐波

反应法进行计算。在只需做粗略估算时，可按选择夏季空调设备用的冷负荷指标（属经验数据）进行概算。

（4）确定空气处理方案和选择空气处理设备

要使空调房间达到和保持设计要求的温度与湿度，必须将新风、回风或新风、回风按一定比例混合得到的混合空气，经过某几种空气处理过程，达到一定的送风状态才能得以实现。某几种空气处理过程的组合（包括处理设备及连接顺序）就是空气处理方案。在湿空气的 $h$-$d$ 图上，将代表各个分过程的过程线按先后顺序连接起来，就构成了空气处理方案图。这种图可用于查取设计计算和选择设备所需的各种空气状态参数。

（5）空调水系统设计

夏季空调水系统包括供空调末端装置换热盘管作冷媒用的、在冷水机组蒸发器中生产冷水的冷水系统；供冷却冷水机冷凝器的冷却水系统；以及排放空调末端装置换热器盘管上凝结水的冷凝水系统。水系统设计包括管路系统形式选择、分区布置方案、管材管件选择、管径确定、阻力计算与平衡、水量调节控制、管道保温及安装要求、水泵和冷却塔等设备的选择等。

（6）空调输送系统和空气分配系统的布置与计算

包括集中式系统的送风、回风和排风设计；风机盘管加新风系统的新风送风管道和房间送风、回风及排风设计；各种风机和各类风口的选择；风管的消声、安装及冷风管的保温要求等。空调风道系统应基本为阻力平衡的系统，并应便于调节控制和适应建筑物的防火排烟要求。气流组织设计应使空调房间的气流组织合理，温度、湿度分布稳定均匀，令房间工作区的温度、湿度和风速达到设计要求。

（7）空调冷（热）源设备的选择及中央制冷热机房设计

根据整个系统所需的冷负荷可以确定冷水机组的型号，根据冷水机组、水泵的尺寸及管道等各种附件的尺寸等对机房整体布局进行设计，在追求美观的同时，还应便于维修。

（8）自动控制与监测系统方案确定与设计

**四、空气调节系统选择原则**

在选择空调系统时，应遵循下列基本原则，原则中所涉及的各类空调系统将在后续章节中进行详细的说明。

（1）对于使用时间不同、空气洁净度要求不同、温湿度基数不同、空气中含有易燃易爆物质的房间，负荷特性相差较大，以及同时分别需要供热和供冷的房间和区域，宜分别设置空调系统。

（2）空间较大、人员较多的房间，以及房间温湿度允许波动范围小、噪声和洁净度要求较高的工艺性空调区，宜采用全空气定风量空调系统。

（3）当各房间热湿负荷变化情况相似时，采用集中控制；各房间温湿度波动不超过允许范围时，可集中设置共用的全空气定风量空调系统；若采用集中控制，某些房间不能达到室温参数要求，而采用变风量或风机盘管等空调系统能满足要求时，不宜采用末端再热的全空气定风量空调系统。

（4）当房间允许采用较大送风温差或室内散湿量较大时，应采用具有一次回风的全空气定风量空调系统。当要求采用较小送风温差，且室内散湿量较小，相对湿度允许波动范围较大时，可采用二次回风式系统。

（5）当负荷变化较大，多个房间合用一个空调系统，且各房间需要分别调节室内温度，尤其是需全年送冷的内区空调房间，在经济、技术条件允许时，宜采用全空气变风量VAV系统。当房间温湿度波动范围小或噪声要求严格时，不宜采用VAV系统。采用VAV系统，风机宜采用变速调节；应采取保证最小新风量要求的措施；当采用变风量末端装置时，应采用扩散性能好的风口。

（6）空调房间较多、各房间要求单独调节，且建筑层高较低的建筑物，宜采用风机盘管加新风系统，经处理的新风宜直接送入室内。当房间空气质量和温湿度波动范围要求严格或空气中含有较多油烟时，不宜采用风机盘管。

（7）中小型空调系统，有条件时可采用变制冷剂流量分体式空调系统；该系统不宜用于振动较大、产生大量油污蒸汽以及产生电磁波和高频波的场所。全年运行时，宜采用热泵式机组；同一空调系统中，当同时有需要分别供冷和供热的房间时，宜采用热回收式机组。

（8）全年进行空气调节，且各房间或区域负荷特性相差较大、长时间同时需分别供热和供冷的建筑物，经技术经济比较后，可采用水环热泵空调系统。冬季不需供热或供热量很小的地区，不宜采用水环热泵空调系统。

（9）当采用冰蓄冷空调冷源或有低温冷媒可利用时，宜采用低温送风空调系统；对要求保持较高空气湿度或需要较大换气量的房间，不应采用低温送风系统。

（10）舒适性空调和条件允许的工艺性空调，可用新风作冷源时，全空气空调系统应最大限度地使用新风。

# 第二节　全空气空调系统

## 一、全空气系统的形式与特点

全空气系统广泛应用于舒适性或工艺性的各类空气调节工程中，主要分为全新风系统（直流式系统）和混合式系统两类。常见的混合式系统包括一次回风式系统和二次回风式系统两种类型。表3-2所示为全空气空调系统特点。

全空气空调系统特点 表3-2

| 项目 | 全新风系统 | 一次回风式系统 | 二次回风式系统 |
|---|---|---|---|
| 特征 | 采用全新风直流运行的全空气空调系统。考虑节能要求，一般全空气系统不应采用冬夏季能耗较大的全新风系统，而应采用有回风的混风系统 | 回风与新风在热湿处理设备前混合 | 新风与回风在热湿处理设备前混合；混合风经过热湿处理后，再次与回风进行混合。二次回风式系统利用回风节约了一部分再热的能量 |
| 适用性 | （1）夏季回风焓值高于室外空气焓值；<br>（2）各空调区排风量大于按负荷计算出的送风量；<br>（3）室内散发有害物质，以及防火防爆等要求不允许空气循环使用；<br>（4）有严格卫生或工艺要求，需采用直流式空调系统 | （1）室内冷负荷变化小，送风温差 $\Delta t_O$ 可取较大值时；<br>（2）空调房间（区）散湿量较大时；<br>（3）以降温为主的舒适性和工艺性空调系统 | （1）送风温差 $\Delta t_O$ 受限制，不允许利用热源再热时；<br>（2）室内散湿量较小，室温允许波动范围较小时采用固定比例的一、二次回风；对室内参数控制不严格的场合，可以通过调整一、二次回风比例应对负荷变化；<br>（3）高洁净级别环境；<br>（4）有恒温恒湿要求的工艺性空调系统 |

续表

| 项目 | 全新风系统 | 一次回风式系统 | 二次回风式系统 |
|---|---|---|---|
| 全空气系统的优点 | (1)设备简单,节省初投资;<br>(2)易于控制空调区温度和湿度,消除噪声和过滤净化处理,且气流组织稳定;<br>(3)空气处理设备集中设置在机房内,维修管理方便;<br>(4)可以充分进行通风换气,室内卫生条件好;<br>(5)可以实现全年多工况节能运行调节,经济性好;<br>(6)使用寿命长;<br>(7)可以有效地采取消声和隔振措施 | | |
| 全空气系统的缺点 | (1)机房面积大,风管断面大,占用建筑空间多;<br>(2)风管系统复杂,距离长,布置困难;<br>(3)一个系统供给多个空调区域时,当各空调区负荷变化不一致时,无法进行精密调节;<br>(4)空调房间之间有风管连通,存在各房间相互污染的可能;<br>(5)设备与风管的安装工作量大,周期长;<br>(6)采用全新风系统时,能耗较大 | | |
| 注意事项 | (1)一般情况下,在全空气系统(包括定风量和变风量系统)中不应采用分别送冷热风的双风管系统,因该系统热量互相抵消,不符合节能原则。<br>(2)目前定风量系统多采用改变冷热水水量控制送风温度,而不常采用变动一、二次回风比的复杂控制系统,且变动一、二次回风比会影响室内相对湿度的稳定,也不适用于散湿量大、温湿度要求严格的空调区;因此,在不使用再热的前提下,一般工程推荐系统简单、易于控制的一次回风式系统。<br>(3)采用下送风方式的空气调节风系统以及洁净室的空气调节风系统(按洁净要求确定的风量,往往大于用负荷和允许送风温差计算出的风量),其允许送风温差都较小,为避免再热量的损失,可以使用二次回风式系统。<br>(4)一般情况下,除温湿度波动范围要求严格的房间外,同一个空气处理系统不宜有加热和冷却过程,因热量互相抵消,不符合节能原则 | | |

　　所谓一次回风和两次回风的区别在于:在喷水室或空气冷却器前(即冷却或减湿等处理之前)同新风进行混合的空调房间回风,叫作第一次回风;具有第一次回风的空调系统简称为一次回风式系统(图 3-2)。与经过喷水室或空气冷却器处理之后的空气进行混合的空调房间回风,叫作第二次回风;具有第一次和第二次回风的空调系统称为二次回风式系统(图 3-3)。

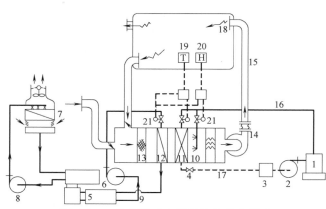

图 3-2 一次回风式空调系统的基本组成

(A) 冷(热)源系统:1—锅炉;2—给水泵;3—回水过滤器;4—疏水器;5—制冷机组;6—冷冻水循环泵;7—冷却塔;8—冷却水循环泵;9—冷水管;(B) 空气处理系统:10—空气加湿器;11—空气加热器;12—空气冷却器;13—空气过滤器;(C) 空气能量输送与分配装置:14—风机;15—送风管道;16—蒸气管;17—回水管;18—空气分配器;(D) 自动控制系统:19—温度控制器;20—湿度控制器;21—冷热能量自动调节阀

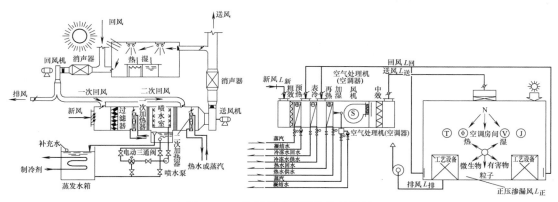

图 3-3　二次回风式空调系统结构图

## 二、全新风系统空气处理过程

全新风系统的空气处理过程及计算方法详见表 3-3（夏季工况）和表 3-4（冬季工况）。

全新风系统夏季工况空气处理过程及计算方法　　　　　　　　　　　　　　表 3-3

| 工况 | 项目 | 焓湿图及空气处理过程 | 参数确定过程及计算公式 |
|---|---|---|---|
| 直流式系统夏季工况 | 模式图 | | （1）系统特点：系统送风全部采用经过处理的室外新风；空调机组常采用表冷器或喷水室对夏季室外空气进行冷却除湿。<br>（2）送风状态点确定：<br>①参数确定：在焓湿图上确定室内外设计参数状态点 $N_x$ 和 $W_x$；确定各状态点状态参数 $h_{W_x}$、$d_{W_x}$、$h_{N_x}$、$d_{N_x}$ 等；<br>②根据室内冷负荷 $\sum Q$ 与湿负荷 $\sum W$ 计算热湿比 $\varepsilon_x$，过 $N_x$ 点做热湿比方向线 $\varepsilon_x$；<br>③选取适宜的送风温差 $\Delta t_O$，确定送风温度 $t_{O_x}$；做 $t_{O_x}$ 等温线，其与热湿比 $\varepsilon_x$ 方向线的交点为送风状态点 $O_x$；<br>④确定机器露点温度：做送风状态点 $O_x$ 的等含湿量线，其与 $90\%\sim95\%$ 相对湿度线的交点即为机器露点 $L_x$；<br>⑤在焓湿图上依次序连接 $W_x$、$L_x$、$O_x$ 与 $N_x$ 点。<br>（3）计算送风量：<br>$$q_m=\frac{\sum Q}{h_{N_x}-h_{O_x}}=\frac{\sum W}{d_{N_x}-d_{O_x}}$$<br>（4）计算空调系统所需的冷量及再热量：<br>$$Q_0=q_m(h_{W_x}-h_{L_x})$$<br>$$Q_2=q_m(h_{O_x}-h_{L_x})$$<br>式中：$Q_0$—空调系统需冷量，W，下同；<br>　　　$Q_2$—空调系统再热量，W，下同；<br>　　　$q_m$—空调系统总送风量，kg/s |
| | 焓湿图 | | |
| | 流程图 | | |

73

续表

| 工况 | 项目 | 焓湿图及空气处理过程 | 参数确定过程及计算公式 |
|---|---|---|---|
| 露点送风 | | | 条件允许的情况下,在满足最大送风温差(一般小于10℃)的前提下,也可以直接采用机器露点温度送风 |

**全新风系统冬季工况空气处理过程及计算方法** 表 3-4

| 工况 | 项目 | 焓湿图及空气处理过程 | 参数确定过程及计算公式 |
|---|---|---|---|
| 喷水室系统 | 模式图 | | (1)系统特点:<br>①对于定风量系统,当无特殊要求时,一般取冬季工况送风状态点 $O_d$ 的含湿量与夏季设计状态点 $O_x$ 相同。<br>②对于严寒地区,室外新风温度较低,常采用预热器对新风进行预热(5℃左右,具体预热温度需具体分析)。<br>③冬季工况一般先升温后加湿,加湿过程主要为绝热加湿(循环喷水)和等温加湿(干蒸汽加湿)两种过程。<br>(2)送风状态点确定:<br>①参数确定:在焓湿图上确定室内外设计参数状态点 $N_d$ 和 $W_d$。<br>②根据室内热负荷 $\Sigma Q$ 与湿负荷 $\Sigma W$ 计算热湿比 $\varepsilon_d$,过 $N_d$ 点做热湿比方向线 $\varepsilon_d$,其与等含湿量线 $d_{O_d}=d_{O_x}$ 的交点即为冬季工况送风状态点 $O_d$。或通过冬季送风温度等温线与热湿比方向线的交点确定。<br>③含湿量线 $d_{O_d}$ 与 $90\%\sim95\%$ 相对湿度线的交点即为 $L_d$ 点,过 $L_d$ 点做 $h_{Ld}$ 等焓线,其与 $d_{wd}$ 等相对湿度线的交点即 $W'$ 点(新风预热后的状态点)。<br>④依次在焓湿图上连接 $W_d$、$W'$、$L_d$、$O_d$ 和 $N_d$ 点,完成焓湿图表达过程。<br>(3)定风量系统通过风量求解送风状态:<br>在定风量系统中,全年 $q_m$ 可保持不变;送风状态点的参数可以通过下式计算:<br>$$h_{O_d}=h_{N_d}-\frac{\Sigma Q}{q_m}\text{或}\ d_{O_d}=d_{N_d}-\frac{\Sigma W}{q_m}$$<br>(4)计算空调系统所需的加湿量、预热量及再热量:<br>①当全新风系统采用喷水室进行循环喷水加湿时,需要提供的加湿量为:<br>$$W=q_m(d_{L_d}-d_{W'})$$<br>②空调系统需提供的预热量和再热量分别为:<br>$$Q_1=q_m(h_{W'}-h_{W_d})$$<br>$$Q_2=q_m(h_{O_d}-h_{L_d})$$<br>式中:$W$——空调系统需要提供的加湿量,g/s,下同;<br>$Q_1$——空调系统预热量,W,下同;<br>$Q_2$——空调系统再热量,W,下同;<br>$q_m$——空调系统总送风量,kg/s,下同 |
| | 焓湿图 | | |
| | 流程图 | | |

续表

| 工况 | 项目 | 焓湿图及空气处理过程 | 参数确定过程及计算公式 |
|------|------|----------------------|------------------------|
| 表冷器系统 | 模式图 | | 　与喷水室系统相比,表冷器系统参数确定过程的不同之处在于:<br>(1)采用先升温后加湿的方式进行空气调节;被加湿空气首先升高温度时,其所能容纳的水蒸气数量增加,遇到冷表面时不易凝结出来,以保证加湿效果;<br>(2)空气升温的终状态点 $W'$ 为 $d_{w_d}$ 等含湿量线与 $t_{O_d}$ 等温线的交点;<br>(3)加湿过程为 $W' \rightarrow O_d$,$O_d$ 点的确定过程与直流式表冷器系统一致,加湿过程为等温加湿,常见的加湿形式为喷干蒸汽加湿;<br>(4)系统需要的加湿量与加热量分别为:<br>$$W = q_m(d_{O_d} - d_{W'})$$<br>$$Q_1 = q_m(h_{W'} - h_{W_d})$$ |
|  | 焓湿图 | |  |
|  | 流程图 | |  |

### 三、一次回风式系统空气处理过程

一次回风式系统的空气处理过程及计算方法详见表 3-5（夏季工况）和表 3-6（冬季工况）。

**一次回风式系统（夏季）空气处理过程及计算方法**　　　　　　表 3-5

| 工况 | 项目 | 焓湿图及空气处理过程 | 参数确定过程及计算公式 |
|------|------|----------------------|------------------------|
| 一次回风式系统夏季工况 | 模式图 | | (1)系统特点:<br>①夏季以降温为主的舒适性空调,工艺性空调;<br>②允许采用较大送风温差时(或室内散湿量较大时)。<br>(2)送风状态点确定:<br>①参数确定:在焓湿图上确定室内外设计参数状态点 $N_x$ 和 $W_x$。<br>②在焓湿图上连接 $N_x$ 和 $W_x$ 点,根据预先确定的新风比 $\alpha$(满足最小新风量要求),利用混合反比例原则(线段比例或公式计算),在 $N_x$ 和 $W_x$ 点的连线上确定混合状态点 $C_x$;从焓湿图上读取或计算 $C_x$ 点的状态参数。<br>$$\frac{\overline{N_x C_x}}{\overline{N_x W_x}} = \frac{q_{m,w}}{q_m} = \frac{h_{C_x} - h_{N_x}}{h_{W_x} - h_{N_x}} = \frac{d_{C_x} - d_{N_x}}{d_{W_x} - d_{N_x}} = \alpha$$<br>③根据室内冷负荷 $\Sigma Q$ 与湿负荷 $\Sigma W$ 计算热湿比 $\varepsilon_x$,过 $N_x$ 点做热湿比方向线 $\varepsilon_x$。<br>④选取适宜的送风温差 $\Delta t_O$,确定送风温度 $t_O$;做 $t_O$ 等温线,其与热湿比 $\varepsilon_x$ 方向线的交点为送风状态点 $O_x$。 |
|  | 焓湿图 | |  |

| 工况 | 项目 | 焓湿图及空气处理过程 | 参数确定过程及计算公式 |
|---|---|---|---|
| 一次回风式系统夏季工况 | 流程图 | | ⑤确定机器露点温度：做送风状态点 $O_x$ 的等含湿量线，其与 $90\%\sim95\%$ 相对湿度线的交点即为机器露点 $L_x$。<br>⑥在焓湿图上依次序连接 $C_x$、$L_x$、$O_x$ 与 $N_x$ 点。<br>(3)计算送风量：<br>$$q_m=\frac{\sum Q}{h_{N_x}-h_{O_x}}=\frac{\sum W}{d_{N_x}-d_{O_x}}$$<br>(4)计算空调系统所需的冷量及再热量：<br>$$Q_0=q_m(h_{C_x}-h_{L_x})$$<br>$$Q_2=q_m(h_{O_x}-h_{L_x})$$<br>式中：$Q_0$——空调系统需冷量，W，下同；<br>$\quad\quad Q_2$——空调系统再热量，W，下同；<br>$\quad\quad q_m$——空调系统总送风量，kg/s，下同 |
| | 露点送风模式 | | 在温差允许的条件下，当采用机器露点送风时，其参数确定过程主要区别在于：<br>(1)机器露点 $L_x'$ 的确定：过 $N_x$ 的等热湿比线 $\varepsilon_x$ 与 $\varphi=90\%\sim95\%$ 等相对湿度线的交点即为机器露点 $L_x'$；<br>(2)需要注意的是，机器露点 $L_x$ 的温度不应小于室内设计状态点 $N_x$ 的理论露点温度；<br>(3)负荷计算：<br>$$Q_0=q_m(h_{C_x}-h_{L_x'})$$<br>$$Q_2=0$$<br>(4)舒适性空调：夏季送风温差不宜大于 $10℃$；<br>(5)舒适性空调送风温度必须高于室内空气的露点温度 |
| | 考虑温升时 | | 考虑风机和风管温升作用($1.0\sim1.5℃$)时，可减少再热器的加热量，对于舒适性空调，将混合空气处理到机器露点状态 $L_x$ 后；在条件允许的前提下，依靠风机、风管的温升作用替代再热过程，达到 $O_x$ 送风状态，再送到空调房间内，也可以满足要求 |

一次回风式系统（冬季）空气处理过程及计算方法

表3-6

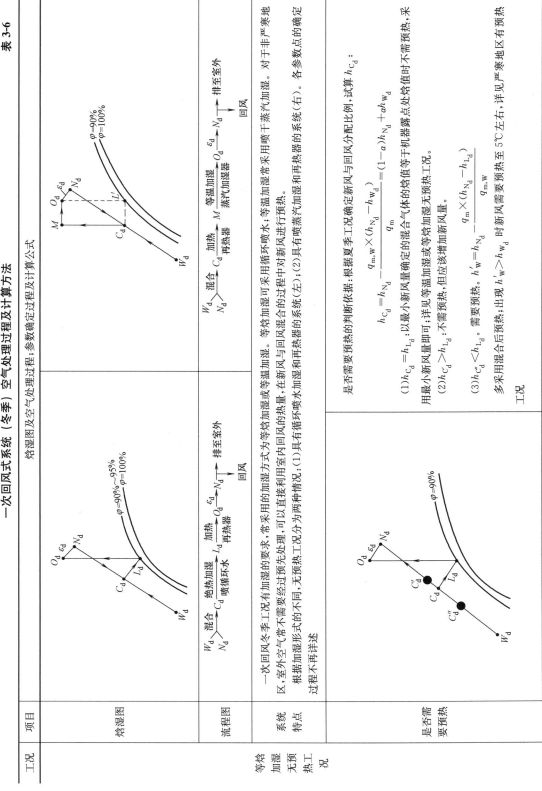

| 工况 | 项目 | 焓湿图及空气处理过程；参数确定过程及计算公式 | |
|---|---|---|---|
| | 焓湿图 | | |
| | 流程图 | $W_d\ \text{混合}\ C_d\ \dfrac{\text{绝热加湿}}{\text{喷循环水}}\ L_d\ \dfrac{\text{加热}}{\text{再热器}}\ O_d\ \varepsilon_d\ N_d\ \begin{array}{c}\text{排至室外}\\ \text{回风}\end{array}$ | $W_d\ \text{混合}\ C_d\ \dfrac{\text{加热}}{\text{再热器}}\ M\ \dfrac{\text{等温加湿}}{\text{蒸汽加湿器}}\ O_d\ \varepsilon_d\ N_d\ \begin{array}{c}\text{排至室外}\\ \text{回风}\end{array}$ |
| 等焓加湿无预热工况 | 系统特点 | 一次回风冬季工况有加湿的要求，常采用的加湿方式为等焓加湿或等温加湿。等焓加湿可采用循环水喷淋；等温加湿常采用喷干蒸汽加湿。对于非严寒地区，室外空气常不需要经过预热处理，可以直接利用室内回风的热量；在新风与回风混合的过程中对新风进行预热。根据加湿形式的不同，无预热工况分为两种情况：(1)具有循环喷水加湿和再热器的系统（左）；(2)具有喷蒸汽加湿加湿和再热器的系统（右）。各参数点的确定过程不再详述。 | |
| | 是否需要预热 | | 是否需要预热的判断依据：根据夏季工况确定新风与回风分配比例，试算 $h_{C_d}$：<br><br>$$h_{C_d}=h_{L_d}=\frac{q_{m,w}\times(h_{N_d}-h_{w_d})}{q_m}=(1-\alpha)h_{N_d}+\alpha h_{w_d}$$<br><br>(1)$h_{C_d}=h_{L_d}$；以最小新风量确定的混合气体的焓值等于干机器露点处焓值时不需要预热，采用最小新风量即可；详见等温加湿或等焓加湿无预热工况。<br>(2)$h_{C_d''}>h_{L_d}$：不需要预热，但应该增加新风量<br><br>$$h'_w=h_{N_d}-\frac{q_m\times(h_{N_d}-h_{L_d})}{q_{m,w}}$$<br><br>(3)$h_{C_d''}<h_{L_d}$：需要预热，出现 $h'_w>h_{w_d}$ 时新风需要预热至 $h'_w$。需预热至 $5℃$ 左右，详见严寒地区有预热工况 |

续表

| 工况 | 项目 | 焓湿图及空气处理过程；参数确定过程及计算公式 | |
|---|---|---|---|
| 严寒地区有预热工况：等焓加湿工况 | 焓湿图 | 先混合后预热<br>（φ=90%～95%，φ=100%，含 $O_d$、$\varepsilon_d$、$N_d$、$C_L$、$L_d$、$C_d$、$W'$、$W_d$ 各点） | 先预热后混合<br>（φ=90%～95%，含 $O_d$、$\varepsilon_d$、$N_d$、$C_d$、$L_d$、$W'$、$W_d$ 各点） |
| | 负荷计算 | (1) 加湿量：$W=q_m\times(d_{L_d}-d_{C_L})$<br>(2) 预热热量：$Q_1=q_m\times(h_{C_L}-h_{C_d})$<br>(3) 再热热量：$Q_2=q_m\times(h_{O_d}-h_{L_d})$ | (1) 加湿量：$W=q_m\times(d_{L_d}-d_{C_d})$<br>(2) 预热热量：$Q_1=q_m\times(h_{W'}-h_{W_d})$<br>(3) 再热热量：$Q_2=q_m\times(h_{O_d}-h_{L_d})$ |
| | 对比分析 | 两种预热方式对比：预加热量是相等的。<br>证明过程：根据相似三角形原理，确定以下关系式：<br>$$\frac{C_dC_L}{W_dW'}=\frac{C_dN_d}{W_dN_d}=\frac{q_{m,W}}{q_m}=\frac{h_{C_L}-h_{C_d}}{h_{W'}-h_{W_d}}=\frac{h_{N_d}-h_{C_d}}{h_{N_d}-h_{W_d}}$$<br>$$\rightarrow q_{m,W}(h_{W'}-h_{W_d})=q_m(h_{C_L}-h_{C_d})$$ | |
| 等温加湿系统 | 焓湿图 | 无预热工况<br>（φ=90%，φ=100%，含 $M$、$O_d$、$\varepsilon_d$、$N_d$、$L'$、$C_d$、$W'$、$W_d$ 各点） | 有预热工况<br>（φ=90%，φ=100%，5℃，含 $M$、$O_d$、$N_d$、$C_d$、$W'$、$W_d$ 各点） |

## 四、二次回风式系统空气处理过程

二次回风式系统的空气处理过程及计算方法详见表 3-7（夏季工况）和表 3-8（冬季工况）。

二次回风式系统（夏季工况）空气处理过程及计算方法　　　表 3-7

| 工况 | 项目 | 空气处理过程焓湿图表达及参数确定过程 |
|---|---|---|
| 二次回风式系统夏季工况 | 图示 | |
| | 参数确定及计算过程 | (1)工艺特点：<br>①具有恒温恒湿要求的空调系统；<br>②要求送风温差小；<br>③前提：室内散湿量小。<br>(2)状态点确定过程：<br>①首先明确室内外设计状态点 $N_x$ 和 $W_x$ 的各状态参数,新风量 $q_{m,W}$ 或新风比 $\alpha$。<br>②确定送风状态点 $O_x$：<br>根据室内冷负荷 $\Sigma Q$ 与湿负荷 $\Sigma W$ 计算热湿比 $\varepsilon_x$,过 $N_x$ 点做热湿比方向线 $\varepsilon_x$；<br>选取合理的送风温差 $\Delta t_O$,确定送风温度 $t_{O_x}$；<br>做 $t_{O_x}$ 等温线,其与热湿比 $\varepsilon_x$ 方向线的交点为送风状态点 $O_x$；<br>$O_x$ 点同时也是二次回风式系统中回风的第二次混合点 $C_{x2}$。<br>③计算总送风量：<br>根据下式计算系统总风量 $q_m$：$$q_m=\frac{\Sigma Q}{(h_{N_x}-h_{O_x})}=\frac{\Sigma W}{(d_{N_x}-d_{O_x})}$$④确定机器露点温度 $L_x$：<br>热湿比 $\varepsilon_x$ 方向线与 $90\%\sim95\%$ 相对湿度线的交点即为机器露点 $L_x$。<br>⑤求解表冷器需要处理的风量 $q_{m,L}$：<br>确定 $O_x$ 和 $L_x$ 点在焓湿图上的位置关系；根据混合反比例原则,得到下列关系式,可以确定表冷器需要处理的风量 $q_{m,L}$：$$\frac{q_m}{q_{m,L}}=\frac{h_{N_x}-h_{L_x}}{h_{N_x}-h_{O_x}}=\frac{\Sigma Q/(h_{N_x}-h_{O_x})}{q_{m,L}}$$$$\to q_{m,L}=\frac{\Sigma Q}{h_{N_x}-h_{L_x}}$$⑥确定回风量分配情况：<br>二次回风量：$q_{m,N,2}=q_m-q_{m,L}$<br>一次回风量：$q_{m,N,1}=q_{m,L}-q_{m,W}$<br>⑦确定一次回风混合状态点 $C_{x1}$：<br>根据上述求解的 $q_{m,N,1}$ 和 $q_{m,L}$,通过下式或混合反比例原则确定 $C_{x1}$：$$h_{C_{x1}}=h_{W_x}-\frac{q_{m,N,1}\times(h_{W_x}-h_{N_x})}{q_{m,L}}$$(3)计算空调系统所需的冷量：$$Q_0=q_{m,L}(h_{C_{x1}}-h_{L_x})$$(4)与一次回风式系统(非露点送风)的显著区别：<br>①二次式系统无需再热过程,节约能耗；<br>②二次式系统的机器露点温度更低；<br>③二次式系统表冷器所处理的风量减小 |

**二次回风式系统（冬季工况）空气处理过程及计算方法**　　表 3-8

| 工况 | 项目 | 空气处理过程焓湿图表达及参数确定过程 |
|---|---|---|
| 二次回风式系统冬季喷水室工况 | 图示 | |

(1)状态点及参数确定过程(定风量系统,室内设计状态点冬夏季相同时)

①在焓湿图上确定室内外设计状态点 $W_d$ 及 $N_d$ 点:

对于定风量系统,冬季总送风量 $q_m$ 与夏季相同,新风比 $\alpha$ 也可以暂时采用夏季工况比例(是否需要调整,根据后续过程确定),回风分配比例也可以暂时采用夏季工况参数。

②确定冬季送风状态点 $O_d$:

根据室内热负荷 $\Sigma Q$ 与湿负荷 $\Sigma W$ 计算热湿比 $\varepsilon_d$,过 $N_x$ 点做热湿比方向线 $\varepsilon_d$;若选取冬季 $d_{O_d}=d_{O_x}$,则 $d_{O_d}$ 等含湿量线与 $\varepsilon_d$ 的交点即为 $O_d$。

③确定二次回风混合点 $C_{d2}$ 的含湿量:

根据冬季工况再热特点(等湿加热),二次回风混合状态点 $C_{d2}$ 的含湿量 $d_{C_{d2}}=d_{O_d}$。

根据混合反比例原则,通过下式可以确定机器露点 $L_d$ 的含湿量 $d_{L_d}$,$d_{L_d}$ 与 $\varphi=90\%\sim95\%$ 相对湿度线的交点即为机器露点 $L_d$;$L_d$ 与 $N_d$ 的连线与 $d_{C_{d2}}=d_{O_d}$ 等含湿量线的交点即为 $C_{d2}$。

$$\frac{q_m}{q_{m,L}}=\frac{d_{N_d}-d_{L_d}}{d_{N_d}-d_{O_d}}\to d_{L_d}=d_{N_d}-q_m\frac{d_{N_d}-d_{O_d}}{q_{m,L}}$$

④确定一次回风混合状态点 $C_{d1}$:

根据夏季工况的 $q_{m,L}$,已知新风量 $q_{m,w}$ 时,则 $q_{m,N,1}$ 可知,通过下式可以确定 $h_{C_{d1}}$,$d_{C_{d1}}$ 等参数,从而在焓湿图上确定 $C_{d1}$ 点。

$$h_{C_{d1}}=\frac{q_{m,w}h_{W_d}+q_{m,N,1}h_{N_d}}{q_{m,L}}$$

$$d_{C_{d1}}=\frac{q_{m,w}d_{W_d}+q_{m,N,1}d_{N_d}}{q_{m,L}}$$

⑤确定预热后状态点(等焓加湿起始点)$C_L$:

过 $L_d$ 点做等焓线,其与 $d_{C_{d1}}$ 等含湿量线的交点即为 $C_L$;在焓湿图上确定 $C_L$ 的各状态参数。

(2)负荷计算

①系统需要提供的加湿量:$W=q_{m,L}\times(d_{L_d}-d_{C_L})$

②系统预加热量:$Q_1=q_{m,L}\times(h_{C_L}-h_{C_{d1}})$

③系统再热量:$Q_2=q_m\times(h_{O_d}-h_{C_{d2}})$

(3)是否需要预热的判定依据

通过夏季新风比试算:

$$h_{C_{d1}}=\frac{q_{m,w}h_{W_d}+q_{m,N,1}h_{N_d}}{q_{m,L}}$$

①若 $h_{C_{d1}}<h_{L_d}$:混合后预热;

②若 $h_{C_{d1}}=h_{L_d}$:混合后不需要预热,可直接进行等焓加湿过程;

③若 $h_{C_{d1}}>h_{L_d}$:不需要预热,但应调节新风量,使 $h_{C_{d1}}=h_{L_d}$。

### 五、全空气定风量系统计算示例

**【例 3-1】** 一次回风式系统

上海市某定风量工艺空调系统拟采用喷水室作为热湿处理设备，夏季新风比 $\alpha=15\%$，根据以下条件，确定空调机组负荷：

（1）大气压力 $B=101325\mathrm{Pa}$。

（2）室内设计温度 $t_N=20\pm1℃$，相对湿度 $\varphi_N=55\%$。

（3）夏季工况室内余热 $\sum Q_x=15.2\mathrm{kW}$，余湿量 $\sum W_x=0.0013\mathrm{kg/s}$（4.7kg/h）；夏季室外新风状态参数 $t_{W_{xg}}=34.4℃$，$t_{W_{xs}}=27.9℃$。

（4）冬季工况室内余热 $\sum Q_d=-4.87\mathrm{kW}$，余湿量 $\sum W_d=0.0013\mathrm{kg/s}$（4.7kg/h）；冬季室外新风状态参数 $t_{W_{dg}}=-2.2℃$，$\varphi_{W_d}=75\%$。

**【解】** 可按照以下步骤分别求解夏季工况和冬季工况空调机组负荷。

（1）夏季工况

① 选用标准大气压下的 $h\text{-}d$ 图，在 $h\text{-}d$ 图上标出室内外设计状态参数，具体参数如下表所示。

| 状态点 | 夏季室外设计状态点 $W_x$ | 室内设计状态点 $N_x$ |
|---|---|---|
| 焓值 | $h_{W_x}=89.85\mathrm{kJ/kg}$ | $h_{N_x}=40.75\mathrm{kJ/kg}$ |
| 含湿量 | $d_{W_x}=21.5\mathrm{g/kg}$ | $d_{N_x}=8.1\mathrm{g/kg}$ |
| 干球温度 | $t_{W_{xg}}=34.4℃$ | $t_{N_x}=20℃$ |
| 湿球温度 | $t_{W_{xs}}=27.9℃$ | — |
| 相对湿度 | $\varphi_{W_x}=61\%$ | $\varphi_{N_x}=55\%$ |

② 确定送风状态点 $O_x$ 和总送风量 $q_m$：

首先根据室内冷负荷 $\sum Q$ 与湿负荷 $\sum W$ 计算热湿比 $\varepsilon_x$：

$$\varepsilon_x=\frac{\sum Q}{\sum W}=\frac{15.2}{0.0013}=11692\mathrm{kJ/kg}$$

过 $N_x$ 点做热湿比方向线，选取送风温差 $\Delta t_O=6℃$，做 $t_{O_x}=14℃$ 的等温线，其与热湿比方向线 $\varepsilon_x$ 的交点即为送风状态点 $O_x$。在焓湿图上查得：$h_{O_x}=33.34\mathrm{kJ/kg}$，$d_{O_x}=7.6\mathrm{g/kg}$。

根据下式计算夏季工况总风量 $q_m$：

$$q_m=\frac{\sum Q}{(h_{N_x}-h_{O_x})}=\frac{15.2}{40.75-33}=2.05\mathrm{kg/s}$$

③ 新风与回风混合状态点 $C_x$ 的确定：

根据混合反比例原则（$\frac{\overline{NC_x}}{\overline{NW_x}}=\alpha$），可在 $W_x$ 和 $N_x$ 的连线上直接确定 $C_x$ 点的位置，并查取其状态参数：$h_{C_x}=48.17\mathrm{kJ/kg}$。或者通过下式计算 $h_{C_x}$ 或 $d_{C_x}$ 确定 $C_x$ 的位置：

$$\alpha=\frac{q_{m,W}}{q_m}=\frac{h_{C_x}-h_{N_x}}{h_{W_x}-h_{N_x}}=\frac{d_{C_x}-d_{Nx}}{d_{W_x}-d_{N_x}}$$

④ 确定喷水室热湿处理的机器露点 $L_x$：

做送风状态点 $O_x$ 的等含湿量线（7.6g/kg），其与90%相对湿度线的交点即为机器露

点 $L_x$，查得：$h_{L_x}=30.67kJ/kg$，$d_{L_x}=7.6g/kg$，$t_{L_x}=11.4℃$。在焓湿图上依次序连接 $C_x$、$L_x$、$O_x$ 与 $N_x$ 点，即为夏季工况热湿处理过程（图 3-4）。

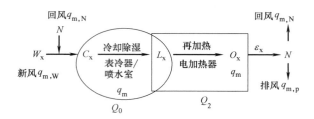

图 3-4 夏季工况热湿处理过程

⑤ 计算空调系统所需的冷量及再热量：

空调系统需冷量：$Q_0=q_m(h_{C_x}-h_{L_x})=2.05×(48.17-30.67)=35.88kW$

空调系统再热量：$Q_2=q_m(h_{O_x}-h_{L_x})=2.05×(33.34-30.67)=5.47kW$

（2）冬季工况

① 确定室外设计状态参数：

冬季室外新风状态参数：计算干球温度 $t_{W_{dg}}=-2.2℃$，计算相对湿度 $\varphi_{W_d}=75\%$。查 $h$-$d$ 图得 $h_{W_d}=3.77kJ/kg$。冬季室内设计参数与夏季相同，仍为 $h_{N_d}=40.75kJ/kg$、$d_{N_d}=8.1g/kg$、$t_{N_d}=20℃$、$\varphi_{N_d}=55\%$。

② 确定冬季工况送风状态点 $O_d$：

已知冬季工况室内余热 $\sum Q_d=-4.87kW$，余湿量 $\sum W_d=0.0013kg/s$（4.7kg/h），计算热湿比：

$$\varepsilon_d=\frac{\sum Q}{\sum W}=\frac{-4.87}{0.0013}=-3746kJ/kg$$

过 $N$ 点做热湿比 $\varepsilon_d$ 方向线，选取冬季工况送风状态点的含湿量 $d_{O_d}=d_{O_x}=7.6g/kg$，则 $d_{O_d}$ 与 $\varepsilon_d$ 方向线的交点即为冬季送风状态点 $O_d$，查得 $h_{O_d}=46.08kJ/kg$，$t_{O_d}=26.4℃$，满足冬季送风温度要求。

③ 确定冬季工况加湿过程终点（机器露点）$L_d$：

由于 $d_{O_d}=d_{O_x}=7.6g/kg$，因此，$L_d$ 与 $L_x$ 点重合，因此得 $h_{L_d}=h_{L_x}=30.67kJ/kg$。

④ 判定是否需要预热：

已知空调系统为定风量系统，则冬季工况总风量 $q_m$ 与夏季相同，即 $q_m=2.05kg/s$。仍采用夏季新风比 $\alpha=15\%$ 进行试算，根据下式计算混合状态点的焓值：

$$
\begin{aligned}
h'_{C_d}&=h_{N_d}-\frac{q_{m,w}×(h_{N_d}-h_{W_d})}{q_m}\\
&=h_{N_d}-\alpha(h_{N_d}-h_{W_d})\\
&=0.85h_{N_d}+0.15h_{W_d}\\
&=0.85×40.75+0.15×3.77=35.20kJ/kg
\end{aligned}
$$

$h'_{C_d}>h_{L_d}$，无需进行预热，但由于喷水室系统冬季采用喷循环水等焓加湿的过程，因此，需要调整新风比，以使得 $h_{C_d}=h_{L_d}=30.67kJ/kg$。

根据混合反比例原则，得

$$h_{C_d} = h_{N_d} - \alpha'(h_{N_d} - h_{W_d}),$$

则

$$\alpha' = \frac{h_{N_d} - h_{C_d}}{h_{N_d} - h_{W_d}} = \frac{40.75 - 30.67}{40.75 - 3.77} = 27.26\%$$

因此，冬季工况的新风比需调整到 27.26%。在焓湿图上确定 $C_d$ 点，查取其含湿量 $d_{C_d} = 6.6\text{g/kg}$。

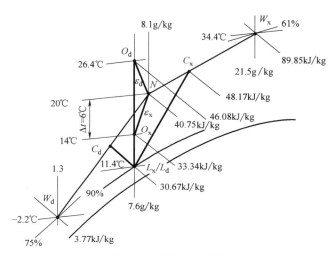

图 3-5　例题 3-1 附图

⑤ 计算空调系统所需提供的加湿量和再热量：

加湿量：

$$W = q_m \times (d_{L_d} - d_{C_d}) = 2.05 \times (7.6 - 6.6) = 2.05\text{g/s}$$

再热量：

$$Q_2 = q_m \times (h_{O_d} - h_{L_d}) = 2.05 \times (46.08 - 30.67) = 31.59\text{kW}$$

**【例 3-2】　二次回风式系统**

已知某生产车间空调采用二次回风式系统，根据以下设计参数，试确定空调方案并计算空调设备容量。

（1）室外计算参数：

① 夏季：$t_{W_x} = 35℃$，$t_{W_{xs}} = 26.9℃$，$\varphi_{W_x} = 54\%$，$h_{W_x} = 84.8\text{kJ/kg}$；

② 冬季：$t_{W_d} = -12℃$，$t_{W_{ds}} = -13.5℃$，$\varphi_{W_d} = 49\%$，$h_{W_d} = -10.5\text{kJ/kg}$；

③ 大气压力为 101325Pa。

（2）室内空气设计参数由工艺确定：$t_N = 22 \pm 1℃$，$\varphi_N = 60\%$，$h_N = 47.2\text{kJ/kg}$，$d_N = 9.8\text{g/kg}$。

（3）按建筑、人员、工艺设备及照明等资料已经算得夏季、冬季的室内热湿负荷为：

① 夏季：$\sum Q_x = 11.63\text{kW}$，$\sum W_x = 0.00139\text{kg/s}$；

② 冬季：$\sum Q_d = -2.326\text{kW}$，$\sum W_d = 0.00139\text{kg/s}$。

（4）车间内部设置有局部排风装置，排风量 $q_{m,p}=0.278\text{m}^3/\text{s}$（1000m³/h）。

【解】（1）夏季工况

① 确定送风状态点 $O_x$，计算总送风量 $q_m$：

首先根据夏季室内冷负荷 $\sum Q_x=11.63\text{kW}$ 与湿负荷 $\sum W_x=0.00139\text{kg/s}$，计算夏季工况热湿比 $\varepsilon_x$；

$$\varepsilon_x=\frac{\sum Q_x}{\sum W_x}=\frac{11.63}{0.00139}=8310\text{kJ/kg}$$

过 $N_x$ 点做热湿比 $\varepsilon_x$ 方向线，其与 $\varphi=95\%$ 的交点即为 $L$，其温度为 $t_L=11.5℃$，$h_L=31.8\text{kJ/kg}$；与室内设计温度（$t_N=22℃$）的差值为 10.5℃。选取送风温差 $\Delta t_O=7℃$，则送风状态点 $O_x$ 的温度 $t_{O_x}=15℃$，则 $t_{O_x}$ 等温线与热湿比方向线 $\varepsilon_x$ 的交点即为送风状态点 $O_x$。在焓湿图上查得：$h_{O_x}=36.8\text{kJ/kg}$，$d_{O_x}=8.55\text{g/kg}$。

则夏季工况总风量 $q_m$ 为：$q_m=\dfrac{\sum Q_x}{(h_{N_x}-h_{O_x})}=\dfrac{11.63}{47.2-36.8}=1.118\text{kg/s}$

② 风量平衡计算：

已知总风量 $q_m=1.118\text{kg/s}$；车间内部设置有局部排风装置，排风量 $q_{m,p}=0.278\text{m}^3/\text{s}=0.278\times1.146$（35℃时空气密度）$=0.319\text{kg/s}$；则系统应补充的新风量 $q_{m,w}=0.319\text{kg/s}$，折算成新风比 $\alpha=28.5\%$；则一次回风和二次回风总量 $q_{m,N}=q_{m,N,1}+q_{m,N,2}=0.799\text{kg/s}$。

根据二次回风式系统特点，已经确定的 $L$ 点即为夏季工况的机器露点，根据下式可以确定通过表冷器的风量 $q_{m,L}=q_{m,N,1}+q_{m,w}$：

$$q_{m,L}=\frac{\sum Q_x}{h_{N_x}-h_L}=\frac{11.63}{47.2-31.8}=0.755\text{kg/s}$$

则，$q_{m,N,1}=q_{m,L}-q_{m,w}=0.436\text{kg/s}$；$q_{m,N,2}=q_{m,N}-q_{m,N,1}=0.799-0.436=0.363\text{kg/s}$。

③ 确定一次回风混合状态点 $C_{x1}$：

$$h_{C_{x1}}=h_{W_x}-\frac{q_{m,N,1}\times(h_{W_x}-h_{N_x})}{q_{m,L}}=84.8-\frac{0.436(84.8-47.2)}{0.755}=63.09\text{kJ/kg}$$

则夏季工况空气处理流程为（图3-6）：

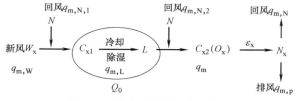

图3-6　夏季工况空气处理流程

④ 计算空调系统所需冷量：

$$Q_0=q_{m,L}(h_{C_{x1}}-h_L)=0.755\times(63.09-31.8)=23.62\text{kW}$$

这个冷量包括室内冷负荷 $\sum Q_x = 11.63kW$ 与新风冷负荷 $Q_{0,W} = q_{m,W}(h_{Wx} - h_N) = 11.19kW$。

（2）冬季工况

① 确定冬季送风状态点 $O_d$：

首先根据冬季室内热负荷 $\sum Q_d = -2.326kW$ 与湿负荷 $\sum W_d = 0.00139kg/s$，计算冬季工况热湿比 $\varepsilon_d$；

$$\varepsilon_d = \frac{\sum Q_d}{\sum W_d} = \frac{-2.326}{0.00139} = -1660kJ/kg$$

当冬季与夏季采用相同总送风量 $q_m$ 和室内设计参数时，冬季与夏季的送风含湿量应相同，即 $d_{O_d} = d_{O_x}$，

$$d_{O_d} = d_{O_x} = d_N - 1000\frac{\sum W_d}{q_m} = 9.80 - 1000\frac{0.00139}{1.118} = 8.55g/kg$$

过 $N$ 点做冬季热湿比 $\varepsilon_d$ 的方向线，其与 $d_{O_d} = 8.55g/kg$ 的等含湿量线的交点即为 $O_d$ 点。

② 判定是否需要预热：

定风量系统，在冬季工况保持新风量 $q_{m,W} = 0.319kg/s$、总风量 $q_m = 1.118kg/s$、一次回风量 $q_{m,N,1} = 0.436kg/s$、$q_{m,N,2} = 0.363kg/s$、$q_{m,L} = 0.755kg/s$，则通过下式试算：

$$h'_{C_{d1}} = \frac{q_{m,W}h_{Wd} + q_{m,N,1}h_N}{q_{m,L}} = \frac{-0.319 \times 10.5 + 0.436 \times 47.2}{0.755} = 22.82kJ/kg < h_L = 31.8kJ/kg$$

所以冬季工况需要预热，二次回风式系统可以采用一次回风（$q_{m,N,1} = 0.436kg/s$）与室外新风（$q_{m,W} = 0.319kg/s$）先混合后预热的方式，预热起始点为 $C'_{d1}$，沿等含湿量线 $d_{C'_{d1}}$ 加热至终状态点 $C_{d1}$，满足 $h_{C_{d1}} = h_L$ 即可。

③ 确定空气处理流程图：

首先确定二次回风（$q_{m,N,2} = 0.363kg/s$）与通过喷水室处理的风量（$q_{m,L} = 0.755kg/s$）的混合状态点 $C_{d2}$：在焓湿图上，$L$ 与 $N$ 的连线与 $d_{O_d}$ 等含湿量线的交点即为 $C_{d2}$；在本题条件下，保持各类风量与夏季相同时，$C_{d2}$ 点与夏季工况的 $O_x$ 点重合，所以，冬季工况空气处理流程如图 3-7 所示（新风先混合后预热）：

④ 计算空调系统容量：

系统预加热量：

$$Q_1 = q_{m,L} \times (h_{C_{d1}} - h'_{C_{d1}}) = 0.755 \times (31.8 - 22.82) = 6.78kW$$

系统再热量：

$$Q_2 = q_m \times (h_{O_d} - h_{C_{d2}}) = q_m \times (h_{O_d} - h_{O_x}) = 1.118 \times (49.2 - 36.8) = 13.86kW$$

则空调设备需要提供的总加热量为：

$$Q = Q_1 + Q_2 = 20.64kW$$

⑤ 在焓湿图中同时绘制了冬季室外新风先预热后混合的空气处理流程，系统加热量不变。

若将本例题改为一次回风式系统（除室内外参数相同外，包括送风温差也相等时），

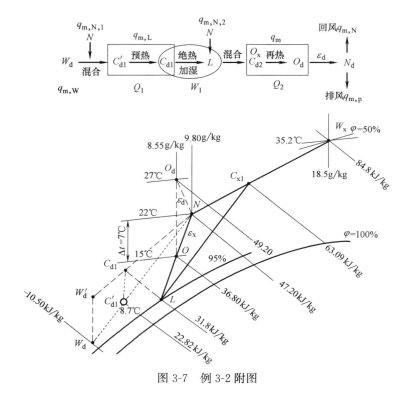

图 3-7　例 3-2 附图

则可算得夏季所增加的冷量正好相当于一次回风式系统需补充的再热器热量，而冬季则两种系统的加热量是相等的。

【例 3-3】　系统对比

已知上海集中式空调系统的室内设计参数为：$t_N = 20℃ \pm 1℃$，$\varphi_N = 60\% \pm 5\%$。已知夏季室内冷负荷 $\sum Q_x = 17.472\text{kW}$，湿负荷为 $\sum W_x = 0.001389\text{kg/s}$，局部排风系统排风量 $q_{m,p} = 1500\text{m}^3/\text{h}$，对比分析二次回风式系统与一次回风式系统的夏季工况空气处理过程及设备容量。

【解】　(1) 采用二次回风式系统，计算过程简述如下：

① 确定室内外状态点及其参数：

已知室内设计参数 $t_N = 20℃ \pm 1℃$，$\varphi_N = 60\% \pm 5\%$，可在 $h$-$d$ 图上分别标出夏季室内设计状态点 $N_x$。查焓湿图得 $h_{N_x} = 42.4\text{kJ/kg}$，$d_{N_x} = 8.8\text{g/kg}$。上海地区室外设计状态点 $W_x$ 的状态参数为：$h_{W_x} = 91\text{kJ/kg}$，$d_{W_x} = 21.9\text{g/kg}$。

② 确定送风状态点 $O_x$ 及机器露点 $L_x$：

首先计算夏季室内热湿比 $\varepsilon_x$

$$\varepsilon_x = \frac{\sum Q_x}{\sum W_x} = \frac{17.472}{0.001389} = 12580\text{kJ/kg}$$

通过 $N_x$ 点画 $\varepsilon_x$ 方向线，取送风温差 $\Delta t_O = 7℃$，则送风温度 $t_{O_x} = t_{N_x} - \Delta t_O = 13℃$。$\varepsilon_x$ 方向线与 $t_{O_x}$ 等温线的交点即为送风状态点 $O_x$，查 $h$-$d$ 图可得：$h_{O_x} = 33.5\text{kJ/kg}$，$d_{O_x} = 8.1\text{g/kg}$。根据二次回风式系统特点，$O_x$ 点也是二次回风的混合状态点 $C_{x2}$。

$\varepsilon_x$ 线与 $\varphi=90\%$ 相对湿度线的交点即为系统机器露点 $L_x$，查 $h$-$d$ 图可得：$h_{L_x}=32.5\text{kJ/kg}$，$d_L=8\text{g/kg}$，$t_L=10.5℃$。

③ 确定系统风量平衡关系：

已知系统局部排风量 $q_{m,p}=1500\text{m}^3/\text{h}=0.50\text{kg/s}$，则需要补充新风量 $q_{m,w}=0.50\text{kg/s}$。

系统总送风量：$q_m=\dfrac{\sum Q_x}{h_{N_x}-h_{O_x}}=\dfrac{17.472}{42.4-33.5}=1.96\text{kg/s}$

通过空气冷却器的风量 $q_{m,L}$：$q_{m,L}=q_m\dfrac{h_{N_x}-h_{O_x}}{h_{N_x}-h_{L_x}}=1.96\times\dfrac{42.4-33.5}{42.4-32.5}=1.74\text{kg/s}$

二次回风量：$q_{m,N,2}=q_m-q_{m,L}=0.22\text{kg/s}$；一次回风量：$q_{m,N,1}=q_{m,L}-q_{m,w}=1.24\text{kg/s}$

④ 确定一次回风混合状态点 $C_{x1}$：

混合空气的比焓可通过下式计算，

$$h_{C_{x1}}=\frac{q_{m,w}h_{w_x}+q_{m,N,1}h_{N_x}}{q_{m,L}}=\frac{0.5\times91+1.24\times42.4}{1.74}=56.4\text{kJ/kg}$$

则可在 $N_x$ 与 $W_x$ 的连线上定出第一次混合点 $C_{x1}$，连接 $C_{x1}$ 与 $L$ 成直线。

则夏季工况空气处理流程为（图 3-8）：

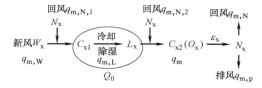

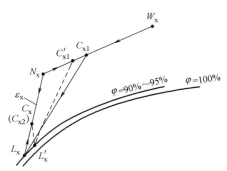

图 3-8　例题 3-3 附图

⑤ 计算空调系统冷却器所需冷量：

$$Q_0=q_{m,L}(h_{C_{x1}}-h_{L_x})=1.74\times(56.4-32.5)=41.6\text{kW}$$

（2）采用一次回风式系统（夏季工况）时，计算过程简述如下：

仍取送风温差 $\Delta t_O=7℃$，送风温度 $t_{O_x}=13℃$。送风状态 $O_x$ 在焓湿图上的位置及状态参数与二次回风式系统一致，区别在于机器露点的确定。一次回风式系统的机器露点 $L'_x$ 是 $d_{O_x}$ 等含湿量线与 $\varphi=90\%$ 的交点，$t_{L'_x}=12.3℃$，$d_{L'_x}=8.1\text{g/kg}$，$h_{L'_x}=32.9\text{kJ/kg}$。一次回风式系统的送风量仍与二次回风式系统一致，$q_m=1.96\text{kg/s}$；新风量 $q_{m,w}=$

0.50kg/s，回风量 $q_{m,N}=1.46$kg/s。

回风与新风混合后的空气焓值为：

$$h_{C'_{x1}}=\frac{q_{m,w}h_{W_x}+q_{m,N}h_{N_x}}{q_m}=\frac{0.5\times91+1.46\times42.4}{1.96}=54.7\text{kJ/kg}$$

空调系统冷却器所需冷量为：

$$Q_0=q_m(h_{C_{x1}}-h_{L'_x})=1.96\times(54.7-32.9)=42.7\text{kW}$$

空调系统再热量为：

$$Q_2=q_m(h_{O_x}-h_{L'_x})=1.96\times(33.5-32.9)=1.2\text{kW}$$

将二次回风式系统与一次回风式系统加以比较，不难看出，夏季不用再热器的同时，机组制冷量减少。

# 第三节　风机盘管系统

半集中式中央空调系统由集中在空调机房的空气处理设备处理一部分空气，再以分散在被空调房间内的末端装置对室内回风或来自集中处理设备的空气进行补充处理，以达到最终的空气处理要求。其中，以风机盘管（Fan Coil Unit，FCU）为末端装置的半集中式中央空调系统（简称风机盘管系统），已广泛应用于宾馆、公寓、办公楼、医院病房等高层建筑物和小型多室住宅建筑中。风机盘管直接设置在空调房间内，对室内回风进行处理；新风通常由新风机组集中处理后通过新风管道送入室内，系统的冷量或热量由空气和水共同承担，所以属于空气-水系统。

**一、风机盘管系统结构与特点**

1. 风机盘管的构造

风机盘管主要由风机、电动机、换热盘管、空气过滤器、室温调节装置和箱体组成。其中，风机一般有离心多叶风机和贯流式风机，叶轮直径一般在 150mm 以下，静压在 100Pa 以下；风机盘管机组的风机大多采用离心式风机。换热盘管一般采用铜管串波纹或开窗铝片制成，铜管外径 10mm，管壁厚 0.5mm，铝片厚 0.15～0.2mm，片距 2～2.3mm；在工艺上均采用胀管工序，保证铜管与肋片之间紧密接触，提高导热性能，盘管的排数有二排和三排。空气过滤器采用粗孔泡沫塑料、纤维织物或尼龙编织物制作。一般采用电容式电机的风机盘管机组配置有三挡变速开关调节风量，根据用户要求还可配置室温自动调节装置，配置直流无刷电动机的风机盘管机组通过交直流转换器连续调速。

图 3-9（a）所示为立式风机盘管结构图，图 3-9（b）所示为卧式风机盘管结构图，图 3-9（c）所示为风机盘管吊装示例图。

风机盘管的工作原理是机组内不断地循环所服务空调区域或空调房间内的空气（回风或与部分新风混合），通过供冷水或热水的换热盘管冷却或加热空气，保持空调区或空调房间的温度。机组内的空气过滤器不仅可以改善空气质量，同时也可保护盘管不被尘埃堵塞。在夏季机组还可以对空气进行除湿，维持房间内较低的湿度；盘管表面产生的冷凝水通过凝水盘收集后，通过管道排放至排污管道内。

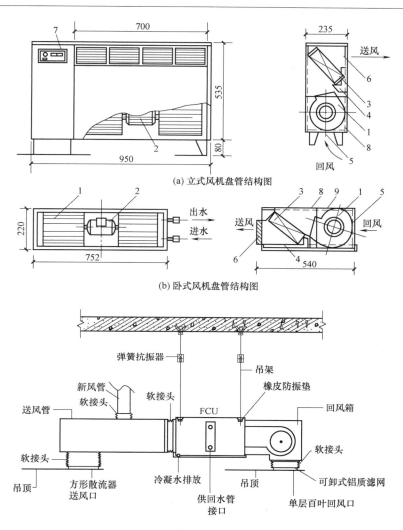

(a) 立式风机盘管结构图

(b) 卧式风机盘管结构图

(c) 风机盘管吊装示例图

图 3-9 风机盘管结构及管道安装示例图

1—风机；2—电机；3—盘管；4—凝水盘；5—循环风进口及过滤器；
6—出风格栅；7—控制器；8—吸声材料；9—箱体

风机盘管机组的分类与特点见表 3-9。

**风机盘管机组的分类及特点** 表 3-9

| 分类 | 形式 | 特 点 |
|---|---|---|
| 风机类型 | 离心式风机 | 前向多翼型,效率较高,每台机组风机单独控制 |
| | 贯流式风机 | 前向多翼型,风机效率较低(30%～50%),进、出风口易与建筑相配合,调节方法同上 |
| 结构形式 | 卧式(W) | 节省建筑面积,可与室内建筑装饰布置相协调,暗装须用吊顶与安装管道空间,明装机组吊在顶棚下,维护方便(图 3-9) |
| | 立式(L) | 明装、暗装结构紧凑,可装在窗台下,有前、上、斜出风之分;冬季送热风时,可防止玻璃窗内表面下降冷气流的发生,室内上下温度差较小,拆卸容易,检修方便(图 3-9) |

续表

| 分类 | 形式 | 特　　点 |
|---|---|---|
| 结构形式 | 柱式（LZ） | 占地面积小；安装、维修、管理方便；冬季可靠机组自然对流散热；可节省吊顶与安装管道空间，造价较贵 |
| | 卡式（K） | 安装预制化；先装机组、配管和新风管。顶棚装修完毕，安装进出风口面板即可；检修简单，打开送回风面板，即可检修；备有新风接口，确保新风量；有四面送风、双面送风与单面送风类型，供不同形式房间使用；可安装凝结水提升泵；铝合金面板可与室内装饰协调 |
| | 壁挂式（B） | 节省建筑面积，安装、维修、管理方便；凝结水管布置需与室内装饰协调 |
| 出口静压 | 低静压型 | 在额定风量下，带风口和过滤器的机组出口静压为零，不带风口和过滤器的机组出口静压为 12Pa |
| | 高静压型 | 在额定风量下出口静压不小于 30Pa 的机组 |
| 盘管配置 | 单盘管 | 机组内一个盘管，冷、热兼用 |
| | 双盘管 | 机组内有两个盘管，能同时实现供冷或供热，造价高，体积大 |
| 进水方位 | 左式（Z） | 面对机组出风口，供回水管在左侧，代号 Z |
| | 右式（Y） | 面对机组出风口，供回水管在右侧，代号 Y |

**2. 风机盘管系统的新风供给方式**

风机盘管系统的新风供给方式主要有 3 种，分别为：利用浴厕等排风形成的负压由房间的缝隙自然渗入新风、靠墙洞等引入新风、由独立的新风系统供新风。

（1）由房间的缝隙自然渗入新风：这种方式不需引入新风而另设装置与管道，故最初的投资和运行费用最省。其缺点是：因受到风向、热压的影响，新风量的大小无法控制，室内卫生条件得不到保证，室内温度场不均匀，故一般只用于空调要求不高的场合。

（2）靠墙洞等引入新风：当风机盘管靠外墙安装时，则可采用此方式。此时，应在外墙上开设新风口，用风管与风机盘管相连，将新风吸入。其空气调节过程与一次回风式系统完全相同。如在新风管上安装调节阀，还可以对新风量进行调节，以便在不同季节均能按最适宜的新风量运行。其缺点是管理麻烦，增设新风口会破坏建筑立面，增加污染和噪声，故空调要求高的场合亦不宜采用。

（3）设立独立的新风系统供新风：这种方式需要有一个集中式空调系统单独处理新风，并可让新风承担部分空调负荷。当新风承担了部分负荷后，夏季风机盘管要求的冷水温度就可以高些，水管表面的结露问题可得到改善。该方式适用于卫生要求较高的空调房间，应用较为广泛。

**3. 风机盘管空调系统的水系统**

风机盘管机组的供水系统分为双管制系统、三管制系统与四管制系统。

（1）双管制系统

如图 3-10 所示，供水系统仅有两根水管，一根为供水管，一根为回水管。在这种系统中，夏季供冷水、冬季供热水都在同一管路中进行，需要时进行冷热转换。其特点是系统简单，初投资省，但冷热转换比较麻烦，尤其在转换频繁的过渡季节更不方便。

（2）三管制系统

如图 3-11 所示，供水系统敷设 3 根水管，一根供热水，一根供冷水，另一根为回水

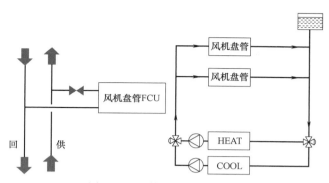

图 3-10 双管制风机盘管系统

管。在这种系统中，每个风机盘管机组在全年内都可使用冷水和热水。由温度控制器自动控制每个机组供水阀门的转换，使机组接通热水或冷水，也可有的盘管供热水，有的盘管供冷水。其缺点是系统的冷、热水共用一根回水管道，所以存在混合损失，故在工程实际中应用不多。

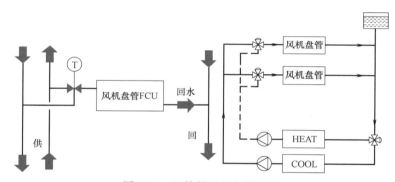

图 3-11 三管制风机盘管系统

（3）四管制系统

如图 3-12 所示，供水系统敷设 4 根水管，热水与冷水的供、回水管均分开。这种系统与三管系统一样，每个风机盘管机组在全年内都可使用冷水和热水，对空调房间的温度实现灵活调节，又可避免三管系统存在的回水管混合损失问题，是一种较为完善的供水方式。其缺点是一次性投资高，管道占用空间多，所以一般只在舒适性要求很高的建筑物中采用。在四管系统中，根据盘管的设置情况又可分为供冷、供热共用一个盘管的单一盘管系统及供冷、供热分别各用一个盘管的双盘管系统。

4. 风机盘管的特性

（1）现行国家标准《风机盘管机组》GB/T 19232—2019 中规定了风机盘管的各项性能指标，现将部分内容摘录见表 3-10。

（2）风机盘管风量一定、供水温度一定、供水量变化时，制冷量随供水量的变化而变化。根据部分产品性能统计，当供水温度为 7℃、供水量减少到 80% 时，制冷量为原来的 92% 左右，说明当供水量变化时对制冷量的影响较为缓慢。

（3）风机盘管供、回水温差一定，供水温度升高时，制冷量随之减少。据统计，供水温度升高 1℃ 时，制冷量减少 10% 左右，供水温度越高，减幅越大，除湿能力下降。

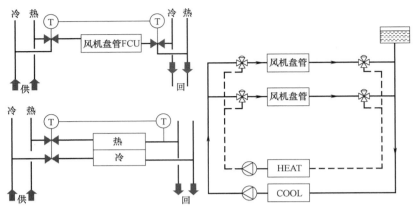

图 3-12　四管制风机盘管系统

（4）供水条件一定，风机盘管风量改变时，制冷量和空气处理焓差随之变化。

高挡转速下通用机组基本规格的风量、供冷量和供热量额定值　　　　　表 3-10

| 规格 | 额定风量（m³/h） | 额定供冷量（W） | 额定供热量（W） | | | |
|---|---|---|---|---|---|---|
| | | | 供水温度 60℃ | | 供水温度 45℃ | |
| | | | 两管制 | 四管制 | 两管制 | 四管制 |
| FP-34 | 340 | 1800 | 2700 | 1210 | 1800 | 810 |
| FP-51 | 510 | 2700 | 4050 | 1820 | 2700 | 1210 |
| FP-68 | 680 | 3600 | 5400 | 2430 | 3600 | 1620 |
| FP-85 | 850 | 4500 | 6750 | 3030 | 4500 | 2020 |
| FP-102 | 1020 | 5400 | 8100 | 3650 | 5400 | 2430 |
| FP-119 | 1190 | 6300 | 9450 | 4250 | 6300 | 2830 |
| FP-136 | 1360 | 7200 | 10800 | 4860 | 7200 | 3240 |
| FP-170 | 1700 | 9000 | 13500 | 6070 | 9000 | 4050 |
| FP-204 | 2040 | 10800 | 16200 | 7290 | 10800 | 4860 |
| FP-238 | 2380 | 12600 | 18900 | 8500 | 12600 | 5670 |
| FP-272 | 2720 | 14400 | 21600 | 9720 | 14400 | 6480 |
| FP-306 | 3060 | 16200 | 24300 | 10930 | 16200 | 7290 |
| FP-340 | 3400 | 18000 | 27000 | 12150 | 18000 | 8100 |

（5）风机盘管进、出水温差增大时，水量减少，换热盘管的传热系数随着减小。另外，传热温差也发生了变化，因此，风机盘管的制冷量随供回水温差的增大而减少。据统计，当供水温度为 7℃，供、回水温差从 5℃提高到 7℃时，制冷量可减少 17% 左右。风机盘管的供水量，供水温度，供、回水温差，风量及进风的温、湿度是相互影响的，其中某一项发生变化，都将改变风机盘管的性能。

图 3-13 所示为风机盘管系统室温控制原理图。

（6）风机盘管机组调节方式。为了适应房间的负荷变化，风机盘管的调节主要可采用风量调节和水量调节（图 3-13）这两种方法，FCU 在实际运行中，大多采用风量调节。

另外，风机盘管的进出水温度及温差对冷量的影响值得注意，当风机盘管风量不变，平均水温相同而水温差不同时，如当冷冻水进出口温度由 7℃/12℃ 变为 6℃/13℃ 时，风机盘管的制冷量减小 12%，这与空气处理箱中排深为 4~8 排的表面冷却器相比，其温差所产生的影响是不同的（排数越多，因水温差增加而引起的冷量变化越小），故风机盘管不宜采用大温差。

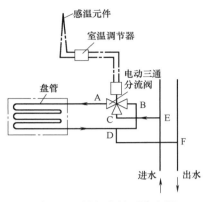

图 3-13　风机盘管系统室温
控制原理图

5. 风机盘管系统的优缺点

（1）主要优点

① 噪声较小。夜间低挡运行的风机盘管机组，室内环境噪声一般在 30~40dB（A）。因此，比较适用于旅馆的客房等场合使用。

② 单机控制灵活。风机盘管机组的风机有 3 挡风速可供调节；还可以控制水温或水量灵活地调节各房间的温度；室内无人时机组可随时关闭，运行经济节能。

③ 系统分区进行调节控制容易。按照房间朝向、使用目的、使用时间等把系统冷热负荷分割成为若干个区域，进行分区控制。

④ 机组体型小，占用建筑空间少，布置和安装也方便。

（2）主要缺点

① 因机组设在室内，易与建筑布局产生矛盾，需要建筑上的协调配合；

② 机组分散设置，当台数较多时，维修管理工作量较大；

③ 需要与单独设置的新风系统结合，在过渡季节和冬季利用室外空气降温的时间较短；

④ 由于机组风机的静压不大，因而不可使用高性能的空气过滤器，空气洁净度不高；

⑤ 供给机组的水系统管道的保温必须严格保证施工质量，防止系统运转时冷凝水滴下；

⑥ 由于有转动设备，因而不宜用于能产生引起爆炸危险的气体和粉尘的房间。

## 二、风机盘管机组空调方式

风机盘管加新风系统的空气处理过程及特点详见表 3-11。

风机盘管加新风系统的不同处理方式　　　　表 3-11

| 工况 | 空气处理过程及特点 | |
|---|---|---|
| 新风处理到室内状态的等焓线 | 工况 1：新风直入式（不考虑送风温差） | 新风机组：$W_x \xrightarrow{表冷器} L_x$ <br> 风机盘管：$N_x \xrightarrow{风盘表冷器} M_x$ ⎫ 混合 $O_x \xrightarrow{\varepsilon_x} N_x$ |
| | 工况 2：新风直入式（考虑送风温差） | $W_x \xrightarrow{表冷器} L_x \xrightarrow{温升} K_x$ <br> $N_x \xrightarrow{冷却除湿（风盘表冷器）} M_x$ ⎫ 混合 $O_x \xrightarrow{\varepsilon_x} N_x$ |
| | 工况 3：独立新风送入风机盘管 | $W_x \xrightarrow{新风机表冷器} L_x$ <br> $N_x$ ⎫ 混合 $C_x \xrightarrow{风盘表冷器} O_x \xrightarrow{\varepsilon_x} N_x$ |

| 工况 | 空气处理过程及特点 |
|---|---|
| 新风处理到室内状态的等焓线 | 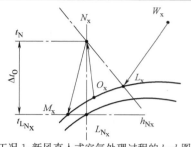<br>工况 1：新风直入式空气处理过程的 $h$-$d$ 图（不考虑温升）<br><br>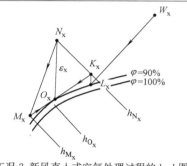<br>工况 2：新风直入式空气处理过程的 $h$-$d$ 图（考虑温升）<br><br>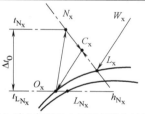<br>工况 3：独立新风送入风机盘管空气处理过程的 $h$-$d$ 图 | 总送风量：$q_m = \sum Q / (h_{N_x} - h_{O_x})$<br><br>风机盘管处理风量：$q_{m,F} = q_m - q_{m,W}$<br><br>混合反比例原则：$\dfrac{q_{m,W}}{q_{m,F}} = \dfrac{h_{O_x} - h_{M_x}}{h_{L_x} - h_{O_x}}$<br><br>回风处理终状态：$h_{M_x} = h_{O_x} - \dfrac{q_{m,W}}{q_{m,F}}(h_{L_x} - h_{O_x}) = h_{N_x} - \dfrac{\sum Q}{q_{m,F}}$<br><br>风机盘管容量：$Q_{0,F} = q_{m,F}(h_{N_x} - h_{M_x}) = \sum Q$<br><br>风机盘管显热容量：$Q_{0,FS} = q_{m,F} \cdot C(t_{N_x} - t_{M_x})$<br><br>新风机组容量：$Q_{0,W} = q_{m,W}(h_{W_x} - h_{L_x})$<br><br>风机盘管机组承担了全部室内冷负荷<br><br>新风直入式空气处理过程的 $h$-$d$ 图（考虑温升）：<br>新风机组容量：<br>$Q_{0,W} = q_{m,W} \cdot (h_{W_x} - h_{L_x})$<br>风机盘管容量：<br>$Q_{0,F} = q_{m,F} \cdot (h_{N_x} - h_{M_x})$<br><br>新风机组容量：$Q_{0,W} = q_{m,W} \cdot (h_{W_x} - h_{L_x})$<br>风机盘管容量：$Q_{0,F} = q_m \cdot (h_{C_x} - h_{O_x})$<br>　　　　　　$= q_m \cdot (h_{N_x} - h_{O_x})$<br>　　　　　　$= \sum Q$<br>FCU 机组依然承担了全部室内冷负荷 |

说明：

(1)新风处理到室内状态的等焓线 $h_{L_x} = h_{N_x}$。

(2)新风不承担室内冷负荷。

(3)该方式易于实现，但风机盘管机组为湿工况，有水患之虞。

(4)对风机盘管机组提供的冷冻水温约 $7\sim9℃$；在一些可行的状况下，可用风机盘管机组的出水作为新风机组的进水；对新风机组提供的冷冻水温约 $12.5\sim14.5℃$。

(5)送风温差 $\Delta t_O$ 范围确定：

①若 $\Delta t_O = t_{N_x} - t_{L_{N_x}} \leqslant 10℃$，可取 $t_{M_x} = t_{L_{N_x}}$；

②若 $\Delta t_O = t_{N_x} - t_{L_{N_x}} > 10℃$，可取 $t_{M_x} = (t_{N_x} - 10)℃$，即 $\Delta t_{O,max} = 10℃$；

③保证最大送风温差的同时，应防止结露。

(6)处理后的新风有以下两种供应方式：

①新风直入式：新风与风机盘管的送风并联送出，可以混合后再送出，也可以各自单独送入室内，这种系统从安装方面稍微复杂一些，但卫生条件好，应优先采用这种方式。

②独立新风送入风机盘管：新风直接送到风机盘管吸入端，与房间的回风混合后，再被风机盘管冷却或加热后送入室内。这种方式的优点是比较简单；缺点是一旦风机盘管停机后，新风将从回风口吹出，回风口一般都有过滤器，此时过滤器上灰尘将被吹入房间。如果新风已经冷却到低于室内温度，导致风机盘管进风温度降低，从而降低了风机盘管的出力。因此，一般不推荐采用这种送风方式

续表

| 工况 | 空气处理过程及特点 |
|---|---|

新风处理到室内状态的等含湿量线

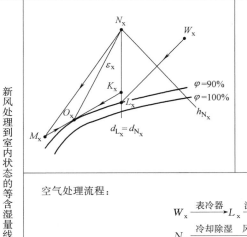

总风量：$q_m = \sum Q / (h_{N_x} - h_{O_x})$

回风量：$q_F = q_m - q_{m,w}$

风量比：$\dfrac{q_{m,w}}{q_F} = \dfrac{h_{O_x} - h_{M_x}}{h_{L_x} - h_{O_x}}$

风机盘管终状态点：$h_{M_x} = h_{O_x} - \dfrac{q_{m,w}}{q_F}(h_{L_x} - h_{O_x})$

风机盘管所需冷量：$Q_{0,F} = \sum Q - q_{m,w}(h_{N_x} - h_{L_x})$

新风机组所需冷量：$Q_{0,W} = q_{m,w}(h_{W_x} - h_{L_x})$

空气处理流程：

$$W_x \xrightarrow{\text{表冷器}} L_x \xrightarrow{\text{温升}} K_x$$
$$N_x \xrightarrow[\text{冷却除湿}]{} \text{风盘表冷器} \longrightarrow M_x$$
$$\left.\right\} \xrightarrow{\text{混合}} O_x \xrightarrow{\varepsilon_x} N_x$$

（1）新风处理到室内状态的等含湿量（$d_{L_x} = d_{N_x}$）；

（2）风机盘管机组仅承担一部分室内冷负荷，新风机组不仅负担新风冷负荷，还负担部分室内冷负荷，为 $q_{m,w}(h_{N_x} - h_{L_x})$；

（3）对新风机组提供的冷冻水温约 7～9℃

新风处理后含湿量小于室内状态

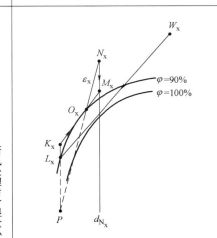

总风量：$q_m = \sum Q / (h_{N_x} - h_{O_x})$

回风量：$q_F = q_m - q_{m,w}$

风量比：$\dfrac{q_{m,w}}{q_F} = \dfrac{h_{M_x} - h_{O_x}}{h_{L_x} - h_{O_x}}$

风机盘管终状态点：$h_{M_x} = h_{O_x} + \dfrac{q_{m,w}}{q_F}(h_{L_x} - h_{O_x}) = h_{N_x} - \dfrac{\sum Q}{q_F}$

机器露点：$h_{L_x} = h_{O_x} - \dfrac{q_F}{q_{m,w}}(h_{M_x} - h_{O_x})$

$d_{L_x} = d_{N_x} - \dfrac{\sum W}{q_{m,w}}$

风机盘管所需冷量：$Q_{0,F} = q_F(h_{N_x} - h_{M_x})$

风机盘管所需显冷量：$Q_{0,FS} = q_F \cdot C(t_{N_x} - t_{M_x})$

空气处理流程：

$$W_x \xrightarrow{\text{表冷器}} L_x \xrightarrow{\text{温升}} K_x$$
$$N_x \xrightarrow{\text{风机盘管机组表冷器}} M_x$$
$$\left.\right\} \xrightarrow{\text{混合}} O_x \xrightarrow{\varepsilon_x} N_x$$

（1）新风处理到 $d_{L_x} < d_{N_x}$；

（2）新风机组不仅负担新风冷负荷，还负担部分室内显热冷负荷和全部潜热冷负荷；

（3）风机盘管机组仅负担一部分室内显热冷负荷（人、照明、日射），可实现等湿冷却，可改善室内卫生和防止水患；

（4）新风机组处理焓差大，水温要求 5℃ 以下，要采用特制的新风机组（排数多，面风速小）

续表

| 工况 | 空气处理过程及特点 |
|---|---|
| 冬季工况 | 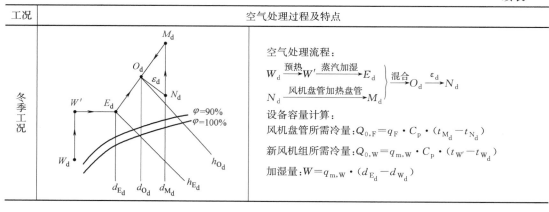 空气处理流程：<br>$W_d \xrightarrow{预热} W' \xrightarrow{蒸汽加湿} E_d$ 、 $N_d \xrightarrow{风机盘管加热盘管} M_d$ 混合 $\}O_d \xrightarrow{\varepsilon_d} N_d$<br>设备容量计算：<br>风机盘管所需冷量：$Q_{0,F} = q_F \cdot C_p \cdot (t_{M_d} - t_{N_d})$<br>新风机组所需冷量：$Q_{0,W} = q_{m,W} \cdot C_p \cdot (t_{W'} - t_{W_d})$<br>加湿量：$W = q_{m,W} \cdot (d_{E_d} - d_{W_d})$ |

### 三、风机盘管系统计算示例

**【例 3-4】**　某旅馆房间采用风机盘管及单独送新风空调系统，新风量 $100\mathrm{m^3/h}$，由室外状态 $t_W = 36℃$、$\varphi_W = 45.9\%$，处理至 $t_L = 19.1℃$、$\varphi_L = 90\%$ 后送入房间。客房要求 $t_N = 25℃$、$\varphi_N = 50\%$，房间冷负荷 $Q = 1395.6\mathrm{W}$，湿负荷 $W = 220\mathrm{g/h}$，送风温差 $\Delta t_O = 10℃$。试设计空气调节过程线，并计算风机盘管表冷器负荷。

**【解】**（1）计算热湿比 $\varepsilon$ 和确定送风状态点 $O$：

$$\varepsilon = \frac{Q}{W} = \frac{1.3956}{220} \times 3600 = 22837\mathrm{kJ/kg}$$

在相应大气压力的 $h\text{-}d$ 图上，由 $t_W = 36℃$、$\varphi_W = 45.9\%$ 与 $t_N = 25℃$、$\varphi_N = 50\%$ 分别在 $h\text{-}d$ 图上画出点 $W$、$N$，过 $N$ 点作 $\varepsilon$ 线，根据送风温差 $\Delta t_O = 10℃$ 得出送风状态点温度为 $15℃$，则 $15℃$ 等温线与 $\varepsilon$ 线交点即为送风状态点 $O$（图 3-14）。

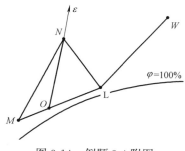

图 3-14　例题 3-4 附图

再由 $t_L = 19.1℃$、$\varphi_L = 90\%$ 确定 $L$ 点并查得：$h_N = 50.5\mathrm{kJ/kg}$、$h_O = 38.2\mathrm{kJ/kg}$、$h_L = 50.7\mathrm{kJ/kg}$。

（2）计算房间总送风量：

$$q_m = \frac{Q}{h_N - h_O} = \frac{1.3956}{50.5 - 38.2} = 0.113\mathrm{kg/s}$$

（3）计算风机盘管处理风量：

新风量为 $q_{m,w} = 100\mathrm{m^3/h} = 0.033\mathrm{kg/s}$；则风机盘管处理风量为 $q_{m,F} = q_m - q_{m,w} = 0.080\mathrm{kg/s}$。

（4）确定 $M$ 点并计算风机盘管表冷器负荷：

由混合方程 $q_m h_O = q_{m,F} h_M + q_{m,w} h_L$ 得

$$h_M = \frac{q_m h_O - q_{m,w} h_L}{q_{m,F}} = \frac{0.113 \times 38.2 - 0.033 \times 50.7}{0.08} = 33.0\mathrm{kJ/kg}$$

由 $h_M$ 等值线与 $L$、$N$ 连线的交点即可确定风机盘管处理空气的终状态点 $M$。

（5）风机盘管表冷器负荷：

$$Q_{0,F} = q_{m,F}(h_N - h_M) = 0.080 \times (50.5 - 33.0) = 1.4\mathrm{kW}$$

### 四、风机盘管机组的选型

在设计风机盘管系统时，首先应根据使用要求及建筑情况，选定风机盘管的形式及系

统布置方式。然后确定新风供给方式和水管系统类型。风机盘管应根据其要求处理的冷量和对所确定的空气处理过程计算得到的风量，在相应的产品样本中选择相应型号。但在选择时应注意实际运行工况与样本给定工况的差异，并应进行相应修正。风机盘管在标准工况下运行时，空气处理终点取决于空气处理焓差。风机盘管的制冷量与房间湿负荷有关，一般热湿比越大，制冷量越小。由于风机盘管的性能是按统一标准设计和标定的，当用于使用条件不同的房间时，风机盘管的选型应进行换算和修正。

（1）焓差修正法

采用风机盘管实际运行焓差与标准工况焓差的比值 $m$ 进行修正，计算风机盘管的实际制冷量，再根据实际制冷量选择风机盘管。

$$Q' = Q_H \left( \frac{\Delta h_m}{\Delta h_H} \right) = m Q_H \tag{3-1}$$

式中：$Q'$——风机盘管实际制冷量，W；

$Q_H$——风机盘管标准状况下额定制冷量，W；

$\Delta h_m$——风机盘管实际空气处理焓差，kJ/kg；

$\Delta h_H$——风机盘管标准状况下空气处理焓差，kJ/kg；

$m$——修正系数。

（2）风量选型法

根据空调冷负荷和风机盘管实际空气处理焓差计算出空调风量，再根据风量选择风机盘管。

$$q_m = \frac{Q}{\Delta h_m} \tag{3-2}$$

式中：$q_m$——空调风量，g/s。

另外，当空调供水温度，供、回水温差，供水量，进风温度与标准工况不同时，应根据生产厂家资料再实行修正。表 3-12 所示为 YGFC 系列风机盘管技术参数表。

YGFC 系列风机盘管技术参数表　　　　表 3-12

| 型号 | | 风量（m³/h） | | | 供冷能力（kW） | | 供暖能力（kW） | 水流量（L/s） | | 水压（kPa） | |
|---|---|---|---|---|---|---|---|---|---|---|---|
| | | 高 | 中 | 低 | 全热量 | 显热量 | | 供冷 | 供热 | 供冷 | 供热 |
| 二管制<br>标准型 12Pa、<br>高静压型 30Pa | 02-2S(H) | 360 | 270 | 180 | 1.96 | 1.45 | 3.05 | 0.095 | 0.095 | 6.4 | 6.4 |
| | 03-2S(H) | 590 | 450 | 300 | 2.71 | 2.05 | 4.16 | 0.129 | 0.129 | 14.5 | 14.5 |
| | 04-2S(H) | 760 | 560 | 370 | 3.60 | 2.76 | 6.29 | 0.170 | 0.170 | 23.8 | 23.8 |
| | 05-2S(H) | 890 | 670 | 450 | 4.32 | 3.29 | 7.38 | 0.209 | 0.209 | 13.2 | 13.2 |
| | 06-2S(H) | 1090 | 780 | 520 | 4.97 | 3.87 | 8.24 | 0.244 | 0.244 | 18.4 | 18.4 |
| | 07-2S(H) | 1320 | 980 | 640 | 6.13 | 4.76 | 10.56 | 0.289 | 0.289 | 31.8 | 31.8 |
| | 08-2S(H) | 1430 | 1080 | 690 | 7.16 | 5.46 | 12.15 | 0.339 | 0.339 | 21.5 | 21.5 |
| | 10-2S(H) | 1780 | 1290 | 850 | 8.18 | 6.54 | 14.43 | 0.377 | 0.377 | 25.9 | 25.9 |
| | 12-2S(H) | 2200 | 1590 | 1070 | 9.88 | 7.74 | 17.94 | 0.462 | 0.462 | 42.4 | 42.4 |
| | 14-2S(H) | 2520 | 1820 | 1220 | 12.56 | 9.77 | 22.65 | 0.573 | 0.573 | 65.5 | 65.5 |

续表

| 型号 | 风量(m³/h) | | | 供冷能力(kW) | | 供暖能力(kW) | 水流量(L/s) | | 水压(kPa) | |
|---|---|---|---|---|---|---|---|---|---|---|
| | 高 | 中 | 低 | 全热量 | 显热量 | | 供冷 | 供热 | 供冷 | 供热 |
| 02-3S(H) | 350 | 270 | 180 | 2.56 | 1.66 | 3.98 | 0.124 | 0.124 | 16.3 | 16.3 |
| 03-3S(H) | 540 | 410 | 280 | 3.65 | 2.45 | 5.62 | 0.181 | 0.181 | 37.2 | 37.2 |
| 04-3S(H) | 710 | 520 | 340 | 4.45 | 3.09 | 7.78 | 0.221 | 0.221 | 18.1 | 18.1 |
| 05-3S(H) | 880 | 650 | 440 | 5.19 | 3.66 | 8.87 | 0.254 | 0.254 | 25.1 | 25.1 |
| 06-3S(H) | 1050 | 770 | 510 | 6.53 | 4.57 | 10.82 | 0.326 | 0.326 | 42.6 | 42.6 |
| 07-3S(H) | 1240 | 940 | 610 | 7.40 | 5.34 | 12.74 | 0.365 | 0.365 | 31.8 | 31.8 |
| 08-3S(H) | 1380 | 1020 | 680 | 8.51 | 5.99 | 14.43 | 0.419 | 0.419 | 43.0 | 43.0 |
| 10-3S(H) | 1720 | 1270 | 830 | 9.86 | 7.23 | 17.40 | 0.482 | 0.482 | 20.7 | 20.7 |
| 12-3S(H) | 2040 | 1520 | 1000 | 11.22 | 8.20 | 19.97 | 0.550 | 0.550 | 30.9 | 30.9 |
| 14-3S(H) | 2370 | 1730 | 1180 | 13.35 | 9.82 | 24.09 | 0.649 | 0.649 | 41.6 | 41.6 |

型号栏左侧：三管制 标准型 12Pa、高静压型 30Pa

### 五、设计要点及示例

风机盘管加新风系统设计应符合下列要求：

（1）空调区较多、各空调区要求单独调节，且建筑层高较低的建筑物，宜采用风机盘管加新风系统。

（2）当空调区空气质量和温湿度波动范围要求严格，或空气中含有较多油烟时，不宜采用风机盘管。

（3）处理后的新风宜直接送入人员活动区域。如新风与风机盘管吸入口相接，或只送到风机盘管的回风吊顶处，将减少室内的通风量，当风机盘管风机停止运行时，新风有可能从带有过滤器的回风口吹出，不利于室内卫生；新风和风机盘管的送风混合后再送入室内的情况，送风和新风的压力难以平衡，有可能影响新风量的送入。因此推荐新风直接送入人员活动区域。图 3-15 所示为典型的客房风机盘管布置图。

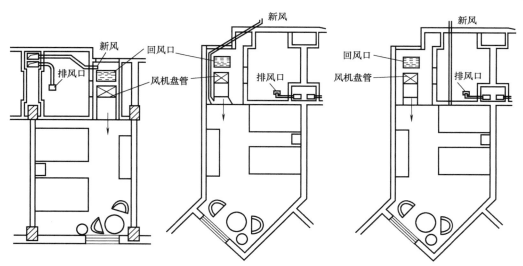

(a) 新风口在风机盘管后部　　(b) 新风口与风机盘管送风口平行送出(同一风口)　　(c) 新风口与风机盘管送风口平行送出(两个风口)

图 3-15　典型的客房风机盘管布置图

（4）室内散湿量较大的空调区，新风宜处理到室内等湿状态点。

（5）卫生标准较高的空调区，处理后的新风宜负担全部室内湿负荷。风机盘管加新风系统强调新风的处理，当卫生标准较高的空调区（如医院）采用新风负担全部室内湿负荷时，风机盘管干工况运行，改善室内卫生条件。根据经验，风机盘管机组的容量确定宜按中挡转速下的冷却（加热）量选用。

（6）风机盘管应设温控器。温控器可通过控制电动水阀或控制风机三速开关实现对室温的控制；当风机盘管冬季、夏季分别供热水和冷水时，温控器应设冷热转换开关。

# 第四节　变风量（VAV）空调系统

## 一、VAV系统特点及应用条件

1. VAV系统工作原理及结构

空调系统夏季向室内送冷风时，送入室内的显冷量应按照公式（3-3）确定：

$$Q = L \cdot C \cdot \rho \cdot (t_N - t_s) \tag{3-3}$$

式中：$Q$——吸收室内的显热量，kW；

　　　$L$——送风量，$m^3/s$；

　　　$\rho$——空气密度，$kg/m^3$；

　　　$C$——空气的比热容，$kJ/(kg \cdot ℃)$；

　　　$t_N$——室内设计温度，℃；

　　　$t_s$——空调系统送风温度，℃；加热效果计算时，公式（3-3）的计算温差为$t_s$-$t_N$。

根据公式（3-3）可以进一步对比定风量系统和VAV系统的区别。公式（3-3）表明：在送风量$L$不变的情况下，可通过改变送风温度$t_s$以适应室内负荷的变化，维持设定的室温，这种方法是一般意义上的定风量系统。定风量空调系统的区域或房间送风温度的调整变化要开启房间再热器来补偿。

如果把送风温度$t_s$设为常数，改变送风量$L$，也可以得到不同的$Q$值，来维持室温不变。这种通过改变送风量以适应不同的室内负荷、维持室温恒定的空调系统称为变风量空调系统（Variable Air Volume System，VAV）。VAV系统也是全空气空调系统的一种形式，通常由空气处理设备、送回风系统、末端装置（变风量箱）及送风口和自动控制仪表等组成。VAV系统区域或房间送风量的调整变化通过专用的变风量末端设备来实现。变风量系统可避免冷热抵消造成的双重能量消耗，通过设置合理的风量控制系统控制系统风量的变化，又可实现风机运行的节能；在系统设备的选择上可以考虑同时使用系数，从而降低空气处理机组的容量。

按系统所服务空调区的数量多少可分为服务于单个区域VAV系统和服务于多个空调区的带末端装置的VAV系统。前者可根据空调区负荷的变化，改变空气处理设备的风机转速来改变空调区的风量，以达到维持空调区设计参数和节能。后者的末端装置可以随着空调房间负荷的变化而改变送风量的大小，送风参数保持不变，从而满足室内参数的要求。

当采用变风量集中式空气调节系统时，由于系统本身具有适应各空气调节区冷负荷变化的调节能力，此时即应采用各空气调节区逐时冷负荷的综合最大值。

**2. VAV 系统应用条件**

在经济、技术条件允许时，下列空气调节系统宜采用变风量全空气空气调节系统：

（1）同一个空气调节风系统中，各空调区的冷、热负荷变化大、低负荷运行时间长，且需要分别控制各空调区温度。常年需送冷的内区，由于没有多变的建筑围护结构负荷，以相对恒定的送风温度，靠送风量的变化，基本上可满足其负荷变化；而空气调节外区房间较复杂，一些季节为满足各房间和各区域的不同要求，常送入较低温度的一次风，需要供热的空调区靠末端装置上的再热盘管加热，当送入的冷空气靠制冷机冷却时，再热盘管将形成冷热抵消，因此强调需全年送冷的内区更适宜 VAV 系统。

（2）建筑内区全年需要送冷风。

（3）卫生等标准要求较高的舒适性空调系统。

**3. VAV 系统的优势**

表 3-13 对比分析了全空气定风量系统、全空气 VAV 系统与风机盘管系统的优缺点及适用范围。

常用集中冷（热）源舒适性空调系统的比较　　　　　　　　表 3-13

| 项目 | 全空气系统 | | 空气-水系统 |
| --- | --- | --- | --- |
| | VAV 系统 | 定风量空调系统 | 风机盘管＋新风系统 |
| 优点 | 1. 区域温度可控制,空气过滤等级高,空气品质好;<br>2. 部分负荷时,采用适当的变风量末端设备,用改变区域或房间送风量的方法补偿负荷变化,比如风机可实现变频调速节能运行,避免了因再加热造成的冷热抵消,节省了能耗;<br>3. 可变新风量,利用低温新风冷却功能;可采用多种送风方式,保持良好的风速与温度的综合效果,有与定风量系统相同的舒适度,不会产生"吹风"感 | 1. 空气过滤等级高,空气品质好;<br>2. 可变新风比,利用低温新风冷却节能;<br>3. 初投资小 | 1. 区域温度可控;<br>2. 空气循环半径小,输送能耗低;<br>3. 初投资小;<br>4. 安装所需空间小 |
| 缺点 | 1. 初投资大;<br>2. 设计、施工和管理较为复杂;<br>3. 调节末端风量时对新风量分配有影响;<br>4. 室内相对湿度的控制质量不如定风量再热系统精确;<br>5. 房间或空调分区增设变风量末端设备,设备投资有所提高,但从节能收益中可很快回收 | 1. 系统内各区域温度一般不可单独控制;<br>2. 部分负荷时风机不可实现变频调速节能;<br>3. 达到高舒适性要求,需要再热,能耗高 | 1. 空气过滤等级低,空气品质差;<br>2. 新风量一般不变,难以利用低温新风冷却节能;<br>3. 室内风机盘管有滋生细菌、霉菌的可能性;<br>4. 空调区域吊顶内有发生"水患"的可能性,使用区域造成的损失大 |
| 适用范围 | 1. 系统的灵活性很高,易于改、扩建,特别适用于空调区域用途多变的建筑物,当室内参数改变或重新隔断时,无需重大变动,甚至只需重调室内恒温器的设定值即可;<br>2. 空气品质要求高;<br>3. 高等级办公、商业场所;<br>4. 大、中、小型空间 | 1. 区域温控要求不高;<br>2. 空气品质要求高;<br>3. 大厅、商场、餐厅等场所;<br>4. 大、中型空间 | 1. 室内空气品质要求不高;<br>2. 有区域温控要求;<br>3. 普通等级办公、商业场所;<br>4. 中、小型空间 |

### 二、变风量 VAV 末端装置

VAV 系统组成除了增加系统风量控制设备和以变风量末端设备替代室内再热器外，与定风量系统各功能段的组成是相同的。VAV 系统的特性和舒适程度在很大程度上取决于末端设备的特性。根据末端装置形式不同，可分为风机动力型、节流型和旁通型等。

1. 风机动力型 VAV 末端装置

如图 3-16 所示，风机动力型 VAV 末端装置（Fan Powered Unit/Box，FPU 或 FPB）是在其箱体内部设置了一台离心式增压风机。根据增压风机与一次风风阀的排列位置的不同，可以分为并联式和串联式。串联型 FPU［图 3-16（a）］是指在该变风箱内一次风既通过一次风风阀，又通过增压风机。串联型 FPU 一般用于一次送风低温送风空调系统或冰蓄冷空调系统中，将较低温度的一次风与顶棚内回风混合成所需温度的空气送到空调房间内。串联型 FPU 始终以恒定风量运行，因此该变风量箱还可以用于需要一定换气次数的场所，如民用建筑中的大堂、休息室、会议室、商场及高大空间等场所。此类末端装置也可以增设热水或电加热器，用于外区冬季供热和区域过冷再热。

并联型 FPU（图 3-16（b））是指增压风机与一次风风阀并排设置，经过集中式空气处理机组处理后的一次风只通过一次风风阀而不通过增压风机。即系统运行时，由变风量空调箱送出的一次风，经过末端装置内置的一次风风阀调节后，直接送入空调区域。大风量供冷时，末端风机不运行，风机出口的止回阀关闭。由于并联型 FPU 仅在为了保持最小循环风量或加热时运行，风机能耗小于串联型 FPU。并联型 FPU 的增压风机是根据空调房间所需最小循环空气量或按并联型 FPU 末端装置设计风量的 50%～80% 选型。

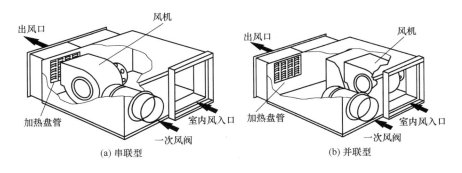

图 3-16　风机动力型 VAV 末端装置

并联型 FPU 常设有热水或电加热器，用于外区冬季供热和区域过冷再热；供热时一次风保持最小风量。在最小风量供冷或供热时，启动末端风机吸入二次回风，与一次风混合后送入空调区域。和串联式一样，二次回风加大了送风量，保证了供热和室内气流组织的需要。对于区域过冷现象，二次回风可以利用吊顶内部照明产生的热量抵消一次风的部分供冷量，以减小区域过冷再热量。

图 3-17 所示为办公楼常见风机动力型末端 VAV 空调系统模式图。送入空调房间的空气是由经过集中式空气处理机组处理后的一次风和风机动力型 VAV 末端装置的回风口从顶棚内吸入的空气混合而成。输送到每个 FPU 处的一次送风量不但要负担空调区冷负荷，而且要确保空调区域内气流组织良好和满足卫生要求。对于并联型 FPU 末端装置，

一次风最大送风量可以作为 FPU 的设计风量；而一次风最小送风量则需满足空调房间所需新风量的要求。一次风最小送风量与增压风机风量之和须满足冬季空调区域内送热风时的风量要求。并联型 FPU 的最小新风量加上增压风风量一般不大于装置设计风量。而对于串联型 FPU 来说，在非低温送风系统中，一次送风量即为串联型 FPU 末端装置设计风量；在低温送风系统中，串联型 FPU 末端装置设计风量应大于一次风送风量。

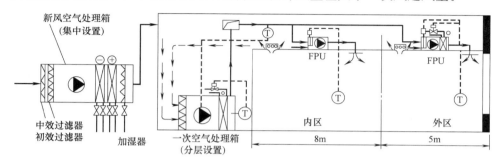

图 3-17　办公楼常见风机动力型末端 VAV 空调系统模式图

### 2. 节流型 VAV 末端装置

常用的节流型 VAV 末端装置的基本构成比较简单，它主要由箱体、控制器、风速传感器、室温控制器、电动风阀等组成［图 3-18（a）］。其工作原理是：当负荷减少而室温下降时，通过室温传感器调节出风口的风量，以维持室内温度。在 VAV 末端机组调节的同时，还应对系统风机进行调节，使总风量适应变风量末端机组调节所要求的风量，且使管道内的静压维持在一定水平。风机风量调节的方法有多种——变风机转速、变风机入口导叶角度、风机出口风门调节、风机旁通风量调节等。前两种调节方法的节能效果好，尤其是变风机转速的方法。因此 VAV 系统宜采用这两种风量调节方法。

### 3. 旁通型 VAV 末端装置

旁通型 VAV 末端装置［图 3-18（b）］工作原理是将部分送风旁通到回风顶棚或回风道中，从而减少室内送风量。这样会有部分经热、湿处理过的空气随排风被排到室外，浪费了冷、热量。因此，这种旁通型变风量末端机组所组成的系统总风量是不变的，这样的系统不是具有节能特点的真正意义上的 VAV 系统，这里不再详细介绍。

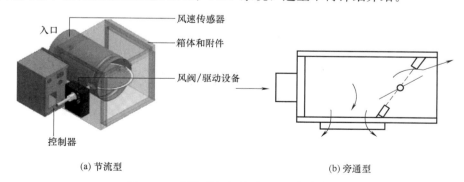

图 3-18　节流型和旁通型 VAV 末端装置

表 3-14 中总结了常用 VAV 系统末端装置的适用范围。

**常用 VAV 系统末端装置的适用范围**　　　　　　　　　　　　　　　　表 3-14

| 常用类型 | | 适用范围 |
|---|---|---|
| 单风道型 | 单冷型 | 一般用于负荷相对稳定的空调区域。需全年供冷的空调内区一般宜采用单冷型，对冬季加热量较小的外区一般宜采用再热型 |
| | 再热型 | |
| 并联式风机动力型 | 单冷型 | 负荷变化范围较大且需全年供冷的空调内区可以采用单冷型，对冬季加热量较大的外区一般采用再热型 |
| | 再热型 | |
| 串联式风机动力型 | 单冷型 | 适用于下列情况：室内气流组织要求较高，要求送风量恒定；低负荷时气流组织不能满足设计要求（例如高大空间）；采用低温送风或一次风温度较低，送风散流器的扩散性能与混合性能不能满足设计要求 |
| | 再热型 | |
| 双风道型 | | 采用独立送新风，一次风变风量、新风定风量送风，共用末端装置的系统 |

### 三、VAV 系统的自动控制原理

变风量末端装置补偿室内负荷变动，调节房间送风量以维持室温要求，具有如下功能：

（1）接收室内温度控制器或大楼自动控制系统的指令，根据室温高低自动调节送风量。

（2）具有"上限"和"下限"控制，即当送风量达到设定的最大值时，风量不再增加；送风量达到设定的最小值时，不再进一步减小，以维持室内最小的换气量要求。

（3）通过和各种空气分布器的结合，实现良好的空气分布功能，同时与送风口集成一体化的变风量末端设备，自身具有良好的空气分布特性。

图 3-19 所示为具有节流型变风箱的单风道 VAV 系统模式图。其自动控制原理是：

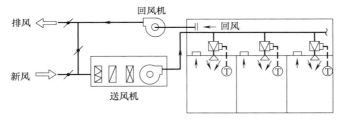

(a) 单风管VAV系统的原理(设送、回风机)

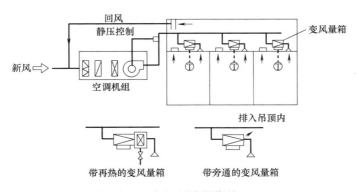

(b) 单风管VAV系统的原理(仅设送风机)

图 3-19　单风管 VAV 系统原理图

变风量控制器和房间温控器一起构成室内串级控制，采用室内温度为主控制量，空气流量为辅助控制量。变风量控制器按房间温度传感器检测到的实际温度，与设定温度比较差值，以此输出所需风量的调整信号，调节变风量末端的风阀，改变送风量，使室内温度保持在设定范围。同时，风道压力传感器检测风道内的压力变化，采用 PI 或者 PID 调节，通过变频器控制变风量空调机送风机的转速，消除压力波动的影响，维持送风量。

**四、VAV 系统空气处理 *h-d* 图**

图 3-20 所示为节流型 VAV 系统模式图及焓湿图。

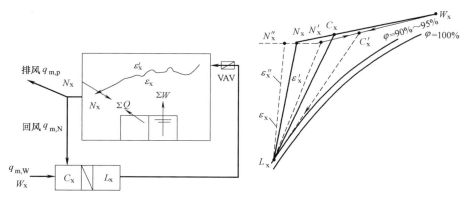

图 3-20　节流型 VAV 系统模式图及焓湿图

满负荷运行时：

$$\frac{W_x}{N_x} \mathrel{\rangle} \xrightarrow{\text{混合}} C_x \xrightarrow{\text{一次风处理}} L_x \xrightarrow{\varepsilon_x} N_x$$

部分负荷运行时：

$$\frac{W_x}{N_x'} \mathrel{\rangle} \xrightarrow{\text{混合}} C_x' \xrightarrow{\text{一次风处理}} L_x \xrightarrow{\varepsilon_x'} N_x'$$

超负荷运行时：

$$\frac{W_x}{N_x''} \mathrel{\rangle} \xrightarrow{\text{混合}} C_x'' \xrightarrow{\text{一次风处理}} L_x \xrightarrow{\varepsilon_x''} N_x''$$

图 3-21 所示为具有风机动力性变风量箱的一次风 VAV 系统模式图及焓湿图。系统由定风量的新风机组（通常是集中布置的）、可变风量的一次风机组（一般是分层设置的），以及按照高层建筑内区和外区不同要求分别设置的送风机动力型变风量箱（FPB）和送风口等组成。新风与来自空调房间的回风在一次风机组内混合，成为一次风。经过过滤和进一步冷却除湿处理后，由变频送风机送到风机动力型变风箱内。由于内区要求全年供冷、外区冬季供暖、夏季供冷。外区空调房间使用的风机动力型变风量箱是带热水再热盘管的，仅供冬季使用。

夏季空气处理流程（考虑温升作用时）如下：

$$\frac{W_x \xrightarrow{\text{新风处理}} R_x}{N_x \xrightarrow{\text{顶回风温升}} M_x} \mathrel{\rangle} \xrightarrow{\text{混合}} C_x \xrightarrow{\text{管道温升}} D_x \xrightarrow{\text{一次风处理}} L_x \xrightarrow{\text{管道温升}} \frac{K_x}{M_x} \mathrel{\rangle} \xrightarrow{\text{FPB内混合}} O_x \xrightarrow{\varepsilon_x} N_x$$

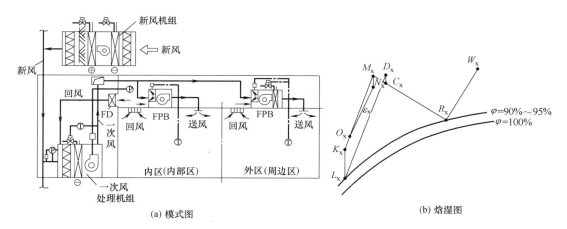

(a) 模式图 (b) 焓湿图

图 3-21　风机动力性变风量箱的一次风 VAV 系统模式图及焓湿图

图 3-22 与图 3-23 所示为具有变风量风机箱的一次回风 VAV 系统和二次回风 VAV 系统原理图。

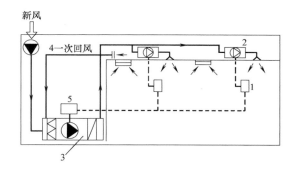

图 3-22　一次回风 VAV 系统原理图

1—室内温控器；2—变风量风机箱；3—空调机组；4—新风机组；5—智能变频控制器

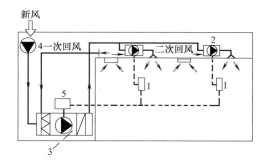

图 3-23　二次回风 VAV 系统原理图

1—室内温控器；2—变风量风机箱；3—空调机组；4—新风机组；5—智能变频控制器

【例 3-5】　VAV 系统计算示例

现有一空调系统向 A、B 两个房间送风。室内空气计算参数 $t_N = 25℃$、$\varphi_N = 65\%$；

105

室外空气计算参数 $t_W=35℃$、$h_W=84.8kJ/kg$；某一时刻两个房间的冷负荷最大值分别为 8300W 与 20300W，其湿负荷均为 1.4g/s，最小新风比为 25%。如采用 VAV 系统，计算系统所需风量、冷量。

【解】（1）计算总热湿比

$$\varepsilon_A=\frac{\sum Q_A}{\sum W_A}=\frac{8.3}{0.0014}=5928kJ/kg$$

$$\varepsilon_B=\frac{\sum Q_B}{\sum W_B}=\frac{20.3}{0.0014}=14500kJ/kg$$

则

$$\bar\varepsilon=\frac{\sum Q}{\sum W}=\frac{(8.3+20.3)}{0.0028}=10214kJ/kg$$

（2）在 $h$-$d$ 图上（图 3-24），根据 $t_N=25℃$ 及 $\varphi_N=65\%$ 确定 N 点，过 N 点作 $\bar\varepsilon$ 方向线，与 $\varphi=90\%$ 的交点得到机器露点 L，$t_L=18.5℃$、$h_L=49kJ/kg$。

（3）采用露点送风工况，过送风状态点 L 分别作 $\varepsilon_A=5928$、$\varepsilon_B=14500$ 的热湿比线与 $t_N=25℃$ 等温线交于 $N_A$、$N_B$ 两点。此时，$\varphi_A=70\%$，$h_A=60.2kJ/kg$，$\varphi_B=63\%$、$h_B=57kJ/kg$。这说明由于采用 VAV 系统，室内参数不能同时满足要求。

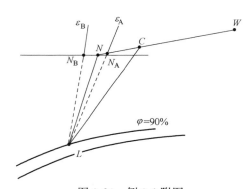

图 3-24　例 3-6 附图

（4）计算 A、B 房间的送风量：

$$q_{m,A}=\frac{\sum Q_A}{h_{NA}-h_L}=\frac{8.3}{(60.2-49)}=0.74kg/s$$

$$q_{m,B}=\frac{\sum Q_B}{h_{NB}-h_L}=\frac{20.3}{(57-49)}=2.54kg/s$$

（5）确定新、回风混合状态点：回风空气状态点 N 位于 $N_A$、$N_B$ 两点的连线上，其焓值可由二者的焓值及风量计算得出：

$$h_N=\frac{q_{m,A}h_{NA}+q_{m,B}h_{NB}}{q_{m,A}+q_{m,B}}=57.7kg/s$$

由混合反比例原则可知：$\dfrac{\overline{NC}}{\overline{NW}}=\dfrac{q_{m,w}}{q_m}=25\%$　则 $\dfrac{\overline{NC}}{\overline{NW}}=\dfrac{h_C-h_N}{h_W-h_N}=25\%$

可得，$h_C=64.5kJ/kg$。

（6）计算系统需冷量：$Q_0=(q_{m,A}+q_{m,B})\times(h_C-h_L)=50.8kW$

### 五、VAV 系统设计计算要点

VAV 系统设计应符合下列要求：

（1）内、外区的划分

采用 VAV 系统的办公、商业场所，其内、外区室内负荷通常表现出不同的特点：直接受外围护结构日射得热、温差传热、辐射换热和空气渗透影响的区域成为外区。外区夏季有冷负荷，冬季一般为热负荷。与建筑物外围护结构有一定的距离，不受外围护结构日射得热、温差传热和空气渗透等影响，具有相对稳定的边界温度条件的区域称为内区，内区全年仅有内热冷负荷。

负荷计算时，应根据当地气候、外围护结构热工性能以及窗际空调方式等因素确定外区进深：

① 外区进深一般可取 2～5m。进深线外侧为外区，内侧为内区。

② 房间进深小于 8m 时，可不分内、外区，均作为外区。

③ 采用通风窗，双层通风幕墙等新型外围护结构的空调区域，在非严寒地区由于外围护结构冷、热负荷很小，外区特性消失，均可作为内区。在内、外区中，应根据房间用途、使用情况、外围护结构朝向、室内温度、负荷变化规律以及面积等因素，再划分出若干个温度控制区。内区温控区宜为 50～100m$^2$，外区温控区宜为 25～50m$^2$。

VAV 系统的区域划分不同，其空调系统形式也不相同，可采用以下方案：内区采用全年送冷的 VAV 系统，外区设置风机盘管、散热器、定风量全空气系统等空调采暖设施。内外区合用变风量集中空气处理机组，外区采用再热型变风量末端装置，再热装置宜采用热水盘管。内外区分别设置变风量集中空气处理机组，内区全年供冷，外区按季节转换供冷或供热。外区宜按朝向分别设置集中空气处理机组，使每个系统中各末端装置服务区域的转换时间一致。

（2）室内设计参数

室内温度、相对湿度、新风量以及照明和设备功率密度等各项室内设计参数的确定应符合国家现行规范，并满足空调舒适性的要求。适当提高室温并降低相对湿度有利于减少夏季围护结构冷负荷，也有利于加大送风温差，减少送风量，降低风机能耗，夏季相对湿度宜取 50%左右。

冬季内、外区分别供冷、供热时，为限制室内混合损失，减小外围护结构热负荷，内区设计温度宜取 20℃，相对湿度 50%，外区设计温度应低于内区 2℃，室内相对湿度宜取 40%。

（3）负荷计算与累计

VAV 系统以温度控制区为最小负荷计算单元，采用不稳定计算方法逐时计算。照明负荷与空调回风方式有关，VAV 系统通常采用吊平顶集中回风，部分回风经过照明灯具的间隙进入吊平顶，会带走 15%～25%的照明负荷，使系统的回风温度升高 1℃左右，这部分被带走的热量不应计入室内计算负荷，但应计入系统负荷。

风管温升是因风管得热造成的，送风管得热量一般可按照室内显热冷负荷的 2%估算。单个温度控制区负荷计算最大值用于选择末端装置；多个温度控制区负荷累计最大值用于确定风管尺寸；系统负荷累计最大值用于选择空气处理机组。温度控制区负荷分类和 VAV 系统负荷分类参照表 3-15。

（4）末端装置宜选用压力无关型，其选型应根据负荷特性经计算确定；VAV 系统的末端装置计算可按以下要求进行：一次风的最大设计送风量，应按所服务空调区域的逐时显热冷负荷综合最大值和送风温差经计算确定；一次风的最小送风量，由末端装置本身的可调范围、温度控制区域的最小新风量和新风分配均匀性要求，以及采用气流分布要求和加热器工作时送风温差要求等因素确定。

温度控制区负荷分类和 VAV 系统负荷分类

表 3-15

| 区属 | 季节 | 负荷内容 | | 设备选择 |
|---|---|---|---|---|
| 外区<br>温控区室内负荷 | 夏季冷负荷 | ①外围护结构冷负荷——温差传热、日射得热、空气渗透得热（可开启窗应考虑）；<br>②内围护结构冷负荷——温差传热；<br>③内热冷负荷——照明、设备、人员和末端风机（如有）散热；<br>④再热冷负荷——再热量（调节末端送风温度）；<br>⑤蓄热冷负荷——蓄热量（东向房间间歇运行时应考虑） | | 按冬、夏季中的最大冷负荷选择 VAV 末端装置或风机盘管等 |
| 外区<br>温控区室内负荷 | 冬季冷负荷 | ①内热冷负荷——照明、设备、人员和末端内置风机散热；<br>②再热冷负荷——再热量（调节末端送风温度） | | 按冬、夏季中的最大冷负荷选择 VAV 末端装置或风机盘管等 |
| | 冬季热负荷 | ①外围护结构热负荷——温差传热、空气渗透得热（可开启窗应考虑）；<br>②内围护结构冷负荷——温差传热；<br>③蓄热热负荷——蓄冷量（间歇运行时应考虑） | | 按最大热负荷选择加热器，包括校核 VAV 末端装置、风机盘管等 |
| 内区<br>温控区室内负荷 | 全年冷负荷 | ①内热冷负荷——照明、设备、人员和末端风机（如有）散热；<br>②内围护结构冷负荷——温差传热；<br>③内围护结构热负荷——温差传热（一般可作为有利因素不算）；<br>④蓄热冷负荷——蓄热量（东向房间间歇运行时应考虑）；<br>⑤蓄热热负荷——蓄冷量（间歇运行时应考虑） | | 按最大冷负荷选择 VAV 末端装置，蓄热热负荷计入外区末端热负荷 |
| VAV 系统 | 季节 | 室内负荷 | 系统其他冷（热）负荷 | 设备选择 |
| | 夏季冷负荷 | 外区 1+……+外区 n（1）<br>内区 1+……+内区 n（2） | 风机温升及风管得热引起的冷负荷（3）<br>新风冷负荷（4） | 累计负荷：按系统总冷负荷(1)+(2)+(3)+(4)的累计值选择空调箱 |
| | 冬季热负荷 | 外区 1+……+外区 n（5） | 新风热负荷（6） | 累计负荷：按系统总热负荷(5)+(6)的累计值校核空调箱 |

（5）变风量空调末端装置调节特性应结合其自身自动控制方式确定，并充分考虑二次噪声对室内环境的影响。

（6）应采取保证最小新风量要求的措施。当送风量减少时，新风量也随之减少，会产生新风不满足卫生要求的后果，因此强调应采取保证最小新风量的措施。

（7）空气处理机组的最大送风量应根据系统的逐时冷负荷的综合最大值确定，最小送风量应根据负荷变化范围和房间卫生、正压、气流组织及末端装置可变风量范围等因素确定，且不应小于设计新风量。

（8）变风量采用风机变速是最节能的方式，不宜采用恒速风机通过改变送、回风阀的开度实现变风量等简易方法。风机变速可以采用的方法有定静压控制法、变静压控制法和总风量控制法。

（9）应采用扩散性能好的风口。当送风口处风量变化时，如送风口选择不当，会影响到室内空气分布。但采用串联式风机驱动型等末端装置时，因送风口处风量是恒定的，则不存在上述问题。

（10）VAV系统推荐采用双风机式空气调节系统。为了维持最小新风量，使新风量恒定，回风量往往不是随送风量按比例变化，而是要求与送风量保持恒定的差值，因此送回风机转速需分别控制。

（11）VAV系统空调区的送风方式及送风口的选型应要求：变风量全空气空气调节系统的送风参数是保持不变的，它是通过改变风量来平衡负荷变化以保持室内参数不变的。这就要求，在送风量变化时，为保持室内空气质量的设计要求以及噪声要求，所选用的送风末端装置或送风口应能满足室内空气温度及风速的要求。用于变风量全空气空气调节系统的送风末端装置，应具有与室内空气充分混合的性能，如果在低送风量时，应能防止产生空气滞留，在整个空调区内具有均匀的湿度和风速，而不能产生吹风感，尤其在组织热气流时，要保证气流能够进入人员活动区，而不至于在上部区域滞留。

（12）VAV系统的空气处理机组送风温度设定值，应按冷却和加热工况分别确定。当冷却和加热工况互换时，控制变风量末端装置的温控器，应相应地变换其作用方向。在单管VAV系统中，冷却工况和加热工况是不能同时出现的。当系统处于冷却工况时，送风温度一直保持接近于冷却工况的设计设定值，末端装置的控制器按照需要调节进入房间的送风量。当转换到加热工况时，送风温度的设定值应相应地改变，并且要求改变所有房间末端装置控制器的作用方向。例如在冷却工况下，当房间的温度降低时，末端装置控制器操纵末端装置的风阀向关小的位置调节；当房间温度升高时，再向开大的位置调节。在加热工况下将产生相反的调节过程。

（13）VAV系统比其他空气调节系统造价高，比风机盘管加新风系统占据空间大，是采用的限制条件。由于VAV系统的风量变化范围有一定的限制，且湿度不易控制，因此，不宜应用在温湿度精度要求高的工艺性空调区。由于VAV系统末端装置的一次风速较高、内置风机等会产生较高噪声，因此，不宜应用于播音室等噪声要求严格的空调区。

**六、VAV系统设计示例**

（1）标准层空调系统平面布置

图3-25为某超高层建筑标准层空调系统平面布置图，该层建筑面积为2500m²，空调区面积2000m²，层高4m，吊顶高2.7m，人员为180人，新风6210m³/h。

（2）空调冷、热负荷

① 夏季设计冷负荷：围护结构60kW，照明动力60kW，人员22kW，室内总负荷

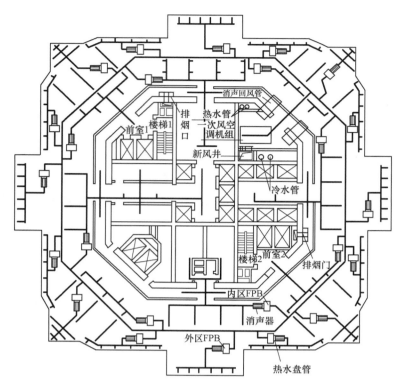

图 3-25 某超高层建筑标准层空调系统平面布置图

142kW；新风负荷：96kW。

② 冬季设计热负荷：围护结构 60kW；新风热负荷 32.9kW。

（3）空调系统

本层的内外区是以外墙线向内 4.2m 处来划分的。内、外区采用一套全空气系统，空调方式为一次风变频调速空调机组＋末端串联型 FPB（Series Fan Power Box）（图 3-26）。

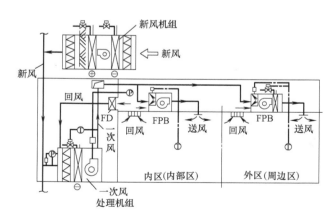

图 3-26 空调系统示意图

① 一次风空调机组：设计风量 26482m³/h，冷量 142.8kW，风机全压 1000Pa。输入

功率 15kW，变频调速（VFD）。

风侧参数：回风与经冷却处理的新风混合后为 $T=23℃$、$T_s=14.7℃$，送风为 $T=8.8℃$、$T_s=8.05℃$。

水侧参数：水量 $15.8m^3/h$，供、回水 $5.55℃/13.33℃$；一次风通过低速环形主风管送至末端串联型 FPB；回风经吊顶由空调机房处的回风管回至空调机组。

② 新风：新风由设于 51 层的新风空调机组冷热处理后经低速风管送至各层空调机房，在各层空调机房内设置最大和最小新风阀。空调系统平时运行时只打开最小新风阀（定新风量），当消防中心接到某层火灾报警后，该层一次风空调机组的风机及最小和最大新风阀关闭，排烟系统启动；着火层的上一层和下一层的最大和最小新风阀打开，回风阀、排风阀关闭，以保持非着火区正压。

新风送风参数为：夏季 $T=15℃$、$T_s=14.9℃$；冬季 $T=11.1℃$。

③ 串联型 FPB 末端装置：FPB 的一次风入口装有风速测定装置和电动风阀，由房间感温元件通过 DDC 控制一次风量；FPB 内的小风机连续运转，将一次风与室内回风混合后通过风口送至室内；外区的 FPB 配有热水盘管。供热季通以 $82.2℃/65.5℃$ 热水，以抵消外区的热负荷；内区的 FPB 不配热水盘管，全年供冷运行。

本层外区 FPB 共 16 台，其中 FPB-1 型 4 台，FPB-2 型 6 台，FPB-3 型 6 台，总供热量 74.8kW，FPB 的性能见表 3-16。外区的 FPB 一次风量为 $18594m^3/h$，FPB 的小风机风量为 $22986m^3/h$。

**末端装置 FPB 性能表** 表 3-16

| 型号 | 一次风量 ($m^3/h$) | 风机风量 ($m^3/h$) | 出口静压 (Pa) | 加热量 (W) | 冬季送风 (℃) | 回风 (℃) | 功率 (W) |
|------|------|------|------|------|------|------|------|
| FPB-1 | 306～720 | 339～807 | 75 | 2353 | 32.9 | 23.8 | 185 |
| FPB-2 | 724～1458 | 810～1613 | 75 | 4920 | 32.9 | 23.8 | 245 |
| FPB-3 | 1462～2294 | 1617～2549 | 75 | 5875 | 32.9 | 23.8 | 365 |

内区 FPB 共 8 台，其中 FPB-2 型 5 台，FPB-3 型 3 台，内区 FPB 一次风量为 $11484m^3/h$，FPB 的小风机风量为 $13086m^3/h$。

图 3-27 为夏季工况空气处理焓湿图，图 3-28 为冬季工况空气处理焓湿图。

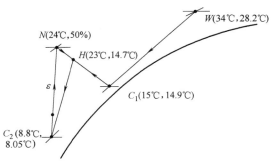

图 3-27 夏季工况空气处理焓湿图

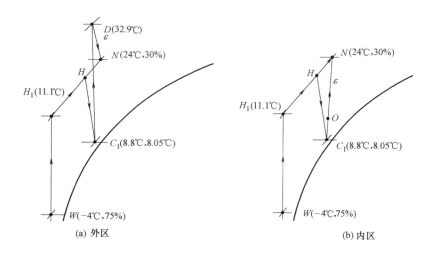

(a) 外区 　　　　　　　　　　(b) 内区

图 3-28　冬季工况空气处理焓湿图

## 第五节　蒸发冷却空调系统

### 一、蒸发冷却空调系统基本原理

自然界中空气的干湿度不同，其容纳水汽的能力也不同。干燥空气可以容纳较多水汽，而水蒸发过程会吸收热量。干空气在由干变潮的过程中，能为空气降温提供所需要的能量，这种干燥空气所具有的能量，可称其为"干空气能"。水蒸发冷却空调技术就是利用自然环境空气中的干湿球温度差所具有的"干空气能"，通过水与空气之间的热湿交换进行制冷的一种空调方式。蒸发冷却空调以水作为制冷剂，利用水的蒸发制取冷量，不需要将蒸发后的水蒸气再进行压缩、冷凝回到液态水后进行蒸发，可以通过补充水来维持水分的蒸发冷却过程，与机械式制冷相比不需要消耗压缩功。

如图 3-29 所示，水蒸发吸热具有冷却功能，在无别的热源条件下：

（1）水与空气之间的热湿交换过程是空气将显热传递给水，使空气的温度下降；

（2）空气的含湿量增加，进入空气的水蒸气带回一些汽化潜热；

（3）当两种热量相等时，水温达到空气的湿球温度。

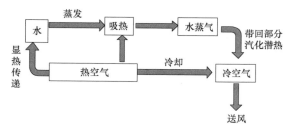

图 3-29　空气蒸发冷却器热湿处理原理图

作为一种节省电能的可再生自然能源空调制冷技术，水蒸发冷却空调技术主要适用于干球温度与湿球温度差大的干燥地区；如我国气候比较干燥的西部和北部地区（新疆、青海、西藏、甘肃、宁夏、内蒙古、黑龙江的全部、吉林的大部分地区、陕西、山西的北部、四川、云南的西部等地）。在这些地区，考虑到节能，空气的冷却应优先采用蒸发冷却方式。随着多级间接蒸发冷却技术和设备的发展，水蒸发冷却空调技术逐渐向内地中湿地区发展。以水直接蒸发冷却器、水间接蒸发冷却器或多级水蒸发冷却器作为空气冷却主要设备的空气处理机组，称之为水蒸发冷却空调机组（Water Evaporative Cooling Air Handling Unit）。

采用蒸发冷却空气调节系统时，应符合下列规定：

（1）应根据气候环境、除湿要求等合理确定蒸发冷却空调系统的形式；

（2）室内空气设计温度一般可比传统空气温度舒适区高 2～3℃，室内空气设计的相对湿度在允许范围内取较大的值；

（3）应根据室外空气含湿量确定蒸发冷却的级数，合理控制送风除湿能力，以满足室内的相对湿度；

（4）气流组织宜采用下送风、置换通风等方式，详见本书第五章。

**二、室内外参数选择及负荷计算**

舒适性空气调节的室内参数与人体对周围环境温度、相对湿度和风速的舒适性要相互关联。由于蒸发冷却空调系统的送风量较传统空调系统的送风量大，风感较强；在相同舒适条件下，夏季室内空气设计干球温度的设定值可比传统空气温度舒适区高 2～3℃；相对湿度在允许范围内取较大的值，以合理地降低空调系统的换气次数。室内空气计算参数，应符合表 3-17 的规定。

水蒸发冷却舒适性空调室内计算参数　　　　　　　　　　表 3-17

| 参数 | 冬季 | 夏季 |
| --- | --- | --- |
| 温度（℃） | 18～24 | ≤28 |
| 相对湿度（%） | ≥30 | ≤65 |

水蒸发冷却空调冷、热负荷计算应符合《设计规范》GB 50736—2012 的要求。冷负荷中应包含附加冷负荷，新风冷负荷，空气通过风机、风管的温升引起的冷负荷，冷水通过水泵、水管、水箱的温升引起的冷负荷，以及空气处理过程产生冷热抵消现象引起的附加冷负荷等。水蒸发冷却空调系统人员所需新风量根据室内空气的卫生要求、人员的活动和工作性质，以及在室内的停留时间等因素确定。如果满足卫生要求所需的最小新风量小于水蒸发冷却空调系统一次送风量，附加冷负荷中不应包含夏季新风负荷的容量。

蒸发冷却空调的送风温度取决于当地的干、湿球温度，适宜或适用蒸发冷却空调的理论计算送风温度绝大多数在 16～20℃ 之间，详见表 3-18。相比较而言，蒸发冷却方式空调送风温度较高，下送风方式是较为理想的送风方式。采用直接蒸发冷却降温的全空气系统应采用室外新风，不应用室内风循环，系统应保证有可靠的排风。否则，直接蒸发冷却持续对送风加湿，如不能同时有效排风，会使室内含湿量淤积，湿度、正压增大，将影响人的热舒适性和冷却降温效果。

**适宜或适用蒸发冷却空调的范围**　　　　　　　　　　　　表 3-18

| 地区参数范围 | 送风温度 | 所属类别 | 备　注 |
|---|---|---|---|
| $t_{ws} \leqslant 18℃, t_w > 28℃$ | 16℃以下 | 适宜 | 用于室内设计温度较高的场所 |
| $18℃ < t_{ws} \leqslant 22℃$ | 19℃以下 | 适用 | 一般舒适性空调 |
| $t_{ws} = 22℃, t_w > 30℃$ | 21℃以下 | 可用 | 只能用于室内温度稍高(28~29℃)及湿度稍大(<70%)的场所 |

### 三、蒸发冷却空调系统的系统形式

根据蒸发冷却输出载冷介质为冷风或冷水可以分为全空气蒸发冷却空调系统（图 3-30）和空气-水蒸发冷却空调系统（图 3-31）。

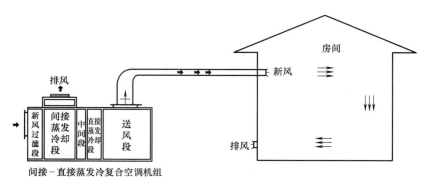

图 3-30　全空气蒸发冷却空调系统

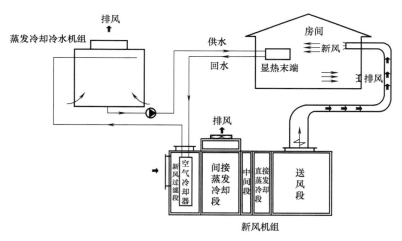

图 3-31　空气-水蒸发冷却空调系统

当通过蒸发冷却处理后的空气，能承担空调区的全部显热负荷和散湿量时，系统应选全空气式系统（图 3-30）。全空气蒸发冷却空调系统，根据空气的处理方式，可采用直接蒸发冷却、间接蒸发冷却和组合式蒸发冷却（直接蒸发冷却与间接蒸发冷却混合的蒸发冷却方式）。当通过蒸发冷却处理后的空气仅承担空调区的全部散湿量和部分显热负荷，而剩余部分显热负荷由冷水系统（如风机盘管系统）承担时，系统应选空气-水式系统（图 3-31）。

按照水和一次空气是否直接接触，可以分为直接蒸发冷却和间接蒸发冷却两类。另外，根据是否与其他空气处理系统结合，还有一类复合式蒸发冷却系统。

1. 直接蒸发冷却系统

直接蒸发冷却将水喷淋在填料中，水与空气直接接触，由于填料中水膜表面的水蒸气分压力高于空气中的水蒸气分压力，这种自然的压力差成为水蒸发的动力。水的蒸发使得空气干球温度降低、含湿量增加，空气的显热转化为潜热。理想循环水喷淋状况下，空气在等焓加湿后可达到湿球温度。如图 3-32 所示，其空气处理过程为 $W{\to}O$，即将室外空气 $W$ 等焓加湿到送风状态 $O$ 点。

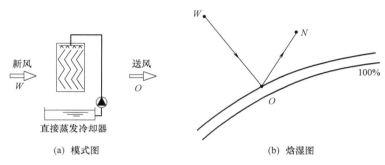

图 3-32　直接蒸发冷却器模式图及焓湿图

直接蒸发冷却效率（Direct Evaporative Cooling Efficiency）：水直接蒸发冷却器在试验工况下，进口空气和出口空气干球温度差与进口空气干、湿球温度差的百分比比值。即直接蒸发冷却的效率为：

$$\eta_{\mathrm{DEC}} = \frac{t_{\mathrm{Wg}} - t_{\mathrm{Og}}}{t_{\mathrm{Wg}} - t_{\mathrm{Ws}}} \tag{3-4}$$

式中：$t_{\mathrm{Wg}}$——室外空气的干球温度，℃；

　　　$t_{\mathrm{Ws}}$——室外空气的湿球温度，℃；

　　　$t_{\mathrm{Og}}$——直接蒸发冷却后空气的干球温度，℃。

直接蒸发冷却器在不同的室外空气状态参数下所能达到的理论出风温度不同，表 3-19 所示为不同室外空气状态参数下直接蒸发冷却器可达到的理论出风温度。

**不同室外空气状态参数下直接蒸发冷却器可达到的理论出风温度（℃）　　表 3-19**

| 室外空气温度℃ | 室外空气相对湿度(%) | | | | | | | | | | | | | | | | |
|---|---|---|---|---|---|---|---|---|---|---|---|---|---|---|---|---|---|
| | 2 | 5 | 10 | 15 | 20 | 25 | 30 | 35 | 40 | 45 | 50 | 55 | 60 | 65 | 70 | 75 | 80 |
| 23.9 | 12.2 | 12.8 | 13.9 | 14.4 | 15 | 16.1 | 16.7 | 17.2 | 17.8 | 18.3 | 18.9 | 19.4 | 20 | 20.6 | 21.1 | 23.9 | 22.2 |
| 26.7 | 13.9 | 14.4 | 15.6 | 16.7 | 17.2 | 17.8 | 18.9 | 19.4 | 20 | 20.6 | 21.7 | 22.2 | 22.8 | 23.3 | 24.4 | 26.7 | 25 |
| 29.4 | 16.1 | 16.7 | 17.2 | 18.3 | 19.4 | 20 | 21.1 | 21.7 | 22.2 | 22.8 | 23.3 | 23.9 | 24.4 | 25 | 26.1 | 29.4 | |
| 32.2 | 17.8 | 18.3 | 19.4 | 20.6 | 21.1 | 22.2 | 23.3 | 24.4 | 25 | 25.6 | 26.1 | 27.2 | 27.8 | 28.3 | 28.9 | 30 | |
| 35 | 19.4 | 20 | 21.1 | 22.2 | 23.3 | 24.4 | 25.6 | 26.1 | 27.2 | 27.8 | 28.9 | 29.4 | 30.6 | | | | |
| 37.8 | 20.6 | 21.7 | 22.8 | 24.4 | 25.6 | 26.7 | 27.8 | 28.3 | 29.4 | 30.6 | 31.1 | | | | | | |
| 40.6 | 22.2 | 23.3 | 25 | 26.1 | 27.2 | 28.9 | 30 | 31.1 | 31.7 | | | | | | | | |
| 43.3 | 23.9 | 25 | 26.6 | 28.3 | 29.4 | 30.6 | 32.2 | 33.3 | | | | | | | | | |
| 46.1 | 25.5 | 26.7 | 28.3 | 30 | 31.7 | 32.8 | 34.4 | | | | | | | | | | |
| 48.9 | 27.2 | 28.3 | 30 | 32.2 | 33.9 | 35 | | | | | | | | | | | |
| 51.7 | 28.3 | 30 | 32.2 | 33.9 | 35.6 | | | | | | | | | | | | |

　　直接蒸发冷却通过对空气加湿而使空气降温，其仅能近似沿等焓线处理空气，其对空气降温的极限温度为室外湿球温度；同时通过直接蒸发冷却处理后的空气湿度增加，其排除室内余湿的能力降低，实现同时排热和排湿能力有限，这使得直接蒸发冷却技术一般仅应用于干燥的地区。

　　直接蒸发冷却可单独用于干热气候、房间温度高的环境；被直接蒸发冷却处理过的湿润、低温空气可改善室内干燥的湿度、降低室内温度，产生良好的舒适性环境，成为经济、有效的空调方式。但在湿球温度高（21～25℃）气候条件下，内部湿负荷高、多区域办公室、无屋顶安装和现场维修场地则不适于使用直接蒸发冷却。但可用于岗位冷却通风或厨房、洗衣房、农业、工业厂房等场所的通风降温；直接蒸发冷却的冷却效率在50%～95%，可由设计人按照不同效率选择不同规格的直接蒸发冷却换热器。直接蒸发冷却方式也可用来增强机械制冷效率。

　　2. 间接蒸发冷却系统

　　间接蒸发冷却（图 3-33 和图 3-34）的原理是用直接蒸发冷却产生的冷水或冷风（二次空气）通过间壁去冷却另外一支路空气的换热机组，被冷却空气也称为一次空气。即利用辅助气流先经喷淋水直接蒸发冷却，温度降低后，再通过"空气-空气换热器"来冷却待处理空气（准备进入室内的空气），并使之温度降低，核心是不增加被处理空气的湿度。

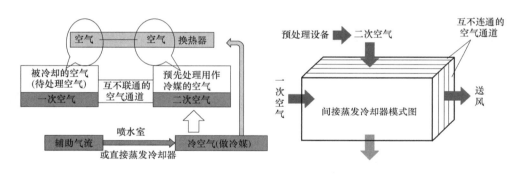

图 3-33　空气-空气换热器热湿处理原理图

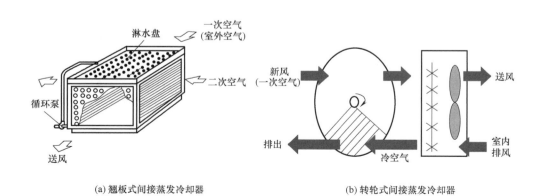

（a）翘板式间接蒸发冷却器　　　　（b）转轮式间接蒸发冷却器

图 3-34　翘板式与转轮式间接蒸发冷却器

间接蒸发冷却技术是在直接蒸发冷却过程中嵌入显热换热过程，利用二次空气和水直接蒸发冷却产生的冷量对一次空气进行等湿降温。经过间接蒸发冷却后，一次空气的温度降低，但湿度保持不变，且送风温度可以更低。如图 3-35 所示，其空气处理过程为：$W \rightarrow W_1$。

间接蒸发冷却效率（Indirect Evaporative Cooling Efficiency）可以定义为：

① 当间接蒸发冷却段为空气-空气间接蒸发冷却器，在试验工况、不同一次空气与二次空气风量比下，水间接蒸发冷却机组一次空气进、出口空气干球温度差值与二次空气干、湿球温度差值的百分比。

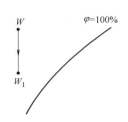

图 3-35 间接蒸发冷却空气
处理过程（一次空气）

② 当间接蒸发冷却段为空气-表冷器间接蒸发冷却器，在试验工况、不同一次空气风量和表冷器水流量比下，空气进出口干球温度差值与制取表冷器冷水的二次空气干、湿球温度差值的百分比。即间接蒸发冷却的效率为：

$$\eta_{IEC} = \frac{t_{Wg} - t_{W1g}}{t_{Wg} - t'_{Ws}} \tag{3-5}$$

式中：$t_{Wg}$——一次空气进口处的干球温度，℃；

$t_{W1g}$——一次空气出口处的干球温度，℃；

$t'_{Ws}$——二次空气进口处的湿球温度，℃。

间接蒸发冷却器的处理过程中，一次空气与水并未直接接触，而是和二次空气之间的显热换热过程，对一次空气而言，其处理过程为等湿降温过程，处理后的理论最低温度可降低至蒸发侧二次空气流的湿球温度。

3. 二级蒸发冷却系统

室外设计湿球温度低于 16℃ 的地区，其空气处理可采用单级（直接）蒸发冷却。但单级（直接）蒸发冷却系统受气候和地域等条件的诸多限制，比如夏季室外计算湿球温度较高的地区，存在空气调节区湿度偏大、温降有限，不能满足要求较高的场合使用等问题。为强化冷却效果，进一步降低系统的送风温度、减小送风量和风管面积时，提出了间接蒸发冷却与直接蒸发冷却复合的二级蒸发冷却系统。二级蒸发冷却一般是指在一个间接蒸发冷却器后，再串联一个直接蒸发冷却器，如图 3-36 所示。

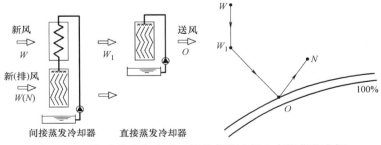

图 3-36 两级蒸发冷却方式（间接蒸发冷却＋直接蒸发冷却）

二级蒸发冷却过程中，前置间接蒸发冷却是一个等湿降温的过程，不会增加空调送风的含湿量；且两级蒸发冷却的总温（熵）降大于单级（直接）蒸发冷却。目前，该系统在实际工程中应用最广。两级蒸发冷却空调系统，通常适用在湿球温度低于20℃的地区，如我国新疆、青海及甘肃部分地区；适用于湿球温度低于22℃的地区，如云南、宁夏、内蒙古等地。

**4. 三级蒸发冷却系统**

二级蒸发冷却系统在大部分应用场合得到广泛应用，取得了一定的效果，但在有些特定地区和场合，使用这种系统仍存在一些问题。主要表现在部分中湿度地区如果达到室内空气状态点，需要的送风量较大，从经济上来讲不合算，占地空间也较大。对于一些室内空气条件要求较高的场所（如星级宾馆、医院等）达不到送风要求。因此提出了两级间接蒸发冷却与一级直接蒸发冷却复合的三级蒸发冷却系统。典型的三级蒸发冷却系统有两种类型：

（1）一级和二级均为板翅式间接蒸发冷却器，第三级为直接蒸发冷却器，如图3-37所示。

（2）第一级为冷却塔＋空气冷却器所构成的间蒸发冷却器，第二级为板式间接蒸发冷却器，第三级为直接蒸发冷却器。

三级蒸发冷却空调系统，一般适用在湿球温度低于21℃的地区，如我国新疆、青海、甘肃、内蒙古等地区；适用于湿球温度低于23℃的云南、贵州、宁夏、黑龙江北部、陕西北部的榆林、延安等地。

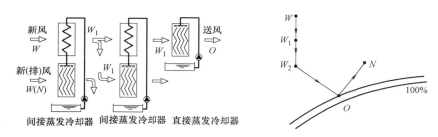

图3-37　三级蒸发冷却方式（两级间接蒸发冷却＋一级直接蒸发冷却）

**5. 复合式蒸发冷却系统**

在一些需要充分冷却除湿的工况下，常采用蒸发冷却和表冷器进行联合冷却，这种系统形式称为复合式蒸发冷却系统或联合冷却系统。图3-38所示为一级间接蒸发冷却＋表

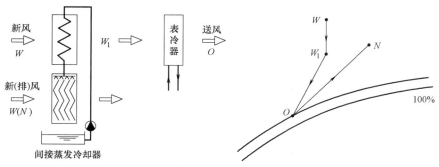

图3-38　蒸发冷却联合冷却方式（一级间接蒸发冷却＋表冷器冷却）

冷器冷却的联合冷却方式。图 3-39 所示为两级间接蒸发冷却＋表冷器冷却的联合冷却方式。图 3-40 所示为利用回风的间接蒸发冷却＋表冷器冷却的联合冷却方式。

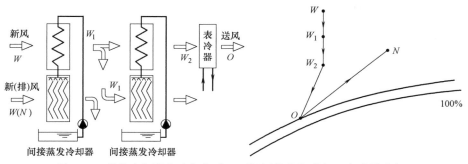

图 3-39　蒸发冷却联合冷却方式（两级间接蒸发冷却＋表冷器冷却）

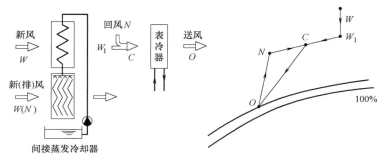

图 3-40　蒸发冷却联合冷却方式（新风、回风后混合）（间接蒸发冷却＋表冷器冷却）

#### 四、蒸发冷却空调系统形式的确定

在满足使用要求的前提下，对于夏季空调室外空气计算湿球温度较低、干球温度日较差大且水资源条件允许的地区，空气的冷却处理，宜采用直接蒸发冷却、间接蒸发冷却或直接蒸发冷却与间接蒸发冷却相结合的二级或三级冷却方式。在不同的夏季室外空气设计干、湿球温度下，蒸发冷却空调系统应采用不同的蒸发冷却形式。为便于分析，在图 3-41 中将不同的夏季室外空气状态点在 $h$-$d$ 图划分了五个区域，其中点 $N$、$O$ 分别代表室内空气状态点、理想的送风状态点。各分区的特征如下：

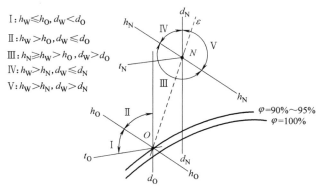

图 3-41　不同的夏季室外空气状态点在 $h$-$d$ 图上的区域划分

（1）第Ⅰ区分区：夏季室外空气设计状态点 $W$ 在象限Ⅰ区，即室外空气焓值小于送风焓值（$h_W \leqslant h_O$），室外空气含湿量小于送风状态点的含湿量（$d_W < d_O$）。

（2）第Ⅱ区分区：夏季室外空气设计状态点 $W$ 在象限Ⅱ区，即室外空气焓值大于送风焓值（$h_W > h_O$），室外空气含湿量小于送风含湿量（$d_W \leqslant d_O$）。

（3）第Ⅲ区分区：夏季室外空气设计状态点 $W$ 在象限Ⅲ区，即室外空气焓值大于送风焓值（$h_N \geqslant h_W > h_O$），室外空气含湿量大于送风含湿量（$d_W \geqslant d_O$）。

（4）第Ⅳ区分区：夏季室外空气设计状态点 $W$ 在象限Ⅳ区，即室外空气焓值大于室内空气的焓值（$h_W > h_N$），室外空气含湿量小于室内空气含湿量（$d_W < d_N$）。

（5）第Ⅴ区分区：夏季设计室外空气状态点 $W$ 在象限Ⅴ区，即室外空气焓值大于室内空气的焓值（$h_W > h_N$），室外空气含湿量大于室内空气含湿量（$d_W > d_N$）。

表 3-20 汇总了不同分区的蒸发冷却空调系统形式的特点。

**不同分区的蒸发冷却空调系统形式**　　　　　　　表 3-20

| 分区 | 参数 | 空气处理流程及状态点确定 | 负荷及效率计算方法 | 适用地区 |
|---|---|---|---|---|
| Ⅰ | $h_W \leqslant h_O$ $d_W < d_O$ | (1)采用直接蒸发冷却方式：采用 $100\%$ 新风等焓加湿可达到送风状态点。<br>(2)流程：$W \xrightarrow{\text{(DEC)}} O \xrightarrow{\varepsilon} N$<br>(3)$h$-$d$ 图表达：<br><br>(4)$h$-$d$ 图确定流程：<br>①确定室外设计状态点 $W$；<br>②做 $h_{Wx}$ 等焓线；<br>③$h_{Wx}$ 等焓线与 $\varphi = 90\% \sim 95\%$ 等相对湿度线交点即机器露点 $L$（送风状态点 $O$）；<br>④过 $O$ 点做夏季工况热湿比方向线，其与室内设计温度 $t_N$ 的等温线的交点即为室内设计状态点 $N$；<br>⑤验证 $\varphi_N$ 和 $\Delta t_O = t_N - t_O$ 是否符合规范要求 | (1)空调房间送风量：<br>$$q_m = \frac{\sum Q}{h_N - h_O}$$<br>(2)直接蒸发冷却器所需显热冷量：<br>$$Q_O = q_m \cdot C_p \cdot (t_W - t_O)$$<br>(3)直接蒸发冷却器的加湿量：<br>$$W = q_m \cdot (d_O - d_W)$$<br>(4)直接蒸发冷却器换热效率：<br>$$\eta_{DEC} = \frac{t_W - t_O}{t_W - t_{W_s}} (50\% \sim 95\%)$$ | 干燥地区（如：新疆、甘肃、青海、内蒙古等部分地区） |
| Ⅱ | $h_W > h_O$ $d_W \leqslant d_O$ | (1)需先经间接蒸发冷却，再经直接蒸发冷却即可达到要求的送风状态点，即采用二级蒸发冷却。由于室外空气焓值小于室内空气焓值，所以宜取 $100\%$ 新风。在实际工程中应用最广，总温（焓）降大于单级 DEC 系统。<br>(2)流程：$W \xrightarrow{\text{(IEC)}} W_1 \xrightarrow{\text{(DEC)}} O \xrightarrow{\varepsilon} N$ | (1)空调房间送风量：<br>$$q_m = \frac{\sum Q}{h_N - h_O}$$<br>(2)间接蒸发冷却器所需显热冷量：<br>$$Q_{O-1} = q_m \cdot C_p \cdot (t_W - t_{W_1})$$ | |

| 分区 | 参数 | 空气处理流程及状态点确定 | 负荷及效率计算方法 | 适用地区 |
|---|---|---|---|---|
| II | $h_W > h_O$<br>$d_W \leqslant d_O$ | (3)$h$-$d$ 图表达:<br><br>(4)$h$-$d$ 图确定流程:<br>①确定室内($N$)及室外设计状态点($W$);<br>②过 $N$ 点做热湿比方向线,其与 $\varphi=90\%\sim95\%$ 等相对湿度线交点即机器露点 $L$(送风状态点 $O$);<br>③沿 $W$ 点做等含湿量线,其与送风状态点 $O$ 的等焓线的交点 $W_1$ 即经 IEC 处理后的空气终状态点;<br>④校核 $W \xrightarrow{\text{(IEC)}} W_1$ 所需的换热效率 $\eta_{\text{IEC}}$ 是否满足要求($<60\%$) | (3)直接蒸发冷却器所需显热冷量:<br>$$Q_{0-2}=q_m \cdot C_p \cdot (t_{w_1}-t_O)$$<br>(4)直接蒸发冷却器的加湿量:<br>$$W=q_m \cdot (d_O-d_{w_1})$$<br>(5)换热效率 $W \xrightarrow{\text{(IEC)}} W_1$:<br>$$\eta_{\text{IEC}}=\frac{t_w-t_{w_1}}{t_w-t_{w_S}}$$<br>(6)蒸发冷却换热效率 $W_1 \xrightarrow{\text{(DEC)}} O$:<br>$$\eta_{\text{DEC}}=\frac{t_{w_1}-t_O}{t_{w_1}-t_{w_{1S}}}$$<br>(7)当室外空气的湿球温度 $t_{wS}\leqslant20℃$,干球温度 $t_w>30℃$ 时,**板翘式间接蒸发冷却段+直接蒸发冷却段组合可以提供 19℃以下的新鲜空气,保持舒适的室内环境** | |
| II | $h_W > h_O$<br>$d_W \leqslant d_O$ | (1)当 $t_{wS}\geqslant22℃$ 时,可采用三级蒸发冷却:两级间接蒸发冷却和一级直接蒸发冷却方式(100%新风)。<br>(2)流程:<br>$$W \xrightarrow{\text{(IEC)}} W_1 \xrightarrow{\text{(IEC)}} W_2 \xrightarrow{\text{(DEC)}}$$<br>$$O \xrightarrow{\varepsilon} N$$<br>(3)$h$-$d$ 图表达:<br><br>(4)$h$-$d$ 图确定流程:<br>①确定室内($N$)及室外设计状态点($W$);<br>②过 $N$ 点做热湿比方向线,其与 $\varphi=90\%\sim95\%$ 等相对湿度线交点即机器露点 $L$(送风状态点 $O$);<br>③沿 $W$ 点做等含湿量线,其与送风状态点 $O$ 的等焓线的交点 $W_2$,即经前置 IEC 段处理后的空气的预期终状态点;<br>④校核 $W \xrightarrow{\text{(IEC)}} W_2$ 所需的换热效率 $\eta_{\text{IEC}}$,若 $\eta_{\text{IEC}}>60\%$,则需要进行两级间接蒸发冷却;<br>⑤选取合理的间接蒸发冷却换热效率,确定第一级 IEC 处理终点状态 $W_1$ | (1)空调房间送风量:<br>$$q_m=\frac{\sum Q}{h_N-h_O}$$<br>(2)所需显热冷量:<br>第一级 IEC:<br>$$Q_{0-1}=q_m \cdot C_p \cdot (t_w-t_{w_1});$$<br>第二级 IEC:<br>$$Q_{0-2}=q_m \cdot C_p \cdot (t_{w_1}-t_{w_2});$$<br>第三级 DEC:<br>$$Q_{0-3}=q_m \cdot C_p \cdot (t_{w_2}-t_O)。$$<br>(3)第三级直接蒸发冷却器的加湿量:<br>$$W=q_m \cdot (d_O-d_{w_2})$$<br>(4)蒸发冷却换热效率:<br>$$W \xrightarrow{\text{(IEC)}} W_1: \eta_{\text{IEC}}=\frac{t_w-t_{w_1}}{t_w-t_{w_S}}$$<br>$$W_1 \xrightarrow{\text{(IEC)}} W_2: \eta_{\text{IEC}}=\frac{t_{w_1}-t_{w_2}}{t_{w_1}-t_{w_{1S}}}$$<br>$$W_2 \xrightarrow{\text{(DEC)}} O \; \eta_{\text{DEC}}=\frac{t_{w_2}-t_O}{t_{w_2}-t_{w_{2S}}}$$ | 干燥地区<br>(如:新疆、甘肃、青海、内蒙古等部分地区) |

| 分区 | 参数 | 空气处理流程及状态点确定 | 负荷及效率计算方法 | 适用地区 |
|---|---|---|---|---|
| Ⅲ | $h_W > h_O$ $d_W \geqslant d_O$ | (1)处于热湿比 $\varepsilon$ 上部的状态点原则上可通过加大通风量的直接蒸发冷却来实现室内环境控制。对于这种室外设计参数,实际上大多数时间室外状态出现在左侧两区,因此也应采用间接蒸发冷却。<br>(2)处于热湿比 $\varepsilon$ 下部的状态点则不能单独使用蒸发冷却空调,可采用间接蒸发冷却和表冷器复合冷却方式(宜取100%新风),流程如下:<br>$$W \xrightarrow{(IEC)} W_1 \xrightarrow{(CC)} O \xrightarrow{\varepsilon} N$$<br>(3)$h$-$d$ 图表达: | (1)空调房间送风量:<br>$$q_m = \frac{\sum Q}{h_N - h_O}$$<br>(2)所需显热冷量:<br>第一级 IEC:<br>$$Q_{0-1} = q_m \cdot C_p \cdot (t_W - t_{W_1})$$<br>第二级表冷器:<br>$$Q_{0-2} = q_m \cdot C_p \cdot (t_{W_1} - t_O)$$<br>(3)蒸发冷却换热效率:<br>$$W \xrightarrow{(IEC)} W_1:$$<br>$$\eta_{IEC} = \frac{t_W - t_{W_1}}{t_W - t_{W_S}}$$ | 中等干燥地区(如:陕西、内蒙古、黑龙江、山西等部分地区) |
| Ⅳ | $h_W > h_N$ $d_W < d_N$ | (1)当室外空气状态点远离 $d_N$ 时,可采用多级(或带排风热回收)的蒸发冷却方式。<br>(2)当室外空气状态点距离 $d_N$ 太近时,由于处理的送风温度太高、湿度太大,不能单独使用蒸发冷却空调;可采用蒸发冷却联合冷却方式,如采用二级间接蒸发冷却和表冷器复合冷却方式(宜取100%新风),流程如下:<br>$$W \xrightarrow{(IEC)} W_1 \xrightarrow{(IEC)} W_2 \xrightarrow{(CC)} O \xrightarrow{\varepsilon} N$$<br>(3)$h$-$d$ 图表达: | (1)空调房间送风量:<br>$$q_m = \frac{\sum Q}{h_N - h_O}$$<br>(2)所需显热冷量:<br>第一级 IEC:<br>$$Q_{0-1} = q_m \cdot C_p \cdot (t_W - t_{W_1})$$<br>第二级 IEC:<br>$$Q_{0-2} = q_m \cdot C_p \cdot (t_{W_1} - t_{W_2})$$<br>第三级表冷器:<br>$$Q_{0-3} = q_m \cdot C_p \cdot (t_{W_2} - t_O)$$<br>(3)换热效率:<br>$$W \xrightarrow{(IEC)} W_1 : \eta_{IEC} = \frac{t_W - t_{W_1}}{t_W - t_{W_S}}$$<br>$$W_1 \xrightarrow{(IEC)} W_2 : \eta_{IEC} = \frac{t_{W_1} - t_{W_2}}{t_{W_1} - t_{W_{1S}}}$$ | |

续表

| 分区 | 参数 | 空气处理流程及状态点确定 | 负荷及效率计算方法 | 适用地区 |
|---|---|---|---|---|
| V | $h_W > h_N$ $d_W > d_N$ | (1)此时,处理的送风温度太高、湿度太大,不能单独使用蒸发冷却空调;可采用间接蒸发冷却和表冷器联合冷却方式,同时可以利用室内回风,进一步节能;考虑到节能,在室内空气设计的相对湿度不超过允许范围内的较大值时,室内空气设计温度可比传统空气温度舒适区高2~3℃,采用下送风等方式。<br>(2)流程:<br>$$W \xrightarrow{(IEC)} W_1 \to C \xrightarrow{(CC)} O \xrightarrow{\varepsilon} N$$<br>(3)h-d图表达:<br> | (1)空调房间送风量:<br>$$q_m = \frac{\sum Q}{h_N - h_O}$$<br>(2)所需显热冷量:<br>第一级IEC:<br>$$Q_{0-1} = q_{m,w} \cdot C_p \cdot (t_W - t_{W_1})$$<br>第二级表冷器:<br>$$Q_{0-2} = q_m \cdot C_p \cdot (t_C - t_O)$$<br>(3)蒸发冷却换热效率:<br>$$W \xrightarrow{(IEC)} W_1 : \eta_{IEC} = \frac{t_W - t_{W_1}}{t_W - t_{W_S}}$$ | 高湿度地区 |

注:DEC直接蒸发冷却,IEC间接蒸发冷却,CC表冷器。

表3-21统计了部分适合采用蒸发冷却空调地区的参数及理论出风温度。

**部分适合采用蒸发冷却空调地区的参数及理论出风温度**　　　表 3-21

| 序号 | 城市 | 夏季室外空气计算参数 | | | | 冷却塔间接+直接两级蒸发冷却 | | 板翅式间接+直接两级蒸发冷却 | | 三级蒸发冷却 | | 分区 |
|---|---|---|---|---|---|---|---|---|---|---|---|---|
| | | 大气压(Pa) | 干球温度(℃) | 湿球温度(℃) | 空气焓值(kJ/kg) | 直接蒸发换热效率 | | 直接蒸发换热效率 | | 直接蒸发换热效率 | | |
| | | | | | | 70% | 90% | 70% | 90% | 70% | 90% | |
| 1 | 拉萨 | 65200 | 22.2 | 13.5 | 37.5 | 12.6 | 11.4 | 12.9 | 11.6 | — | — | I |
| 2 | 乌鲁木齐 | 90700 | 34.10 | 18.5 | 56.0 | 17.7 | 15.9 | 18.0 | 16.1 | 15.0 | 13.8 | II |
| 3 | 西宁 | 77400 | 25.9 | 16.4 | 55.3 | 16.1 | 15.0 | 16.4 | 15.3 | 14.5 | 13.9 | II |
| 4 | 酒泉 | 84667 | 30.5 | 18.9 | 60.9 | 18.6 | 17.3 | 19.5 | 18.0 | 16.5 | 15.8 | II |
| 5 | 克拉玛依 | 95800 | 35.4 | 19.3 | 56.6 | 18.4 | 16.5 | 18.7 | 16.8 | 15.4 | 14.3 | II |
| 6 | 兰州 | 84300 | 30.5 | 20.2 | 65.8 | 19.8 | 18.7 | 20.0 | 18.9 | 18.2 | 17.5 | IV |
| 7 | 呼和浩特 | 88900 | 29.9 | 20.8 | 65.10 | 20.6 | 19.7 | 20.9 | 19.9 | 19.2 | 18.7 | IV |
| 8 | 石河子 | 95700 | 32.4 | 21.6 | 65.3 | 21.3 | 20.2 | 21.6 | 20.4 | 19.6 | 18.9 | IV |
| 9 | 吐鲁番 | 99800 | 41.1 | 23.8 | 71.5 | 23.3 | 21.5 | 23.4 | 21.8 | 20.5 | 19.4 | IV |

## 五、蒸发冷却空调系统设计要点

蒸发冷却技术有广泛的应用空间,但也同时存在自身的不足,如:受气候环境因素的制约、缺乏除湿功能等。科学客观地研判是否采用蒸发冷却空调系统和采用何种形式的蒸发冷却空调系统显得尤为重要。

（1）蒸发冷却制冷空调系统形式应根据夏季空调室外计算湿球温度（或露点温度）以及空调区显热负荷、散湿量等，经技术经济比较后确定，并宜符合下列规定：

① 空间高大或人员较多时，宜采用蒸发冷却全空气空调系统；

② 空调区较多、建筑层高较低且各区温度要求独立控制时，宜采用蒸发冷却空气-水空调系统；

③ 蒸发冷却空气-水空调系统宜采用温度湿度独立控制空调系统；

④ 空调系统全年运行时，宜按多工况运行方式进行设计。

（2）满足室内舒适度的要求：

① 由于蒸发冷却空调系统的送风量较传统空调系统的送风量大，风感较强。一般在相同舒适条件下室内空气设计干球温度的设定值可高于传统空气系统的设定值。室内空气设计干球温度一般可比传统空气温度舒适区高 2～3℃，室内空气设计的相对湿度在允许范围内取较大的值，以合理地降低空调系统的换气次数。

② 正确地确定蒸发冷却的级数，合理控制送风除湿能力，以满足室内的相对湿度。

③ 蒸发冷却空调系统的换气次数较大、空气品质好、合理的气流组织（如：下送风、置换通风等）会带来更舒适的空气环境。

④ 蒸发冷却系统的室外空气采集口（进风口）是决定室内空气品质的重要因素。

（3）主要设计参数选择：

① 蒸发冷却器的迎面风速一般采用 2.2～2.8m/s，通常每平方米迎风面积按 10000m/h 设计，即对应的额定迎面风速为 2.7m/s。

② 蒸发冷却空调送风系统风管内的风速按主风管：6～8m/s、支风管：4～5m/s、末端风管：3～4m/s 选取。

③ 蒸发冷却空调送风系统送风口喉部平均风速按 4～5m/s 设计。送风口出口风速按居室：4～5m/s，办公室、影剧院：5～6m/s，储藏室、饭店：6～7m/s，工厂、商场：7～8m/s 选取。

④ 蒸发冷却空调房间的换气次数按一般环境：25～30 次/h、人流密集的公共场所：30～40 次/h、有发热设备的生产车间：40～50 次/h、高温及有严重污染的生产车间：50～60 次/h 选取。在较潮湿的南方地区，换气次数应适当增加，而较炎热干燥的北方地区则可适当减少换气次数。

⑤ 为保障系统正常运行，蒸发冷却的循环水要进行连续或定时泄水排污，一般取设计泄水量等于蒸发量，实际运行可根据当地水质情况减少泄水量。

（4）蒸发冷却空调系统采用全新风直流式时，当夏季室外空气焓值大于要求的室内空气焓值时，可利用排风作为二次空气冷却一次空气；在冬季采用室内排风对新风进行预热，可以达到热回收的目的，节省空调能耗。

（5）在冬季，室内热负荷由专门的供暖系统来承担，则蒸发冷却空调机组只起到提供新风的作用，新风加热可采用 60℃/50℃ 或 95℃/70℃ 热水。

（6）一、二次风量比对间接蒸发冷却器的效率影响较大，实践证明，二次风量为送风量的 60%～80% 之间时，换热效率较高，系统运行最经济。所以总进风量应考虑为送风量的 1.6～1.8 倍。目前工程中常用的二次风参数与一次风参数相同，但也可以考虑当室内回风焓值小于一次风焓值时用回风作为二次风，效果会更好。也就是二次进风口与回风管道相连，此时间接蒸发冷却器的总送风量就是实际的送风量。

（7）直接蒸发冷却空调系统由于水与空气直接接触，其水质直接影响室内空气质量，故水质应符合卫生标准。

（8）蒸发冷却器的换热效率（蒸发冷却效率）取决于具体产品的性能。间接蒸发冷却器的换热效率一般为 50%～80%。直接蒸发冷却器中金属填料的综合性能较好，换热效率一般为 70%～90%。

（9）不得按一般资料介绍的换气次数法确定系统送风量，其大小与建筑物性质、室外空气状态、舒适性空调、蒸发冷却空调机组处理空气的送风状态等因素相关，应根据热、湿平衡公式准确计算确定。

（10）在餐厅、舞厅、会议厅等高密度人流场所等工程中，为了避免室内湿度过大，应采用多级蒸发冷却，降低送风的含湿量，增强送风的除湿能力，以便有效地降低室内相对湿度。

（11）空调区的气流组织设计应符合下列规定：

① 送回风口的设计应符合现行国家标准《设计规范》GB 50736—2012 的有关规定；

② 当空调送风温度满足置换通风和下送风对送风温度的要求时，宜采用置换通风和下送风等方式。

（12）夏季室外空气设计露点温度较低的地区，宜采用间接蒸发冷却冷水机组作为空调冷源。空调冷水的供水温度和供回水温差应符合下列规定：

① 供水温度应根据当地气象条件和末端设备的性能合理确定；

② 当采用强制对流末端设备时，供回水温差不宜小于 4℃。

（13）间接蒸发冷却器空调机组的布置应符合下列规定：

① 在机房内布置时，应设置二次空气排风管并引出机房；

② 室外布置时，当一次空气进风口与二次空气排风口较近时，应采取避免一、二次空气短路的措施。

### 六、蒸发冷却空调系统计算示例

【例 3-6】　一级蒸发冷却空调系统

西藏自治区昌都市一办公室，室内设计状态参数为：$t_{N_x}=24℃$、$\varphi_N=60\%$；夏季室外空气设计状态参数为：$t_{W_{xg}}=26℃$、$d_{W_x}=11.22g/kg$、$t_{W_{xs}}=14.8℃$；室内余热量为 100kW，室内余湿量为 36kg/h（0.01kg/s）。求解采用一级直接蒸发冷却空调的换热效率、送风量和制冷量。

【解】（1）在大气压力为 $P=68133Pa$ 的焓湿图上确定夏季室外空气设计状态点 $W_x$，过 $W_x$ 点作等焓线与 $\varphi=90\%$ 线交于 $L_x$ 点，即送风状态点 $O_x$（图 3-42）。经过 $L_x$ 点作 $\varepsilon_x=Q/W=10000kJ/kg$ 的方向线，与室内设计温度线 $t_{N_x}=24℃$ 交于 $N_x$ 点。从 $h$-$d$ 图查得：$t_{L_x}=15.2℃$，$d_{L_x}=15.729g/kg$。

（2）直接蒸发冷却空调的换热效率：

$$\eta=\frac{(t_{W_g}-t_{L_x})}{(t_{W_g}-t_{W_{xs}})}=\frac{26-15.2}{26-14.8}=0.96$$

（3）送风量：$q_m=\dfrac{Q}{h_{N_x}-h_{L_x}}\approx\dfrac{100}{1.01(24-15.2)}=11.25\,kg/s$

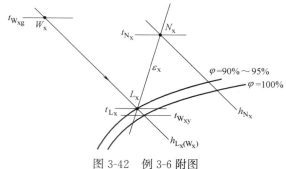

图 3-42 例 3-6 附图

（4）制冷量：$Q_0 = q_m \cdot C_p \cdot (t_{W_x} - t_{L_x}) = 11.25 \times 1.01 \times (26 - 15.2) = 122.7 \text{kW}$

**【例 3-7】 二级蒸发冷却空调系统**

乌鲁木齐市某二层高级办公楼，室内设计参数为：$t_{N_x} = 26℃$、$\varphi_{N_x} = 60\%$、$h_{N_x} = 61.2 \text{kJ/kg}$；夏季室外空气设计状态参数为：$t_{W_{xg}} = 34.1℃$、$h_{W_{xg}} = 56.0 \text{kJ/kg}$、$t_{W_{xs}} = 18.5℃$；室内冷负荷 $Q = 126 \text{kW}$，室内散湿量为 $W = 45 \text{kg/h}$（0.0125kg/s），热湿比 $\varepsilon = Q/W = 10080 \text{kJ/kg}$。确定夏季蒸发冷却功能段，并求解系统送风量和设备总显热制冷量。

**【解】**（1）空气处理方式及流程：在 $h\text{-}d$ 图上通过室内状态点 $N_x$，作 $\varepsilon_x$ 方向线与 $\varphi = 90\%$ 相对湿度线交于 $L_x$ 点，即送风状态点 $O_x$；查 $h\text{-}d$ 图得 $h_{L_x} = 50.2 \text{kJ/kg}$，由于 $h_{W_x} > h_{L_x}$、$d_{W_x} < d_{L_x}$，属于第 II 区，故采用 100% 新风的直流式间接蒸发冷却加直接蒸发冷却的方式。空气处理的基本流程为：

$$W_x \xrightarrow{\text{(IEC)}} W_1 \xrightarrow{\text{(DEC)}} L_x(O_x) \xrightarrow{\varepsilon} N_x$$

$h\text{-}d$ 表达如图 3-43 所示，即：室外状态点 $W_x$ 经间接冷却，沿等含湿量线冷却到等 $h_{L_x}$ 线上的 $W_1$，然后再经直接蒸发冷却到 $L_x$ 点，送入室内沿 $\varepsilon_x$ 线变化到 $N_x$ 点。各点的状态参数为：$t_{W_{xg}} = 34.1℃$、$t_{W_{xs}} = 18.5℃$；$t_{W_1} = 28.5℃$、$h_{W_1} = 50.2 \text{kJ/kg}$、$t_{W_{1s}} = 16.9℃$、$t_{L_x} = 18.1℃$、$h_{L_x} = h_{W_1} = 50.2 \text{kJ/kg}$、$t_{W_{1s}} = 16.9℃$。可采用如图 3-44 所示的蒸发冷却空气处理机组系统。

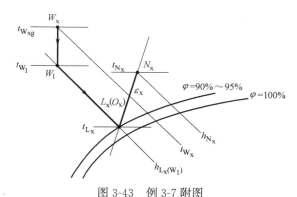

图 3-43 例 3-7 附图

（2）蒸发冷却段换热效率：

① $W \xrightarrow{\text{(IEC)}} W_1$：间接蒸发冷却段换热效率：

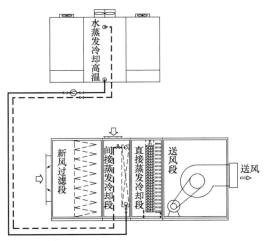

图 3-44　外冷式水蒸发冷却空气处理机组系统配置

$$\eta_{IEC}=(t_{W_{xg}}-t_{W_1})/(t_{W_{xg}}-t_{W_{xs}})=(34.1-28.5)/(34.1-18.5)=36\%$$

② $W_1 \xrightarrow{(DEC)} O$：直接蒸发冷却段换热效率：

$$\eta_{DEC}=(t_{W_1}-t_{L_x})/(t_{W_1}-t_{W_{1s}})=(28.5-18.1)/(28.5-16.9)=89.7\%$$

（3）送风量计算：$q_m=\dfrac{Q}{h_{N_x}-h_{O_x}}=\dfrac{126}{68-50.2}=11.90kg/s$

（4）总显热制冷量计算：

① 间接蒸发冷却段：$Q_{IEC}=q_m \cdot C_p \cdot (t_{W_{xg}}-t_{W_1})=11.9\times1.01\times(34.1-28.5)=$
67.3kW

② 直接蒸发冷却段：$Q_{DEC}=q_m \cdot C_p \cdot (t_{W_1}-t_{L_x})=11.9\times1.01\times(28.5-18.1)=$
125kW

机组提供的总显热制冷量：$Q=Q_{IEC}+Q_{DEC}=192.3kW$

**【例 3-8】** 三级蒸发冷却空调系统

其他条件同例题 3-7。提高室内舒适标准，室内设计参数为：$t_{N_x}=25℃$、$\varphi_{N_x}=$
$55\%$、$h_{N_x}=55kJ/kg$。试确定夏季机组功能段，并求解系统送风量与设备总显热制冷量。

**【解】**（1）根据已知条件，在 $h$-$d$ 图上确定室内外设计状态点 $N_x$ 和 $W_x$，仍属于第 Ⅱ
区，故仍采用 100%新风的直流式间接蒸发冷却器加直接蒸发冷却的形式。

假定采用一级间接蒸发冷却过程为 $W \to W_2$，则间接蒸发冷却段换热效率为：

$$\eta_{IEC}=\frac{t_{W_x}-t_{W_2}}{t_{W_x}-t_{W_s}}=\frac{34.1-22.3}{34.1-18.5}=76.1\%>60\%$$

因此，单靠一级间接蒸发冷却过程，冷却能力难以达到，需要增加一级间接蒸发冷却
段；再经过直接蒸发冷却段，形成三级蒸发冷却过程，即：

$$W_x \xrightarrow{(IEC)} W_1 \xrightarrow{(IEC)} W_2 \xrightarrow{(CC)} L_x(O_x) \xrightarrow{\varepsilon} N_x$$

如果采用冷却塔空气冷却器冷却段处理空气的终点状态 $W_1$ 点状态参数为：$t_{W_1}=$
$26.5℃$、$t_{W_{1s}}=16.4℃$、$h_{W_1}=40.80kJ/kg$，相应的换热效率为：

$$\eta'_{\text{IEC}}=\frac{t_{\text{W}_1}-t_{\text{W}_2}}{t_{\text{W}_1}-t_{\text{W}_{1s}}}=\frac{26.5-22.3}{26.5-16.4}=41.6\%<60\%，满足要求。$$

（2）系统送风量计算：

$$q_{\text{m}}=\frac{\sum Q}{h_{\text{N}_x}-h_{\text{L}_x}}=\frac{126}{55-43}=10.5\text{kg/s}$$

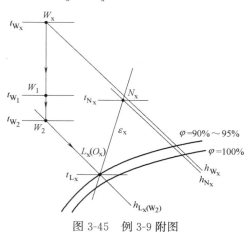

图 3-45　例 3-9 附图

（3）总显热制冷量计算：

$$W\xrightarrow{\text{(IEC)}}W_1：Q_{0\text{-}1}=q_{\text{m}}\cdot C_{\text{p}}\cdot(t_{\text{W}_x}-t_{\text{W}_1})=10.5\times1.01\times(34.1-26.5)=80.6\text{kW}$$

$$W_1\xrightarrow{\text{(IEC)}}W_2：Q_{0\text{-}2}=q_{\text{m}}\cdot C_{\text{p}}\cdot(t_{\text{W}_1}-t_{\text{w}_2})=10.5\times1.01\times(26.5-22.3)=44.5\text{kW}$$

$$W_2\xrightarrow{\text{(CC)}}O：Q_{0\text{-}3}=q_{\text{m}}\cdot C_{\text{p}}\cdot(t_{\text{W}_2}-t_{\text{L}_x})=10.5\times1.01\times(22.3-15.5)=72.1\text{kW}$$

机组提供的总显热制冷量：$Q=Q_{0-1}+Q_{0-2}+Q_{0-3}=197.2\text{kW}$

**七、空气-水蒸发冷却空调系统**

空气-水蒸发冷却空调系统的特点在于：通过蒸发冷却空调机组处理后的空气，能承担所对应空调区的全部潜热负荷，而空调区的显热负荷主要由干工况室内末端设备承担。目前，空气-水蒸发冷却空调系统在宾馆客房、办公室和医院等建筑中大量采用。蒸发冷却空调系统的建筑物空调负荷计算与常规空调计算方法相同，在半集中式系统的设计过程中，空调新风系统承担室内部分显热负荷与全部湿负荷；室内末端承担剩余室内显热负荷。因此，计算建筑物的负荷应分为建筑物显热负荷、建筑物潜热负荷与新风显热负荷三部分。最终分别计算出空调区的总冷负荷 $Q$、显热负荷 $Q_x$ 和潜热负荷 $W$。

蒸发冷却新风机组有不同的形式，为利用系统末端回水或冷水机组的出水对新风进行预冷，蒸发冷却冷水机组第一级设置为表冷段或板翅式间接蒸发冷却段，根据不同的连接方式对应的水系统流程通常有 3 种方式，如图 3-46 所示。图 3-47 为不同类型的蒸发冷却冷水机组原理图。

以乌鲁木齐市某办公楼为例进行说明，该楼共有 100 间相同的办公室。以一间 20m$^2$ 的办公室为例计算，采用空气-水蒸发冷却空调系统。

（1）室外设计状态点确定：夏季空气调节室外设计状态点 $W$ 的参数为：计算干球温度为 33.4℃，室外计算湿球温度为 18.3℃。

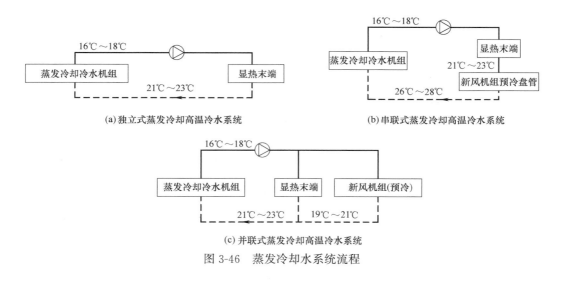

(a)独立式蒸发冷却高温冷水系统　　　　　(b)串联式蒸发冷却高温冷水系统

(c)并联式蒸发冷却高温冷水系统

图 3-46　蒸发冷却水系统流程

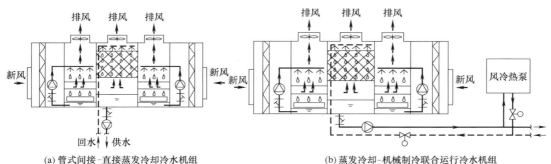

(a)管式间接-直接蒸发冷却冷水机组　　　　(b)蒸发冷却-机械制冷联合运行冷水机组

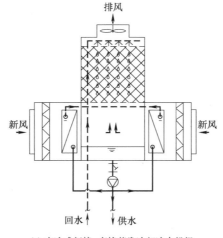

(c)表冷式间接-直接蒸发冷却冷水机组

图 3-47　蒸发冷却冷水机组原理图

（2）室内设计状态点确定：夏季室内设计状态点 $N$ 的参数为：温度为 26℃，设计相对湿度为 60％。

（3）冷负荷计算：夏季室内冷负荷 $Q=2.1\mathrm{kW}$，显热负荷 1.9kW，室内散湿量 $W=$

0.000021kg/s；热湿比为100000kJ/kg。

（4）送风状态点确定：根据最大送风温差确定的空调送风状态点 $O$ 的干球温度 $t_{O_g}$=18℃，相对湿度 $\varphi_O$=95%。

（5）空调系统形式确定：结合 $W$、$N$、$O$ 三个状态点在焓湿图上的位置，可以确定室外空气设计状态点在第Ⅱ分区（图3-48），可使用空气-水蒸发冷却空调系统。水系统形式：冷水机组供给显热末端的冷水直接回流，不经过新风机组［图3-46（a）］。

（6）送风量的确定：$q_m=Q/(h_N-h_O)=2.1/(61.3-53.3)$kg/s=945m³/h。新风量按照每人30m³/h计算，新风量 $q_{mW}$=90m³/h，则风机盘管风量 $q_{mF}$=855m³/h。

（7）新风处理后的送风状态点：根据 $NO/OL'=q_{mW}/q_{mF}$，可以确定 $t_{L_g}$=15.8℃、$\varphi_O$=90%。

（8）显热末端的送风状态点：根据 $MO/OL=q_{mW}/q_{mF}$，可以确定 $t_{M_g}$=19.5℃、$\varphi_M$=89%。

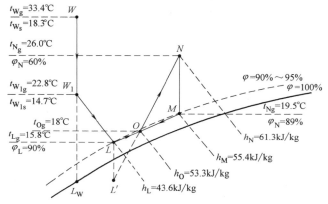

图3-48 空气-水蒸发冷却空调系统空气处理过程

（9）蒸发冷却设备效率：

① 间接蒸发冷却段效率：$\eta_{IEC}=(t_{W_g}-t_{W_{1g}})/(t_{W_g}-t_{W_s})=(33.4-22.8)/(33.4-18.3)$=70.1%；

② 直接蒸发冷却段效率：$\eta_{DEC}=(t_{W_{1g}}-t_{L_g})/(t_{W_{1g}}-t_{W_{1s}})=(22.8-15.8)/(22.8-14.7)$=86.4%。

（10）蒸发冷却新风机组设备选型：根据计算的效率，确定选用风量为10000m³/h、$\eta_{IEC}$=70%、$\eta_{DEC}$=90%的蒸发冷却新风机组（表3-22）。由于一级间接蒸发冷却器的效率难以超过70%，因此选用二级间接加一级直接的三级蒸发冷却新风机组。该系统流程图如图3-49所示。

**蒸发冷却新风机组参数表**　　　　　　　　　　　　　　表3-22

| 型号 | 额定风量(m³/h) | 显热制冷量(kW) | 额定功率(kW) | 规格尺寸(mm) |
|---|---|---|---|---|
| 10 | 10000 | 55.3 | 4.5 | 7300×1000×2630 |

（11）末端制冷量：$Q_F=q_m\times(h_N-h_M)=0.238\times(61.3-55.4)$=1.404kW。每间房间选择一台干式风机盘管，型号为FPG-136（表3-23），风量不小于855m³/h，制冷量

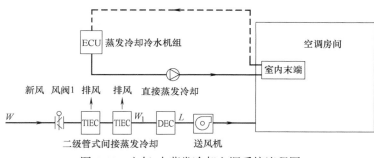

图 3-49　空气-水蒸发冷却空调系统流程图

不小于 1.404kW。

**风机盘管机组参数表** 表 3-23

| 型号 | 名义风量(m³/h) | 输入功率(kW) | 水量(kg/h) | 水阻(kPa) | 噪声(dB) |
|---|---|---|---|---|---|
| FPG-136 | 880 | 156 | 250 | 55 | 50 |

（12）蒸发冷却冷水机组选型：系统形式为独立式蒸发冷却高温冷水系统，每台风机盘管额定水量为 250kg/h，选用间接-直接蒸发冷却冷水机组额定流量为 25m³/h（表 3-24）、额定制冷量为 145kW，大于需求末端制冷量 140.4kW。

**蒸发冷却冷水机组参数表** 表 3-24

| 型号 | 制冷量(kW) | 输入功率(kW) | 循环水量(m³/h) | 进水压力(MPa) | 重量(kg) | 尺寸(mm) |
|---|---|---|---|---|---|---|
| 25 | 145 | 12.66 | 25 | 0.2 | 4200 | 6100×2000×4000 |

# 第六节　低温送风空调系统

## 一、低温送风空调系统的特点

低温送风系统（Cold Air Distribution System）也称为冷风分布系统，其送风温度低于一般的"常规"空调系统，送风温度一般为 4~10℃；而"常规"空调系统设计中采用的是 10~15℃名义温度送风。图 3-50 所示为低温送风系统组成及原理图。

目前的"常规"空调系统的 13℃送风标准是由希望保持房间相对湿度 50%~60%，但又要使冷冻水供水温度尽量高，以提高制冷机效率演变而来的。对于一般具有 0.8~0.9 显热比的办公室来说，13℃的进风温度为 24℃室温提供了 55%~60%的房间相对湿度。这样的送风温度还给冷却盘管的选择提供了灵活性，因为对于 6~7℃的冷冻水供水温度可有许多种选择方案。然而，这些"标准"设计参数不一定是最舒适的，且无论是一次费用或者运行费用不一定是最省的。这种"标准"设计参数多半是出于方便的需要而发展起来。

当人们对冰蓄冷供冷系统重新产生兴趣时，降低送风温度的优点就渐渐显现了，由于从蓄冰槽那里可得到 1~4℃的冷介质温度，所以就能容易地达到 4~9℃的送风温度，使空气输配系统费用与能耗有显著的节省。在降低了相对湿度的水平下，居住舒适性也被公认为有了提高。

此外，在许多工程中，低温送风特别有吸引力，这样的情况包括以下内容：

（1）将显著降低高层建筑的总高度，从而降低总的建筑造价；

（2）用于布置风管或空气处理设备的空间有限；

（3）希望降低房间湿度；

（4）冷负荷已经增加到超出现有空调系统的能力。

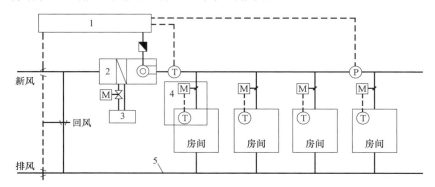

图 3-50　低温送风系统组成及原理图

1—自动控制系统；2—变风量空调机组；3—供冷能源中心；4—变风量末端装置；5—风道系统

低温送风系统具有以下优点：

（1）较低的送风温度减少了所要求的送风量；同时减小了风机、风管、配件等的尺寸，导致较低的机械系统费用。

（2）在某些情况下，由于采用低温送风系统而造成的费用节省可以补偿增加蓄冰槽所增加的费用。

（3）较小的风管尺寸可以降低楼层层高要求，使建筑结构、围护结构及其他一些建筑系统费用有了显著节省。

（4）通过低温送风系统所维持的较低相对湿度改善了热舒适性及室内空气品质。试验室研究表明在较低的湿度下，受试者感觉更为凉快和舒适，认为空气比较新鲜，空气品质更可接受。同时较低的相对湿度可以相应地提高室内温度，室内人员外出时可以很快适应外部环境，避免"空调病"的产生。

（5）低温送风系统还可以节省能源费。由于减少了风量，送风机能耗可以降低 30%～40%。另外在蓄冷条件下采用低温送风系统，制冷系统减少了价格高的高峰时段电能消耗；当然，由于冷冻水温度降低，制冷系统的电能消耗会有所增加，但所增加的电能是电价便宜的非尖峰用电时段的电能，所以总体来讲，能源消耗大大降低。

（6）低温送风系统可能对于那些冷负荷超过了现有空气处理机组与管网能力的系统特别有效。通过降低送风温度，业主们可以避免更换或添加现有的空调系统设备的开支。

当然，低温送风系统不是适用于所有情况，在某些工程中，采用低温送风应该小心，这种工程包括以下情况：

（1）无法制取 1～4℃ 的冷冻介质；

（2）房间相对湿度必须保持在高于 40%，低温送风系统的空调区相对湿度较低，送风量较小，因此要求湿度较高及送风量较大的空调区不宜采用；

（3）需要高的通风换气量；

（4）全年中有很多时间段可以利用 7～13℃ 的室外空气供冷。

**二、低温送风空调设计要点**

（1）空气冷却器的出风温度

制约空气冷却器出风温度的条件是冷媒温度，如冷却盘管的出风温度与冷媒的进口温度之间的温差（接近度）过小，必然导致盘管传热面积过大而不经济，以致选择盘管困难。因此，空气冷却器的出风温度与冷媒的进口温度之间的温差不宜小于 3℃，但送风温度过低易引起风口结露，不利于风口处空气的混合扩散。因此，出风温度宜采用 4～10℃。当冷却盘管出风温度低于 7℃ 时，可能导致干式蒸发系统的盘管结霜和液态制冷剂带入压缩机。因此，直接膨胀系统出风温度不应低于 7℃。具体要求详见表 3-25 和表 3-26。

冷源形式与低温送风温度范围　　　　　　　　　　　　表 3-25

| 冷源形势 | 进入盘管冷媒温度（℃） | 适合的低温送风温度（℃） |
|---|---|---|
| 冷水机组，水蓄冷系统 | 4～6 | ≥8 |
| 直接膨胀式空调系统 | — | ≥7 |
| 冰蓄冷系统 | 1～4 | ≤7 |

低温送风系统的送风温度和冷媒温度　　　　　　　　　表 3-26

| 空调送风温度（℃） | 进入盘管冷媒温度（℃） |
|---|---|
| 9～11 | 4～6 |
| 6～8 | 2～4 |
| ≤5 | ≤2 |

（2）送风温升

低温送风系统不能忽视的还有风机、风道及末端装置的温升（一般可达 3℃ 左右）；因此，确定室内送风温度时，应计算送风机、送风管道及送风末端装置的温升；并应保证在室内温湿度条件下风口不结露。

（3）室内设计干球温度

采用低温送风时，室内设计干球温度宜比常规空气调节系统提高 1℃。VAV 系统采用低温送风时，室内相对湿度宜在 30％～50％ 范围内。常规系统的室内相对湿度为 50％～60％，而低温送风系统的室内相对湿度为 40％ 左右，根据 ASHRAE 标准 55—1981，室内相对湿度从 50％ 下降到 35％ 时，干球温度可提高 0.56℃ 而热舒适度不变；近年的研究证明提高的数值可达 1℃ 或更高。如不提高设计干球温度，系统将增加潜热负荷，夏季人穿衣少时会感觉偏冷。设计负荷如过大，在部分负荷时，冷媒在管内流速和传热过分降低，使出风温度不稳定；采用 VAV 系统时，送风量过小易引起冷空气下跌，如到达变风量下限时仍然过冷，再将热量增加。因此，推荐将室内干球温度提高 1℃ 设计，以免设计负荷过大。

（4）空气处理机组的选型

空气处理机组的选型应通过技术经济比较确定，空气冷却器的迎风面风速宜采用

1.5～2.3m/s；冷媒通过空气冷却器的温升宜采用 9～13℃。空气冷却器的迎风面风速低于常规系统，是为了减少风侧阻力和冷凝水吹出的可能性，并使出风温度接近冷媒的进口温度；为了获得低出风温度，冷却器盘管的排数和翅片密度也高于常规系统，但翅片过密或排数过多会增加风或水侧阻力、不便于清洗、凝水易被吹出盘管等，应对翅片密度和盘管排数二者权衡取舍，进行设备费和运行费的经济比较，确定其数值；为了取得风水之间更大的接近度和温升，及解决部分负荷时流速过低的问题，应使冷媒流过盘管的路径较长，温升较高，并提高冷媒流速与扰动，以改善传热，因此冷却盘管的回路布置常采用管程数较多的分回路的布置方式，但增加了盘管阻力。基于上述诸多因素，低温送风系统不能直接采用常规空气调节系统的空气处理机组，必须通过技术经济分析比较，严格计算后进行设计选型。低温送风系统和常温空调系统空气冷却器性能与技术参数比较见表 3-27。

**低温送风系统和常温空调系统空气冷却器性能与技术参数比较**　　　　表 3-27

| | 比较内容 | 常温空调系统 | 低温送风系统 |
|---|---|---|---|
| 盘管选型参数 | 离开盘管时的空气温度（℃） | 12～16 | 4～11 |
| | 进入盘管时的冷水温度（℃） | 5～8 | 1～6（低于 1℃时应采用乙二醇溶液或其他二次冷媒） |
| | 盘管面风速（m/s） | 2.3～2.8 | 1.5～2.3 |
| | 进水和出风温度接近度（℃） | 5.5～7.5 | 2.2～5.5 |
| | 冷水温升（℃） | 5～8.8 | 7～13 |
| 结构参数 | 盘管排数 | 4～6 | 6～12 |
| | 单位长度翅片数（片/mm） | 0.32～0.55 | 约 0.55 |
| | 盘管传热率 | 可不修正 | 需进行修正 |
| 盘管压降 | 空气侧压降（pa） | 125～250 | 150～320 |
| | 冷水侧压降（kPa） | 18～60 | 27～90 |
| 部分负荷特性 | 冷水流量和出风温度 | 比较稳定 | 可能出现波动 |
| | 解决方法 | — | 采用较小管径铜管或分回路盘管，强化传热 |
| 凝水排放 | 上下叠加盘管 | 无须设中间凝结水盘 | 需设中间凝结水盘 |
| | 凝结水量 | 较少 | 较大 |

低温送风系统空气冷却器排数与冷水供、回水温差的关系可参照表 3-28 至表 3-30，当设计数据超出表中数值时，应调整设计。

**4℃送风时空气冷却器排数与冷水温差关系**　　　　表 3-28

| 冷却盘管排数 | | 进入盘管冷水温度 | | | | |
|---|---|---|---|---|---|---|
| | | −2℃ | −1℃ | 0℃ | 1℃ | 2℃ |
| 6 排 | 送风温度 4℃ | ☆ | ☆ | ☆ | × | × |
| | 冷水温差（℃） | △ | △ | △ | # | # |
| 8 排 | 送风温度 4℃ | ☆ | ☆ | ☆ | × | × |
| | 冷水温差（℃） | △ | △ | △ | # | # |

续表

| 冷却盘管排数 | | 进入盘管冷水温度 | | | | |
|---|---|---|---|---|---|---|
| | | −2℃ | −1℃ | 0℃ | 1℃ | 2℃ |
| 10排 | 送风温度4℃ | ☆ | ☆ | ☆ | ○ | × |
| | 冷水温差(℃) | △ | △ | △ | 5.3~6.1 | ♯ |
| 12排 | 送风温度4℃ | ☆ | ☆ | ☆ | ○ | ○ |
| | 冷水温差(℃) | △ | △ | △ | 6.1~9.5 | 7.1~8.2 |

☆:表示能够满足要求但需要采用乙烯乙二醇溶液或其他二次冷媒,下同;
×:表示不能满足要求,下同;
○:表示可以满足要求,下同;
♯:表示无法得到冷水温差,下同;
△:表示经过冷却盘管的冷媒温差需经空调器厂家进行计算,下同

**7℃送风时空气冷却器排数与冷水温差关系** 表3-29

| 冷却盘管排数 | | 进入盘管冷水温度 | | | | |
|---|---|---|---|---|---|---|
| | | 0℃ | 1℃ | 2℃ | 3℃ | 4℃ |
| 6排 | 送风温度7℃ | ☆ | ○ | × | × | × |
| | 冷水温差(℃) | △ | 3.6~4.2 | ♯ | ♯ | ♯ |
| 8排 | 送风温度7℃ | ☆ | ○ | ○ | ○ | ○ |
| | 冷水温差(℃) | △ | 3.2~9.4 | 3.2~7.9 | 4.6~6.3 | 2.9~5.7 |
| 10排 | 送风温度7℃ | ☆ | ○ | ○ | ○ | ○ |
| | 冷水温差(℃) | △ | 4.9~10.7 | 4.1~9.2 | 3.4~6.9 | 3.0~8.1 |
| 12排 | 送风温度7℃ | ☆ | ○ | ○ | ○ | ○ |
| | 冷水温差(℃) | △ | 7.3~16.5 | 6.0~7.0 | 4.5~6.2 | 4.5~10.0 |

**9℃送风时空气冷却器排数与冷水温差关系** 表3-30

| 冷却盘管排数 | | 进入盘管冷水温度 | | | | |
|---|---|---|---|---|---|---|
| | | 2℃ | 3℃ | 4℃ | 5℃ | 6℃ |
| 6排 | 送风温度9℃ | ○ | ○ | ○ | ○ | ○ |
| | 冷水温差(℃) | 2.8~11.1 | 2.8~9.6 | 2.6~9.0 | 2.7~7.2 | 2.7~5.0 |
| 8排 | 送风温度9℃ | ○ | ○ | ○ | ○ | ○ |
| | 冷水温差(℃) | 7.4~14.2 | 6.8~12.7 | 6.4~12.2 | 3.4~10.2 | 2.7~8.0 |
| 10排 | 送风温度9℃ | ○ | ○ | ○ | ○ | ○ |
| | 冷水温差(℃) | 9.4~16.4 | 8.4~14.8 | 8.9~14.0 | 5.2~12.2 | 4.0~10.0 |
| 12排 | 送风温度9℃ | ○ | ○ | ○ | ○ | ○ |
| | 冷水温差(℃) | 11.0~17.9 | 11.0~16.2 | 10.8~15.4 | 9.0~13.5 | 8.0~11.5 |

(5)低温送风系统的软启动

当送风口直接向空调区送低温冷风时,应采取使送风温度逐渐降低的措施。空气调节送风系统开始运行或长时间停止工作后启动,室内相对湿度和露点温度较高,经过降温处

理的送风若直接进入室内，风口表面如降至周围空气的露点以下，会出现结露现象，低温送风时尤为严重。因此，强调低温送风时不能很快地降低送风温度，可采用调节冷媒流量或温度、逐步减小末端加热量等"软启动方式"，使送风温度随室内相对湿度的降低而逐渐降低。当末端采用小风机串联等混合箱装置，混合后的出风温度接近常规系统时，有可能不存在上述问题。

（6）低温送风系统的保冷

低温送风系统的空气处理机组至送风口处必须进行严密的保冷，保冷层厚度应经计算确定。由于送风温度比常规系统低，为减少系统冷量损失和防止结露，应保证系统设备、管道、末端送风装置的正确保冷与密封，保冷层应比常规系统厚。

（7）低温送风系统的末端送风装置

因送风温度低，为防止低温空气直接进入人员活动区，尤其是采用变风量全空气空气调节系统，当低负荷低送风量时，对末端送风装置的扩散性或空气混合性有更高的要求。

送风口表面温度应高于室内露点温度 $1\sim2℃$，低于室内露点温度时，应采用低温送风风口。低温送风的送风口所采用的散流器与常规散流器相似（表 3-31）。两者的主要差别是：低温送风散流器所适用的温度和风量范围较常规散流器广。在这种较广的温度与风量范围下，必须解决好充分与空调区空气混合、贴附长度及噪声等问题。选择低温进风散流器就是通过比较散流器的射程、散流器的贴附长度与空调区特征长度等三个参数，确定最优的性能参数。选择低温送风散流器时，一般与常规方法相同，但应对低温送风射流的贴附长度予以重视。在考虑散流器射程的同时，应使散流器的贴附长度大于空调区的特征长度，以避免人员活动区吹冷风现象。

几种常用散流器适合的送风温度及场合

表 3-31

| 散流器类型 | 适合的送风温度 | 适用场合 |
| --- | --- | --- |
| 普通金属散流器 | 13℃以上 | 常温空调系统 |
| 塑料散流器 | | |
| 保温型散流器 | 10℃以上 | 较高温度的低温送风，室内干球温度较高湿度较大的场合 |
| 电热型散流器 | | |
| 高诱导比低温送风散流器 | 3.3～10℃ | 送风温度 4～10℃ 的低温送风系统 |

（8）采用冰蓄冷空调系统时，应适当加大空调冷水的供回水温差，并宜符合以下规定：当采用冰蓄冷空气调节冷源或有低温冷媒可利用时，全空气系统可采用低温送风空气调节系统；对要求保持较高空气湿度或需要较大送风量的空调区，不宜采用低温送风空气调节系统。当空调系统采用低温送风方式时，其冷水供回水温度，应经过经济技术比较后合理确定。供水温度一般不宜高于 $5℃$。

（9）VAV 系统采用低温送风时，新风量和各空调区域的新风分布设计应符合下列要求：

① 舒适性空调一般区域的新风量应大于排风量，使室内能有效地控制正压值；

② 应通过系统分区、风口布置等措施，力求新风分布能满足各区域室内人员卫生要求；当不能满足时，可考虑采用独立新风系统，将所需新风量直接送入各空调区域或末端装置的送风管内；

③ 当送风温度较低、送风量过小、一些区域的新风量不能满足室内人员卫生要求时，

宜提高送风温度以增大送风量；

④ 当区域送风量较小而新风量不足时，不宜采用增加整个空调系统的新风量，或通过末端装置加热增加送风量等增加能耗的措施；

⑤ 宜采用串联式风机动力型末端，提高区域通风效率。

# 第七节　多联式空调（热泵）机系统

## 一、多联式空调（热泵）机系统分类及特点

### 1. 系统组成及工作原理

变制冷剂流量（Variable Refrigerant Volume Air Conditioning System—VRV）空调系统是直接蒸发式系统的一种形式，主要由室外主机、制冷剂管线、末端装置（室内机）以及一些控制装置组成。

VRV 系统的典型代表为多联式空调（热泵）机系统（Variable Refrigerant Volume Split Air Conditioning System-VRVS），是由一台室外空气源制冷或热泵机组配置多台室内机，通过改变制冷剂流量适应各房间负荷变化的直接膨胀式空调系统（图 3-51）。空调房间或区域数量多、同时使用率较低，各区域要求温度独立控制，并具备设置室外机条件的中小型空调系统，可采用变制冷剂流量多联式空调（热泵）机系统。

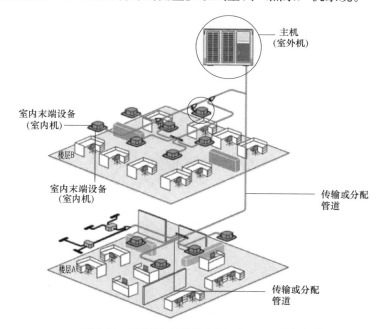

图 3-51　变制冷剂流量空调（VRV）系统组成

图 3-52 所示为单元式多联式空调机工作原理图。

（1）单元式冷暖型空调机工作原理 ［图 3-52（a）］

接通电源，室内、外机开始工作。进行制冷运行时，来自室内机蒸发器的低压制冷剂气体被压缩机吸入压缩成高压气体，排入室外机冷凝器；通过轴流风扇的作用，与室外的空气进行热交换而成为制冷剂液体，经过毛细管节流降压、降温后进入蒸发器，在室内机

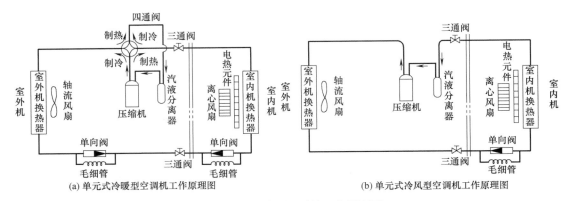

图 3-52　多联式空调系统工作原理图

离心风扇的作用下，与室内需调节的空气进行热交换而成为低压制冷剂气体，如此周而复始地循环而达到制冷的目的。当进行制热运行时，电加热元件开始工作，同时，四通电磁换向阀动作，使制冷剂按制冷过程的逆过程进行循环。制冷剂在室内机灸热器中放出热量，在室外机换热器中吸收热量，进行热泵制热循环，从而达到热泵辅助电加热制热的目的。

（2）单元式冷风型空调机工作原理［图 3-52（b）］

开机后室内、外机开始工作。来自室内机热交换器的低压制冷剂气体被压缩机吸入，压缩成高压气体，排入室外机热交换器，与室外的空气进行热交换而成为制冷剂液体，经毛细管节流降压、降温后进入室内机热交换器，与室内需要调节的空气进行热交换而成为低压制冷剂气体，如此周而复始地循环而达到制冷的目的。

下列建筑，可采用变制冷剂流量多联式空调（热泵）机系统：

① 办公楼、饭店、学校等具有舒适性要求的中小型建筑；

② 可就近安置室外机组和新风处理机组的较大型建筑；

③ 中、高档住宅；

④ 设有集中供冷、供热系统的建筑中，使用时间和要求不同的少数房间；

⑤ 有空调要求，但不允许冷热水管道进入的房间；

⑥ 要求独立计费的用户。

VRVS 系统适合公寓、办公、住宅、高档建筑等，在夏季室外空气计算温度 35℃以下、冬季室外空气计算温度－5℃以上的地区，VRVS 系统基本上能满足冬、夏季冷热负荷的要求。

2. VRVS 系统分类及适用性

VRVS 系统按使用功能分为热回收型、热泵型和单冷型（表 3-32）。

多联式空调（热泵）机组使用分类及其适用性　　　　　　　　　　表 3-32

| 项目 | 热回收型 | 热泵型 | 单冷型 |
| --- | --- | --- | --- |
| 使用特性 | 供冷期按制冷工况运行；供热期按制热或制冷工况运行，即室内机制冷运转台数大于制热运转台数时室外机制冷，制冷运转台数小于制热运转台数时室外机制热，平衡时室外机为热回收运行 | 供冷期按制冷工况运行，供热期按制热工况运行 | 系统仅在供冷期按制冷工况运行 |

续表

| 项目 | 热回收型 | 热泵型 | 单冷型 |
|---|---|---|---|
| 系统配置 | 系统分为两管制和三管制，两管制系统由室外机、分流控制器和室内机组成，室外机与分流控制器之间由高压气体和低压气体两根管道相连；三管制系统由室外机、电磁三通阀和室内机组成，室外机与室内机之间由高压气体、高压液体和低压气体三根管道相连 | 系统由室外机和室内机组成，室内、外机由制冷剂气、液管道相连，并配有不同功能要求的控制组件，室外机配有四通换向阀切换制冷、制热工况 | 系统由室外机和室内机组成，室内、外机由制冷剂气、液管道相连，并配有不同功能要求的控制组件 |
| 运行模式 | 制冷工况下的运行模式与单冷型相同；冷、热混合工况下，室外机热交换器作为冷凝器或蒸发器，用于平衡室内机的供冷、供热量；两管制系统，高压气体进入分流控制器，经气流分离器，进入室内机放热冷凝，供热后的液体与其他冷凝后高压液体合流进入其他室内机吸热蒸发，供冷后的低压气体回至压缩机；三管制系统，高压气体经由高压气体管进入室内机放热冷凝，后续运行模式与两管制相同 | 制冷工况下的运行模式与单冷型相同；制热工况下，室内、外机的蒸发器、冷凝器相互切换，室外机电子膨胀阀控制室外机蒸发器出口的过热度，室内机电子膨胀阀控制室内温度和室内机冷凝出口的过冷度，由压缩机的容量变化调节排气压力，从而适时满足热负荷要求 | 一台或一组室外机内，通常由数码涡旋或变频压缩机与定速机并联运行，制冷工况下，通过室内机电子膨胀阀调节，控制室内温度和各室内机蒸发器出口过热度，由压缩机的容量变化调节吸气压力，从而适时满足冷负荷要求 |
| 环境适用性 | 适用于一般舒适性空调，如高级住宅、办公楼、旅馆客房、商场等；不适于有恒温、恒湿、洁净、静音要求的使用环境；不适于有烟尘、水蒸气、酸碱腐蚀性气体，抑制电脑的安装环境 | 同热回收型系统 | 同热回收型系统 |
| 负荷适用性 | 适用于在供热期有明显区域冷负荷的系统 | 冷、热负荷相差较小，供冷期较为平衡的系统 | 适用于冷、热负荷相差较大，供冷期、供热期相对不平衡的系统；适用于降温系统 |
| 地域适用性 | 适用于夏热冬冷、寒冷区的供冷期供冷和供热期热回收 | 适用于夏热冬冷区的供冷期供冷和供热期供热 | 适用于夏热冬暖、夏热冬冷、寒冷区的供冷区供冷 |

注：1. 热回收系统的室内、外机与热泵系统的产品形式相同，两管制时，需在室内机附近安装分流控制器；三管制时，需安装冷热转换电磁三通阀，此两项均为定型配套产品，请参阅厂商技术资料。

2. 以上仅从制冷、制热能力的角度来界定地域适用性，综合性地定量分析，需要进行季节能效比（SEER）研究。

3. 热回收及热泵型用于供热时，必须注意室内外温度的限制。

表3-33所示为多联式空调（热泵）系统工作范围。

**多联式空调（热泵）系统工作范围**　　表3-33

| 分类内容 | 范围 | 分类内容 | 范围 |
|---|---|---|---|
| 制冷运行温度 | $-5℃DB\sim43℃DB$ | 室内外机高度落差 | $\leqslant50m$ |
| 制热运行温度 | $-15℃DB\sim16℃DB$ | 同一室外机系统室内机间高度落差 | $\leqslant18m$ |
| 室外机等效配管长度 | $\leqslant175m$ | 室内外机容量比 | $\leqslant135\%$ |

**二、多联式空调（热泵）机系统设计流程**

（1）确定是否采用多联式空调（热泵）机系统时，要考虑其特点及适用环境、使用限制，以节能为基本原则确定系统形式。

① 多联式空调（热泵）机系统比较适用于中、小型建筑，也可用于大型建筑，特别适合房间数量多、区域划分细致的中、小型建筑以及房间空调同时使用率较低的建筑。负荷特性相差较大的房间或区域，宜分别设置多联式空调（热泵）机系统。

② 下列地区或场所，不宜采用多联式空调（热泵）机系统：振动较大、油污蒸汽较多以及产生电磁波或高频波等场所。由于制冷剂直接进入空调区，且室内有电子控制设备，当用于有振动、有油污蒸汽、有产生电磁波或高频波设备的场所时，易引起制冷剂泄漏、设备损坏、控制器失灵等事故，不宜采用该系统。采用空气源多联式空调（热泵）机系统供热时，冬季运行性能系数低于1.8。

③ 多联式空调机系统的优点是设计、安装简单、布置灵活、节省空间，部分负荷状态下能效比高、运行成本低，运行管理方便、维护简单，可实现分户计量、分期建设。空气源多联式空调（热泵）机系统没有空气调节水系统和冷却水系统，系统简单，不需机房面积，管理灵活，可以热回收，且自动化程度较高，近年已在国内一些工程中采用。缺点是初期投资较高，在设计时必须考虑系统安装范围的限制及室外机的安装位置，对新风及湿度的处理能力相对较差。

④ 多联式空调机系统全年运行，宜采用热泵型机组；在同系统中，同时需要供冷和供热时，宜采用热回收型机组。变制冷剂流量多联式空调（热泵）机系统宜采用压缩机变压缩容量控制技术。

⑤ 新风系统的设置及处理方式主要采用以下三种：传统集中空调新风系统，主要应用于对新风要求比较高的情况，特别是对湿度及洁净度要求比较高；采用新风换气机处理新风，一般情况均适用，应注意所选用的热交换器热回收效率不低于60%；采用直接膨胀式新风处理机，一般情况均适用。室内机外余压较高，可连接风管和风口输送新风，室内机有内置热回收装置的类型，运行状态更稳定，节能效果更显著。直接膨胀式新风机可采用多联式或者单元式，不宜与空调系统室内机共联。

⑥ 为避免冬季吸入的新风温度过低而影响室内温度，冬季有霜冻的地区宜在进风管上加设外置型电加热器。

⑦ 应根据使用地区的气候条件选择空气源机组的室外机类型；仅用于供冷的变制冷剂流量多联式空调（热泵）机系统宜选择水冷却型机组。

⑧ 在同一变制冷剂流量多联式空调（热泵）机系统中同时需要供冷和供热时，宜选择热回收型机组。近年来，国外一些生产厂新推出了能同时进行制冷和制热的热回收机组。室外机为双压缩机和双换热器，并增加了一根制冷剂连通管道；当同时需供冷和供热时，需供冷区域蒸发器吸收的热量，通过制冷剂向需供热区域的冷凝器借热，达到了全热回收的目的；室外机的两个换热器、需供冷区域室内机和需供热区域室内机换热器，根据负荷的变化，按不同的组合作为蒸发器或冷凝器使用，系统控制灵活，供热供冷一体化，符合节能的原则，所以推荐采用这种热回收式机组。

（2）负荷计算。

根据室内、外设计计算参数计算冷、热负荷时，应充分考虑新风负荷对室内总负荷的影响，新风负荷与所采用的新风系统形式密切相关，特别是采用新风换气机时，夏季冷回收效率由于各品牌间相差悬殊且无标准要求，新风冷负荷对室内总冷负荷影响较大。

（3）初步确定室内机容量、型号及安装位置。

① 根据房间冷负荷，在厂家提供的室内机样本中初步选择室内机的型号，选型时考虑到多联机系统使用的灵活性以及间歇使用和邻室传热，宜对计算负荷适当放大。对于需全年运行的热系型机组，应比较房间的冷负荷和热负荷，按照其值比较大者确定室内机的容量。

② 根据房间使用功能、装修布置、层高及室内机安装高度限制，确定室内机机型及安装位置。当需要进行二次装修设计时，施工图设计阶段亦应确定室内机机型及安装位置，并对二次装修设计提出设备安装要求，便于装修设计人员提前整体考虑装修方案，同时不会因为装修影响系统正常安全运行。各型式室内机安装高度及适用场合见表 3-34。嵌入式室内机安装示意图如图 3-53 所示。

<table>
<tr><td colspan="2" align="center">室内机安装高度或适用场合　　　　　　　　　　　　　　　　　　　表 3-34</td></tr>
<tr><td align="center">室内机型式</td><td align="center">安装高度或适用场合</td></tr>
<tr><td align="center">单（双）向出风嵌入型</td><td align="center">安装高度离地面不宜超过 3m</td></tr>
<tr><td align="center">四向出风嵌入型</td><td align="center">安装高度离地面不宜超过 4m</td></tr>
<tr><td align="center">低静压暗装管道型</td><td align="center">出口静压不超过 50Pa；常用于层高较低的房间</td></tr>
<tr><td align="center">高静压暗装管道型</td><td align="center">出口静压一般为 69~98Pa，最大 147Pa；常用于层高较高、房间面积较大的场合</td></tr>
<tr><td align="center">顶棚悬吊型、壁挂型、落地型</td><td align="center">常用于房间装修顶部安装空间不够，层高较低的场合</td></tr>
</table>

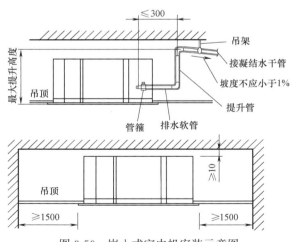

图 3-53 嵌入式室内机安装示意图

③ 室内机选型时应在负荷计算的基础上进行温度修正、连接率修正、连接管长度与高差修正；在用于冬季供热时，应根据实际室外气象条件和融霜对制热量的影响因素校核机组的实际制热量，不满足要求时应作调整。

④ 在条件许可情况下，应尽可能地采用性能系数较高的小规格多联机组。

（4）划分多联机系统。

多联机系统的划分主要考虑以下几个方面：

① 系统不宜太大，系统管路等效长度不宜过长，不仅从运行效率方面考虑，也涉及系统运行，不论是系统的回油还是制冷剂泄漏的安全性，要求尽量缩短连接管路，避免管路连接过于复杂，尽量避免硬性弯头，室内机与冷媒主干管的距离尽量缩短（图 3-54、表 3-35）。室外机容量不超过 56kW 为宜，配管等效长度不超过 80～100m 为宜；系统冷媒管的等效长度宜不超过 70m；或通过产品技术资料核定，在规定制冷能力试验条件及配管实际长度条件下的满负荷的性能系数不低于 2.80；室内机之间、室内与室外机之间的高度差不能超过产品允许的最大落差，且应尽可能小；同一系统内的室内机数量不能超过室外机允许连接的数量。

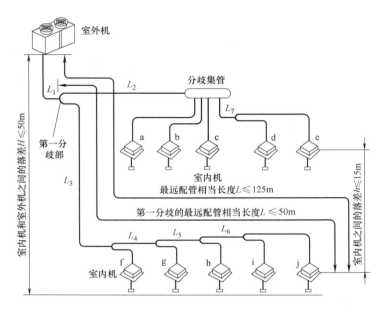

图 3-54　多联机系统管线连接要求

连接管允许长度和落差　　　　　　　　　　　　　　　　表 3-35

| 项　　目 | | 允许值(m) | 配管部分 |
|---|---|---|---|
| 配管总长（单程实际长） | | 250 | $L_1+L_2+L_3+L_4+L_5+L_6+L_7+a+b+\cdots\cdots+i+j$ |
| 单程最远配管长(m) | 实际长度 | 100 | $L_1+L_2+L_3+L_4+L_5+L_6+j$ |
| | 等效长度 | 125 | |
| 第一分歧管到最远配管<br>等效长度 $L$(m) | | 50 | $L_3+L_4+L_5+L_6+j$ |
| 室内机-室外机落差 | 室外机在上 | 50 | — |
| | 室外机在下 | 40 | — |
| 室内机-室外机落差 | | 15 | — |

② 不同朝向的房间、使用时间有差异的房间或者经常使用与不经常使用的房间宜划分为同一系统，且同时使用率控制在 50%～80% 之间，确保系统在较高能效比状态下运行，并能在个别房间实际负荷超过计算负荷时保证各室内机的出力。

③ 满足室内机的容量配比系数的限制要求，设计时应根据系统的具体使用情况决定，也可以参照表 3-36，对制热有特殊要求的系统不适合超配。

室内外机容量配比系数选择参考表　　　　　　　　　　　表 3-36

| 同时使用率 | 最大容量配比系数 | 同时使用率 | 最大容量配比系数 |
|---|---|---|---|
| ≤70% | 125%～135% | 70%～80% | 100%～110% |
| 70%～80% | 110%～125% | ≥90% | 100% |

④ 室内机数量不超过室外机容许连接的数量，室内机之间高差、室内与室外机之间高差不能超过表 3-35 中的最大值，不同容量室外机允许连接室内机台数可参考表 3-37。

室内机连接台数参考表　　　　　　　　　　　表 3-37

| 室外机容量 | 室内机最大连接台数 | 室外机容量 | 室内机最大连接台数 |
|---|---|---|---|
| <15kW | 5～9 | 18～25kW | 11～13 |
| 28～60kW | 16～20 | 61～65kW | 24～32 |
| 89～111kW | 36～40 | 117～134kW | 44～48 |

⑤ 尽量将容量相近的室内机划分在同一系统，以利于室内机冷媒流量分配的平衡，使用不频繁的大空间房间宜单独设置系统并宜选用定频式机组，以节省造价。

（5）根据划分好的多联机系统，确定室外机容量及位置。

① 室外机位置的确定需在满足室内外机高差（当室外机安装位置低于室内机时，室内外机高差不宜大于 40m）、系统配管等效长度的限制条件前提下，根据室外机外形尺寸及安装维修要求、使用环境要求，结合其他专业的具体要求，尽量选择通风条件好、便于安装及维修、噪声振动对建筑物及周边影响较小的室外开散空间，应尽量避免阳光或高温热源直接辐射。如果条件有限，不能完全满足室外机安装要求，则需要采取相应措施，确保系统正常使用和室外机安全、高效运行。图 3-55 所示为室外机布置示例图。

② 室外机实际制冷容量的确定。根据系统的划分确定室外机总冷负荷，并按照厂家样本提供的配管长度修正系数和室外机进风干球温度、室内机回风湿球温度修正系数进行修正后，得到设计工况下室外机实际制冷容量。

③ 室外机实际制热容量的确定。根据系统总热负荷，在按照确定制冷容量的方法步骤计算制热容量时，还要根据产品样本提供的除霜系数进行修正，得到室外机实际制热容量。需要注意，制热容量温度修正系数为室外机进风湿球温度、室内机回风干球温度修正系数。

④ 根据上述计算结果，按照其中较大数值选择室外机。

（6）校核各室内机的实际供冷、供热量。

室内机的实际供冷、供热量与所在系统的室内、外机容量配比系数，该室内机到室外机的连接管路等效长度以及室内、外机高差，室内机回风湿球温度等因素均有关系。当存在下列情况之一，即需要对所选室内机的供冷、供热量进行校核并予以修正：

① 实际工程室内、外设计计算参数与产品样本提供的名义工况不同；

② 室内、外机之间冷媒管路等效长度大于 5m；

③ 室内、外机之间存在高差；

143

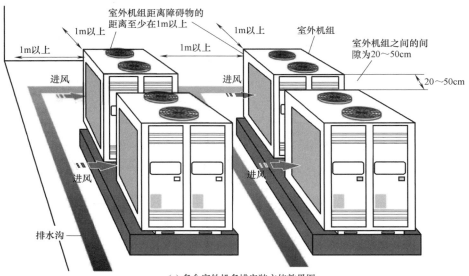

(a) 多台室外机多排安装立体效果图

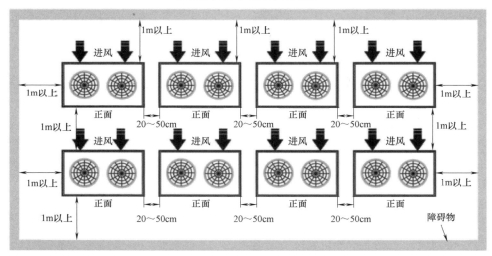

(b) 多台室外机多排安装平面效果图

图 3-55  室外机布置示例图

④ 室内、外机容量配比系数大于 100％。

（7）热泵型机组供热时，室内机还应满足房间供暖要求。

如果经修正计算后，室内机供冷、供热量小于房间冷、热负荷，则需要重新选择室内机型号并重新进行上述校核后计算室内、室外机容量配比系数。根据系统室内机及室外实际制冷、制热量进行校核计算。

（8）凝结水管路的设计。

多联式空调机系统凝结水管路的设计与常规集中空调系统凝结水管路设计方法相同。

**三、空气处理过程与计算方法**

VRVS 空调系统的空气处理过程可分以下两种情况考虑：

（1）自然进新风时，系统的空气处理过程可参照一次回风式系统的空气处理过程；

（2）新风经过新风机组处理由风道送入各空调房间时，系统的空气处理过程可参照风机盘管加新风系统。

【例 3-9】　已知某建筑物的建筑面积为 $1400m^2$，冷负荷指标为 $70W/m^2$，湿负荷为 $44.72kg/h$，室内设计参数：$t_N=26℃$、$\varphi_N=60\%$；室外空气计算参数：$t_W=32.3℃$、$\varphi_W=70\%$、$h_W=87.36kJ/kg$；新风比为 $\alpha=20\%$。若采用 VRVS 空调系统，试确定设备容量。

【解】

（1）计算热湿比：$\varepsilon=\dfrac{\sum Q}{\sum W}=\dfrac{70\times1400\times3600}{44.72\times1000}=7889kJ/kg$

（2）确定送风状态点（图 3-56）：在 $h$-$d$ 图上根据 $t_N=26℃$、$\varphi_N=60\%$ 确定 $N$ 点，查得 $h_N=58.3kJ/kg$、$d_N=12.6g/kg$。过 $N$ 点作 $\varepsilon$ 线，与 $\varphi=90\%$ 的等相对湿度线的交点得 $O$ 点，$t_O=17℃$、$h_O=44.1kJ/kg$、$d_O=10.8g/kg$。

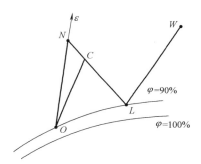

图 3-56　例题 3-9 附图

（3）采用新风处理室内焓值的方案，可以确定新风处理后的终状态点 $L$ 点，由新风比为 $\alpha=20\%$，可以确定新、回风的混合点 $C$ 点，$h_L=h_C=h_N=58.3kJ/kg$。

（4）计算 VRVS 系统总风量：

$$q_m=\frac{\sum Q}{h_N-h_O}=\frac{1400\times70}{(58.3-44.1)\times1000}=6.9kg/s$$

（5）VRVS 机组承担总冷负荷：

$$Q_0=q_m(h_C-h_O)=6.9\times(58.3-44.1)=97.98kW$$

（6）新风机组耗冷量：

$$Q_0=q_{m,w}(h_W-h_L)=\alpha\times q_{m,w}(h_W-h_L)=0.2\times6.9\times(87.36-58.3)=40.1kW$$

#### 四、多联机空调系统设计示例

本示例摘选自国家建筑标准设计图集《多联机空调系统设计与施工安装》07K506。

（1）工程概况

本工程为杭州市某高层建筑塔楼 6～15 层，使用功能为写字楼，每层建筑面积为 $1030m^2$，框架结构，层高 3.6m。房间吊顶净高不大于 3.0m。设计范围包括多联式空调机系统设计、新风系统设计、排风系统设计和防排烟系统设计。

（2）室外设计参数（表3-38）

**室外设计参数表**　　表 3-38

| 季节 | 大气压 (Pa) | 空调计算温度 | | 相对湿度 (%) | 平均风速 (m/s) | 通风 (℃) |
| --- | --- | --- | --- | --- | --- | --- |
| | | 干球温度(℃ DB) | 湿球温度(℃ WB) | | | |
| 夏季 | 999.8 | 35.7 | 27.9 | 62 | 2.7 | 32.4 |
| 冬季 | 1021.8 | −2.2 | — | 82 | 2.6 | 0 |

（3）多联机空调系统形式（表3-39、表3-40）

单系统共 20 套，变频式热泵型，制冷剂 R22，室外机布置在顶层屋面，制冷剂主管通过管井接入室内；室内机选用双向气流嵌入式，房间的开间和进深均较小的房间选用 1台，较大者选用 2 台。

**单系统划分一览表（节选）**　　表 3-39

| 系统编号 | 服务区域 | | | 冷负荷 (kW) | 热负荷 (kW) |
| --- | --- | --- | --- | --- | --- |
| | 层 | 主要房间 | 面积(m²) | | |
| DL-1 | F6 | 办公室、经理室 | 338 | 39 | 25 |
| DL-2 | F6 | 办公室、小会议室、经理室 | 355 | 45 | 27 |
| DL-3 | F7 | 办公室、经理室 | 338 | 39 | 25 |
| DL-4 | F7 | 办公室、小会议室、经理室 | 355 | 45 | 27 |

**设备表（节选）**　　表 3-40

| 系统编号 | 设备名称 | 规格参数 | 单位 | 数量 | 安装位置 |
| --- | --- | --- | --- | --- | --- |
| DL-1 | 室外机 | WR/45 热泵型,制冷量 45kW | 台 | 1 | F16 屋面 |
| | 室内机 | NQ2/2.2,供冷量 2.2kW | 台 | 3 | F6 |
| | 室内机 | NQ2/3.6,供冷量 3.6kW | 台 | 6 | F6 |
| | 室内机 | NQ2/4.5,供冷量 4.5kW | 台 | 4 | F6 |
| DL-2 | 室外机 | WR/53.5 热泵型,制冷量 53.5kW | 台 | 1 | F16 屋面 |
| | 室内机 | NQ2/2.2,供冷量 2.2kW | 台 | 4 | F6 |
| | 室内机 | NQ2/3.6,供冷量 3.6kW | 台 | 2 | F6 |
| | 室内机 | NQ2/4.5,供冷量 4.5kW | 台 | 7 | F6 |
| | 室内机 | NQ2/5.6,供冷量 5.6kW | 台 | 1 | F6 |
| HRV-1 | 换气机 | 全热型,风量 3000m³/h,效率 68% | 台 | 1 | F6 |

（4）新、排风系统（表3-41、表3-42）

每层设置 1 套风量为 3000m³/h 的全热型新风换气机，换气机安装在位于建筑折角的卫生间吊顶内，通过外墙上风口进风、排风；新风通过风管、风口送至各个房间；排风通过走廊和卫生间集中排风，男、女卫生间的排风量各为 600m³/h，走廊排风量为 1800m³/h。

表 3-41

### 风管内风速选用表

| 风管用途 | 风量范围(m³/h) | 风管截面积(m²) | 风速(m/s) |
|---|---|---|---|
| 新风送风 | ＜6480 | ＜0.3 | 4～6 |
| | ≥5400 | ≥0.3 | 5～8 |
| 换气机排风 | ＜3600 | ＜0.2 | 3～5 |
| | 2880～12600 | 0.2～0.5 | 4～7 |
| | ≥10800 | ≥0.5 | 6～8 |
| 机械通风 | — | 总管 | 6～9 |
| | — | 支管 | 4～6 |

表 3-42

### 暗装式室内机短管、风口规格对照表（节选）

| 风量 (m³/h) | 双百叶侧送 | | 散流器下送 | | | 单百叶下回风 | |
|---|---|---|---|---|---|---|---|
| | 风速 (m/s) | 短管/双百 (mm) | 喉部风速 (m/s) | 短管 (mm) | 散流器 (mm) | 风速 (m/s) | 带滤网单百 (mm) |
| 570 | 3.17 | 400×125 | 2.75 | 400×200 | 240×240 | 1.76 | 300×300 |
| 800 | 2.96 | 600×125 | 2.47 | 700×200 | 300×300 | 1.71 | 360×360 |
| 980 | 3.11 | 700×125 | 2.66 | 800×200 | 320×320 | 2.1 | 360×360 |
| 1200 | 2.96 | 900×125 | 2.57 | 1100×200 | 360×360 | 1.89 | 420×420 |
| 1300 | 2.89 | 1000×125 | 2.79 | 1100×200 | 360×360 | 2.05 | 420×420 |
| 1400 | 3.11 | 1000×125 | 2.43 | 1100×200 | 400×400 | 1.92 | 450×450 |
| 2000 | 2.96 | 1500×125 | 2.74 | 1300×200 | 450×450 | 1.91 | 540×540 |
| 2550 | 3.15 | 1500×150 | 3.07 | 1300×200 | 480×480 | 1.97 | 600×600 |

（5）图例（表 3-43）

表 3-43

### 图例

| 名称 | 图形 | 标注方法 | |
|---|---|---|---|
| 室外机 | ⊡⊙⊡ | WR/＊＊＊＊ | 热泵型 |
| 室内机 | (气流方向 i=1,2,4) ⌇□⌇ 嵌入式 | NQi/＊＊＊ | 嵌入式 ＊＊＊＊(kW)供冷量 |
| 制冷剂管 | —————— | | |
| 冷凝水管 | —————— | DN＊＊ | 冷凝水管　公称直径 |

续表

| 名称 | 图形 | | 标注方法 |
|------|------|---|----------|
| 分岐线支管 | | | |
| 分岐集支管 | | | |
| 冷凝水管坡度坡向 | $i=**$ | | |
| 冷媒立管编号 | | $\frac{L}{n}$  $\frac{LX}{n}$ | $n=1、2、3\cdots$ |
| 风管软接 | | ＊＊＊×＊＊＊ | 风管软接 宽×高(mm) |
| 风阀 | | ＊＊＊×＊＊＊ | 风阀 宽×高(mm) |
| 防火阀 | | ＊＊＊×＊＊＊ | 70℃常开 宽×高(mm) |
| 电动风阀 | | ＊＊＊×＊＊＊ | 电动风阀 宽×高(mm) |
| 散流器 | | ＊＊＊×＊＊＊ | 风口 长×宽(mm) |
| 百叶 | | ＊＊＊×＊＊＊ | 风口 长×宽(mm) |
| 风管消声器 | | ＊＊＊×＊＊＊ | |
| 新风系统 | XF— | 排风系统 | PF— |

（6）标准层多联机系统平面图（节选）（图3-57～图3-59）

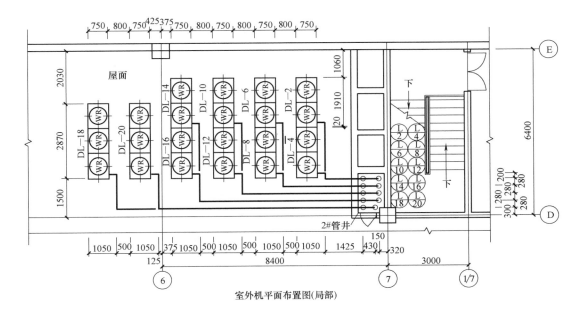

说明：1.本建筑共设2处管井，每处设置10支立管；

2.下层管高度应考虑支架安装位置，接入管井的各单系统主管布置完毕后，应按其起始标高确定室外机底座高度。

图 3-57　室外机平面布置图（局部）

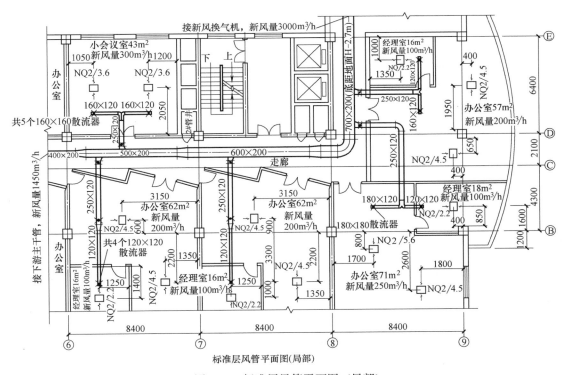

图 3-58　标准层风管平面图（局部）

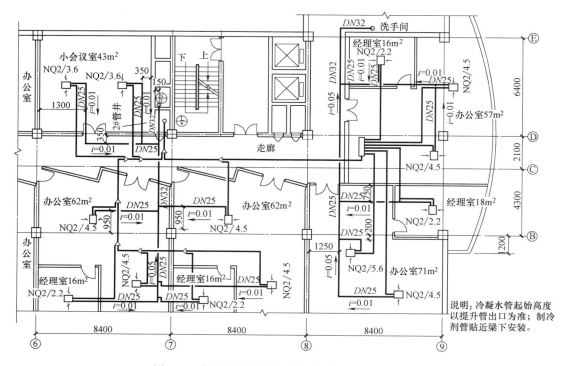

图 3-59　标准层制冷剂、冷凝水管平面图（局部）

## 习　题

1. 试述空调系统的分类及其分类原则，并说明其系统特征及适用性。

2. 试证明在具有再热器的一次回风式系统中，空气处理室内消耗的冷量等于室内冷负荷、新风负荷和再热负荷之和（不考虑风机和风管温升）。

3. 在具有一、二次回风的空调系统中，冬季时采用新风先加热再混合的一次回风方案好，还是采用新风和一次回风先混合再加热混合空气的方案好？试说明理由。

4. 试在 $h$-$d$ 图上表示用集中处理新风系统的风机盘管系统的冬、夏季处理过程。

5. 如果每个空调房间的湿负荷波动都很大，而且室内相对湿度要求又都很高，那么这些房间能否合为一个系统？如果合为一个系统要采取什么措施，才能保证每个房间都能满足设计要求？

6. 已知上海某恒温恒湿空调系统，室内要求：$t_N = 20 \pm 1℃$、$\varphi_N = 60\% \pm 5\%$，夏季室内冷负荷 $Q_x = 17472W$，湿负荷为 $W_x = 5 kg/h$；冬季室内热负荷 $Q_d = 3494W$，湿负荷为 $W_x = 5 kg/h$，局部排风系统排风量为 $1500 m^3/h$，要求采用二次回风方案，试设计空调系统的空气处理过程并计算设备容量。

7. 第 6 题若采用一次回风方案又怎么样呢？比较两者的冷量和热量。

8. 一标准客房室内全热冷负荷为 1.4kW，室内湿负荷为 200g/h，送入新风量为 $80 m^3/h$。室内设计参数为 25℃ 和 50%，采用风机盘管加新风系统，求新风处理后的状态参数及新风机组需冷量。

9. 标准大气压下，某空调房间夏季室内冷负荷为 43.6kW，湿负荷为 2.3g/s，室内设计参数为 26℃和 65%；室外设计干球温度为 30.5℃，湿球温度为 24.2℃；房间所需新风量为 1920m³/h。拟采用风机盘管加新风系统，试确定风机盘管机组需提供的冷量。

10. 乌鲁木齐市某办公楼，室内设计参数为：$t_N = 27℃$、$\varphi_N = 55\%$；夏季室外空气设计状态参数为：$t_W = 34.1℃$、$h_W = 56.0kJ/kg$、$t_{WS} = 18.5℃$；室内冷负荷 $Q = 202kW$，室内散湿量为 $W = 45kg/h$。确定夏季蒸发冷却功能段，并求解系统送风量和设备总显热制冷量。

11. VAV 系统有什么优点？适用于什么场合？

12. VRV 系统有什么优点？适用于什么场合？

13. 低温送风系统不适用的情况有哪些？

# 第四章　热泵及温湿度独立控制系统

第三章主要介绍了常规中央空调系统的主要形式，本章将对热泵空调系统、热泵驱动溶液除湿空调系统、温湿度独立控制空调系统（THIC系统）、蓄冷空调系统和净化空调系统等进行介绍。

## 第一节　热泵空调系统

### 一、热泵驱动功形式

热泵是利用逆向热力循环产生热能的装置，即将低温热源的热能转移到高温热源的装置。按热泵驱动功的形式可分为蒸气压缩式热泵、气体压缩式热泵、吸收/吸附式热泵、蒸气喷射式热泵等。热泵分类及工作原理详见表4-1。

热泵分类及工作原理　　　　　　　　　　　　　　表 4-1

| 分类 | 工作原理图 | 结构组成、工作过程及适用范围 |
|---|---|---|
| 蒸气压缩式热泵 | 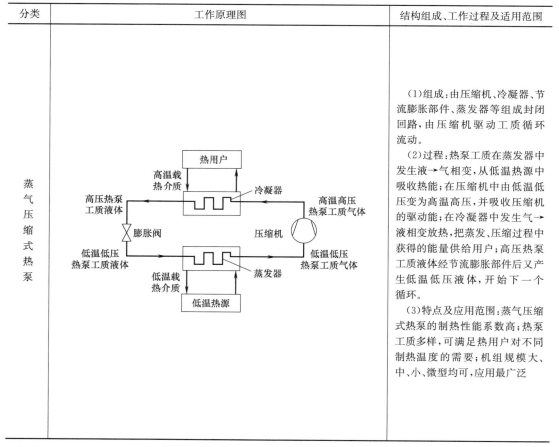 | （1）组成：由压缩机、冷凝器、节流膨胀部件、蒸发器等组成封闭回路，由压缩机驱动工质循环流动。<br>（2）过程：热泵工质在蒸发器中发生液→气相变，从低温热源中吸收热能；在压缩机中由低温低压变为高温高压，并吸收压缩机的驱动能；在冷凝器中发生气→液相变放热，把蒸发、压缩过程中获得的能量供给用户；高压热泵工质液体经节流膨胀部件后又产生低温低压液体，开始下一个循环。<br>（3）特点及应用范围：蒸气压缩式热泵的制热性能系数高；热泵工质多样，可满足热用户对不同制热温度的需要；机组规模大、中、小、微型均可，应用最广泛 |

| 分类 | 工作原理图 | 结构组成、工作过程及适用范围 |
|---|---|---|
| 气体压缩式热泵 | 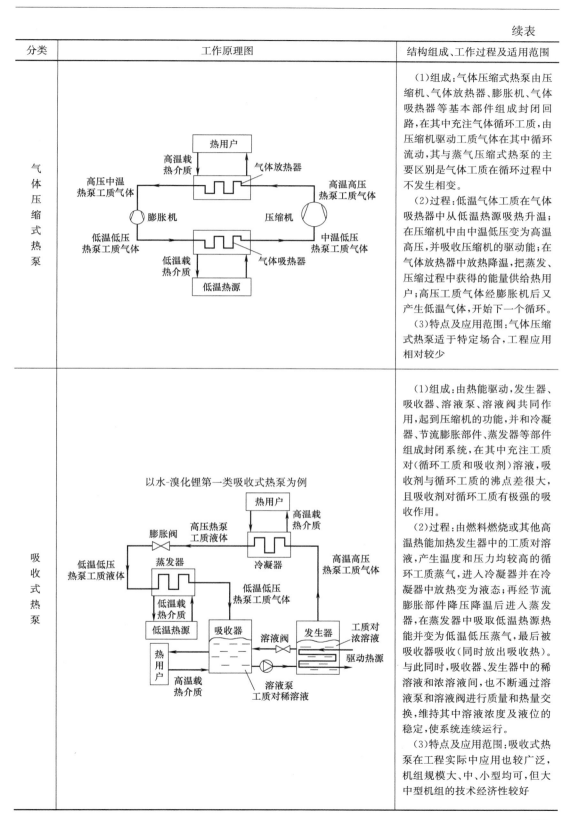 | （1）组成：气体压缩式热泵由压缩机、气体放热器、膨胀机、气体吸热器等基本部件组成封闭回路，其中充注气体循环工质，由压缩机驱动工质气体在其中循环流动，其与蒸气压缩式热泵的主要区别是气体工质在循环过程中不发生相变。<br>（2）过程：低温气体工质在气体吸热器中从低温热源吸热升温；在压缩机中由中温低压变为高温高压，并吸收压缩机的驱动能；在气体放热器中放热降温，把蒸发、压缩过程中获得的能量供给热用户；高压工质气体经膨胀机后又产生低温气体，开始下一个循环。<br>（3）特点及应用范围：气体压缩式热泵适于特定场合，工程应用相对较少 |
| 吸收式热泵 | 以水-溴化锂第一类吸收式热泵为例 | （1）组成：由热能驱动，发生器、吸收器、溶液泵、溶液阀共同作用，起到压缩机的功能，并和冷凝器、节流膨胀部件、蒸发器等部件组成封闭系统，其中充注工质对（循环工质和吸收剂）溶液，吸收剂与循环工质的沸点差很大，且吸收剂对循环工质有极强的吸收作用。<br>（2）过程：由燃料燃烧或其他高温热能加热发生器中的工质对溶液，产生温度和压力均较高的循环工质蒸气，进入冷凝器并在冷凝器中放热变为液态；再经节流膨胀部件降压降温后进入蒸发器，在蒸发器中吸取低温热源热能并变为低温低压蒸气，最后被吸收器吸收（同时放出吸收热）。与此同时，吸收器、发生器中的稀溶液和浓溶液间，也不断通过溶液泵和溶液阀进行质量和热量交换，维持其中溶液浓度及液位的稳定，使系统连续运行。<br>（3）特点及应用范围：吸收式热泵在工程实际中应用也较广泛，机组规模大、中、小型均可，但大中型机组的技术经济性较好 |

续表

| 分类 | 工作原理图 | 结构组成、工作过程及适用范围 |
|---|---|---|
| 喷射式热泵 | 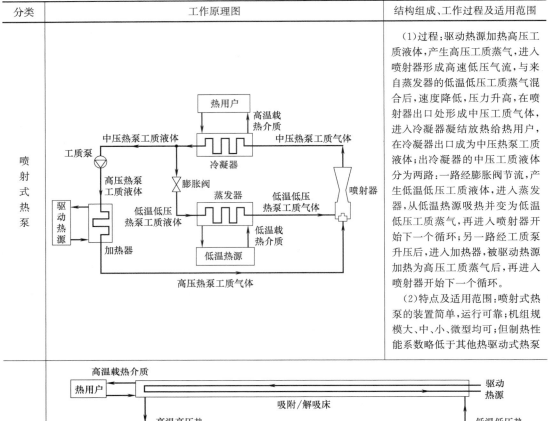 | （1）过程：驱动热源加热高压工质液体，产生高压工质蒸气，进入喷射器形成高速低压气流，与来自蒸发器的低温低压工质蒸气混合后，速度降低，压力升高，在喷射器出口处形成中压工质气体，进入冷凝器凝结放热给热用户，在冷凝器出口成为中压热泵工质液体；出冷凝器的中压工质液体分为两路：一路经膨胀阀节流，产生低温低压工质液体，进入蒸发器，从低温热源吸热并变为低温低压工质蒸气，再进入喷射器开始下一个循环；另一路经工质泵升压后，进入加热器，被驱动热源加热为高压工质蒸气后，再进入喷射器开始下一个循环。<br>（2）特点及适用范围：喷射式热泵的装置简单，运行可靠；机组规模大、中、小、微型均可；但制热性能系数略低于其他热驱动式热泵 |
| 吸附式热泵 | 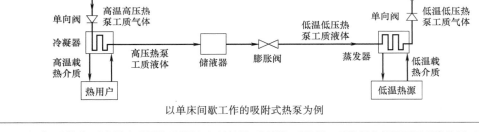<br>以单床间歇工作的吸附式热泵为例 | |
| | （1）组成：吸附/解吸床填充了固体吸附剂（如活性炭、分子筛、硅胶等），吸附剂在低温下可吸附热泵工质（甲醇、乙醇、水、$NH_3$ 等）且放热，在被加热到高温时又可解吸热泵工质。<br>（2）过程：高温驱动热源加热吸附/解吸床时，吸附剂中的热泵工质解吸，产生高温高压热泵工质气体，通过冷凝器前的单向阀进入冷凝器凝结放热给热用户，工质液体进入储液器。当吸附剂所吸附的工质解吸完毕后，驱动热源停止加热，待吸附剂冷却到一定温度时，储液器中的高压液态工质开始经膨胀阀产生低温低压工质液体，进入蒸发器并从低温热源吸收热量并变为低温低压气体，经单向阀进入吸附/解吸床被吸附剂吸附并放热给热用户，吸附剂达到吸附饱和后，再开始下一个循环。<br>（3）特点及适用范围：简单吸附式热泵的供热有周期性波动；吸附剂传热传质强度相对低，规模宜为中、小型 | | |

## 二、蒸气压缩式热泵工作原理

蒸气压缩式热泵空调器的制冷、制热工作原理如图 4-1 所示。系统中四通换向阀用于切换制冷剂走向，使制冷、制热时制冷剂走向在压缩机以外的部位相反。辅助毛细管、单向阀用于切换节流量。

　　制冷工作时，如图 4-1（a）所示。四通阀管口 1、2 接通，管口 3、4 接通，使制冷剂循环走向如图箭头所示。制冷剂在循环过程中将单向阀内的钢球吹离锥形口，单向阀导通，将辅助毛细管旁路，辅助毛细管不起作用。这样，压缩机排出的高压高温制冷剂经过四通阀管口 4 和 3，先流经室外侧的热交换器，进行放热冷凝为液态后，依次经过过滤器→单向阀→主毛细管节流后，通过二通阀进入室内侧热交换器进行吸热蒸发为气态；然后依次经三通阀、四通阀管口 1、2 后被压缩机吸回，完成一个制冷循环，实现制冷剂在室内吸热从而达到降低室温的目的。

　　制热工作时，如图 4-1（b）所示。四通阀管口 1、4 接通，管口 2、3 接通，制冷剂走向如图箭头方向所示，会推动单向阀内的钢球堵塞锥形口，单向阀截止，制冷剂只能通过辅助毛细管循环流动。这样，压缩机排出的高温高压气态制冷剂流经四通换向阀的管口 4、1、三通阀进入室内热交换器进行散热冷凝为液态制冷剂；然后经二通阀、主毛细管＋

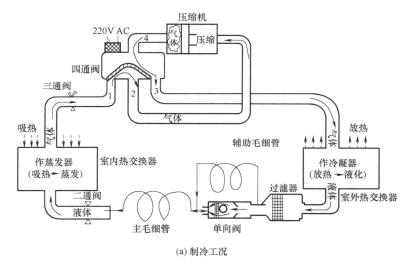

(a) 制冷工况

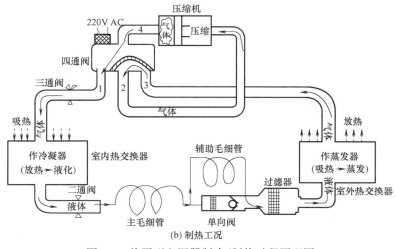

(b) 制热工况

图 4-1　热泵型空调器制冷/制热过程原理图

辅助毛细管双重节流后，在过滤器滤除有形脏物后进入室外热交换器吸热蒸发为气态；然后经四通换向阀的管口 3、2 被压缩机吸回，完成一制热循环，实现制冷剂在室内散热从而达到制热目的。

### 三、可再生低位热源

根据蒸气压缩式热泵所吸收的可再生低位热源的种类，热泵还可分为空气源热泵、水源热泵、地源热泵、太阳能热泵等，具体结构及特点见表 4-2。

按可再生低位热源的种类的热泵分类及工作原理 表 4-2

| 分类 | 工作原理图 | 结构组成、工作过程及适用范围 |
|---|---|---|
| 空气源热泵 | 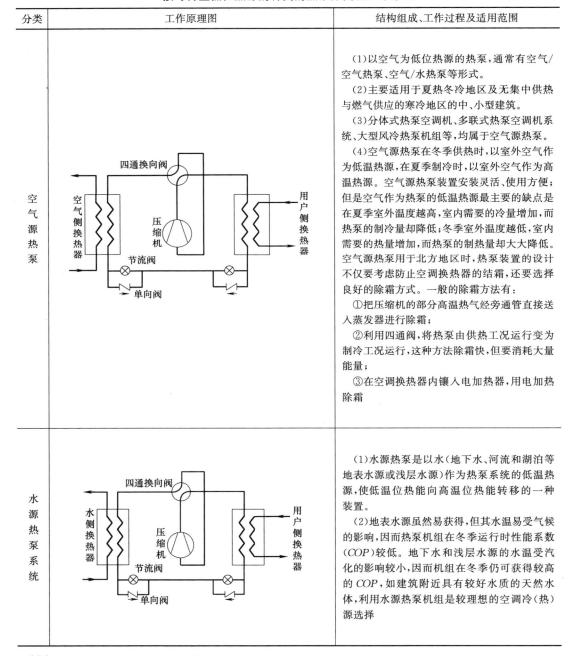 | (1)以空气为低位热源的热泵，通常有空气/空气热泵、空气/水热泵等形式。<br>(2)主要适用于夏热冬冷地区及无集中供热与燃气供应的寒冷地区的中、小型建筑。<br>(3)分体式热泵空调机、多联式热泵空调机系统、大型风冷热泵机组等，均属于空气源热泵。<br>(4)空气源热泵在冬季供热时，以室外空气作为低温热源，在夏季制冷时，以室外空气作为高温热源。空气源热泵装置安装灵活、使用方便；但是空气作为热泵的低温热源最主要的缺点是在夏季室外温度越高，室内需要的冷量增加，而热泵的制冷量却降低；冬季室外温度越低，室内需要的热量增加，而热泵的制热量却大大降低。空气源热泵用于北方地区时，热泵装置的设计不仅要考虑防止空调换热器的结霜，还要选择良好的除霜方式。一般的除霜方法有：<br>①把压缩机的部分高温热气经旁通管直接送入蒸发器进行除霜；<br>②利用四通阀，将热泵由供热工况运行变为制冷工况运行，这种方法除霜快，但要消耗大量能量；<br>③在空调换热器内镶入电加热器，用电加热除霜 |
| 水源热泵系统 | | (1)水源热泵是以水(地下水、河流和湖泊等地表水源或浅层水源)作为热泵系统的低温热源，使低温位热能向高温位热能转移的一种装置。<br>(2)地表水源虽然易获得，但其水温易受气候的影响，因而热泵机组在冬季运行时性能系数($COP$)较低。地下水和浅层水源的水温受汽化的影响较小，因而机组在冬季仍可获得较高的 $COP$，如建筑附近具有较好水质的天然水体，利用水源热泵机组是较理想的空调冷(热)源选择 |

| 分类 | 工作原理图 | 结构组成、工作过程及适用范围 |
|---|---|---|
| 地源热泵系统 | | （1）地源热泵以土壤作为低温热源；地源热泵的埋管方式多种多样，有水平埋管、垂直埋管和桩埋管等，前两者为目前较常用的埋管形式。<br>（2）水平埋管是在浅层土地中水平埋设管道，大致可以分为单层埋管和多层埋管两种形式，此种埋管方式埋设深度浅、占地面积大，但由于施工工艺较简单，故初投资低。<br>（3）垂直埋管是在地层中垂直穿孔埋设到地下，这种埋管方式较水平埋管方式具有较深的敷设深度。在土壤深处，一年四季土壤温度相对恒定，土壤的温度及其特性不受地表温度的影响，因而，垂直埋管方式比水平埋管方式具有更好的换热能力，但由于其不易施工，故系统的初投资大，并且造价偏高。<br>（4）由于深层土壤的温度受气候的影响很小，因而地源热泵较适合我国北方地区使用，可避免空气源热泵冬季运行易结霜的局限 |
| 太阳能／空气双源热泵 | | 常规的太阳能热水系统虽然节能环保，但受气候的影响不能全天候运行。<br>太阳能/空气双源热泵系统以室外空气和太阳辐射能为低温热源，利用太阳能作为空气源热泵系统的辅助能源，将热泵节能技术与太阳能供水有机地结合起来，不仅弥补了前者单独工作时存在的不足，而且可有效提高热泵的性能系数 |
| 水环热泵系统 | | （1）一些大型建筑物，冬季需同时供冷与供热（建筑内区因人员密度大，有冷负荷；建筑物的外区有热负荷）。此时，制冷运行的热泵机组的冷凝器需向外界排出冷凝热，而制热运行的热泵机组的蒸发器需从外界吸热。<br>（2）水环热泵空调系统是一种可回收大型建筑物内区余热的空调系统，它通过设置一个闭合的水环路，将多台小型的水/空气热泵机组并联在该水环路上。<br>（3）水环热泵空调系统运行时，制冷运行的水/空气热泵机组向水环路放热，制热运行的水/空气热泵机组从水环路吸热，从而回收大型建筑物内区的余热。为实现水环热泵空调系统高效、稳定运行，采用冷却塔、加热设备、蓄热装置等辅助设备，将水环路的水温控制在 $10\sim25℃$ 内。<br>（4）与传统的空气源热泵相比，水环热泵空调系统的制冷、制热系数较高，可达 $4.0\sim4.7$。因而，可有效降低空调系统的能耗及运行费用 |

## 四、空气源热泵机组

空气源热泵机组包括空气-空气热泵机组和空气-水热泵机组，常见的空气-空气热泵机组有家用热泵型空调器和热泵型多联机组。

### 1. 家用热泵型空调器

家用热泵型空调器基本都是分体式结构，由室内机组和室外机组两部分组成，分别安装在室内和室外，中间通过管路和电线连接起来。室内机组由室内换热器、室内换热器风机、过滤器、操作开关、电器控制等组成，室外机组由压缩机、室外换热器、室外换热器风机、四通换向阀、节流机构等组成。

图 4-2 所示为分体式热泵型空调器结构示意图。

图 4-3 所示为窗式热泵空调器结构示意图。

图 4-4 所示为柜式热泵空调器结构示意图（水冷式）。

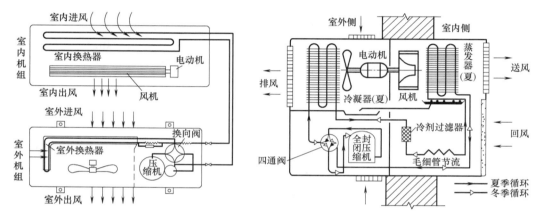

图 4-2　分体式热泵型空调器结构示意图

图 4-3　窗式热泵空调器结构示意图

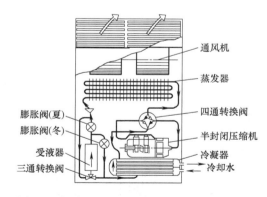

图 4-4　柜式热泵空调器结构示意图（水冷式）

### 2. 热泵型多联机组

热泵型多联机组（简称多联机）是由一台或多台容量可调的室外机和多台不同或相同形式、容量的直接蒸发式室内机组成的热泵式空调系统，其中制冷剂为冷（热）量的输送介质，它可以向一个或多个区域供冷或供热，即通常所说的变制冷剂流量系统。图 4-5 为典型的热泵型多联机的系统原理图。

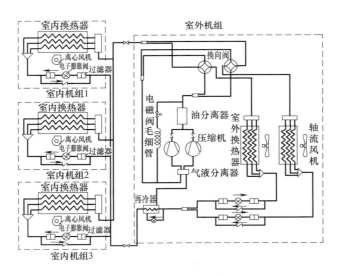

图 4-5　热泵型多联机的系统原理图

如图 4-5 所示，该系统的室外机组由 2 台压缩机、2 台室外换热器、2 台轴流风机、1 台再冷器和一些辅助设备（如电磁阀、毛细管、过滤器、电子膨胀阀、气液分离器、单向阀）等组成，类似于分体机热泵型空调器的室外机；室内机组由 3 台室内换热器、3 台离心风机、过滤器、电子膨胀阀、单向阀等构成，类似于分体式空调器的室内机。

室外机组和室内机组之间通过制冷剂管路连接起来，构成热泵型多联空调系统。通过四通阀换向，可以实现制冷和制热模式的转换。制热模式的制冷剂流程：压缩机出来的高温高压的制冷剂蒸气进入油分离器（分离制冷剂中的油），然后经过四通换向阀（转变为制热循环）进入室内换热器（起冷凝器作用），将热量释放给室内空气后，成为制冷剂液体；再经再冷器（过冷）、过滤器（滤去制冷剂中的杂质）、电子膨胀阀节流降压；再经过滤器进入分液器（保证制冷剂均匀分配），进入室外换热器（起蒸发器作用）吸收室外空气的热量，成为低温低压的制冷剂蒸气；再经四通换向阀进入气液分离器（确保干压缩和储存低压液体），回流到压缩机。在多联机系统中，为了保证系统安全、稳定运行，需要设置很多辅助设备和相应的回路，比如设置单向阀限定其流向；在膨胀阀前设置过滤器等。

3. 空气-水热泵机组

空气-水热泵机组的特点是：其制冷与制热所得冷量或热量通过介质水输送到较远的用冷、用热设备。空气-水热泵机组主要有压缩机、空气侧换热器、水侧换热器、节流机构等设备组成。从压缩机的形式来看，有全封闭、半封闭式往复式压缩机、涡旋式压缩机、半封闭螺杆式压缩机等。按机组容量大小分，有小型机组（制冷量 10～53kW）、中大型机组（制冷量 70～1407kW）。其中，一台或几台压缩机共用一台水侧换热器的机组称为整体式机组（制冷量 140～1407kW）；有几个独立模块组成的机组称为模块化机组，一个基本模块的制冷量一般为 70.3kW。从功能看，有一般机组、带热回收的机组以及蓄冷热机组。

以图 4-6 所示的螺杆式压缩机的空气源热泵为例，对空气-水热泵机组的制冷剂流程进行说明。

（1）机组夏季制冷时，在水侧换热器处制备冷冻水供空调使用。其制冷剂流程如图 4-6 中实线所示：螺杆压缩机→止回阀→四通换向阀→空气侧换热器→止回阀→储液器→气液分离器→干燥过滤器→电磁阀→制冷膨胀阀→水侧换热器→四通换向阀→气液分离器→螺杆压缩机。

（2）机组冬季制热时，在水侧换热器处制备热水供空调使用。其制冷剂流程如图 4-6 中虚线所示：螺杆压缩机→止回阀→四通换向阀→水侧换热器→止回阀→储液器→气液分离器→干燥过滤器→电磁阀→制热膨胀阀→空气侧换热器→四通换向阀→气液分离器→螺杆压缩机。

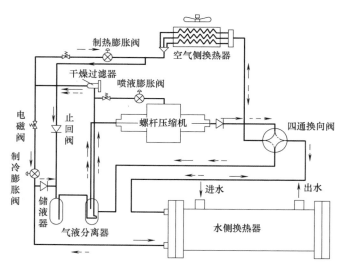

图 4-6 空气源热泵冷热水机组制冷剂流程图

空气-水热泵机组的优点是：（1）一机两用，既能制冷，也能制热；（2）可露天安装，不占有效建筑面积，安装简单、方便；（3）夏季制冷时采用风冷，省去了冷却塔以及冷却水系统；（4）冬季制热时利用的是大气中的能量，比直接电加热的 COP 值要高。

其主要缺点是：（1）夏季采用风冷冷凝器，冷凝压力高，COP 值比冷水机组低；（2）冬季制热时，机组制热能力随室外空气温度的降低而降低，与建筑所需热负荷的特性刚好相反（室外温度越低，所需热负荷越大），在寒冷或严寒地区当供暖能力不足时，还需要辅助热源供暖。因此，它适用于冬季室外空调计算温度较高、无集中供热热源的地区，作为集中式空调系统的冷、热源。

4. 典型空气源热泵参数表

表 4-3 至表 4-5 为典型空气源热泵参数表。

表 4-3

**YEAS螺杆式空气源热泵参数表（制冷剂：HCFC-22）**

| 型号 | 制冷量(kW) | 制热量(kW) | 输入功率(kW) 制冷 | 输入功率(kW) 制热 | 冷凝风机 数量 | 冷凝风机 电动机功率(kW) | 冷凝风机 风量(m³/h) | 蒸发器 水流量(L/s) | 蒸发器 水管接口(mm) | 蒸发器 水压降(kPa) | 外形尺寸(mm) 长 | 外形尺寸(mm) 宽 | 外形尺寸(mm) 高 |
|---|---|---|---|---|---|---|---|---|---|---|---|---|---|
| YEAS80RC | 281 | 286 | 94 | 93 | 6 | 1.1×6 | 15858×6 | 13.4 | 150 | 28 | 3500 | 2240 | 2490 |
| YEAS110RC | 404 | 423 | 129 | 133 | 8 | 1.8×8 | 20987×8 | 19.3 | 150 | 40 | 5350 | 2240 | 2490 |
| YEAS130RC | 457 | 469 | 149 | 149 | 8 | 1.8×8 | 20987×8 | 21.9 | 150 | 52 | 5350 | 2240 | 2490 |
| YEAS140RC | 492 | 512 | 158 | 161 | 10 | 1.8×10 | 20987×10 | 23.6 | 150 | 41 | 5850 | 2240 | 2490 |
| YEAS160RC | 563 | 574 | 184 | 183 | 10 | 1.8×10 | 20987×10 | 26.9 | 150 | 54 | 5850 | 2240 | 2490 |
| YEAS210RC | 738 | 754 | 243 | 242 | 14 | 1.1×6+1.8×8 | 15858×6+20987×8 | 13.4+21.9 | 150 | 52 | 9150 | 2240 | 2490 |
| YEAS240RC | 844 | 860 | 278 | 276 | 16 | 1.1×6+1.8×10 | 15858×6+20987×10 | 13.4+26.9 | 150 | 54 | 9650 | 2240 | 2490 |
| YEAS280RC | 984 | 1024 | 316 | 321 | 20 | 1.8×20 | 20987×20 | 23.6+23.6 | 150 | 52 | 11500 | 2240 | 2490 |
| YEAS300RC | 1055 | 1086 | 342 | 344 | 20 | 1.8×20 | 20987×20 | 23.6+26.9 | 150 | 54 | 12000 | 2240 | 2490 |
| YEAS320RC | 1125 | 1148 | 369 | 366 | 20 | 1.8×20 | 20987×20 | 26.9+26.9 | 150 | 54 | 12000 | 2240 | 2490 |

注：1. 标准运行工况；制冷：冷冻水进/出水温度 12℃/7℃、室外气温 35℃；制热：热水进/出水温度 40℃/45℃、室外气温 7℃。
2. 蒸发器水流量不能超过标准流量的 150%，不能低于标准流量的 50%。

表 4-4

**AWHC空气源热泵（标准型）参数表（制冷剂：HCFC-22）**

| 型号 | 制冷 制冷量(kW) | 制冷 输入功率(kW) | 制热 制热量(kW) | 制热 输入功率(kW) | 压缩机 容量控制级 | 冷凝器 风机数目 | 冷凝器 720rpm每台功率(kW) | 蒸发器 水容量(L) | 蒸发器 水管接口(mm) | 蒸发器 额定水流量(L/s) | 蒸发器 水压降(kPa) | 机组尺寸(mm) 长 | 机组尺寸(mm) 宽 | 机组尺寸(mm) 高 |
|---|---|---|---|---|---|---|---|---|---|---|---|---|---|---|
| AWHC-L 75 | 276 | 77 | 255 | 76 | 3 | 4 | 2.2 | 90 | 150 | 13 | 23 | 3055 | 2275 | 2280 |
| AWHC-L 100 | 342 | 110 | 312 | 102 | 4 | 4 | 2.2 | 90 | 150 | 16 | 36 | 3055 | 2275 | 2280 |
| AWHC-L 150 | 552 | 155 | 511 | 152 | 6 | 8 | 2.2 | 177 | 200 | 26 | 30 | 5808 | 2260 | 2310 |

续表

| 型号 | 制冷 | | 制热 | | 压缩机 | | 冷凝器 | 蒸发器 | | | | 机组尺寸(mm) | | |
|---|---|---|---|---|---|---|---|---|---|---|---|---|---|---|
| | 制冷量(kW) | 输入功率(压缩机)(kW) | 制热量(kW) | 输入功率(kW) | 容量控制级 | 风机数目 | 720rpm每台功率(kW) | 水容量(L) | 水管接口(mm) | 额定水流量(L/s) | 水压降(kPa) | 长 | 宽 | 高 |
| AWHC-L 200 | 683 | 219 | 624 | 203 | 8 | 8 | 2.2 | 177 | 200 | 33 | 50 | 5808 | 2260 | 2310 |
| AWHC-L 300 | 1104 | 309 | 1022 | 304 | 12 | 16 | 2.2 | 354 | 200 | 53 | 30+30 | 12564 | 2260 | 2310 |
| AWHC-L 400 | 1367 | 438 | 1248 | 407 | 16 | 16 | 2.2 | 354 | 200 | 65 | 50+50 | 12564 | 2260 | 2310 |

表 4-5

**AWHC-LHE 空气源热泵（高效型）参数表**

| 型号 | 制冷 | | 制热 | | 压缩机 | | 冷凝器 | 蒸发器 | | | | 机组尺寸(mm) | | |
|---|---|---|---|---|---|---|---|---|---|---|---|---|---|---|
| | 制冷量(kW) | 输入功率(压缩机)(kW) | 制热量(kW) | 输入功率(压缩机)(kW) | 容量控制级 | 风机数目 | 720rpm每台功率(kW) | 水容量(L) | 水管接口(mm) | 额定水流量(L/s) | 水压降(kPa) | 长 | 宽 | 高 |
| AWHC-LHE 65 | 249 | 59 | 221 | 59 | 3 | 4 | 2.2 | 90 | 150 | 12 | 17 | 3055 | 2275 | 2280 |
| AWHC-LHE 90 | 315 | 82 | 274 | 79 | 4 | 4 | 2.2 | 90 | 150 | 15 | 31 | 3055 | 2275 | 2280 |
| AWHC-LHE 130 | 498 | 118 | 443 | 117 | 6 | 8 | 2.2 | 177 | 200 | 24 | 27 | 5808 | 2260 | 2310 |
| AWHC-LHE 180 | 629 | 165 | 548 | 158 | 8 | 8 | 2.2 | 177 | 200 | 30 | 44 | 5808 | 2260 | 2310 |
| AWHC-LHE 260 | 997 | 235 | 885 | 235 | 12 | 16 | 2.2 | 354 | 200 | 48 | 27+27 | 12564 | 2260 | 2310 |
| AWHC-LHE 360 | 1258 | 330 | 1097 | 316 | 16 | 16 | 2.2 | 354 | 200 | 60 | 44+44 | 12564 | 2260 | 2310 |

注：1. 标准工况为夏季冷冻水进出水温度12℃/7℃，盘管进风温度35℃；冬季热水进/出水温度40℃/45℃，盘管进风温度7℃。
2. 低噪声型机组制冷量、制热量修正系数为0.96，输入功率修正系数为1.03。

5. 空气源热泵机组设计选型要点

空气源热泵机组的性能应符合国家现行标准的规定，并应符合下列要求：

（1）空气源热泵的单位制冷量的耗电量较水冷冷水机组大，价格也高，为降低投资成本和降低运行费用，应选用机组性能系数较高的产品，并应满足国家公共建筑节能设计标准的规定。此外，先进科学的融霜技术是机组冬季运行的可靠保证。机组在冬季制热运行时，室外空气侧换热盘管低于露点温度时，换热翅片上就会结霜，会大大降低机组运行效率，严重时无法运行，为此必须除霜。除霜的方法有很多，最佳的除霜控制应是判断正确，除霜时间短，融霜修正系数高。近年来各厂家为此都进行了研究，对于不同气候条件采用不同的控制方法。设计选型时应对此进行了解，比较后确定。《设计规范》GB 50736—2012 中要求空气源热泵机组具有先进可靠的融霜控制，融霜所需时间总和不应超过运行周期时间的 20%。

（2）空气源热泵机组比较适合于不具备集中热源的夏热冬冷地区。对于冬季寒冷、潮湿的地区使用时必须考虑机组的经济性和可靠性。室外低温减少了机组制热量；室外空气过于潮湿使得融霜时间过长，同样也会降低机组的有效制热量，因此必须计算冬季设计状态下机组的 $COP$，当热泵机组失去能耗上的优势时就不宜采用。这里对于性能上相对较有优势的空气源热泵冷热水机组的 $COP$ 限定为 2.00；对于规格较小、直接蒸发的单元式空调机组限定为 1.80。《设计规范》GB 50736—2012 中规定：冬季设计工况时机组运行性能系数（$COP$）<1.8 的地区，不宜采用空气源热泵空调机组。冬季设计工况时机组运行性能系数（$COP$）<2.0 的地区，不宜采用空气源热泵热水机组。冬季设计工况下的运行性能系数指冬季室外空气调节计算温度和达到设计需求参数时的机组供热量（$W$）与机组输入功率（$W$）之比。

（3）空气源热泵的平衡点温度是该机组的有效制热量与建筑物耗热量相等时的室外温度。当这个温度比建筑物的冬季室外计算温度高时，就必须设置辅助热源。空气源热泵机组在融霜时机组的供热量就会受影响，同时会影响到室内温度的稳定度，因此在稳定度要求高的场合，同样应设置辅助热源。设置辅助热源后，应注意防止冷凝温度和蒸发温度超出机组的使用范围。《设计规范》GB 50736—2012 中规定：在冬季寒冷、潮湿的地区，当室外设计温度低于当地平衡点温度，或对于室内温度稳定性有较高要求的空气调节系统，应设置辅助热源。辅助加热装置的容量应根据在冬季室外计算温度情况下空气源热泵机组有效制热量和建筑物耗热量的差值确定。

（4）对于有同时供冷、供热要求的建筑，宜优先选用热回收式热泵机组。带有热回收功能的空气源热泵机组可以把原来排放到大气中的热量加以回收利用，提高了能源利用效率，因此对于有同时供冷、供热要求的建筑应优先采用。

（5）空气源热泵机组供热时的允许最低室外温度，应与冬季空调室外计算干球温度相适应；室外计算干球温度低于 −10℃ 的地区，应采用低温空气源热泵机组。

（6）空气源热泵机组的冬季制热量应根据室外空气调节计算温度，分别采用温度修正系数和融霜修正系数进行修正。空气源热泵机组的冬季制热量是受室外空气温度、湿度和机组本身的融霜性能的影响，通常采用下式计算：

$$Q = qK_1K_2 \tag{4-1}$$

式中：$Q$——机组制热量，kW；

　　　$q$——产品样本中的瞬时制热量（标准工况：室外空气干球温度 7℃、湿球温度 6℃），kW；

　　$K_1$——使用地区室外空气调节计算干球温度的修正系数，按产品样本选取；

　　$K_2$——机组融霜修正系数，应根据生产厂家提供的数据修正；当无数据时，可按每小时融霜一次取 0.9，两次取 0.8。

（7）空气源热泵机组的单台容量及台数的选择，应能适应空气调节负荷全年变化规律，满足季节及部分负荷要求。当空气调节负荷大于 528kW 时不宜少于 2 台。

（8）空气源热泵或风冷制冷机组室外机的设置，应符合下列要求：

① 确保进风与排风通畅，在排出空气与吸入空气之间不会发生明显的气流短路；空气源热泵机组的运行效率，很大程度上与室外机与大气的换热条件有关；室外机进、排风的通畅，防止进、排风短路是布置室外机时的基本要求。当受位置条件等限制时，应创造条件，避免发生明显的气流短路；如设置排风帽、改变排风方向等方法，必要时可以借助于数值模拟方法辅助气流组织设计。此外，控制进、排风的气流速度也是有效地避免短路的一种方法；通常机组进风气流速度宜控制在 1.5～2.0m/s，排风口的排气速度不宜小于 7m/s。

② 机组之间及机组与周围建筑物之间净距应满足设备厂商要求，如无数据时可参照以下要求：机组进风侧与建筑物墙面间≥1.5m，机组控制柜面与建筑物墙面间≥1.2m，两台机组之间≥2m，两台机组进风侧之间≥3.0m。

③ 避免污浊气体排风的影响，室外机除了避免自身气流短路外，还应避免其他外部含有热量、腐蚀性物质及油污微粒等的排放气体的影响，如厨房油烟排气和其他室外机的排风等。

④ 对周围环境不造成热污染和噪声污染；室外机的运行会对周围环境产生热污染和噪声影响，因此室外机应与周围建筑物保持一定的距离，以保证热量的有效扩散和噪声的自然衰减。对周围建筑物产生噪声干扰，应符合现行国家标准《声环境质量标准》GB 3096—2008 的要求。

⑤ 可方便地对室外机的换热器进行清扫。保持室外机换热器干净可以保证其运行的高效率，很有必要创造室外机的清扫条件。

（9）和北方地区相比，虽然南方温度更高，更符合热泵的工作范围，但也有几个劣势：

① 建筑围护情况：北方建筑都比较厚，墙体可以做到 80cm，这在南方地区几乎是不可能的，南方墙体要薄很多，基本上都没做保温。另外，南方建筑窗户都比较大，而窗户的散热系数很高。

② 末端情况：北方一般是暖气片和地暖，采暖散热都在房间的底层，热量是往上走的；南方用风盘制热更多，风盘的热量是从上往下走。而我们都知道，热空气由于密度小，一般会悬浮在房间上层，从上往下散热难度大很多，因此需要更多的热量。

③ 湿度因素：北方冬天气候寒冷干燥，而南方湿度则大得多，因此冬天热泵机组也更容易结霜，化霜的频率也比北方高。而化霜其实就是一个制冷的过程，也是需要消耗热量的。

④ 综合这几个因素，因此南方采暖热负荷反而比北方要高很多。

（10）空气源热泵在寒冷、潮湿地区的应用受到限制：传统的空气源热泵常温机组，如果在冬季寒冷地区使用，发生能力衰减问题是不可避免的。主要原因为：

① 由于冬季室外环境温度低，机组是外侧换热器的结霜和化霜等导致的制热量的衰减。

② 环境温度低，会导致普通空气源热泵机组蒸发温度低、吸气比重小、系统流量小、过热度无法保证等，使得系统制热量低，运行不可靠，甚至导致压缩机液击等。

③ 通过改进制冷循环，将原来的喷液冷却改为气流喷注，在压缩机的压缩室增设两个对称的补气口，使其压缩过程分割成两段，变为准二级压缩过程，使得冷凝器中的制冷流量增加，主循环回路的熔差加大，从而大大提高了压缩机的效率。这样既解决了大压缩比下压缩机排气温度过高自动保护的问题，又大大改善了系统循环，确保了低温下工质的制冷量，从而在很大程度上节制了热量的衰减，扩大了机组在低温环境的应用范围，保证了低温热泵机组在低环境温度下依然能够高效制热。

**五、水源热泵机组**

水源热泵机组按使用侧换热设备的形式可以分为水-空气和水-水两种水源热泵机组；按水源类型可以分为地下水源热泵机组、地表水源热泵机组、污水源热泵、海水源热泵等。

1. 水-空气热泵机组

水-空气热泵机组的结构及流程如图4-7所示。从图中可以看出，机组由压缩机、水侧换热器、空气侧换热器、风机等组合而成的整体式机组。可以做成卧式的，装于吊顶内；也可以做成立式，倚墙或柱安装。如图4-7（a）所示，机组制冷时制冷剂流程为：压缩机1→四通换向阀5→水侧换热器2→毛细管4→空气侧换热器3→四通换向阀5→压缩机1。如图4-7（b）所示，机组制热时制冷剂流程为：压缩机1→四通换向阀5→空气侧换热器3→毛细管4→水侧换热器2→四通换向阀5→压缩机1。

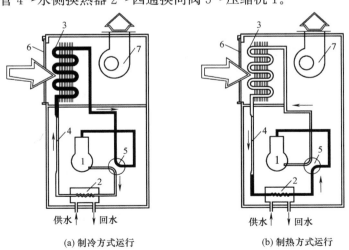

图4-7 水-空气源热泵工作原理图
1—压缩机；2—水侧换热器；3—空气侧换热器；4—毛细管；5—四通换向阀；6—过滤器；7—风机

### 2. 水环热泵空调系统

水环热泵空调系统是水-空气热泵机组的一种应用方式。通过水环路将众多的水-空气热泵机组并联成一个以回收建筑物余热为主要特征的热泵供热、供冷的空调系统。水环热泵空调系统的载热介质为水。制冷时，机组向环路内的水放热，使空气温度降低；供热时则从水中取得热量而加热空气。只要确保水温在一定范围内，水环热泵机组就能安全、可靠、高效地运行。根据空调场所的需要，水环热泵可以按制冷工况运行，也可以按制热工况运行，还可以部分室内水-空气热泵机组制冷、部分室内机组制热运行。

如图 4-8 所示，典型的水环热泵空调系统由四部分组成：（1）室内的小型水-空气热泵机组；（2）水循环环路；（3）辅助设备（如冷却塔、加热设备、蓄热装置等）；（4）补水定压设备。

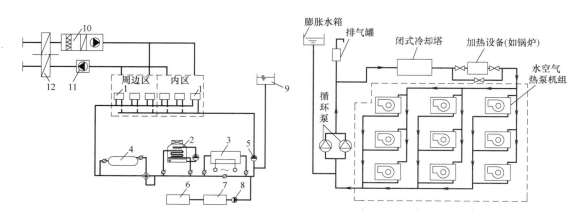

图 4-8 典型的水环热泵空调系统原理

1—水/空气热泵机组；2—闭式冷却塔；3—加热设备；4—蓄热容器；5—水环路的循环水泵；6—水处理装置；
7—补给水水箱；8—补给水泵；9—定压装置；10—新风机组；11—排风机组；12—热回收装置

水环热泵机组在夏季制冷工况运行时，室内的回风直接经过室内热泵机组内的直接蒸发式蒸发器降温除湿后送入房间，冷凝器的冷却水通过冷却塔冷却后循环使用。在冬季制热工况运行时，通过室内机组的换向阀，改变制冷剂流向，水侧换热器为蒸发器，空气侧换热器为冷凝器，回风通过冷凝器被加热后送入房间，实现室内供热。

在冬季，如果一栋建筑物内，部分房间需要供热，部分房间需要供冷，或者在一些大型建筑内，建筑内区往往有全年性冷负荷，导致冬季周边区需供热，内区需供冷。若周边区需供热房间的热负荷与内区需供冷房间的冷负荷比例适当时，即排入水环路中的热量与从水环路中提取的热量相当，水温维持在 13～32℃ 范围内，此时系统高效运行，冷却塔和加热设备停止运行。由于从水环路中提取的热量与释放到水环路中的热量不可能每时每刻都相等，因此系统中还设有蓄热装置，暂存多余的热量。

水环热泵系统具有以下显著优势：

（1）可实现建筑物内部冷、热转移，可独立计量，运行调节比较方便。

（2）在需要长时间向建筑物同时供热和供冷时，它能够减少建筑外提供的供热量而节能。

（3）水环热泵系统可以节省集中机房面积。全年进行空气调节，且各房间或区域负荷特性相差较大，需要长时间向建筑物同时供热和供冷并且技术经济比较合理时，宜采用水环热泵空气调节系统供冷、供热，可节省能源和减少向环境排热。尤其对于那些内区大、余热多以及需要对各房间内空气温度进行独立控制、用于出租而经常需要改变建筑分隔的建筑物，如公寓、汽车旅馆、出租办公楼和商业建筑、超市及餐厅等。

但由于水环热泵系统的初投资等方面相对较大，且因为分散设置后每个压缩机的安装容量较小，使得 $COP$ 值相对较低，从而导致整个建筑空调系统的电气安装容量相对较大。因此，在设计选用时，需要进行较细的分析。从能耗上看，只有当冬季建筑物内存在明显可观的冷负荷时，才具有较好的节能效果。

水环热泵空气调节系统的设计，应符合下列规定：

（1）循环水水温宜控制在 $15\sim35℃$；热泵的水温范围是根据目前的产品要求、冷却塔能力和系统设计中的相关情况来综合提出的（表 4-6）。设计时，应注意采用合理的控制方式来保持这一水温。水源热泵机组设计或运行工况与名义工况不一致时，应根据性能曲线对其实际出力作修正。机组名义制冷工况为：风侧进风干球温度 27℃，湿球温度 19℃；水侧进水温度 30℃，出水温度 35℃。名义制热工况为：风侧进风干球温度 20℃，水侧进水温度 20℃。机组水流量为按名义制冷工况确定的水流量。所选用的水源热泵机组的性能系数与能效比应大于表 4-7 中的规定值。

**水源热泵机组供水温度范围**　　　　　　　　　　　　　　　　　　表 4-6

| 热泵类型 | 制冷工况（℃） | 制热工况（℃） |
|---|---|---|
| 常温型 | $20\sim40$ | $15\sim30$ |
| 低温型 | $10\sim40$ | $-5\sim25$ |

**水源热泵机组效能比（EER）和性能系数（COP）**　　　　　　　　表 4-7

| 名义制冷量 $Q$（W） | 效能比 EER | 性能系数 COP |
|---|---|---|
| $Q\leqslant14000$ | 3.20 | 3.50 |
| $14000<Q\leqslant28000$ | 3.25 | 3.55 |
| $28000<Q\leqslant50000$ | 3.30 | 3.60 |
| $50000<Q\leqslant80000$ | 3.35 | 3.65 |
| $80000<Q\leqslant100000$ | 3.40 | 3.70 |
| $Q>100000$ | 3.45 | 3.75 |

注：1. 本表所指水源热泵机组为水环热泵空调系统中的水源型冷热风机组；
　　2. 机组效能比（EER）：在名义制冷工况和规定条件下，水源热泵机组的制冷量与机组消耗功率之比值；
　　3. 性能系数（COP）：在名义制冷工况和规定条件下，水源热泵机组的制热量与机组消耗功率之比值。

（2）水环热泵机组选择设计应符合下列要求：

① 应根据建筑各部位的负荷特点划分内区和外区，并分设室内末端水源热泵机组；一台水源热泵机组不应同时服务于内区和外区。当采用热回收型变制冷剂流量多联分体式水环热泵空调系统时，一台水源热泵机组多联各房间分别设置的多台室内机，各房间可同时分别供冷或供热并进行热回收，因此共用的水源热泵机组不需按内外区分区设置，但水源热泵机组所带的各室内机应分区设置。

②　外区的水源热泵机组应同时满足夏季供冷与冬季供热的要求，一般可根据夏季空调设计冷负荷选择水源热泵机组，根据冬季空调设计热负荷进行校核；内区的水源热泵机组可以只按夏季空调设计冷负荷选择计算。

③　所选水源热泵机组应有可靠的水源侧防冻等安全措施，包括与水源热泵机组出水管段所设电动两通阀的联动、断水保护等。

④　吊装高静压水源热泵机组凝结水管应设高度为 50mm 左右的水封。

（3）系统冬季加热量确定：

①　当建筑物冬季空调负荷无内外区特征，全部需要供热时，水环热泵空调系统加热量应按照公式（4-2）计算，或按照公式（4-3）估算。

$$Q = Q_r - N_r \tag{4-2}$$

$$Q = 0.75 Q_r \tag{4-3}$$

②　当建筑物冬季空调负荷有内外区特征，需要同时供冷和供热时，水环热泵空调系统加热量，应为各末端水源热泵机组从循环水中取热总量和向循环水中排热总量之差值，可按照公式（4-4）计算，或根据公式（4-5）估算。

$$Q = Q_r - (Q_L + N_L + N_r) \tag{4-4}$$

$$Q = 0.75 Q_r - 1.3 Q_L \tag{4-5}$$

式中：$Q$——空调系统冬季加热量，kW；

　　　$Q_r$——空调房间或区域的冬季设计热负荷，包括围护结构热负荷和新风热负荷，kW；

　　　$N_r$——水源热泵机组制热时的输入功率，kW；$N_r = Q_r / COP$，$COP$ 为所选水源热泵机组制热性能系数（表 4-7），估算时可取 $N_r = 0.25 Q_r$；

　　　$Q_L$——内区冬季冷负荷，kW；

　　　$N_L$——内区末端机组制冷时的输入功率，kW；$N_L = Q_L / EER$，$EER$ 为水源热泵机组制冷效能比（表 4-7），估算时可取 $N_L = 0.3 Q_L$。

（4）循环水应采用闭式系统。应通过技术经济比较确定采用闭式冷却塔或开式冷却塔。采用开式冷却塔时，应设置中间换热器。水环热泵的循环水系统是构成整个系统的基础。由于热泵机组换热器对循环水的水质要求较高且实际上常用于有一定高度的建筑，适合于采用闭式系统。因此，如果采用开式冷却塔，应设置中间换热器。需要注意的是：设置换热器之后会导致夏季冷却水温偏高，因此对冷却水系统（包括冷却塔）的能力、热泵的适应性以及实际运行工况，都应进行校核性计算。

（5）新风系统设计应符合下列要求：

①　宜选用适应新风工况的专用水源热泵机组对系统的新风进行处理。

②　当采用普通水源热泵机组用作处理新风时，应符合下列要求：冬季应对新风进行预热，或采用 30% 左右的回风混合，使新风进风温度不低于 12℃；选择室内末端水源热泵机组时，应考虑分担部分新风负荷。

③　新风宜经排风热回收装置进行预冷（热）处理，且设旁通风道，在过渡季节不经过热回收装置，直接引进新风。

（6）当采用锅炉为热源时，宜选用能在低水温（15～30℃）条件下安全运行的锅炉或热水器（真空热水锅炉等）直接供热。当采用其他锅炉或高温热源供热时，应设中间换热设备或可靠的混水装置，确保水源热泵机组供水温度不超过 30℃。辅助热源的供热量应根据冬季白天高峰和夜间低谷负荷时的建筑物的供暖负荷、系统可回收的内区余热等，经热平衡计算确定。当冬季的热负荷较大时，需要设置辅助热源。在计算辅助热源的安装容量时，应将热泵机组的制冷电耗作为内热的一部分来考虑。

（7）采用土壤源、地下水或地表水作冷（热）源时，应符合下列要求：

① 直接引用地下水或地表水时，应设中间换热器；

② 应考虑地埋管换热器或地表水换热器的设计工作压力；循环水系统最高处与换热器最低点的高度差不宜超过 100m；

③ 高层建筑循环水系统的工作压力超过允许值时，应竖向分区；高区系统应设置板式换热器与地埋管换热器或地表水换热器系统间接换热。

（8）水环热泵机组的循环水应采用定流量运行方式；水环热泵空气调节系统的循环水系统宜采用变流量运行方式时，机组的循环水管道上应设置与机组启停联锁控制的开关式电动阀。从保护热泵机组的角度来说，机组的循环水流量不应实时改变。

当建筑规模较小（设计冷负荷不超过 527kW）时，循环水系统可直接采用定流量系统。对于建筑规模较大时，为了节省水泵的能耗，循环水系统宜采用变流量系统。为了保证变流量系统中机组定流量的要求，机组的循环水管道上应设置与机组启停联锁控制的开关式电动阀；电动阀应先于机组打开，后于机组关闭。循环水泵的设计流量应按系统各末端水源热泵机组的设计循环水量的累计值与末端水源热泵机组同时开启系数的乘积确定。同时开启系数应根据建筑规模的大小、建筑各部分负荷特点确定，一般可取 0.75～0.90。

（9）水源热泵机组噪声值应能满足空调区域的要求，并采取有效的隔振及消声措施。水环热泵机组目前有两种方式：整体式和分体式。在整体式中，由于压缩机随机组设置到了室内，因此需要重点关注室内或使用地点的噪声问题。

3. 地下水源热泵机组

以地下水作为低位热源，消耗少量的电能，实现热量由低温物体向高温物体转移，从而达到制冷或制热的热泵系统，称为地下水源热泵系统。该系统适合于地下水资源丰富，且当地资源管理部门允许开发利用地下水的场合。地下水源热泵系统是我国应用较早且较为普遍的一种地源热泵系统，其中大部分是以井水为低位热源。

地下水源热泵系统可分为地下水-水热泵机组和地下水-空气热泵机组（水环热泵机组）。还可以根据地下水供水系统，分为间接供水系统和直接供水系统。在间接供水的地下水系统中，使用板式换热器把地下水和水源热泵的循环水分开。而在直接供水的地下水系统中，地下水直接供给水源热泵机组。采用间接供水的地下水系统，可以保证水源热泵机组不受地下水水质的影响，防止机组出现结垢、腐蚀、泥渣堵塞等现象，从而延长机组的使用寿命。

图 4-9 所示为典型的地下水源热泵空调系统原理图，其系统是由地下水换热系统、水源热泵机组和空调末端系统组成。其中，水源系统包括水源、取水构筑物、输水管网和水处理设备等。

（1）冬季工况：水源热泵机组中的阀门 A1、B1、C1、D1 开启，阀门 A2、B2、C2、

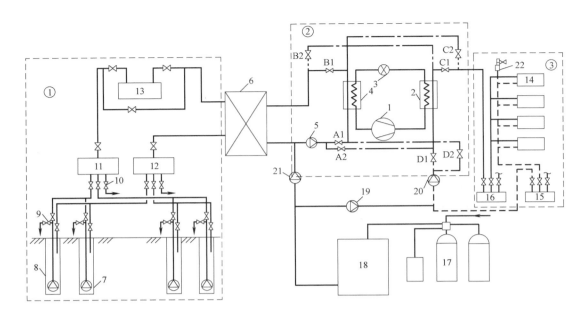

图 4-9　典型地下水源热泵空调系统原理图

①—地下水采集系统；②—水源热泵机组；③—建筑物空调系统

1—压缩机；2—冷凝器；3—节流机构；4—蒸发器；5—水源侧循环泵；6—板式换热器；7—深井泵；

8—抽水井或回灌井；9—排污阀；10—排污泄水阀；11—生产井转换阀门组；12—回灌井转换阀门组；

13—除砂设备；14—热用户；15—集水器；16—分水器；17—软水器；18—补给水箱；19—用户侧补给水泵；

20—用户侧循环水泵；21—水源侧补给水泵；22—放气装置

D2 关闭，深井泵从抽水井中抽出的地下水经过处理，通过板式换热器 6 把热量传递给中间介质水，中间介质水在经过蒸发器 4，通过热泵机组将热量转移到热泵机组的冷凝器 2，进一步给空调末端系统供热。

（2）夏季工况：水源热泵机组中的阀门 A1、B1、C1、D1 关闭，阀门 A2、B2、C2、D2 开启，热泵机组中的蒸发器 4 的制冷剂吸收空调末端系统的热量，通过热泵机组中的冷凝器 2，将热量传递给中间介质水，再通过板式换热器将热量传递给地下水，吸收了热量的地下水再通过回灌井回灌到地下同一含水层内。

地下水水温几乎与全年平均环境温度相同，夏季可获得较低的冷凝温度，冷却效果好于风冷式和冷却塔式，机组效率提高；冬季可以获得较高的蒸发温度，热泵机组的能效比提高。水体的温度一年四季相对稳定，其波动的范围远远小于空气的变动，是很好的热泵热源和空调冷源，水体温度较恒定的特性使得热泵机组运行更可靠、稳定，也保证了系统的高效性和经济性。不存在空气源热泵的冬季除霜、制热不稳定等难点问题。但是地下水的过度开采会引发地下水资源枯竭、地面沉降、河道断流以及海水入侵等地质灾害。所以为了保护地下水资源，要求 100% 回灌地下水，并且回灌到原水层，可以形成取水、回灌水之间的良性循环，及保障了地下水源热泵系统运行的稳定性，又避免了因为地下水资源改变而导致的地质灾害。

表 4-8 所示为水源热泵与末端空调器组合形式。

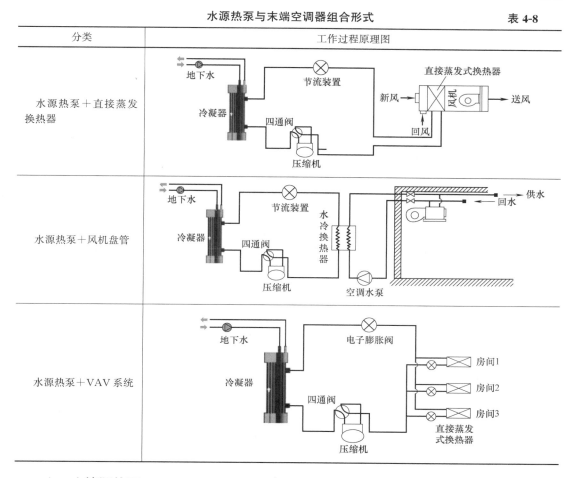

水源热泵与末端空调器组合形式　　　　　　　　　　　　　　　表 4-8

| 分类 | 工作过程原理图 |
|---|---|
| 水源热泵＋直接蒸发换热器 | |
| 水源热泵＋风机盘管 | |
| 水源热泵＋VAV 系统 | |

### 六、土壤源热泵

与空气和地表水相比，一定深度的土壤或岩石温度相对恒定，该温度性质对于热泵而言，可以作为很好的低位冷（热）源。这种利用地下土壤作为热泵低位热源的热泵系统称为土壤源热泵。它主要包括三套管路系统：室外的地埋管系统、热泵机组的制冷机循环系统、末端的室内空调系统。它与一般热泵系统相比，其不同点主要在于室外管路系统是由埋设于土壤中的一组盘管构成。该组盘管作为换热器，冬季从土壤中取热，夏季向土壤中释放热量，典型的土壤源热泵系统原理图如图 4-10 所示。

夏季制冷时，水源热泵机组中的阀门 A1、B1、C1、D1 关闭，阀门 A2、B2、C2、D2 开启，室内的余热经过热泵转移后通过埋地换热器释放于土壤中，同时蓄存热量，以备冬季供暖用；冬季供暖时，水源热泵机组中的阀门 A1、B1、C1、D1 开启，阀门 A2、B2、C2、D2 关闭，通过埋地换热器从土壤中取热，经过热泵提升后，供给采暖用户，同时，在土壤中蓄存冷量，以备夏季空调使用。

土壤源热泵根据地埋管中的传热介质和热泵机组之间是否存在中间介质，可以分为直接连接的土壤源热泵系统和间接连接的土壤源热泵系统。如果采用直接连接的方式（图4-10），地埋管的埋深将受到地下埋管的最大额定承压能力的限制；如果系统中最下端管道的静压超过地埋管换热器的承压能力，可设置中间换热器将地埋管换热器与热泵机组分开，即间接连接。

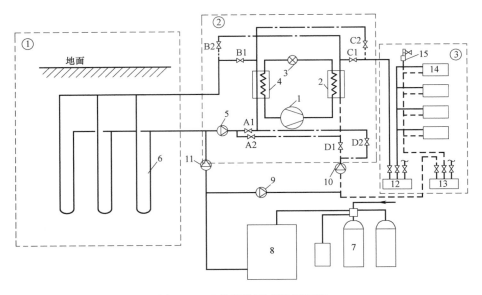

图 4-10　土壤源热泵系统原理图

①—室外的地埋管系统；②—水源热泵机组；③—建筑物空调系统；

1—压缩机；2—冷凝器；3—节流机构；4—蒸发器；5—土壤源侧循环泵；6—地下埋管；7—软水器；

8—补给水箱；9—用户侧补给水泵；10—用户侧循环水泵；11—土壤源侧补给水泵；12—分水器；

13—集水器；14—热用户；15—放气装置

　　土壤源热泵系统中，还可以根据地埋管换热器的布置形式分为水平埋管、竖直埋管和螺旋形埋管三大类。还可以根据地埋管换热器的连接方式分为串联方式和并联方式。

　　大地土壤本身就是一个巨大的储能体，具有较好的蓄能特性；通过埋地换热器，夏季利用冬季蓄存的冷量进行制冷，同时将部分热量蓄存于土壤中以备冬季采暖用，冬季利用夏季蓄存的热量来供暖，同时蓄存部分冷量以备夏季空调使用。一方面，实现了冬夏能量的互补性；另一方面，由于土壤的蓄能特性，地下土壤温度一年四季相对稳定，冬季比外界环境空气温度高，夏季比环境温度低，是很好的热泵热源和空调冷源，土壤的这种温度特性使得土壤源热泵比传统冷（热）源空调系统运行效率高，可节省运行费用。同时，土壤温度较恒定的特性也使得热泵机组运行更稳定、可靠，整个系统的维护费用也较常规冷（热）源空调系统大大减小，从而保证了系统的高效性和经济性，也提高了热泵的性能系数，达到明显节能的效果，同时也消除了常规热泵系统带来的"冷、热污染"。

　　尽管土壤源热泵技术有着许多优势，但结合目前国内外关于土壤源热泵换热性能的研究和实际工程应用的情况而言，也不可避免地存在如下缺点：土壤热物性参数直接影响着地埋管换热器换热性能；土壤源热泵系统在长期运行时，热泵蒸发温度或冷凝温度受地下土壤温度变化带来的影响会发生波动；由于土壤源热泵系统在与土壤换热过程中必然改变土壤温度分布，而土壤温度恢复也需要时间，故只适用于间歇运行的空调系统中，而且在实际工程中，钻井费用投资能占到整个系统总投资的 30% 以上。

## 第二节　热泵驱动溶液除湿空调系统

热泵驱动溶液除湿空调按溶液再生时热泵冷凝器加热介质的不同，有如图 4-11 所示两种流程。图 4-11 （a） 为热泵冷凝器加热空气，热空气进入再生器用于溶液再生（对应表 4-9 中的流程 I）；图 4-11 （b） 为热泵冷凝器加热溶液，热溶液进入再生器和空气热质交换实现再生（对应表 4-9 中的流程 II）。

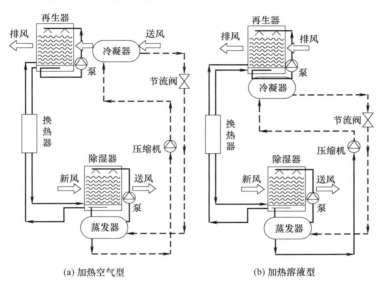

(a) 加热空气型　　　　　　　　(b) 加热溶液型

图 4-11　溶液再生时热泵冷凝器加热介质的两种形式

如图 4-11 （a） 所示，加热空气型热泵单元由压缩机、冷凝器、节流阀、蒸发器构成，装置的工作过程为：

（1）热泵运行：进风→冷凝器放热→高温热干空气→进入再生器→与溶液进行热质传递→溶液中的水分汽化→被热干空气吸收并排出再生器→浓溶液。

（2）浓溶液→换热器预冷→低温溶液→进入除湿器→吸收环境新风中的水分→稀溶液；环境新风变为含湿量低、温度低的送风→进入室内空调房间。

（3）除湿器中的溶液→泵驱动进入蒸发器→在蒸发器中被热泵工质冷却。

（4）低温稀溶液→换热器预热→进入再生器→再被进入再生器的热干空气带走水蒸气而再生。

通过上述部件和介质的协调工作，实现压缩机消耗少量电能而连续向室内送入低温低湿空气来实现空调目的。图 4-11 （b） 所示的加热溶液型过程与加热空气型的主要区别在于冷凝器放热直接对循环溶液进行加热。

图 4-11 中两种溶液再生热能的获取方式不同，其运行性能有所不同。有研究表明，当室外新风空气为 32℃，湿含量为 18g/kg，向室内送风的湿含量为 9.5g/kg 时，两种流程的性能对比见表 4-9。由表 4-9 可见，热泵冷凝器加热溶液的流程（流程 II）所需的工质冷凝温度较低，因而热泵的 $COP$ 较高。

两种流程的性能对比分析　　　　　　　　　　　　　　　　　　表 4-9

| 性能参数 | 流程 Ⅰ | 流程 Ⅱ |
|---|---|---|
| 送风参数 | 温度 23.6℃、含湿量 9.5g/kg | 温度 24.7℃、含湿量 9.5g/kg |
| 蒸发温度(℃) | 16.5 | 17.7 |
| 冷凝温度(℃) | 78.7 | 51.1 |
| 热泵 COP | 1.9 | 4.5 |

对上述基本流程，可通过引入适宜部件进一步提高装置性能。如引入预冷盘管，对进入除湿器的新风增加预冷环节，如图 4-12 所示。图 4-12 中，高温冷水温度可为 14～18℃，对进入除湿器的新风进行预冷处理，再送入除湿器通过与稀溶液热质交换对空气进行温度和湿度的深度处理后送入房间，也可引入全热交换模块，对进入再生器的新风进行预热，同时对进入除湿器的新风进行预冷，如图 4-13 所示。

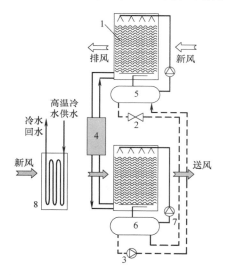

图 4-12　对进入除湿器新风进行
预冷的流程示意

1—再生器；2—节流阀；3—压缩机；4—热回收
板式换热器；5—冷凝器；6—蒸发器；
7—溶液循环泵；8—预冷盘管

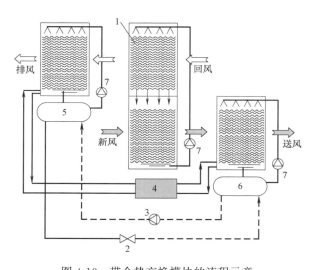

图 4-13　带全热交换模块的流程示意

1—预热/预冷器；2—节流阀；
3—压缩机；4—热回收器；5—冷凝器；
6—蒸发器；7—溶液泵

图 4-14 所示为某印钞厂检封车间采用热泵驱动溶液除湿的空调系统示意图，空调面积约 10000m²，对室内空气参数有严格要求，设计温度为 24±2℃，相对湿度为 55%±5%。图 4-14（a）为该系统热泵驱动的溶液除湿机组的具体布置图。图 4-14（b）中，新风先进入预冷器Ⅰ进行初步降温除湿，再进入溶液除湿器深度除湿，然后与车间的回风混合，混合空气再经预冷器Ⅱ调温至送风状态后送入车间内。

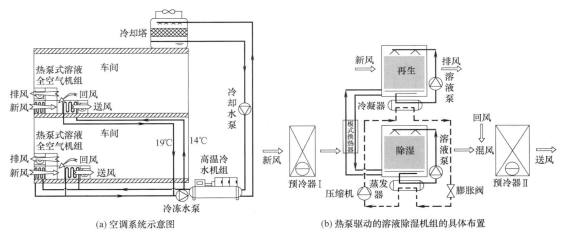

图 4-14　采用热泵驱动溶液除湿的空调系统

（a）空调系统示意图　　　　　　（b）热泵驱动的溶液除湿机组的具体布置

# 第三节　温湿度独立控制空调系统（THIC）

### 一、常规空调系统存在的问题

目前，实现夏季室内热湿环境控制的空调方式主要可以分为两大类：分散独立地安装于需要空调场所的"房间空调器"和集中设置冷源、以水或空气作为媒介输配冷量的"中央空调"系统。无论哪一种方式，都是通过向室内送入经降温、除湿的空气，实现室内温、湿度的控制。

现有的空调系统中普遍采用热湿耦合的调节控制方法，夏季采用冷凝除湿方式（采用低温冷媒）实现对空气的降温与除湿处理，同时去除建筑的显热负荷与湿负荷。经过冷凝除湿处理后，空气的湿度（含湿量）虽然满足要求，但温度过低，在有些情况下还需要再热才能满足送风温湿度的要求。但在实际运行的民用空调系统中，很少在冷凝除湿后设置再热装置，通常将除湿处理后的空气直接送入室内，这种运行调控方式使得在室内末端热湿环境的营造过程中以温度调节为主，通过调节送风量与送风参数，以满足室内的温度要求。这种温度、湿度统一控制的空调系统不可避免地存在以下问题。

（1）大多数空调系统采用使空气通过冷表面对其进行降温减湿，这种冷除湿的方式为满足除湿的要求，需要 7～12℃ 的冷源（图 4-15），利用此冷源同时处理占总负荷 50％～70％ 的显热；而显热的去除一般只需要 17～20℃ 的冷源。因此，采用同一低温的冷源处理显热和潜热，导致制冷机的 COP 低，造成能量浪费。且冷凝除湿后的空气温度往往低于要求的送风温度，还需再次加热将空气处理到适宜的送风温度，浪费大量热量和冷量。

当不考虑除湿需求而仅考虑显热量排除需求时，空调系统中需要的冷水温度就不再受空气露点温度的限制，只要冷水温度低于空气干球温度即可实现显热热量的排

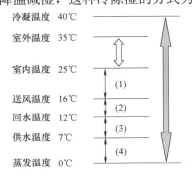

图 4-15　温度控制系统中各
环节温度分布

冷凝温度　40℃
室外温度　35℃
室内温度　25℃
（1）
送风温度　16℃
（2）
回水温度　12℃
（3）
供水温度　7℃
（4）
蒸发温度　0℃

除。在考虑一定换热温差的基础上，需求的冷水温度仍比常规空调方式中的冷水温度有很大提高。同时，冷水温度的增加就可以使得冷水机组的蒸发温度得到提高，制冷系统的效率也能获得很大提高。如果考虑室内全部热源都来自于某一温度为 28℃ 的热表面，则通过供/回水温度为 18/23℃，平均温度为 20.5℃ 的表面依靠辐射换热也能吸收这些热量，此时的蒸发温度可为 16℃。

（2）冷凝除湿的方式，导致系统中的冷表面成为潮湿表面甚至产生积水。空调停止运行后，这样的潮湿表面就成为霉菌繁殖的温床，严重影响室内空气品质，空调系统繁殖和传播霉菌成为空调可能引起的健康问题的重要原因。

（3）加大室外新风量是排除室内挥发性有机混合物，降低室内 $CO_2$ 浓度，提高室内空气质量最有效的措施。而大量引入室外空气就需要消耗大量冷量（在冬季为热量）实现对室外空气的降温除湿（或加热加湿）处理。当建筑物围护结构性能较好，室内发热量不大时，处理室外空气需要的冷量可达总冷量的一半或一半以上。要进一步加大室外新风量，就往往意味着加大空调能耗。对于大多数传统空调方式，很难找到有效解决这一矛盾的措施。

（4）实际的建筑物，显热随气候、室内设备状况等的不同发生变化，产湿量随着室内人数变化而变化，实际室内显热、潜热负荷比在很大范围内变化。而传统空调通过冷凝除湿处理后的空气，其吸收的潜热、显热比只能在一定范围内变化，很难适应实际室内的热湿比；对于这种情况，一般牺牲对湿度的控制，而仅满足室内温度的要求，或者造成室内相对湿度过高不舒适，需要降低室温而引起能耗不必要的增加，或造成室内相对湿度过低而使室外新风处理能耗增加。

（5）传统的全空气空调系统，送风温度不能过低，从而需要较大的循环通风量。这就往往造成室内很大的空气流动，使居住者产生不适的吹风感。为减少这种吹风感，就要通过改进送风口的位置和形式来改善室内气流组织，这往往要在室内布置风道，从而降低室内净高或加大楼层间距。很大的通风量还很容易引起空气噪声，并且难以有效消除。在冬季，为了避免吹风感，即使安装了空调系统，也往往不使用热风，而通过另外的暖气系统通过采暖散热器供热。这样就导致室内重复安装两套环境控制系统，分别供冬夏使用，占用空间，造成资源的浪费、维修和管理的不便。

（6）随着能源问题的日益严重，以低品位热能作为夏季空调动力成为迫切需要。目前北方地区大量的热电联产集中供热系统在夏季由于无热负荷而无法运行，使得电力负荷出现高峰的夏季热电联产发电设施反而停机，或者按纯发电模式低效运行。如果可以用热电联产的余热驱动空调，既省下空调电耗，又可使热电联产电厂正常运行，增加发电能力。这样即可减缓夏季供电压力，又提高能源利用率，是热电联产系统继续发展的关键。

（7）在建筑物内设置燃气发动机，带动发电机发电承担建筑的部分用电负荷，同时利用发动机的余热解决建筑的供热、供冷问题（BCHP—Building Combined Heat & Power Generation）将是今后建筑物能源系统的最佳解决方案之一。优化 BCHP 的一个重要课题是使热电冷负荷的彼此匹配，而找到可以实现高体积利用率的高效蓄能方式成为优化 BCHP 系统的关键。

综上所述，空调系统在营造适宜的建筑热湿环境过程中起着无可替代的重要作用，随着人类社会的不断发展，对适宜环境的需求及越来越重视能源有效利用的趋势都对传统的空调方式提出了挑战。在满足营造舒适、适宜环境的基础上，如何进一步有效提高能源利用效率、降低能源消耗就成为改进现有空调方式、探寻新的建筑环境营造手段所面临的根本问题。从现有空调系统处理方法及存在的问题出发，对新的空调方式提出的要求主要包括：

（1）适应建筑室内热湿比不断变化的需求，同时满足室内热、湿参数的调节；

（2）从根本上避免降温、再热与除湿、加湿抵消造成的能量损失；

（3）为自然冷源、低品位热能的利用提供条件；

（4）选择合适的输配媒介，尽可能降低输配系统能耗；

（5）减少室内送风量，部分采用与采暖系统共用的末端方式；

（6）能够通过热回收等方式，有效地降低由于新风量增加带来的能耗增大问题；

（7）取消潮湿表面，采用新的除湿途径；

（8）能够实现各种空气处理工况的顺利转换。

从如上要求出发，目前普遍认为温湿度独立控制空调系统（Temperature and Humidity Independent Control of Air-conditioning Systems，简称 THIC 空调系统）可能是一个有效的解决途径。

**二、THIC 系统基本理念**

根据《温湿度独立控制空调系统工程技术规程》T/CECS 500—2018 的定义，温湿度独立控制空调系统（THIC 系统）是指由相互独立的两套系统（温度控制系统和湿度控制系统）分别控制空调区的温度和湿度的系统。系统的组成如图 4-16 和图 4-17 所示。

（1）温度控制系统：在 THIC 系统中，空调区的显热负荷由高温冷源设备和室内显热末端设备组成的温度控制系统承担。其中，高温冷源的主要作用是产生 THIC 系统所需的 16℃以上的冷水（高温冷水机组）或冷媒，是 THIC 系统的重要组成部分。室内显热末端设备主要包括干式风机盘管、辐射末端等多种形式。THIC 系统采用另外独立的系统，将夏季产生 16～20℃冷水、冬季产生 32～40℃的热水送入室内干式末端装置，承担室内显热负荷。

（2）湿度控制系统：空调区的湿负荷由经新风机组处理后的新风承担，即通过湿度控制系统向室内送入经过处理的新风，承担室内湿负荷，并满足排除室内 $CO_2$ 和 VOC 等卫生方面的要求。新风机组的形式包括冷却除湿新风机组、转轮除湿新风机组、溶液调湿新风机组、蒸发冷却新风机组等。新风处理过程可包含热回收、高温冷源预冷、表冷器除湿等过程，实现达到送风含湿量的要求。根据气候差异，一般夏季对新风进行降温除湿处

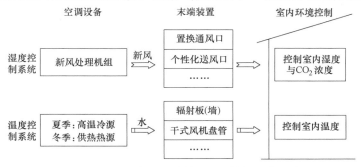

图 4-16  温湿度独立控制空调系统的基本组成

理，冬季对新风进行加热加湿处理，有的地区新风全年需要降温除湿。

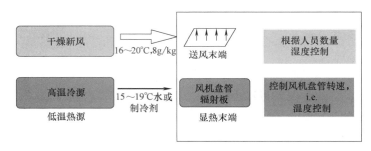

图 4-17　温湿度独立控制空调系统空气处理基本流程

在 THIC 系统中，采用两套独立的系统分别控制和调节室内湿度和温度，从而避免了常规系统中温湿度联合处理所带来的能源浪费和空气品质的降低。由新风来调节湿度，显热末端调节温度，可满足房间热湿比不断变化的要求，避免了室内湿度过高过低的现象。

传统空调系统的常见模式是新风加风机盘管形式，以此为例说明 THIC 系统和常规空调系统的差别，参见表 4-10。

**温湿度独立控制系统和常规空调系统综合比较**　　　　表 4-10

| 项目 | 常规空调系统 | 温湿度独立控制系统 |
|---|---|---|
| 冷源 | 7～12℃冷源，承担所有负荷，电制冷机的 COP 为 3～6 | 16～20℃冷源即可，只需要承担房间显热负荷；电制冷机组的 COP 能达到 7～10；且可由多种自然冷源提供 |
| 新风机 | 新风仅满足卫生要求，一般处理到室内空气的等焓点（或等含湿量点），无调节湿度要求 | 对新风进行处理，送入室内干燥的新风，调节室内湿环境 |
| 室内末端 | 普通的风机盘管在冷凝除湿过程中，湿工况系统中存在潮湿表面，霉菌滋生的温床 | 干式末端：干式风机盘管或辐射板，系统中不存在潮湿表面，无霉菌滋生的隐患 |
| 室内环境控制手段 | 室内末端同时调节温湿度，很难满足大范围变化的热湿比 | 新风调节室内湿度，干式末端调节室内温度，满足变化的室内热湿比要求 |

由表 4-10 可知，两种空调系统在系统组成和各组成部分承担的环境控制任务等方面有了一定的差别，这使得 THIC 系统的设计方法也随之做相应的改变，见表 4-11。

**THIC 系统和常规空调系统设计方法的比较**　　　　表 4-11

| 项目 | 常规空调系统 | 温湿度独立控制系统 | |
|---|---|---|---|
| 设计参数 | 根据设计标准确定室内、外空气计算参数、新风量等参数 | | |
| 负荷计算 | 冷负荷和湿负荷根据第二章相关公式进行计算 | 温度控制系统 | (1)温度控制系统承担的负荷 $Q_T$ 应为建筑显热负荷 $Q_S$ 与新风送风承担的部分建筑显热负荷 $Q_{HS}$ 之差，其中建筑显热负荷的计算与常规空调系统的计算方法相同。<br>(2)当室内设计温度为 $t_N$ 且新风送风温度 $t_s$ 低于 $t_N$ 时，新风承担的部分建筑显热负荷 $Q_{HS}=C_p×\rho×q_m×(t_N-t_s)$ |
| | | 湿度控制系统 | 根据新风送风温度 $t_s$、含湿量 $d_s$ 及确定的新风送风状态点（焓值 $h_s$），湿度控制系统承担的负荷 $Q_H=\rho×q_m×(h_w-h_s)$ |

续表

| 项目 | 常规空调系统 | 温湿度独立控制系统 |
|---|---|---|
| 新风送风状态点 | 送风点一般是室内空气等焓点（或等含湿量点），高于（或等于）室内含湿量根据送风点确定新风处理的显热负荷、湿负荷 | 新风承担室内湿负荷，由湿负荷和新风量确定送风点，比室内设定含湿量低。根据送风点确定新风处理的显热负荷、湿负荷 |
| 冷、热源的形式 | 冷源：冷水机组（7℃供水）；<br>热源：锅炉或集中供热；<br>冷（热）源一体：热泵 | 冷源：冷水机组（17℃供水）；<br>热源：锅炉或集中供热；<br>冷（热）源一体：热泵 |
| 冷（热）源容量 | 根据总的空调负荷确定冷（热）源容量 | 根据室内显热负荷确定冷（热）源的容量 |
| 新风处理形式 | 普通的新风机组，通过表冷器利用冷凝方式对新风进行除湿，根据需要选择另外的加湿、热回收等设备。根据新风量选择合适的机组容量 | 溶液热回收型新风处理机，利用溶液的吸、放湿特性处理空气，具备对空气进行除湿、加湿、全热回收等多种功能。新风量选择合适的机组容量 |
| 室内末端 | 普通的风机盘管 | 干式风机盘管，若选用普通风机盘管则需要校核其干工况运行时的冷量；辐射板，通过辐射方式供暖 |

总体比较，THIC 系统与常规空调系统相比具有以下显著优势：

（1）采用温湿度独立控制的空调方式，机组效率大大增加，夏季热泵式溶液调湿新风机组 COP 在 5.5 以上，水源热泵 COP 也可达到 8.5 以上。

（2）溶液可有效去除空气中的细菌和可吸入颗粒，有益于提高室内空气品质。

（3）真正实现室内温度、湿度独立调节，精确控制室内参数，提高人体舒适性。

（4）除湿量可调范围大，可精确控制送风温度和湿度，即使对于潜热变化范围较大的房间（如会议室），也能够始终维持室内环境控制要求。

（5）热泵式溶液调湿新风机组与水源热泵均可冬夏两用，与常规系统相比，可以节省蒸汽锅炉与热水换热器的投资费用。

（6）降温与除湿处理要求的冷源温度不同：处理潜热（除湿）时，采用冷冻除湿方式，要求低于室内空气的露点温度的低温空调冷水；而处理显热（降温）时，仅要求冷水温度低于室内空气的干球温度，可采用自然冷源或 COP 值较高的高温冷水机组。

（7）温度控制系统的末端装置干工况运行，避免了室内盘管表面滋生霉菌，卫生条件好；且末端装置一般采用水作为冷媒，其输送能耗比全空气系统能耗低。

（8）湿度控制系统的干燥新风承担所有的潜热负荷，比温湿度同时控制的常规空调系统能够更好地控制房间湿度和满足室内热湿比的变化，房间湿度控制标准严格时避免了再热损失。

因此，温湿度独立控制空调系统经技术经济比较合理时，可广泛地应用于室内空气品质要求较高的建筑等。

### 三、THIC 系统的新风处理

1. 新风送风状态点的确定

新风承担室内湿负荷（潜热负荷），而由其他设备排除其余显热，因此对新风的送风温度要求并不严格，可按式（4-6）确定送风含湿量。新风送风含湿量的确定应当保证带走建筑内所有产湿量。

$$d_s = d_N - \frac{W}{q_m \times \rho} \tag{4-6}$$

式中：$\rho$——空气密度，$kg/m^3$；

　　　$q_m$——设计新风量，$m^3/h$；

　　　$d_N$——室内设计状态的含湿量，$g/kg$；

　　　$d_s$——新风送风含湿量，$g/kg$；

　　　$W$——建筑内产生的湿负荷，$g/h \cdot$ 人。

例如，当室内含湿量设定值为 12.6g/kg，人均湿负荷为 150g/(h·人)，人均新风量为 30m³/(h·人)，则根据上式计算得到的新风的送风含湿量为 8.4g/kg。

2. 新风除湿处理方式

在 THIC 系统中，送入新风的目的是为了满足室内人员卫生需求和排除室内余湿，即要求的送风含湿量低于室内设计含湿量水平（其差值用于带走室内人员等产湿）。在我国西北干燥地区，室外的空气本身非常干燥，新风处理的主要目的是对其降温，在保证送风含湿量需求的基础上可通过蒸发冷却等方法进行降温处理。而在潮湿地区，室外的空气含湿量比较高，需要对新风除湿处理后才能送入室内，新风处理的主要目的是对其除湿，可采用冷凝除湿、溶液除湿、固体除湿等多种方法。

不同的新风除湿处理方式原理有所差异，图 4-18 给出了冷凝除湿、溶液除湿和转轮除湿三种除湿方式的空气处理过程。

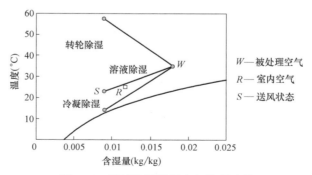

图 4-18　溶液除湿机组空气处理过程

（1）在冷凝除湿方式对空气处理的过程中，空气先被降温，温度降低到露点温度后水蒸气开始变为液态水析出，除湿后的空气状态接近饱和，温度较低。

（2）在转轮除湿方式对空气处理的过程中，空气状态近似沿等焓线变化，除湿后的空气温度显著高于室内温度。

（3）溶液除湿方式可以将空气直接处理到需要的送风状态点，送风的温度低于室内空气温度。

3. Ⅰ区的新风处理（西北干燥地区）

在我国西北部干燥地区，夏季室外含湿量很少出现高于 12g/kg 的情况。这时，可以通过向室内通入适量的干燥新风来达到排除室内余湿的目的，此时新风处理机组的主要任务是对新风进行降温。一般根据当地夏季室外空气状况，由直接或间接蒸发冷却新风机组制备 18~21℃、8~10g/kg 的新风送入室内，带走房间的全部湿负荷和部分显热负荷。蒸发冷却方式的送风状态取决于当地的干、湿球温度，在系统流程设计中，应正确地确定蒸发冷却的级数，合理控制送风除湿能力，以满足室内湿度要求。

夏季蒸发冷却方式处理新风：利用蒸发冷却制备冷空气的方式，包括直接蒸发冷却方式、间接蒸发冷却方式以及间接与直接结合的蒸发冷却方式。直接蒸发冷却过程对空气冷却的极限温度为进口空气的湿球温度，间接蒸发冷却方式出口空气的极限温度为进口空气的露点温度。在间接蒸发冷却过程中，被处理空气仅温度降低、含湿量不发生变化，实现的是等湿降温过程。间接蒸发冷却装置也可在直接蒸发冷却模块中嵌入显热换热过程，增加干通道冷却进风，从而实现内冷式间接蒸发冷却装置。

在干燥地区，冬季室外新风温度、含湿量都较低，需要经过加热加湿处理后才能送入室内。冬季典型的新风处理过程为室外低温、干燥的新风首先进入加热器中被加热，之后再进入喷淋塔中被加湿，达到适宜的参数后再送入室内。

4. Ⅱ区的新风处理（潮湿地区——秦岭淮河一线以南）

在此区域内，夏季室外温度和含湿量都很高，需要实现在对新风的降温除湿处理过程中如何实现高效的新风除湿处理过程是此区域新风处理的关键。

（1）冷凝除湿方式

冷凝除湿方法在空调系统中得到了广泛应用，同样也可以应用到温湿度独立控制的方式中。常规空调系统通常采用低温冷水（7℃）对新风进行处理，新风在处理后温度和含湿量均降低。以风机盘管加新风的空调系统形式为例，新风通常被处理到与室内含混量相同的状态后再送入室内，建筑内的人员等湿源产生的湿负荷则由工作在湿工况的风机盘管负责处理。THIC 空调系统中通过向室内送入干燥空气来排除室内湿负荷，新风需要被处理到低于室内含湿量、能够排除室内湿负荷的状态。

与常规空调系统相比，THIC 空调系统要求的送风含湿量要更低。以北京夏季设计点的室外气象参数干球温度 33.2℃、湿球温度 26.4℃（对应的含湿量为 19.1g/kg）为例，当室内设计状态为温度 26℃、相对湿度 60%（对应的含湿量为 12.6g/ks），只考虑人员产湿时，常规空调系统中新风处理到与室内含湿量相同的状态即 12.6g/ks；当人均新风量为 30m³/h 时，THIC 空调系统中新风需要被处理到的含湿量水平为 9.6g/kg。因此，THIC 空调系统一般要求表冷器排数更多，供水的温度更低。

采用冷凝除湿方式对新风进行处理时，由于冷源温度较低，新风进口温度与冷源温度间存在较大差异，两股流体的换热过程存在较大的温度不匹配，会带来较大的传热损失。为了减少这种由于高低温差别较大的流体直接接触带来换热损失，利用合理的高温冷源对新风进行预冷从而实现新风的分级处理过程可以有效改善处理效果。另一方面，新风经过冷凝除湿方式处理后的状态接近饱和，在满足送风含湿量需求的情况下，送风温度一般较低，不适宜直接送入室内。为了避免再热过程带来能量浪费，可利用排风进行再热或利用新风自身进行再热。

（2）溶液除湿新风处理方式

以溶液再生过程使用的热源方式不同，可分为热泵驱动的溶液除湿新风方式以及余热驱动的溶液除湿新风方式。在热泵驱动的装置中，新风处理机组内置有热泵循环（电能作为输入能源），热泵冷凝器的排热量用于浓缩再生溶液，热泵蒸发器的冷量用于冷却吸湿溶液、提高其除湿能力。由于该处理方式可以同时实现夏季对新风的降温除湿与冬季的加热加湿处理过程，故称为"溶液调湿"新风处理方式，基本原理可参见热泵驱动的溶液调湿空调系统。

THIC 系统常用的溶液热回收型新风机组是集冷（热）源，全热回收段，新风加湿、除湿处理段，过滤段，风机段为一体的新风处理设备，独立运行满足全年新风处理要求，无需额外的冷却塔等辅助设备。图 4-19 所示为电驱动溶液热回收型新风机组结构，图 4-20 所示为热驱动溶液热回收型新风机组结构。

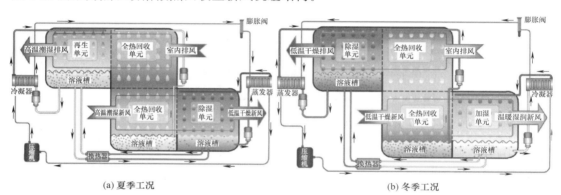

(a) 夏季工况　　　　　　　　　　　(b) 冬季工况

(c) 外观结构

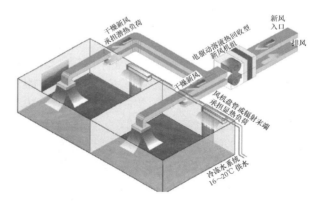

(d) 空间布置

图 4-19　溶液热回收型新风机组结构及过程（电驱动）

如图 4-19 所示，夏季工况，高温潮湿的新风在全热回收单元中以溶液为媒介和排风进行全热交换，新风被初步降温除湿，然后进入除湿单元中进一步降温、除湿到达送风状态点。调湿单元中，调湿溶液吸收水蒸气后，浓度变稀，为重新具有吸水能力，稀溶液进

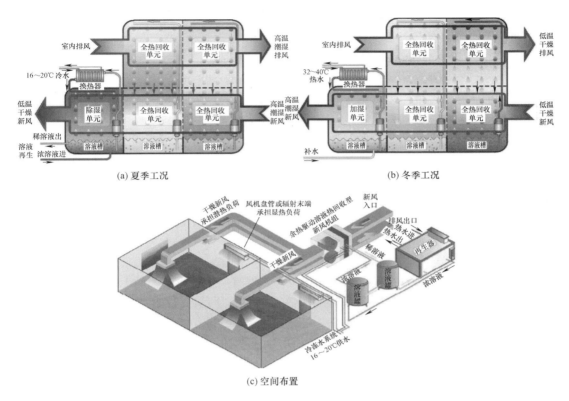

(a) 夏季工况　　　　　　　　　　　　　　(b) 冬季工况

(c) 空间布置

图 4-20　溶液热回收型新风机组结构及过程（热驱动）

入再生单元进行浓缩。热泵循环的制冷量用于降低溶液温度以提高除湿能力，同时对新风降温，冷凝器排热量用于浓缩再生溶液，能源利用效率高。冬季工况，只需切换四通阀改变制冷剂循环方向，便可实现空气的加热加湿功能。

从能源利用角度看，溶液热回收型新风机组是一种能量热回收装置，高效节能；从空调安全角度看，它能提供清洁、健康、安全的空气；从空气热湿处理功能看，它可以高效除去新风中水分，能够实现室内温湿度独立控制和精确控制；能够实现室内空气干工况运行，消除室内空气处理湿表面，避免滋生细菌，有利于保障室内良好的空气品质，克服"病态建筑综合症"。因此，溶液热回收型新风机组可广泛应用于各类民用建筑、公共建筑、工业建筑空调系统中。

5. Ⅲ区的新风处理（潮湿地区——秦岭淮河一线以北）

在夏季，Ⅲ区室外新风高温高湿，新风处理的需求与Ⅱ区相类似，新风处理的方式及装置也与Ⅱ区相同。与Ⅱ区不同的是，这一地区冬季室外新风温度、含湿量水平都较低，新风处理过程同时存在加热、加湿需求。当夏季新风处理过程采用溶液除湿方式时，冬季可以使用同一套设备实现对新风的加湿处理。但当选用冷凝除湿方式时，冬季无法利用同一套设备实现对新风的加湿处理，就需要单独设置加湿设备来满足新风处理需求。热泵驱动的溶液调湿新风机组冬季运行时，利用制冷系统的四通阀实现蒸发器和冷凝器相互转换，使制冷装置工作在热泵工况下。

除上述除湿方式外，固体吸附剂除湿、转轮除湿等可参考《温湿度独立控制空调系统》(第二版，中国建筑工业出版社)中的相关内容。

**四、THIC 系统的设计要点**

**1. 高温冷源的选择**

在 THIC 空调系统中，温度控制系统需要的冷源温度远高于常规空调系统，由于无除湿的需求，冷水温度可以从常规系统的 5～7℃ 提高到 16～18℃，这就为很多自然冷源的使用提供了条件。在某些干燥地区，夏季室外空气干燥，宜利用直接蒸发冷却方式和间接蒸发冷却方式实现高温冷水的制备，满足温度控制所需冷源的需求。当地下水温度可直接满足高温冷源温度的要求时，在夏季可直接通过换热装置将地下水的冷量用于去除建筑的显热负荷。年平均气温比较低的城市，条件允许时，宜直接利用土壤这一天然冷源去除室内的显热负荷。当自然冷源无法利用时，可通过人工即机械压缩制冷方式满足温度控制系统的冷源需求。由于制冷机组蒸发温度的提高，压缩制冷系统工作的压缩比发生明显变化，这就对制冷系统设计和设备开发提出了新的要求。

(1) 土壤源换热器

在我国有些地区可以在夏季采用土壤源换热器直接输送冷量，而无需开启制冷机。土壤源系统利用地下土壤作为空调系统的吸热和排热场所，研究表明：在地下 10m 以下的土壤温度基本上不随外界环境及季节变化而变化，且约等于当年平均气温。我国不少地区的年平均气温低于 15℃，夏季可以直接利用土壤源这一天然冷源去除室内的显热负荷，不必开启热泵。冬季时，需要开启热泵，从土壤中取热，经过热泵提升后供给用户使用；由管路实现冬、夏运行模式的切换。

(2) 水源热泵 (深井回灌技术)

水源热泵方式与土壤源热泵系统类似，利用天然冷源实现空调夏季供冷与冬季供暖的需求。夏季直接通过换热装置将地下水的冷量用于去除建筑的显热负荷，无需开启热泵；冬季开启热泵机组，蒸发器的冷量由地下水带走，冷凝器的排热量用于建筑供暖。

(3) 人工冷源

由于天然冷源的利用往往受到地理环境、气象条件以及使用季节的限制，有些场合还不得不采用人工冷源。对于温度湿度独立控制空调系统，冷水机组制备高温冷水，和常规制取低温冷水的工况比，冷水机组的蒸发温度显著提高、耗功减小，可以有效地提高机组的性能系数 $COP$。

与常规的冷水机组相比，高温冷水机组最大的特点为压缩机处于小压缩比工况下运行。这就需要对常规冷水机组 (蒸汽压缩式制冷系统或吸收式制冷系统) 采取相应措施来提高蒸发温度、降低冷凝温度，满足输出高温冷水的要求。一方面可提高蒸发器的 $K$ 值或增加蒸发器、冷凝器面积来提高蒸发器和冷凝器的传热性能，另外需要改善压缩机的性能来达到目的。比如对于活塞式机组，需尽可能选取内容积比较小的回转式压缩机，也可采用具有自适应特性的活塞式压缩机；对于离心式冷水机组，可以控制压缩机的转速、在压缩机进气口安装节流阀或控制进口导叶开度控制制冷剂流量。由于离心式压缩机制冷量随蒸发温度升高呈现比活塞式压缩机制冷量上升更快的趋势，离心式压缩机作为高温冷水机组比活塞式更加合适。

图 4-21 所示为格力高温离心式冷水机组制冷循环图。

对于无集中供热的建筑，除土壤源热泵机组、水源热泵机组外，还可采用空气源热泵

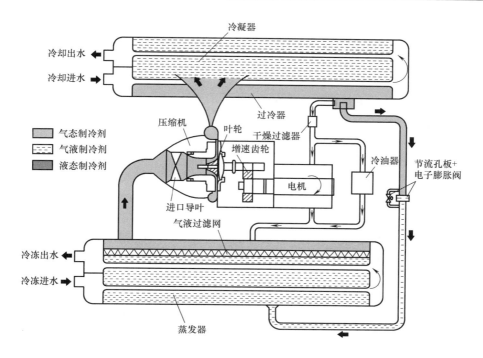

气态制冷剂

气液制冷剂

液态制冷剂

冷凝器

冷却出水

冷却进水

过冷器

压缩机　叶轮　干燥过滤器

增速齿轮

冷油器

节流孔板+
电子膨胀阀

进口导叶

电机

气液过滤网

冷冻出水

冷冻进水

蒸发器

图 4-21　格力高温离心式冷水机组制冷循环图

机组，夏季制冷得到 18℃高温冷水，冬季制热得到 35℃低温热水。如此，对于寒冷地区，可以采用双级热泵系统或双级耦合热泵系统，既能良好地解决冬季供热问题，同时还能获得较高的 COP。对于冬季环境温度不太低的温暖地区，可以采用双级压缩的离心式热泵冷水机组，夏季通过冷却塔制取冷水，制冷系统制备高温冷水；冬季将冷却塔的冷却介质更换为不易结冰的载冷剂（比如乙二醇溶液），载冷剂在蒸发器和冷却塔中循环，在冷凝器中制备向建筑供热的热水。从而很好地满足温湿度独立控制系统冬、夏的冷、热源的需求。

2. 显热末端装置

温湿度独立控制系统显热末端装置的任务主要是排出室内显热余热，主要包括室外空气通过围护结构传热、太阳辐射通过非透明围护结构部分的导热热量、通过透明围护结构的投射、吸收后进入室内的热量，以及工艺设备散热、照明装置散热以及人员散热。用于去除显热的末端设备主要由干式风机盘管和辐射末端两种方式，下面分别介绍两种末端的设计选型办法。

（1）干式风机盘管

温、湿度独立控制空调系统中风机盘管在干工况下运行，在设计选型时需要注意。如果样本上给出了干工况下的运行参数，可参照样本选择。在大多数情况下，国内生产的普通风机盘管仅有湿工况下的参数，不能根据该工况下的制冷量选定盘管型号。这是由于干工况下风机盘管的供回水温度由传统的 7～12℃变为 17～20℃，盘管表面的平均温度升高，和室内空气的温差减小，使得盘管实际供冷量和一般设备样本中的数据有很大差别，需要根据实际情况仔细校核计算，尤其不能按照样本供冷量选型。表 4-12 对比了风机盘管在不同工况下的工作性能。

风机盘管在不同工况下的工作性能　　　　　　　　　　　表 4-12

| 项目 | 干工况(冷水供回水温度 17℃/21℃) | | 湿工况(冷水供回水温度 7℃/12℃) | |
|---|---|---|---|---|
| 室内状态参数 | 干球温度:26℃,相对湿度:50% | | | |
| 风机盘管型号 | FP-5 | FP-10 | FP-5 | FP-10 |
| 额定风量(m³/h) | 619 | 1058 | 619 | 1058 |
| 送风温度(℃) | 20.7 | 20.6 | 14.2 | 14.0 |
| 送风相对湿度(%) | 69 | 69 | 95 | 95 |
| 冷量(W) | 1102 | 1914 | 2976 | 5312 |

（2）辐射末端

一般而言，辐射末端装置可以大致划分为两大类：一类是沿袭辐射供暖楼板的思想，将特制的塑料管直接埋在水泥楼板中，形成冷辐射地板或楼板（图 4-22）；另一类是以金属或塑料为材料，制成模块化的辐射板产品，安装在室内形成冷辐射吊顶或墙壁，这类辐射板的结构形式多种多样。辐射末端在供冷模式下，由于供水温度不能太低，否则有结露的危险，一般供水温度不低于 16℃，供冷量不超过 50W/m²，因此要求建筑的围护结构及室内发热量不能太大。另外，为保证辐射末端的供冷量，应尽量减少辐射表面热阻。

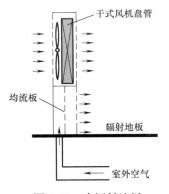

图 4-22　冷辐射地板

**五、THIC 系统的控制方案**

THIC 系统的控制系统较之常规空调系统更为简单，总体思路是通过调节送风的含湿量和风量来控制室内的湿度，而通过调节室内末端（如干式风机盘管）的制冷量（如调节风机盘管的风量）和冷机的出水温度来控制室内的温度，从而实现精确的室内热环境控制和调节。温湿度独立控制系统的自控原理如图 4-23 所示。

（1）湿度控制

在湿度控制中，溶液除湿新风机（以下简称新风机）能够接收上级控制系统（模块）的调节命令，对送风的含湿量和风量进行调节，考虑到自动控制系统的复杂性和可靠性，新风机的送风含湿量均设定在设计工况下（新风机自带温湿度传感器测量送风含湿量并反馈到新风机控制模块，通过该控制模块调节送风含湿量到设定值），通过调节各空调房间的送风量实现对湿度的控制。需要说明的是，虽然送风温度对房间负荷有一定的影响，但由于新风机送风温度一般都在 18～23℃之间变化，均低于室内温度，且温湿度独立空调系统有单独的温度控制方式，因此对送风温度一般不再单独调节。

在各空调房间放置温度和（相对）湿度传感器，自控系统可以通过房间当前温湿度状态得到该房间需求的新风量，并控制相应末端风机的风量到需求值，满足湿度控制要求。同时，通过放置在新风机送风口的压力传感器控制送风机的频率，保持新风机送风口的压力稳定，以保证在部分房间风量变化时其他房间风量维持不变。需要注意的是：

① 系统设计时选择的新风机风量要合适，在最不利工况下需要的风量不得超过新风机额定风量；

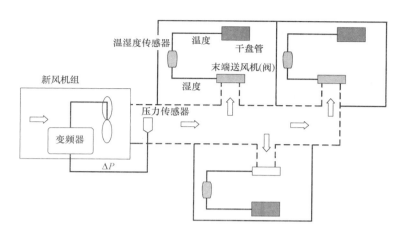

图 4-23　温湿度独立空调系统控制原理图

② 应合理布置送、回风道，特别是送风道要能够保证最不利工况下（风量最小或负荷最大）房间的送风量能够满足要求。

（2）温度控制

在温度控制中，主要是通过调节显热处理装置的制冷量来控制室内温度。通过设置在空调房间或回风道的温湿度传感器反馈的数据，自控系统可以得到各空调房间需求冷量与当前供冷量的关系，以干式风机盘管为例，通过调节干式风机盘管的风量（调节风量挡次），来满足房间温度控制需求。当通过调节风机盘管的风量无法满足室内显热负荷需求时，则需要通过调节冷水温度来满足需求，比如风机盘管最大风量时冷量不够，则需要降低冷水的出水温度。同时，如果当前房间显热负荷较小，风机盘管最小风量时冷量仍然较大，则可以通过风机盘管的通断控制来调节供冷量。

**六、THIC 系统设计示例**

1. 新风独立除湿加干式风机盘管

对于高层建筑来说，为了降低输配系统能耗和减少对层高的影响，THIC 空调系统可以考虑采用新风独立除湿加干式风机盘管的系统。新风除湿可以采用溶液除湿的处理方式，溶液除湿技术是利用盐溶液吸水的特性对空气进行除湿的技术，具有高效除湿的特点，同时盐溶液还具有杀菌作用，有益于提高室内空气品质，下文中均以采用溶液除湿技

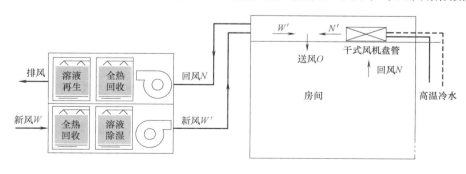

图 4-24　新风独立除湿加干式风机盘管

术为例进行分析。如图 4-24 所示，采用热泵式溶液调湿新风机组对新风进行独立除湿，承担室内湿负荷，同时承担去除室内 $CO_2$、异味的任务，以保证室内空气质量。各空调房间内安装干式风机盘管，通入高温冷水，抽入室内空气进行冷却，承担室内显热负荷。

图 4-25 所示为热泵式溶液调湿新风机组与风道布置形式示例。

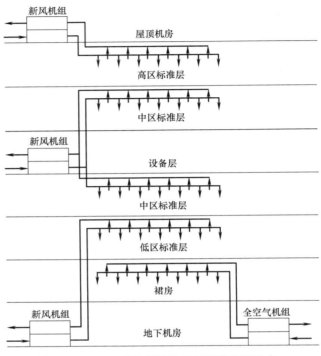

图 4-25　THIC 系统新风机组与风道布置形式

采用 THIC 带独立新风的风机盘管空调系统，一方面可以避免全空气系统风管大影响层高和分区控制难的问题，另一方面由于采用高温水、末端干工况运行又可以解决常规空气-水系统的滴水问题。需要注意的是，THIC 空调系统是靠新风来除湿的，高层建筑中门窗相对密闭，围护结构气密性一般较好，室外渗风对室内湿负荷影响较小，室内湿度控制较为容易，干式末端不容易结露，能够更好地满足室内舒适性和健康性的要求。

高层建筑的裙房功能一般为商场或餐厅，此类区域一般采用一次回风全空气空调系统（图 4-25）。在 THIC 空调系统中，可以采用独立新风除湿加干式风柜的方式，即溶液调湿全空气机组。

对于不超过 100m 的高层建筑，裙房部分的全空气机组由于送风量较大，一般放在控制区域附近的本层位置，以减少风阻损失；塔楼的新风机组一般分上下两部分集中布置，设置于裙房的顶部与塔楼的顶部，利用风井送到塔楼各楼层，以节省机房面积。在超高层建筑中，一般是在设计上形成多个系统，分设几个设备层，新风机组则按所属系统集中安置在相应的设备层中。需要注意的是，溶液调湿机组不同于常规新风机组，机组功能较多，体积和重量相对较大，机组高度为 2.8m，如果将新风机组放置于设备层中，则设备层需留有足够的空间。另外，设备就位时，机组吊装至高层较为困难，实施过程中应与施工进度密切配合，在塔式起重机尚未拆除时利用塔式起重机吊至机房，同时机房内应加强承重，采取降噪减震的措施。

2. 热泵驱动溶液除湿的温湿度独立空调

某印钞厂检封车间空调面积约 $10000m^2$，对室内空气参数有严格要求，设计温度为 $24\pm2℃$，相对湿度为 55％±5％。车间原空调系统为一次回风全空气系统，图 4-26 所示为原空调系统示意图，先用低温水将空气除湿至要求的湿含量，再用燃气锅炉制取的蒸汽将其加热至所需温度。原空调设计工况运行参数：冷水机组电功率为 463kW，制冷量为 1574kW，蒸汽再热负荷为 531kW。原有空调的主要不足是对新风处理过程中存在冷热负荷抵消问题，考虑到其空调参数要求特点，采用热泵驱动溶液除湿的温湿度独立空调是较好的方案，即利用溶液调湿控制送风湿度，利用冷水盘管控制送风温度，改造后的系统布置如图 4-27 所示。工艺改造后，新风先进入预冷器进行初步降温除湿，再进入溶液除湿器深度除湿，然后与车间的回风混合，混合空气再经预冷器调温至送风状态后送入车间内。

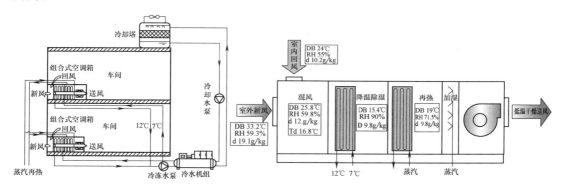

图 4-26 车间原空调系统示意图

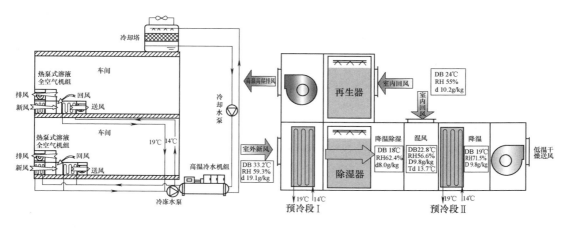

图 4-27 改造后车间空调系统示意图

与原有空调系统的运行费用对比见表4-13。

两种空调系统的运行费用对比　　　　　　　　　　　　　表 4-13

| 项目 | 原有空调系统 | | 温湿度独立控制空调系统 | |
|---|---|---|---|---|
| | 冷水机组 | 再热 | 溶液调湿机组 | 高温冷水机组 |
| 设计制冷量(kW) | 1574 | — | 206 | 837 |
| 设计制冷电耗(kW) | 463 | | 56 | 164 |
| 设计再热量(kW) | | 532 | — | — |
| 夏季耗电量(MW·h) | 1167 | | 554 | |
| 夏季耗气量(m³) | 230003 | | 0 | |
| 夏季运行费用(万元) | 137 | | 44 | |

# 第四节　AC-MEPO 净化空调机组

随着人们的生活水平大幅度提高，人们对居住及办公场所进行了大量的内部装修，但因装修材料、家具、办公设备及生产生活过程等释放的甲醛、苯、悬浮颗粒、新型与持久性有机污染物等有害气体、粉尘及日益严重的雾霾污染，加剧了室内空气污染程度，严重损害了人们的身体健康。因此，提高建筑室内空气品质已经逐渐成为关注的焦点。

目前，载有空气净化单元的集中式及分散式空调设备是控制室内污染物、提高空气洁净度的可行方法。在诸多的空气净化技术中，基于光催化氧化技术的空气净化技术具有强氧化性，能在常温常压下将有机污染物氧化分解，并因其所展现出能耗低、二次污染少等技术优势而逐渐受到重视，已成为制冷空调及环保节能治理新工艺中十分活跃的研究方向。

但随着空气污染及雾霾加剧，空气中的颗粒污染物及有机污染物的种类变得更加的复杂，现有的光催化氧化系统在应对复杂度不断提高的空气污染状况时，往往存在着有效反应速率不高（目前室内空气仅达为80%～90%的净化度）、作为光催化氧化载体的材料对有机污染物的富集程度有限、催化剂易失活以及易产生中间有害副产物等问题，使得空气净化质量和效率偏低；同时常规空气净化单元对空气中微生物菌群的杀灭及抑制效能尚需要进一步提升，以进一步减缓后续空调表冷器铜管及翅片表面的生物膜厚度，达到提高空调制冷效能的目的。

因此，提高中央空调中空气净化单元对各类有机污染物的光催化氧化效能、PM2.5等颗粒物的吸附及氧化效能以及微生物菌群的灭杀及抑制效果，是实现室内空气质量提升、保障人们身心健康及提高空调制冷效能、降低空气调节能耗的关键所在。为解决目前光催化氧化技术反应速率不高、空气净化质量和效率偏低、空调制冷效能受阻的问题，本书编者团队提出了一种以原位同步调控活性炭纤维为载体的微波增强光催化氧化空调机组，简称微波增强光催化氧化净化空调机组 AC-MEPO（Microwave Enhanced Photocatalytic Oxidation Air Conditioning System）。

如图 4-28 所示，AC-MEPO 系统包括微电场吸附净化装置 1、微波增强光催化空气净化装置 2、微臭氧发生装置 3、深度空气净化装置 4、预加热装置 5、空气冷却器装置 6、喷蒸汽加湿装置 7、再热装置 8、送风机装置 9、壳体 10、新风管道 11、回风管道 12、进气段 13 和出风管道 14。

其中，微波增强光催化空气净化装置 2 包括 Ⅰ 区活性炭纤维净化装置及 Ⅱ 区微波增强光催化空气净化装置。Ⅰ 区活性炭纤维净化装置为 1 层活性炭纤维过滤层 2-1（ACF）；Ⅱ 区微波增强光催化空气净化装置包括 2 层原位调控活性炭纤维过滤层 2-2（ISR-ACF）、微波发生器 2-3 及紫外光源 2-4。该系统的关键在于原位调控活性炭纤维过滤层（ISR-ACF）的制造，该新型过滤层将纳米级银粉、纳米级铜粉、纳米级三氧化二锰、纳米级四氧化三铁、纳米级炭黑、纳米级二氧化钛与黏胶基前驱体物质充分混合后制备新型活性炭纤维材料；并将其与微电场吸附和 $TIO_2$ 光催化系统相结合。

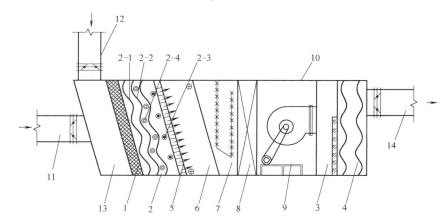

图 4-28　微波增强光催化氧化空调机组 AC-MEPO 结构图
（节选自发明专利 ZL201811504276.8 及实用新型专利 ZL201822064028.8）
1—微电场吸附净化装置；2—微波增强光催化空气净化装置；3—微臭氧发生装置；4—深度空气净化装置；5—预加热装置；6—空气冷却器装置；7—喷蒸汽加湿装置；8—再热装置；9—送风机装置；10—壳体；11—新风管道；12—回风管道；13—进气段；14—出风管道

AC-MEPO 的特点如下：

（1）将活性炭纤维前体物与纳米级催化材料混掺进行原位制备，探索出对室内挥发性有机物及悬浮颗粒物具有高效吸附效能和同步发达中微孔结构的新型活性炭纤维定向裁制方法。为空调净化深度处理相关机理及工艺效能的研究提供了新型材料的试验研究装置及方法。

（2）通过光催化氧化使吸附于原位同步调控活性炭纤维孔道结构表面的有机污染物氧化，达到减少室内有机污染物、抑菌、除臭的目的。与此同时，光催化过程可以同步实现对碳纤维表面原本已经吸附饱和的点位重新释放，这实际上实现了原位同步调控活性炭纤维的表面吸附点位再生，可以有效延长碳纤维的使用时长 20%～30%；同时通过应用原位同步调控活性炭纤维为载体能够提高光催化氧化反应速率，提高吸附效能，使室内空气达到 96%～99% 的净化度。

（3）微电场吸附段的增加可加速吸附剂对颗粒粉尘及有机污染物的吸附速率，减少了空调净化的时间；同时由于粉尘通常为病菌的载体，附加微电场的微电流刺激会使蛋白质和核酸变异，产生抑菌灭菌及灭活病毒的作用。此外，由于负性粉尘及有机污染物移向正极板，使得负极板负电电流过剩，负电电流在运动过程中传递给空气，可以产生少量负氧离子，增加空气新鲜度。

（4）通过光催化氧化将原位调控活性炭纤维过滤层中吸附的细菌催化氧化，并同时抑制表冷器因除湿过程中产生的菌膜厚度的增加，减少表冷器表面粗糙度，增强表冷器的换热系数，提高空调制冷及净化效能。

（5）以原位同步调控活性炭纤维为载体的微波增强光催化氧化空调机组，通过在原位调控活性炭表面涂有 $TiO_2$ 薄膜及在原位活性炭制备过程中添加 $TiO_2$，避免催化剂在使用过程中存在脱落的问题，增强催化剂的活性；并通过微波热效应及灭菌作用，使过程中产生的有害副产物通过微波效应有效去除。有效解决了催化剂易失活及易产生有害副产物的问题，增强空气净化质量及效能。

## 习　　题

1. 空气源热泵机组容量的选择除考虑夏季冷负荷外，还需考虑什么问题？

2. 水环热泵系统的工作原理是怎样的？它在什么情况下能体现最好的节能性？

3. 简述蓄冷（热）空调系统的形式及特点。

4. 为什么说低温送风空调系统与冰蓄冷系统相结合才能获得较好的空调效果及经济效益？

5. 简述水环热泵空调系统的基本构成及工作过程。

6. 温湿度独立控制空调系统与常规空调系统对室内温度、湿度及 $CO_2$ 浓度控制上有何不同？

# 第五章　气流组织与风管系统

气流组织设计的任务是合理地组织室内空气的流动，使室内工作区空气的温度、相对湿度、速度和洁净度能更好地满足舒适性要求或工艺空调要求。空调房间的气流组织是否合理，不仅直接影响房间的空调效果，也影响空调系统的能耗量。

## 第一节　气流组织基本要求

空调房间的气流组织，应根据建筑物的用途对空调房间内温湿度参数、允许风速、噪声标准、空气质量、室内温度梯度及空气分布特性指标（ADPI-Air Diffusion Performance Index）的要求，结合建筑物特点、内部装修、工艺（含设备散热因素）或家具布置等进行设计计算。对气流组织的要求主要是针对"工作区"，所谓工作区是指房间内人群的活动区域，一般指距地面 2m 以下，工艺性空调房间视具体情况而定。气流组织的基本要求见表 5-1。

气流组织的基本要求　　　　表 5-1

| 空调类型 | 室内温湿度参数 | | 送风温差（℃） | 每小时换气次数 | 风速（m/s） | | 送风方式 |
| --- | --- | --- | --- | --- | --- | --- | --- |
| | | | | | 送风出口 | 工作区 | |
| 舒适性空调 | 冬季：18～22℃；夏季：24～28℃；$\varphi$=40%～60% | | (1)送风高度 $h \leqslant$ 5m 时，不宜大于 10℃；<br>(2)送风高度 $h >$ 5m 时，不宜大于 15℃ | 不宜小于 5 次，高大房间按其冷负荷通过计算确定 | 与送风方式、送风口类型、安装高度、室内允许风速、噪声标准等因素有关。消声要求较高时，采用 2～5m/s | 冬季不应大于 0.2；夏季不大于 0.3 | 侧面送风；散流器平送；孔板下送；条缝口下送；喷口或旋流送风口 |
| 工艺性空调 | 室温允许波动范围 | ≥±1℃ | 6～10 | 不小于 5 次（高大房间除外） | | 0.2～0.5 | 侧送宜贴附；散流器平送 |
| | | ≤±0.5℃ | 3～6 | 不小于 8 次 | | | |
| | | ≤±(0.1～0.2)℃ | 2～3 | 不小于 1 次（工作时间内不送风的除外） | | | 侧送宜贴附；孔板下送不定流型 |

（1）一般的空调房间，主要是要求在工作区内保持比较均匀而稳定的温湿度。

（2）对工作区风速有严格要求的空调，主要是保证工作区内风速不超过规定的数值。

（3）室内温湿度有允许波动范围要求的空调房间，主要是在工作区域内满足气流的区域温差、基数及其波动范围的要求。气流的区域温差是指工作区域内无局部热源时，由于气流而引起的不同地点的温差。

（4）有洁净度要求的房间，气流组织和风量计算，主要是在工作区内保持应有洁净度和室内正压。

（5）高大空间的空调气流组织和风量计算，除保证达到工作区的温湿度、风速要求外，还应合理地组织气流以满足节能要求。

空调区室内人员主要活动区的气流速度可参照表 5-2 和表 5-3 的规定。

室内活动区的允许气流速度　　　　　　　　表 5-2

| 人体状态 | 使用场合 | 送风状态 | 允许流速（m/s） |
|---|---|---|---|
| 长时间静坐 | 办公室、影剧院、会议厅、住宅 | 送冷风 | 0.1 |
|  |  | 送热风 | 0.2 |
| 短时间静坐 | 餐厅、宴会厅、体育馆 | 送冷风 | 0.15 |
|  |  | 送热风 | 0.3 |
| 轻体力活动 | 商店、一般娱乐场所 | 送冷风 | 0.2 |
|  |  | 送热风 | 0.35 |
| 重体力活动 | 舞厅、健身房、保龄球室 | 送冷风 | 0.3 |
|  |  | 送热风 | 0.45 |

室内活动区的允许气流速度与温度关系　　　　　　　　表 5-3

| 室内温度（℃） | 18 | 19 | 20 | 21 | 22 | 23 | 24 | 25 | 26 | 27 | 28 |
|---|---|---|---|---|---|---|---|---|---|---|---|
| 允许流速（m/s） | 0.1 | 0.12 | 0.16 | 0.20 | 0.25 | 0.30 | 0.35 | 0.40 | 0.45 | 0.50 | 0.55 |

涉及气流组织设计的舒适性指标由两方面决定：一方面是气流组织形式；另一方面和室内热源分布及特性相关。常用空气分布特性指标（ADPI）评价，其定义为满足规定风速和温度要求的测点数与总测点数之比。对舒适性空调而言，相对湿度在较大范围内（30%～70%）对人体舒适性影响较小，可主要考虑空气温度与风速对人体的综合作用。根据试验结果，有效温度差与室内风速之间存在下列关系：

$$EDT = (t_i - t_n) - 7.66(u_i - 0.15) \tag{5-1}$$

式中：$t_i$——工作区某点的空气温度，℃；

$t_n$——工作区某点的空气流速，m/s；

$u_i$——给定的室内设计温度，℃。

相关研究表明，当 EDT 在 -1.7～1.1 之间多数人感到舒适。因此，空气分布特性指标（ADPI）应为

$$ADPI = \frac{-1.7 < \Delta EDT < 1.1\ 的测点数}{总测点数} \times 100\% \tag{5-2}$$

ADPI 的值越大，说明感到舒适的人群比例越大；在一般情况下，应使 ADPI≥80%。

# 第二节　气流组织基本形式与特点

根据送风方式和送风口类型的不同,常见的空调区气流组织送风形式有侧面送风、散流器送风、孔板送风、喷口送风、条缝送风和旋流风口送风等。各类气流组织类型的基本要求见表5-4。各类送风形式的具体特征将在本节后续部分进行详细介绍。

**气流组织的基本形式**　　　　　　　　　　　　　　　　　　　　　　表 5-4

| 送风方式 | 常见气流组织形式 | 建议出口风速 | 工作区气流流型 | 技术要求及适用范围 |
|---|---|---|---|---|
| 侧面送风 | (1)单侧上送下回或走廊回风;<br>(2)单侧上送上回;<br>(3)双侧上送下回 | 2~5m/s(送风口位置高时取较大值) | 回流 | (1)温度场、速度场均匀,混合层高度0.3~0.5m;<br>(2)贴附侧送风口宜贴顶布置,宜采用可调双层百叶风口;<br>(3)回风口宜设在送风口同侧;<br>(4)用于一般空调,室温允许波动范围为±1℃和小于等于±0.5℃的工艺空调;<br>(5)可调双层百叶风口,配对开多叶调节阀 |
| 散流器送风 | (1)散流器平送,下部回风;<br>(2)散流器下送,下部回风;<br>(3)送吸式散流器,上送上回 | 2~5m/s | 回流<br>直流 | (1)温度场、速度场均匀,混合层高度0.5~1.0m;<br>(2)需设置吊顶或技术夹层,散流器平送时应对称布置,其轴线与侧墙距离不小于1m;<br>(3)散流器平送用于一般空调,室温允许波动范围为±1℃和小于或等于±1℃的工艺性空调;<br>(4)散流器下送密集布置,可用于净化空调 |
| 孔板送风 | (1)全面孔板下送,下部回风;<br>(2)局部孔板下送,下部回风 | 2~5m/s | 直流或不稳定流 | (1)温度场、速度场均匀、混合层高度0.2~0.3m;<br>(2)需设里吊顶或技术夹层,静压箱高度不小于0.3m;<br>(3)用于层高较低或净空较小建筑的一般空调,室温允许波动范围为±1℃和小于等于±0.5℃的工艺空调;<br>(4)当单位面积送风量较大,工作区要求风速较小,或区域温差要求严格时,采用孔板下送不稳定流型;<br>(5)孔板宜选用镀锌钢板、不锈钢板、铝板或硬质塑料板 |

续表

| 送风方式 | 常见气流组织形式 | 建议出口风速(m/s) | 工作区气流流型 | 技术要求及适用范围 |
|---|---|---|---|---|
| 喷口送风 | 上送下回、送回风口布置在同侧 | 4～10m/s | 回流 | (1)送风速度高、射程长、工作区新鲜空气、温度场和速度场分布均匀；<br>(2)对于工作区有一定倾斜的建筑物，喷口与水平面保持一个向下倾角 $\beta$，对冷射流 $\beta=0\sim12°$，对于热射流 $\beta>15°$；<br>(3)用于空间较大的公共建筑和室温允许波动范围大于或等于1℃的高大厂房的一般空调；<br>(4)送风口直径宜取0.2～0.8m，送风温差宜取8～12℃，对高大公共建筑送风高度一般为6～10m |
| 条缝送风 | 条缝型风口下送、下部回风 | 2～4m/s | 回流 | (1)送风温差、速度衰减较快，工作区温度速度分布均匀，混合层高度0.2～0.5m；<br>(2)用于民用建筑和工业厂房(如纺织厂)的一般空调；<br>(3)在高级公共建筑中，还可以与灯具配合布置 |
| 旋流风口送风 | 上送下回 | 3～8m/s | 回流 | (1)送风速度、温差衰减快，工作区风速、温度分布均匀；<br>(2)可用大风口作大风量送风，也可用大温差送风，简化送风系统，节省投资；<br>(3)可直接向工作区或工作地点送风；<br>(4)用于空间较大的公共建筑和室温允许波动范围大于或等于1℃的高大厂房 |

**一、侧向送风**

图 5-1 是一种单侧上送下回风的气流组织流程示意图，送风口、回风口分别布置在房间同一侧的上部和下部；送风射流到达对面的墙壁处，然后下降回流，使整个工作区域全部处于回流之中。为避免射流中途下落 [图 5-1 (b)]，常使送风射流贴附于顶棚表面流

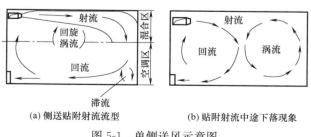

(a) 侧送贴附射流流型　　　　(b) 贴附射流中途下落现象

图 5-1　单侧送风示意图

动以增大射流的流程。因此，送风口应尽量靠近顶棚；当送风口上缘离顶棚距离较大时，送风口处设置向上倾斜 10°～20° 的导流叶片；送风口内还应设置不致使射流左右偏斜的导流片。射流流程中不应有凸出的阻挡物阻挡射流。

　　侧向送风是最常用的一种空调送风方式。它具有结构简单、布置方便和节省造价等优点，室温允许波动范围大于和等于 ±0.5℃ 的空调房间一般均可采用，图 5-2 是侧向送风的几种布置实例。

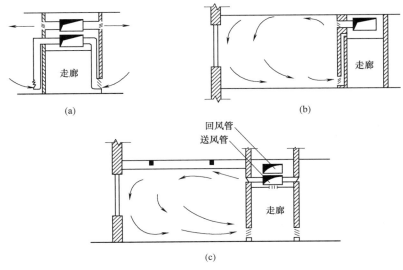

图 5-2　侧向送风布置示例

　　其中，图 5-2（a）是将回风立管设在室内或走廊内；图 5-2（b）是利用送风干管周围的空间作为回风干管；图 5-2（c）则利用走廊回风。

　　图 5-3 对比了侧向送风的几种送风方式。一般层高的小面积空调房间宜采用单侧送

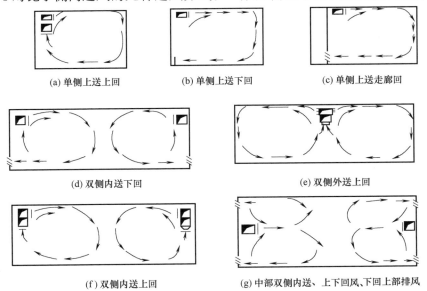

(a) 单侧上送上回　　　　　(b) 单侧上送下回　　　　　(c) 单侧上送走廊回

(d) 双侧内送下回　　　　　　　(e) 双侧外送上回

(f) 双侧内送上回　　　　　(g) 中部双侧内送、上下回风、下回上部排风

图 5-3　侧向送风的送回风组合方式

风，如图 5-3（a）～（c）所示。当房间长度较长，用单侧送风射程或区域温差不能满足要求时，可采用双侧送风，如图 5-3（d）～（g）所示。当空调房间中部顶棚下安装风管对生产工艺影响不大时，可采用双侧外送的方式［图 5-3（e）］。高大厂房上部有一定余热量时，宜采用中部双侧内送、上下回风或下回上排风的方式［图 5-3（g）］，将上部的热量由上部排风口排走。

　　侧送风的风口一般采用百叶式或条缝式送风口。风口可直接安在风管上或墙上。单层百叶风口［图 5-4（a）］可调节气流方向；双层百叶风口［图 5-4（b）］还可在一定范围内调节气流速度。表 5-5 所示为侧送风口的送风量（L/s）。

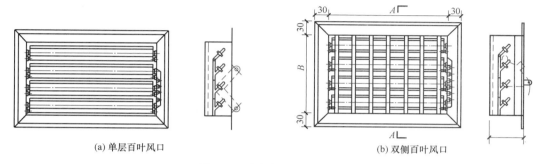

(a) 单层百叶风口　　　　　　　　　　　　　(b) 双侧百叶风口

图 5-4　百叶式送风口结构图

**侧送风口的送风量（L/s）**　　　　　　　　　　　　　　　表 5-5

| 送风口尺寸 | 送风流速(m/s) | | | | | 送风口尺寸 | 送风流速(m/s) | | | | |
|---|---|---|---|---|---|---|---|---|---|---|---|
| mm×mm | 1.5 | 2.0 | 2.5 | 3.75 | 5.0 | mm×mm | 1.5 | 2.0 | 2.5 | 3.75 | 5.0 |
| 250×100 | 30 | 40 | 50 | 70 | 95 | 400×250 | 115 | 150 | 190 | 285 | 380 |
| 300×100 | 35 | 45 | 55 | 85 | 115 | 500×250 | 145 | 190 | 240 | 355 | 475 |
| 400×100 | 45 | 60 | 75 | 115 | 150 | 600×250 | 170 | 230 | 285 | 430 | 570 |
| 500×100 | 55 | 75 | 95 | 145 | 190 | 750×250 | 215 | 285 | 355 | 535 | 715 |
| 600×100 | 70 | 90 | 115 | 170 | 230 | 900×250 | 255 | 340 | 430 | 640 | 855 |
| 750×100 | 85 | 115 | 145 | 215 | 285 | | | | | | |
| 900×100 | 100 | 135 | 175 | 255 | 340 | | | | | | |
| 250×150 | 45 | 55 | 70 | 105 | 145 | 500×300 | 170 | 230 | 285 | 430 | 570 |
| 300×150 | 50 | 70 | 85 | 130 | 170 | 600×300 | 205 | 275 | 340 | 575 | 685 |
| 400×150 | 70 | 90 | 115 | 170 | 230 | 750×300 | 255 | 340 | 430 | 640 | 855 |
| 500×150 | 85 | 115 | 145 | 215 | 285 | 900×300 | 310 | 410 | 515 | 770 | 1030 |
| 600×150 | 100 | 135 | 170 | 255 | 340 | | | | | | |
| 750×150 | 130 | 170 | 215 | 320 | 430 | | | | | | |
| 900×150 | 155 | 205 | 255 | 385 | 515 | | | | | | |
| 400×200 | 90 | 120 | 150 | 230 | 305 | 1000×50 | 55 | 75 | 95 | 145 | 190 |
| 500×200 | 115 | 150 | 190 | 285 | 380 | 1000×75 | 85 | 115 | 145 | 215 | 285 |
| 600×200 | 135 | 180 | 230 | 340 | 455 | 1000×100 | 115 | 150 | 190 | 285 | 380 |
| 750×250 | 170 | 230 | 285 | 430 | 570 | 1000×125 | 145 | 190 | 240 | 355 | 475 |
| 900×200 | 205 | 275 | 340 | 415 | 685 | 1000×150 | 170 | 230 | 285 | 430 | 570 |
| | | | | | | 1000×175 | 200 | 265 | 330 | 500 | 665 |
| | | | | | | 1000×200 | 230 | 305 | 380 | 570 | 760 |

## 二、散流器送风

散流器是装在顶棚上的一种送风口，它具有诱导室内空气使之与送风射流迅速混合的特性。用散流器送风有平送和下送两种方式。

图 5-5 所示为平送流型散流器结构图及其气流模型。采用这种送风方式时，气流沿顶棚横向移动，形成贴附，并与周围空气混合后，进入工作区，而不是直接射入工作区。要求较高的恒温空间，如果房间较低、面积不大，而且有吊顶或技术夹层可以利用时，可采用这种送风方式。如果房间面积较大，可采用多个散流器对称布置，各散流器的间距一般在 3～6m 之间，散流器的中心轴线距墙一般不小于 1m。

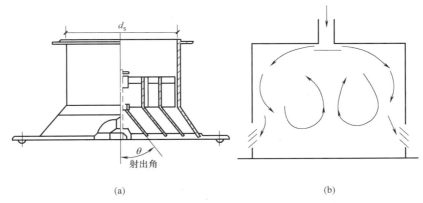

(a)　　　　　　　　　　　　　　　　(b)

图 5-5　平送流型散流器结构及气流流型

圆形（图 5-6）、方形（图 5-7、图 5-8）和条缝形散流器（图 5-18）平送，均能形成贴附射流，对室内高度较低的空调区，既能满足使用要求，又比较美观。因此，当有吊顶可利用或建筑上有设置吊顶的可能时，采用这种送风方式是比较合适的。对于室内高度较高的空调区（如影剧院等），以及室内散热量较大的空调区，当采用散流器时，应采用向

(a) 普通圆形散流器　　　　　　(b) 圆盘形散流器　　　　　　(c) 凸形散流器

图 5-6　圆形散流器的常见形式

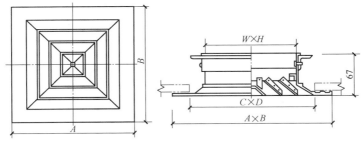

图 5-7　四面送风方形散流器的结构图

下送风，但布置风口时，应考虑气流的均布性。

　　图 5-9 为流线型散流器的结构图［图 5-9（a）］及散流器下送的气流流型图［图 5-9（b）］。这种送风方式使房间中的气流分成两段：上段叫作混合层；下段是比较平稳的平流层。整个工作区全部处于送风的气流之中。这种气流组织方式主要用于有高度净化要求的车间，房间高度以 3.5～4.0m 为宜，散流器的间距一般不超过 3m。与流线型散流器布置相配合的回风口布置形式包括上送下回［图 5-9（c）］、上送下侧回［图 5-9（d）］和上送上回［图 5-9（e）］。

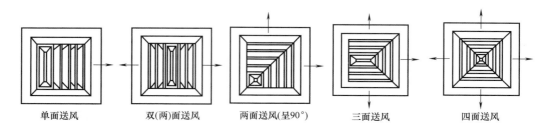

单面送风　　双（两）面送风　　两面送风（呈90°）　　三面送风　　四面送风

图 5-8　方形散流器的送风方向

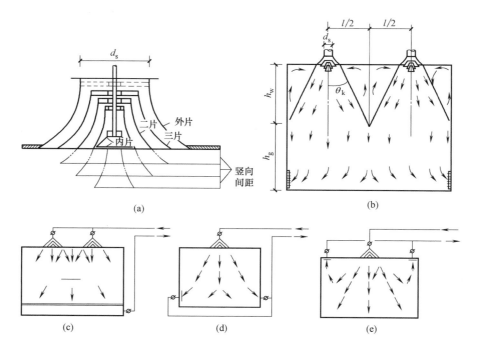

图 5-9　流线型散流器结构、气流流型及回风口布置形式

　　图 5-10（a）为送回（吸）两用型散流器，这种形式的散流器集合了送风通道与回风通道，减少了吊顶风口的安装。散流器及送回风管线在顶棚上的布置如图 5-10（b）所示。

　　还有一种类型的散流器为喷嘴型散流器，如图 5-11 所示，送风通过喷嘴射流扩散，诱导室内空气混合。

　　表 5-6 所示为常用的顶棚散流器送风量（L/s）统计表，可在设计计算时参考。

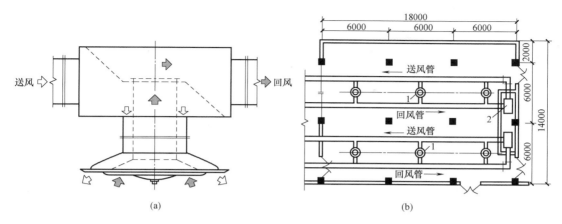

(a)　　　　　　　　　　　　　　　　　(b)

图 5-10　送回（吸）两用型散流器在顶棚上的布置
1—送回（吸）两用型散流器；2—空调机组

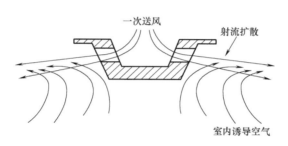

图 5-11　喷嘴型散流器

**顶棚散流器送风量（L/s）**　　　　　　　　　　　　　　　　表 5-6

| 尺寸(mm×mm) | 送风流速(m/s) | | | | | |
| --- | --- | --- | --- | --- | --- | --- |
| | 1.0 | 1.5 | 2.0 | 2.5 | 3.75 | 5.0 |
| 250×250 | 50 | 70 | 95 | 120 | 175 | 235 |
| 300×300 | 70 | 100 | 135 | 170 | 255 | 340 |
| 350×350 | 90 | 140 | 185 | 230 | 350 | 465 |
| 400×400 | 120 | 180 | 240 | 295 | 440 | 590 |
| 500×500 | 190 | 280 | 380 | 470 | 710 | 945 |
| 600×600 | 270 | 410 | 545 | 680 | 1020 | 1360 |

### 三、孔板送风

　　孔板送风是将空调送风送入顶棚上面的稳压层中，在稳压层的作用下，通过顶棚上的大量小孔均匀地送入房间。可以利用顶棚上的整个空间作为稳压层，也可以专设稳压层箱，稳压层的净高应不小于 0.2m。整个顶棚全部是孔板的叫作全面孔板送风（图 5-12），在顶棚的局部布置孔板的叫作局部孔板送风（图 5-13）。

　　孔板送风的特点是射流的扩散和混合较好，射流的混合过程很短，温差和风速衰减很快，因而工作区温度和速度分布比较均匀。可形成下送平行流流型［图 5-14（a）］或不稳

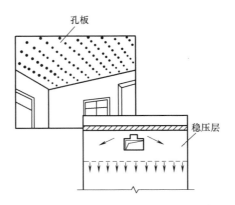

图 5-12　全面孔板送风示意图

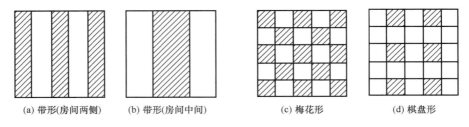

(a) 带形(房间两侧)　　(b) 带形(房间中间)　　(c) 梅花形　　(d) 棋盘形

图 5-13　局部孔板布置示意图

定流气流流型［图 5-14（b）］。

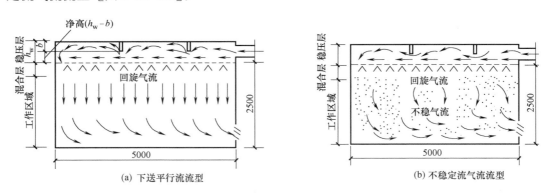

(a) 下送平行流流型　　　　　　　　　　(b) 不稳定流气流流型

图 5-14　孔板送风气流流型

　　下送平行流主要用于有高度净化要求的空调房间。不稳定流气流流型适用于室温允许波动范围较小和要求气流速度较低的空调房间。在一些室温允许波动范围小的工艺性空调区中，采用孔板送风的较多。根据测定可知，在距孔板 100～250mm 的汇合段内，射流的温度、速度均已衰减，可达到±0.1℃的要求；且区域温差小，在较大的换气次数下（每小时达 32 次），人员活动区风速一般均在 0.09～0.12m/s 范围内。所以，在单位面积送风量大，且人员活动区要求风速小或区域温差要求严格的情况下，应采用孔板向下送风。

**四、喷口送风**

对于空间较大的公共建筑，采用上述几种送风方式，布置风管困难，难以达到均匀送风的目的。因此，规定在上述建筑物中，宜采用喷口（图 5-15）或旋流风口（图 5-16）送风。

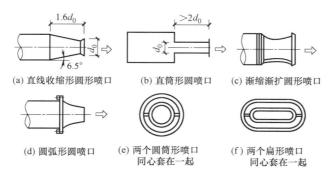

(a) 直线收缩形圆形喷口　　　(b) 直筒形圆形喷口　　　(c) 渐缩渐扩圆形喷口

(d) 圆弧形圆喷口　　　(e) 两个圆筒形喷口　　　(f) 两个扁形喷口
　　　　　　　　　　　同心套在一起　　　　　　同心套在一起

图 5-15　射流喷口（嘴）的形式

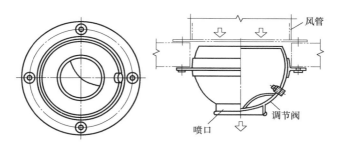

图 5-16　球形旋转式风口

喷口送风是大型体育馆、礼堂、影剧院、通用大厅及高大空间的一些工业厂房和公共建筑常用的一种送风方式。由高速喷口送出的射流带动室内空气进行强烈混合，在室内形成大的回旋气流，工作区一般处于回流区，如图 5-17 所示。

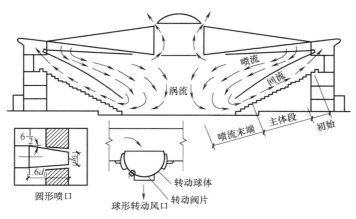

图 5-17　喷口送风气流流型

喷口送风的喷口截面大，出口风速高，气流射程长，与室内空气强烈掺混，能在室内形成较大的回流区，达到布置少量风口即可满足气流均布的要求，同时具有风管布置简单、便于安装、经济等特点，能满足一般舒适度要求。此外，向下送风时，采用旋流风口，亦可达到满意的效果。

表 5-7 为 APK 系列球形喷射风口主要性能参数表，可供课程设计计算时参考。

APK 系列球形喷射风口主要性能参数表

表 5-7

| 规格 | 喉部风速(m/s) | 1 | 2 | 3 | 4 | 5 | 6 |
|---|---|---|---|---|---|---|---|
| φ160 | 风量(m³/h) | 71 | 141 | 212 | 282 | 353 | 423 |
| | 出口风速(m/s) | 4 | 7 | 11 | 15 | 19 | 22 |
| | 全压损失(Pa) | 8.1 | 32 | 71 | 132 | 201 | 290 |
| | 射程(m) | 5 | 5.1 | 7.6 | 9.9 | 10.9 | 11.9 |
| φ200 | 风量(m³/h) | 111 | 222 | 333 | 443 | 554 | 665 |
| | 出口风速(m/s) | 3 | 7 | 10 | 13 | 17 | 20 |
| | 全压损失(Pa) | 7.9 | 31 | 69.5 | 128 | 193 | 282 |
| | 射程(m) | 4 | 6.8 | 9.1 | 11.3 | 12.7 | 14.1 |
| φ250 | 风量(m³/h) | 174 | 348 | 522 | 696 | 869 | 1043 |
| | 出口风速(m/s) | 3 | 7 | 10 | 13 | 17 | 20 |
| | 全压损失(Pa) | 7.5 | 30 | 67.5 | 120 | 188 | 270 |
| | 射程(m) | 5.1 | 8.5 | 11.5 | 14.2 | 16 | 17.8 |
| φ315 | 风量(m³/h) | 277 | 554 | 831 | 1108 | 1385 | 1662 |
| | 出口风速(m/s) | 3 | 6 | 10 | 13 | 16 | 19 |
| | 全压损失(Pa) | 6.9 | 28 | 62 | 109 | 177 | 231 |
| | 射程(m) | 5 | 8.5 | 13.4 | 16.4 | 18.7 | 21.1 |
| φ400 | 风量(m³/h) | 448 | 896 | 1344 | 1791 | 2239 | 2687 |
| | 出口风速(m/s) | 3 | 6 | 9 | 12 | 15 | 18 |
| | 全压损失(Pa) | 6 | 24 | 54 | 96 | 150 | 216 |
| | 射程(m) | 6.6 | 11.3 | 16 | 20 | 23.2 | 26.4 |
| φ500 | 风量(m³/h) | 701 | 1402 | 2104 | 2805 | 3506 | 4207 |
| | 出口风速(m/s) | 3 | 6 | 8 | 11 | 14 | 17 |
| | 全压损失(Pa) | 5.8 | 22 | 46 | 89 | 143 | 210 |
| | 射程(m) | 8.6 | 14.7 | 18.5 | 23.9 | 28.3 | 32.5 |

注：本表为射程末端速度为 0.5m/s 时的性能参数。

**五、条缝送风**

条缝送风也是一种常用的顶送风或侧送风方式。条缝送风属于扁平射流，与喷口送风相比，射程较短，温差和速度衰减较快。对于一些散热量大且只要求降温的房间，以及民用建筑中宜采用这种送风方式。在一些高级民用和公共建筑中，还可与灯具配合布置应用条缝送风的方式。

图 5-18（a）是条缝形散流器的结构形式，可用于顶送风口，也可以用于侧送。图 5-18（b）为单面流条形风口，送风可按一定角度单侧射流。图 5-19 所示为可调式条缝

送风口，送风口条缝宽 19mm，长度 500～3000mm，可根据需要选用；调节叶片的位置，可以使送风口的出风方向改变或关闭；也可以多组组合（2 组、3 组、4 组）在一起。条形散流器用于顶送风口，也可以用于侧送。

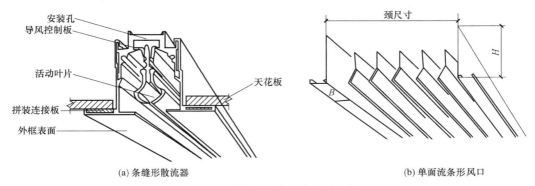

(a) 条缝形散流器             (b) 单面流条形风口

图 5-18 条缝形散流器安装结构图

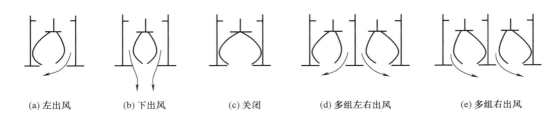

(a) 左出风     (b) 下出风     (c) 关闭     (d) 多组左右出风     (e) 多组右出风

图 5-19 可调式条缝送风口形式

此外，条缝形风口还可以制作成条缝形格栅风口（图 5-20）和侧壁格栅风口（图 5-21）。

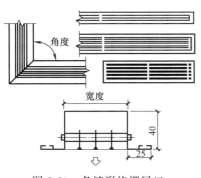

图 5-20 条缝形格栅风口

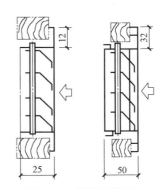

图 5-21 侧壁格栅风口

### 六、地板送风

地板送风（Underfloor Air Dis-tribution，UFAD）是办公楼和其他商用建筑中空调的一种创新送风系统，其名称源于利用架空地板下的静压箱。如图 5-22 所示，地板送风模式中地面须架空，下部空间用于布置送风管或直接用于送风静压箱，把空气分配到地板送风口。地板送风口送出的气流可以是水平贴附射流或垂直射流。射流卷吸下部的部分空气，在工作区形成许多小的混合气流。工作区内的人体和热物体（如计算机）周围的空气变热而形成热射流，卷吸周围的空气向上升，污染的热气流通过上部的回风口排出房间。

图5-22（a）为办公环境下地板送风系统典型的气流流型图，该图以两个特征高度确定了室内三个区域：两个特征高度是地板散流器的射流高度、分层高度；三个区域是：低混合区、中间分层区、高混合区。

（1）低混合区。低混合区直接靠近地板，它的高度随所用的地板送风口的垂直射流情况而变化。在近风口处，由于受高速射流的影响，使这个区域内的空气相对混合较好。送风射流速度达到约0.25m/s时的高度可以认为是送风口的射流高度，即低区的上边界。与置换通风相比，低区内较强的混合使接近地板处的温度梯度有所减小。低混合区的高度虽然会随送风口垂直射流以及房间热负荷与房间送风量之比的影响而变化很大，但低混合区总是存在。

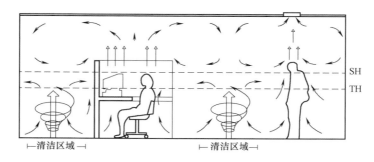

(a) 散流器射程低于分层高度

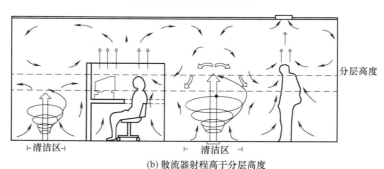

(b) 散流器射程高于分层高度

图5-22　地板下送风系统

（2）中间分层区。中间分层区是房间内低区和高区的过渡区。该区域内的空气运动完全是浮动性的，它受房间内对流性热源周围热射流驱动。在此区域内，因为空气运动不受送风射流的影响，热射流的形成并不受阻碍。区域中的垂直温度梯度最大，接近置换通风系统的温度梯度。只有当送风口射流高度低于分层高度时，中间分层区才存在。

（3）高混合区。高混合区由房间内上升的高温、高污染浓度的空气积聚而成。虽然其平均风速通常极低，但由于穿过该区下层边界的热射流动量而使区域内的空气混合很好。这个区域的下边界即分层高度。

如图5-22（b）所示，当送风量等于或大于热射流在整个上升过程中所需的卷吸空气量时，整个房间近似于单向流，高混合区将不会形成。房间内将呈现两区形式，即仅由低混合区和中间分层区组成。分层高度通常按呼吸区高度确定，即根据人员坐立情况的不同，呼吸区高度一般为 1.2～1.8m。

目前采用的地板送风散流器有以下三种形式：

（1）旋流型散流器。来自静压箱的空调送风，经由圆形旋流地板散流器，以旋流状的气流流型送至人员活动区并与室内空气充分混合。室内人员通过转动散流器或打开散流器并调节流量控制风门，便可对送风量进行有限度控制；也可以采用风量综合自动控制方法。

（2）可变面积散流器。这类散流器用于变风量运行。当风量减少时，它通过一个自动的内置风门使出风速度大致维持为定值。空气是通过地板上的方形条缝格栅以射流方式送出，使用人员可以调节格栅的方向来改变送风射流的方向。送风量由区域温度控制器控制，如合适，也可以由使用者单独调节。

（3）条缝形地板格栅。条缝形格栅风口（图 5-20）在人员控制不成问题的地板送风系统中已经应用了多年。送风的射流成平面状，接以风道适用于与外窗邻近的外区。尽管条缝形格栅风口带有多叶调节风门，但它的设计并不是为了频繁调节，因此一般不适用于人员密集的内区：

关于地板送风口的风速，为保证工作区有近似的单向流动，地板送风口的出风速度不能太大，目前比较多的观点认为应该限制在 2m/s 以下，否则射流会把上部的热污染空气卷吸到工作区；另外，在 1.8m 高以下的送风量应大于热物体的热射流所需卷吸的风量。而在一些最新专著中也提出了将出风口风速限制在 4～5m/s 范围内的观点，显然这样的风速将造成较大吹风感，没有人员久留的区域应该是可以考虑采用的。

地板送风系统的主要优点如下：

（1）通过每位室内人员对局部热环境进行控制，可满足自身热舒适要求。

（2）改善通风效率与室内空气品质。

（3）在地板送风条件下，在分层高度处或该高度以上的对流热源将上升，不进入分层面以下的低区，而是从吊顶高度处被排走。因此，消除人员活动区负荷所需的风量可相应减少。

（4）地板送风系统送风温度一般不低于 16℃，减少了供冷能量消耗。

（5）建筑物寿命周期费用减少。

## 七、置换通风

置换通风是将低于室温的新鲜空气直接送入工作区，并在地板上形成一层较薄的空气湖来置换室内空气的通风。新鲜空气随室内的热源（人员及设备）产生向上的对流气流向室内上部流动，形成室内空气运动的主导气流。排风口一般设置在房间的顶部，将污染空气排出，如图 5-23 所示。置换通风的送风速度约为 0.2m/s 左右。送风动量很低，甚至对室内主导气流无任何实际影响。热源引起的热对流气流使室内产生垂直的温度梯度。在这种情况下，排风的空气温度高于室内工作温度。

应用置换通风（图 5-23 和图 5-24）和地板送风（包括个人/岗位送风）等下部送风方式，能实现送入室内的空气先在地板上均匀分布，然后被热源（人员、设备等）加热，形成以热烟羽形式向上的对流气流，更有效地将热量和污染物排出人员活动区，在空间较大的公共建筑应用时，节能效果显著，同时有利于改善通风效率和室内空气品质。

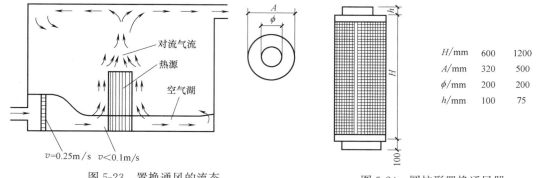

图 5-23　置换通风的流态　　　　　　图 5-24　圆柱形置换通风器

置换通风和地板送风两种送风方式具有一定相似性，二者均是从房间下部送风，形成热力分层，同时都具有节能和提高空气品质方面的优势。

地板送风系统是指利用结构楼板与架空地板之间的敞开空间（地板静压箱），将处理后的空气通过位于地板或近地板处的送风口，送到房间使用区域内（高度达 1.8m）的空气调节系统。置换通风和地板送风容易混淆的原因可能是二者送风口的位置都位于下部，造成直观上相似。其实，置换通风可以有多种送风形式，出风口并不仅在下部设置，也有设在房间中部或上部形式，但因其满足置换通风各项性能及参数要求，依然将其称为置换通风。

应该从送风速度以及由此引起的流场和温度场的最终效果来对二者进行分析区别。

（1）送风速度的大小是区别置换通风和地板送风的关键因素。地板送风是混合通风出口风速减低到一定限度的产物，其出口风速在 1m/s 左右。气流出口速度使其出射高度接近于工作区高度。此时，具有一定速度的出流仅与工作区空气掺混，负担工作区的负荷，而非工作区的上部负荷从顶部排走，从而达到节能目的。而置换通风则又是地板送风出口风速减低到一定限度的产物，可以说是地板送风的极限状态。其出口风速仅在 0.2m/s 左右。送风气流已基本没有什么动能可以射出，只能利用冷空气的自身重力向四周缓慢平铺，形成"空气湖"。

（2）从功能上来说，地板送风系统与传统的混合通风更具相似性，都是以温度控制为其主要功能。它属于传统的全空气空调系统，以架空地板为气流通道，通过送风气流与室内空气的大量掺混来调节温度。因此，其通风换气性较置换通风差。而置换通风是以通风换气为其主要功能，其温度调节其实是通过低温物体自我调节实现。置换通风应属于新风送风系统。

（3）从空气品质方面来讲，置换通风系统要优于地板送风系统。置换通风采用 100% 新风，且由于其出口风速很低，类似层流的活塞流新风不断"置换"污气，工作区内一直保持分层，污浊空气直接从排风口排出，保证人员呼吸区空气 100% 的新鲜度；而地板送风由于其温度控制要求，出风要具有较大掺混性，类似于混合通风，空气品质较置换通风差。

（4）从负担负荷方面来讲，地板通风系统要大于置换送风系统。地板送风系统的出口风速可较大，一般可达 1m/s 左右。相对于置换通风 0.2m/s 要大得多，因此，在相同的出口面积下可以负担更多冷量。同时，从送风温度上来看，地板送风的送风温度可设为18℃或低于18℃，但考虑吹风感问题不宜低于15.5℃。置换送风的送风温度较地板送风略高一些。送风温差小，因此，所能负担的冷负荷量也较小。

（5）从送风口性能来讲，置换通风要求送风口紊乱系数小、扩散性能好，如孔板风口。同时，为保证较小的送风速度，风口面积一般较大，要与建筑空间协调。送风口位置可位于人员周边。地板送风要求风口紊乱系数大、掺混性能好，如旋流风口。由于出口风速较高，为避免吹风感，送风口位置至少距人员0.5m以上。为满足局部调节要求，一般地板送风口的数量比较多，而面积较小。

### 八、VAV与低温送风

变风量全空气空气调节系统的送风参数是保持不变的，它是通过改变风量来平衡负荷变化以保持室内参数不变的。这就要求，在送风量变化时，为保持室内空气质量的设计要求以及噪声要求。所选用的送风末端装置或送风口应能满足室内空气温度及风速的要求。用于变风量全空气空气调节系统的送风末端装置，应具有与室内空气充分混合的性能，如果在低送风量时，应能防止产生空气滞留，在整个空调区内具有均匀的湿度和风速，而不能产生吹风感，尤其在组织热气流时，要保证气流能够进入人员活动区，而不至于在上部区域滞留。

低温送风的送风口所采用的散流器与常规散流器相似。两者的主要差别是：低温送风散流器所适用的温度和风量范围较常规散流器广。在这种较广的温度与风量范围下，必须解决好充分与空调区空气混合、贴附长度及噪声等问题。选择低温进风散流器就是通过比较散流器的射程、散流器的贴附长度与空调区特征长度等三个参数，确定最优的性能参数。选择低温送风散流器时，一般与常规方法相同，但应对低温送风射流的贴附长度予以重视。在考虑散流器射程的同时，应使散流器的贴附长度大于空调区的特征长度，以避免人员活动区吹冷风现象。

### 九、送风口的出口风速

送风口的出口风速，应根据建筑物的使用性质、对噪声的要求、送风口形式及安装高度和位置等确定，可参照表5-8中的数值。

气流组织的基本形式　　　　　　　　表5-8

| 送风口形式 | 场所示例（备注） | 出口风速（m/s） |
|---|---|---|
| 侧送百叶（送风口位置高、工作区允许风速高和噪声标准低时取最大值） | 公寓、客房、别墅、会堂、剧场、餐厅 | 2.5～3.8 |
| | 一般办公室 | 5.0～6.0 |
| | 高级办公室 | 2.5～4.0 |
| | 电影院 | 5.0～6.0 |
| | 录音、广播室 | 1.5～2.5 |
| | 商店 | 5.0～7.5 |
| | 医院病房 | 2.5～4.0 |
| 条缝风口顶送 | — | 2.0～4.0 |
| 孔板顶送 | （送风均匀性要求高或送热风时取较大值） | 3.0～5.0 |
| 喷口 | （空调区域内噪声要求不高时，最大值可取10m/s） | 4.0～8.0 |

| 送风口形式 | 场所示例(备注) | 出口风速(m/s) |
| --- | --- | --- |
| 地板下送 | — | ≤2.0 |
| 置换通风下送 | — | 0.2~0.5 |

# 第三节　风口布置形式

影响气流组织的因素很多，如送风口位置及形式、回风口位置、房间几何形状及室内的各种扰动等。其中以送风口的位置、空气射流流型及送风参数对气流组织的影响最为重要。按照送、回风口位置的相互关系和气流方向，一般分为如下几种形式。

## 一、上送风下回风

上送风下回风是最基本的气流组织形式。空调送风从位于房间上部的送风口送入室内，而回风口设在房间的下部。如图 5-25（a）、（b）所示分别为单侧和双侧上侧送风、下侧回风。如图 5-25（c）所示为散流器上送风、下侧回风。如图 5-25（d）所示为孔板顶棚送风、下侧回风。上送风下回风方式的送风在进入工作区前就已经与室内空气充分混合，易于形成均匀的温度场和速度场，故能够用较大的送风温差减小送风量。

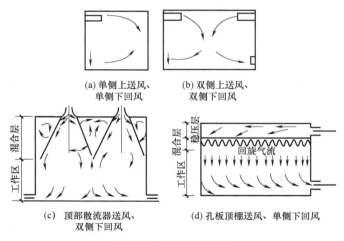

(a) 单侧上送风、
单侧下回风

(b) 双侧上送风、
双侧下回风

(c) 顶部散流器送风、
双侧下回风

(d) 孔板顶棚送风、单侧下回风

图 5-25　上送风下回风

## 二、上送风上回风

如图 5-26 所示为上送上回的几种常见布置方式。如图 5-26（a）所示为单侧上送上回形式，送回风管叠置在一起，明装在室内，气流从上部送下，经过工作区后回流向上进入回风管。如果房间进深较大，可采用双侧外送式或双侧内送式，如图 5-26（b）、（c）所示。这三种方式施工都较方便，但影响房间净空的使用。如果房间净高许可，还可设置吊顶，将管道暗装，如图 5-26（d）所示。或者采用如图 5-26（e）的送吸式散流器，这种布置比较适用于有一定美观要求的民用建筑。

## 三、中部送风

某些高大空间的空调房间，采用前述方式需要很大风量，空调耗冷量、耗热量也大。

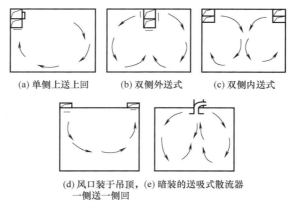

(a) 单侧上送上回　　(b) 双侧外送式　　(c) 双侧内送式

(d) 风口装于吊顶，(e) 暗装的送吸式散流器
一侧送一侧回

图 5-26　上送风上回风

因而采用在房间高度的中部位置上，用侧送风口或
喷口送风的方式。如图 5-27 （a）所示为中部送风
下回风，如图 5-27 （b）所示为中部送风下回风加
顶部排风方式。中部送风形式是将房间下部作为空
调区，上部作为非空调区。在满足工作区空调要求
的前提下，有显著的节能效果。

　　在高大公共建筑和高大厂房中，利用合理的
气流组织，仅对下部空间（空气调节区域）进行
空气调节，对上部较大空间（非空气调节区域）

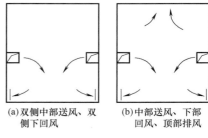

(a) 双侧中部送风、双　　(b) 中部送风、下部
侧下回风　　　　　　回风、顶部排风

图 5-27　中部送风

不设空气调节而采用通风排热，这种空气调节方式称为分层空气调节。分层空气调
节都具有较好的节能效果，一般可达 30％左右。

　　**四、下送风**

　　如图 5-28 （a）所示为地面均匀送风、上部集中排风。此种方式送风直接进入工作区，
为满足生产或人的要求，送风温差必然远小于上送方式，因而加大了送风量。同时考虑到
人的舒适条件，送风速度也不能大，一般不超过 0.5～0.7m/s，这就必须增大送风口的面
积或数量，给风口布置带来困难。此外，地面容易积聚脏物，将会影响送风的清洁度，但
下送方式能使新鲜空气首先通过工作区。同时由于是顶部排风，因而房间上部余热（照明
散热、上部围护结构传热等）可以不进入工作区而被直接排走，排风温度与工作区温度允
许有较大的温差。因此在夏季，从人的感觉来看，虽然要求送风温差较小（如 2℃），却
能起到温差较大的上送下回方式的效果，这就为提高送风温度、使用温度不太低的天然冷
源如深井水、地道风等创造了条件。

　　下面均匀送风上面排风方式常用于空调精度不高、人员暂时停留的场所，如会堂及影
剧院等。在工厂中可用于室内照度高和产生有害物的车间，由于产生有害物的车间空气易
被污染，故送风一般都用空气分布器直接送到工作区。

　　如图 5-28 （b）所示为送风口设于窗台下面垂直上送风的形式，这样可在工作区造成
均匀的气流流动，又避免了送风口过于分散的缺点。在工程中，风机盘管空调系统常采用
这种布置方式。

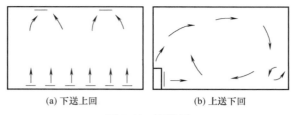

(a) 下送上回　　　　(b) 上送下回

图 5-28　下送风

## 五、回风口位置

房间内的回风口是一个汇流的流场，风速的衰减很快，它对房间气流的影响相对于送风口来说比较小，因此风口的形式也比较简单。图 5-29 至图 5-31 为常见回风口形式。

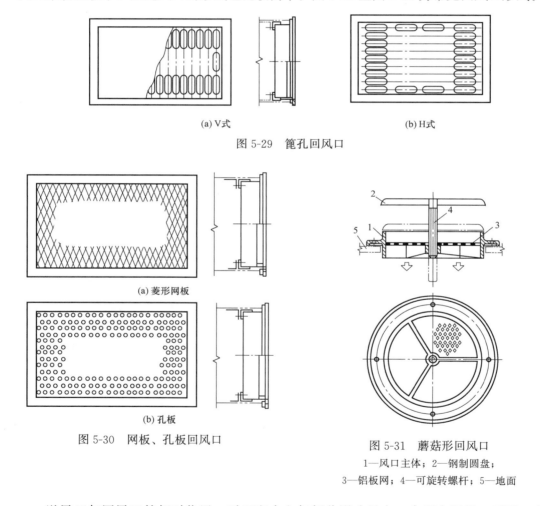

(a) V式　　　　　　　　　　　(b) H式

图 5-29　篦孔回风口

(a) 菱形网板

(b) 孔板

图 5-30　网板、孔板回风口

图 5-31　蘑菇形回风口

1—风口主体；2—钢制圆盘；
3—铝板网；4—可旋转螺杆；5—地面

送风口与回风口的相对位置，对于室内空气部分影响最大，合理布置送、回风口的位置应注意以下两点：

（1）应注意保证室内空气循环均匀性

对于射程长的房间应采用轴向型的送风口，对于射程短的房间可采用扩散性能好的风口，要在空气不易流动的场所设置回风口，避免室内形成死区。按照射流理论，送风射流引射着大量的室内空气与之混合，使射流流量随着射程的增加而不断增大。

而回风量小于（最多等于）送风量，同时回风口的速度场图形呈半球状。其速度与作用半径的平方成反比，吸风气流速度的衰减很快。所以在空调区内的气流流型主要取决于送风射流，而回风口的位置对室内气流流型及温度、速度的均匀性影响均很小。设计时，应考虑尽量避免射流短路和产生"死区"等现象。采用侧送时，把回风口布置在送风口同侧，效果会更好些。此外，回风口不应设在射流区内和人员长期停留的地方。

（2）应注意送风气流避免形成短路

当送风口与回风口位置靠近时，送风气流在室内没有充分扩散和融合就被回风口吸入，形成短路。因此，送、回风口的距离尽量增大或让其处于不同的平面上。采用侧送风时，回风口宜设置在送风口的同侧；采用孔板或散流器下送风时，回风口宜设置在下部。

当室内温湿度精度不高且室内参数相同或相近的系统可以采用走廊回风；关于走廊回风，其横断面风速不宜过大，以免引起扬尘和造成不舒适感；采用顶棚回风时，回风口与照明灯具可结合成一个整体。

回风口的吸风速度可选择表5-9中的推荐值。

回风口吸风速度　　　　表5-9

| 回风口的位置 | | 吸风速度（m/s） |
| --- | --- | --- |
| 房间上部 | | 4.0~5.0 |
| 门上格栅或墙上回风口 | | 2.5~5.5 |
| 房间下部 | 不靠近人经常停留的地点 | 3.0~4.0 |
| | 靠近人经常停留的地点 | 1.5~2.0 |
| | 用于走廊回风口 | 1.0~1.5 |
| | 门下端缝隙 | 3.0 |

图5-32所示为某剧院空调送、回风方式示例图。

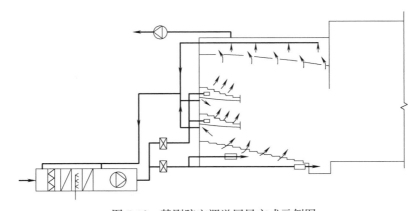

图5-32　某剧院空调送回风方式示例图

## 六、新风口布置

新风口的位置确定应按照以下原则：

（1）新风口应设在室外较洁净的地点，进风口处室外空气有害物的含量不应大于室内作业地点最高允许浓度的 30%。

（2）布置时要使排风口和进风口尽量远离。进风口应低于排出有害物的排风口。

（3）为了避免吸入室外地面灰尘，进风口的底部距室外地坪不宜低于 2m；布置在绿化地带时，也不宜低于 1m。

（4）为使夏季吸入的室外空气温度低一些，进风口宜设在建筑物的背阴处，宜设在北墙上，避免设在屋顶和西墙上。

（5）进风口应设百叶窗以防雨水进入，百叶窗应采用固定式，在多雨的地区，采用防水百叶窗。

（6）为防止鸟类进入，百叶窗内宜设金属网。

（7）过渡季使用大量新风的集中式系统，宜设两个新风口，其中一个为最小新风口，其面积按最小新风量计算；另一个为风量可变的新风口，其面积按系统最大新风量减去最小新风量计算（其风速可以取大一些）。

**七、排风设计原则**

在民用建筑空调系统中，空调房间的排风根据建筑结构及空调系统形式，可采用集中排风或分散排风的方式。对于集中排风方式，尤其是带有热回收功能的空调系统，排风管道的设置应注意和送、回风管道的组合形式，合理利用吊顶空间。排风系统设计应注意以下原则：

（1）公用场所的排风：商场、影剧院和体育馆等公用场所以及宾馆饭店中的大小会议室、会客室、舞厅、餐厅、四季厅等较大面积的公用场所，宾客集中时人多空气污秽，必须设置较大排风量的排风机或数个小风量排风机，人多时大风量外排，人少时小风量外排，无人进入关闭排风机不排。

（2）宾馆饭店中客房的排风。一般客房卫生间均由土建或装修单位装设排风机排除污浊空气，当然也可另设排风设施。高级豪华套间客房的外间一般作为客室，有时来访客人多，甚至有人吸烟，如无排风设施时必形成严重空气污染，因此套间客房的会客室必须单设排风装置。

（3）KTV 间的排风。KTV 间一般分隔为较小的单间，并要做好隔音防止产生共鸣，避免宾客演唱时互相干扰。因此 KTV 间的排风设施一般需安装消音排风管道外排，并要设有防止倒风装置以防排风会窜入相邻房间。

（4）桑拿浴、蒸汽浴室和游泳馆的排风。桑拿浴、蒸汽浴室和游泳馆内空气潮湿且温度高，必须设置排风装置定期以较大风量排放室内空气，或长期以小风量排除室内空气。排风机宜选用防潮防爆电机驱动的低噪声排风机。

（5）厨房与公用卫生间的排风。宜采用机械排风并通过垂直排风管道向上排风，排风装置应具备防止回流的作用。

在一些系统形式中，排风与回风还常进行合并，通过分流管道、风量控制风阀和风机控制风量比例。对于宾馆客房等带有独立卫生间的建筑空间，通常采用卫生间排风的方式进行排风，并在此过程中诱导新风引入，表 5-10 总结了卫生间排风方式及特点。排风管道的风速可参考本章表 5-11。

卫生间排风方式及特点                    表 5-10

| 序号 | 方 式 | 特 点 | 适 用 对 象 |
|---|---|---|---|
| 1 | 卫生间装排气风扇和防火阀（70℃），屋顶装排风机（排气风扇和屋顶风机连锁） | 通风效果好，能满足防火要求。竖井使用保持负压，各楼层间不会发生交叉污染 | 卫生标准要求较高的高层住宅、宾馆客房卫生间 |
| 2 | 屋顶装排风机，各卫生间排风口装防火阀 | 屋顶风机风量大、风压较大，否则不易保证竖向各卫生间的排风效果 | 层数不宜太高，适用于高层建筑公共卫生间 |
| 3 | 各卫生间装设普通排气风扇，竖井依靠热压自然排风 | 通风效果较好，但排风竖井受气候影响较大，有时会倒灌 | 适用于卫生标准不太高的四级宾馆 |

表 5-11 所示为回风口、新风入口和排风口的最大风量（L/s）。

回风口、新风入口和排风口的最大风量（L/s）                    表 5-11

| 尺寸(mm×mm) | 风量(L/s) | | | 尺寸(mm×mm) | 风量(L/s) | | |
|---|---|---|---|---|---|---|---|
| | 新风入口 | 回风口 | 排风口 | | 新风入口 | 回风口 | 排风口 |
| 300×300 | 190 | 150 | 235 | 900×900 | 1700 | 1360 | 2125 |
| 450×300 | 285 | 225 | 355 | 1050×900 | 1985 | 1590 | 2480 |
| 600×300 | 370 | 305 | 470 | 1200×900 | 2270 | 1810 | 2830 |
| 750×300 | 470 | 380 | 590 | 1500×900 | 2830 | 2270 | 3540 |
| 900×300 | 570 | 455 | 710 | 1800×900 | 3400 | 2720 | 4250 |
| 1050×300 | 660 | 530 | 830 | 2100×900 | 3965 | 3170 | 4960 |
| 1200×300 | 755 | 605 | 945 | | | | |
| 450×450 | 425 | 340 | 530 | 1050×1050 | 2310 | 1850 | 2890 |
| 600×450 | 565 | 455 | 710 | 1200×1050 | 2640 | 2115 | 3310 |
| 750×450 | 710 | 570 | 885 | 1500×1050 | 3300 | 2645 | 4130 |
| 900×450 | 850 | 680 | 1060 | 1800×1050 | 3970 | 3175 | 4960 |
| 1050×450 | 990 | 795 | 1240 | 2100×1050 | 4630 | 3700 | 5785 |
| 1200×450 | 1130 | 910 | 1420 | 2400×1050 | 5290 | 4230 | 6610 |
| 600×600 | 755 | 605 | 945 | 1200×1200 | 3020 | 2420 | 3780 |
| 750×600 | 945 | 755 | 1180 | 1500×1200 | 3780 | 3020 | 4720 |
| 900×600 | 1130 | 910 | 1420 | 1800×1200 | 4530 | 3630 | 5670 |
| 1050×600 | 1320 | 1060 | 1650 | 2100×1200 | 5290 | 4230 | 6610 |
| 1200×600 | 1510 | 1210 | 1890 | 2400×1200 | 6040 | 4840 | 7560 |
| 1500×600 | 1890 | 1510 | 2360 | 1500×1500 | 4720 | 3780 | 5900 |
| | | | | 1800×1500 | 5670 | 4530 | 7080 |
| 750×750 | 1180 | 945 | 1480 | | | | |
| 900×750 | 1420 | 1130 | 1770 | | | | |
| 1050×750 | 1650 | 1320 | 2070 | | | | |
| 1200×750 | 1890 | 1510 | 2360 | | | | |
| 1500×750 | 2360 | 1890 | 2950 | | | | |
| 1800×750 | 2830 | 2270 | 3540 | | | | |

## 第四节　典型气流组织设计计算

空调房间的气流组织可直接影响室内空调效果，是关系房间工作区的温湿度基数、精度及区域温差、工作区的气流速度、空气洁净度和人的舒适感受的重要因素，同时还影响到空调系统运行的能耗量，因此有必要对气流组织进行设计计算。

气流组织设计计算的基本任务是：根据空调房间工作区对空气参数的设计要求，选择合适的气流流型，确定送风口及回风口的形式、尺寸、数量和布置，计算送风射流参数。空调房间的气流大多属于受限射流，受很多因素影响，现在还不能综合各种因素进行理论计算。目前所用的公式主要是基于试验条件下的半经验公式，因此计算方法较多，公式的局限性也较大。在使用这些方法时，还应参考同类型空调房间的实践经验。本书仅对侧送风、散流器送风、条缝送风及喷口送风形式的部分流型的气流组织设计计算进行简要的说明。

### 一、侧送风气流组织

侧面送风是空调气流组织中应用最为广泛的一种方式，该流型的气流组织下，整个房间内形成一个很大的回旋气流，工作区处于回流区，能保证工作区有较稳定、均匀的温度场和速度场。为使射流在到达工作区之前有足够的射程进行衰减，工程上常设计成靠近顶棚的贴附射流，并多用活动百叶型风口。

本书只对普通舒适性空调系统中室温允许波动范围大于或等于±1℃时的侧送风气流组织计算步骤进行说明，简述如下：

（1）根据空调精度选取送风温差 $\Delta t_o$，计算送风量及换气次数。

送风温差和换气次数与室温允许波动范围有关，送风温差一般可选 $6\sim10$℃。根据已知的室内冷负荷 $\sum Q$，确定总送风量 $Q_v$。

$$Q_v = \frac{\sum Q}{\rho \times C_p \times \Delta t_o}$$ （5-3）

式中：$Q_v$——空调房间的总送风量，$\mathrm{m^3/h}$；

　　$\sum Q$——室内冷负荷，$\mathrm{kJ/h}$，$1\mathrm{kW}=3600\mathrm{kJ/h}$；

　　$\rho$——空气密度，$1.2\mathrm{kg/m^3}$；

　　$C_p$——空气的比热容，可取 $1.01\mathrm{kJ/(kg \cdot K)}$；

　　$\Delta t_o$——选取的送风温差，℃。

（2）确定风口安装位置（图 5-33），确定射程 $x$。

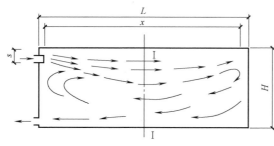

图 5-33　侧送风贴附射流流型

射程 $x$ 即要求的贴附射流长度，其射程一般指沿送风方向的房间长度减 $0.5\sim1.0\mathrm{m}$，即 $x=L-1.0\mathrm{m}$。

（3）根据允许的射流温度衰减值，求出最小相对射程（$x/d_0$）。

在空调房间内，送风温度（$t_O$）与室内设计温度（$t_N$）之间存在一定的温差。射流在流动过程中，不断掺混室内空气，其温度逐渐接近室内温度。因此，要求射程 $x$ 处之轴心温差 $\Delta t_x$ 一般应等于或小于空调精度。而对于高精度恒温工程，则宜为空调精度的 $0.4\sim0.8$ 倍。$\Delta t_x$ 与 $\Delta t_o$ 之比即是所需之温度衰减值。

射流温度衰减（$\Delta t_x/\Delta t_o$）与射流自由度（$\sqrt{F}/d_0$）、紊流系数（$\alpha$）及射程（$x$）有关。对于室内温度波动允许大于 1℃ 的空调房间，射流末端的 $\Delta t_x$ 可为 1℃ 左右、此时可认为射流温度衰减只与射程有关。

中国建筑科学研究院通过对受限空间非等温射流的试验研究，提出温度衰减的变化规律，见表 5-12。

非等温受限射流轴心温度衰减规律表　　　　表 5-12

| $x/d_0$ | 2 | 4 | 5 | 6 | 8 | 10 | 15 | 20 | 25 | 30 | 35 | 40 | 45 |
|---|---|---|---|---|---|---|---|---|---|---|---|---|---|
| $\Delta t_x/\Delta t_o$ | 0.54 | 0.38 | 0.35 | 0.31 | 0.27 | 0.24 | 0.175 | 0.14 | 0.125 | 0.10 | 0.075 | 0.054 | 0.02 |

（4）计算风口的最大允许直径 $d_{0,max}$。

根据射流的实际所需贴附长度和最小相对射程，结合表 5-12 中的非等温受限射流轴心温度衰减规律，计算风口允许的最大当量直径 $d_{0,max}$。然后从风口样本中预选风口的规格尺寸，对于非圆形的风口，按面积折算风口当量直径，即

$$d_0 = 1.128\sqrt{A_s} \qquad (5-4)$$

式中：$A_s$——风口的面积，$m^2$；从风口样本中预选风口的规格尺寸，使 $d_0 \leqslant d_{0,max}$。

（5）确定送风口的出流速度 $v_0$。

送风口的出流速度由以下原则确定：应使回流平均速度小于工作区的允许流速，一般情况下工作区允许速度可按 0.25m/s 考虑。送风速度 $v_0$ 如果取较大值，对射流温差衰减有利，但会造成回流平均风速即工作区风速 $v_h$ 过大。

$$v_h = \frac{0.69v_0}{\sqrt{F}/d_0} \qquad (5-5)$$

式中：$v_h$——工作区风速，m/s；

$\sqrt{F}/d_0$——射流自由度，其中 $F$ 为每个送风口所管辖的房间横截面面积，即垂直于送风射流的方向面积与送风口个数的比值。

为防止风口噪声的影响，限制送风速度在 $2\sim5$m/s 之间。当 $v_h=0.25$m/s 时，表 5-13 和表 5-14 中给出了建议的送风速度和侧送风口最大允许送风速度。

推荐的风口风速　　　　表 5-13

| 射流自由度 $\sqrt{F}/d_0$ | 5 | 6 | 7 | 8 | 9 | 10 | 11 | 12 | 13 | 15 | 20 | 25 | 30 |
|---|---|---|---|---|---|---|---|---|---|---|---|---|---|
| 最大允许送风速度 $v_{0,max}$(m/s) | 1.8 | 2.16 | 2.52 | 2.88 | 3.24 | 3.6 | 3.96 | 4.32 | 4.68 | 5.4 | 7.2 | 9.0 | 10.8 |
| 建议的送风速度 $v_0$(m/s) | 2.0 | | | | 3.5 | | | | 5.0 | | | | |

（6）根据总送风量 $Q_v$ 和单个送风口的送风量 $q_v$，确定风口个数 $N$。

确定送风速度后，即可得单个送风口的送风量为：

$$q_v = \varphi v_o \frac{\pi}{4} d_o^2 \qquad (5-6)$$

侧送风口最大送风速度 表 5-14

| 建筑物类别 | 最大送风速度(m/s) | 建筑物类别 | 最大送风速度(m/s) |
|---|---|---|---|
| 广播室 | 1.5～2.5 | 电影院 | 5.0～6.0 |
| 住宅、公寓 | 2.5～3.8 | 一般办公室 | 5.0～6.0 |
| 饭店客房 | 2.5～3.8 | 个人办公室 | 2.5～4.0 |
| 会堂 | 2.5～3.8 | 商店 | 5～7.5 |
| 剧场 | 2.5～3.8 | 医院病房 | 2.5～4.0 |

式中，$\varphi$ 为风口有效断面的系数，可根据实际情况计算确定，或从风口样本上查找。一般送风口 $\varphi \approx 0.95$，对于双层百叶风口 $\varphi \approx 0.70 \sim 0.82$。测定风口个数 $N$ 为：

$$N = \frac{Q_v}{q_v} \tag{5-7}$$

$N$ 取整数，从而实际的风口送风速度为：

$$v_o = \frac{Q_v}{N} \frac{4}{\pi d_0^2} \tag{5-8}$$

（7）校核出口风速：

计算出射流服务区断面面积 $F$ 及射流自由度 $\sqrt{F}/d_0$。当工作区允许风速为 $0.2 \sim 0.3 \mathrm{m/s}$ 时，允许的风口最大出风风速为：

$$v_{o,\max} = (0.29 \sim 0.43) \sqrt{F}/d_0 \tag{5-9}$$

如果实际出口风速 $v_o \leqslant v_{o,\max}$，则认为合适；如果 $v_o > v_{o,\max}$，则表明回流区平均风速超过规定值；超过太多时，应重新设置风口数量和尺寸，重新计算。

（8）校核射流贴附长度。贴附射流的贴附长度主要取决于阿基米德数 $A_r$。

$$A_r = \frac{g d_0 \Delta t_o}{v_0^2 T_N} = \frac{g d_0 (T_N - T_o)}{v_0^2 T_N} \tag{5-10}$$

式中：$g$——重力加速度，$9.18 \mathrm{m/s^2}$。

$\Delta t_o$——送风温差，K 或℃。送热风时，$\Delta t_o = T_o - T_N$。

$T_o$——送风温度，K。

$T_N$——工作区绝对温度，K。

$A_r$ 数愈小，射流贴附长度愈长；$A_r$ 愈大，贴附射程愈短。中国建筑科学研究院通过试验，给出阿基米德数与相对射程之间的关系，见表 5-15。

送风口与顶棚的距离越近，且又以 $15° \sim 20°$ 的仰角送风时，可加强贴附射流。为了使射流在整个射程中能贴附于顶棚，一般要求：

$$A_r = \frac{g d_0 \Delta t_o}{v_0^2 T_N} \leqslant 0.0097 \tag{5-11}$$

从表 5-15 中查出与阿基米德数对应的相对射程，便可求出实际的贴附长度。若实际贴附长度大于或等于要求的贴附长度，则设计满足要求；若实际的贴附长度小于要求的贴附长度，则需重新设置风口数量和尺寸，重新计算。

**相对射程 $x/d_0$ 和阿基米德数 $A_r$ 的关系**　　　　　　表 5-15

| $A_r \times 10^{-3}$ | 0.2 | 1.0 | 2.0 | 3.0 | 4.0 | 5.0 | 6.0 | 7.0 | 8.0 | 9.0 | 10 | 11 | 12 | 13 | 15 |
|---|---|---|---|---|---|---|---|---|---|---|---|---|---|---|---|
| $x/d_0$ | 80 | 50 | 40 | 35 | 32 | 30 | 28 | 26 | 25 | 23 | 22 | 21 | 20 | 19 | 15 |

（9）校核房间高度：侧送风的房间高度不得低于射流所需的高度 $H'$。

$$H' = h + 0.07x + s + 0.3 \tag{5-12}$$

式中：$h$——工作区高度，m；

　　　$x$——射程，m；

　　　$s$——安装高度，m。

**【例 5-1】** 侧送风气流组织计算

已知某空调房间的尺寸为 $L=6\text{m}$、$W=21\text{m}$，净高 $H=3.5\text{m}$。拟采用侧送风，总送风量 $Q_v=3000\text{m}^3/\text{h}$（$0.83\text{m}^3/\text{s}$），送风温度 $t_o=20℃$，工作区温度 $t_N=26℃$。试进行气流组织设计计算。

**【解】** （1）已知送风温差 $\Delta t_o = t_N - t_o = 6℃$，取射流末端轴心温差 $\Delta t_x = 1℃$，则 $\Delta t_x / \Delta t_o = 1/6 = 0.167$。由表 5-12 查得射流最小相对射程 $x/d_0 = 16.6$。

（2）设在墙一侧靠顶棚安装风管，风口离墙为 0.5m，则射流的实际射程为 $x=5\text{m}$。

（3）由最小相对射程求得送风口最大直径 $d_{0,\max} = 5/16.6 = 0.3\text{m}$。选用双层百叶风口，规格为 $300\text{mm} \times 200\text{mm}$，经计算得风口当量直径为 $d_0 = 1.128\sqrt{A_s} = 1.128\sqrt{0.3 \times 0.2} = 0.276\text{m}$。

（4）取送风速度 $v_0 = 3\text{m/s}$、$\varphi = 0.8$，计算每个送风口的送风量 $q_v$。

$$q_v = \varphi v_0 \frac{\pi}{4} d_0^2 = 0.8 \times 3 \times \frac{\pi}{4} \times 0.276^2 = 0.14\text{m}^3/\text{s}$$

（5）计算送风口数量 $N = \dfrac{Q_v}{q_v} = \dfrac{0.83}{0.14} = 5.9$，取 $N=6$。

则射流自由度为 $\dfrac{\sqrt{F}}{d_0} = \sqrt{\dfrac{WH}{N}} / d_0 = \sqrt{\dfrac{21 \times 3.5}{6}} / 0.276 = 12.68$。

则实际的风口送风速度为 $v_0 = \dfrac{Q_v}{N} \cdot \dfrac{4}{\pi d_0^2} = \dfrac{0.83 \times 4}{6 \times 3.14 \times 0.276^2} = 2.31\text{m/s} < 0.29\dfrac{\sqrt{F}}{d_0} = 3.68\text{m/s}$

校核风速满足要求，此时，工作区的风速为 $v_h = \dfrac{0.69 v_0}{\sqrt{F}/d_0} = \dfrac{0.69}{\sqrt{\dfrac{WH}{N}}} v_0 d_0 =$

$\dfrac{0.69 \times 2.31 \times 0.276}{\sqrt{\dfrac{21 \times 3.5}{6}}} = 0.13\text{m/s} < 0.2\text{m/s}$

工作区风速满足设计要求。

（6）校核射流贴附长度，计算阿基米德数 $A_r = \dfrac{g d_0 \Delta t_O}{v_0^2 T_N} = \dfrac{g d_0 (T_N - T_O)}{v_0^2 T_N} =$

$\dfrac{9.81 \times 0.276 \times 6}{2.31^2 \times 299} = 0.01$

基本满足贴附射流要求，查表 5-15 得相对贴附射程 $x/d_0 = 22$。因此，贴附射程为 $22 \times 0.276 = 6.072\text{m} > 5\text{m}$，满足要求。

（7）校核房间高度：$H' = h + 0.07x + s + 0.3 = 2.0 + 0.07 \times 5 + 0.5 + 0.3 = 3.15\text{m} < H = 3.5\text{m}$

满足设计要求。

### 二、散流器送风气流组织

散流器类型主要分为盘式散流器、圆形直片式散流器、方形片式散流器和直片形送吸式散流器。设计顶棚密集布置散流器下送时，散流器形式应为流线形。根据空调房间的大小和室内所要求的参数，选择散流器类型和数量。一般按对称位置［图 5-34（a）］或梅花形布置

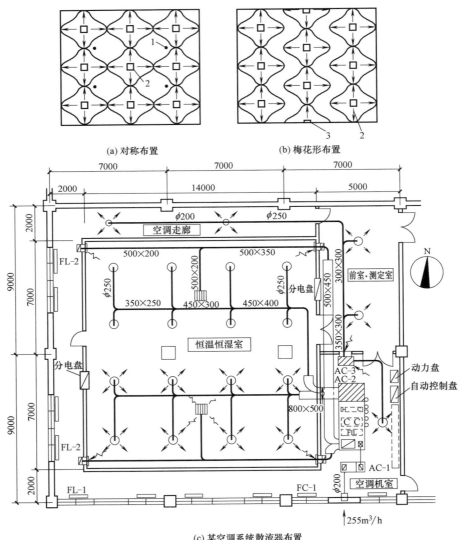

(a) 对称布置　　　　　(b) 梅花形布置

(c) 某空调系统散流器布置

图 5-34　散流器布置例图

1—柱；2—方形散流器；3—三面送风散流器

[图 5-34 (b)]。梅花形布置时每个散流器送出气流有互补性，气流组织更为均匀。

布置散流器时，散流器之间的间距及离墙的距离，一方面应使射流有足够射程，另一方面又应使射流扩散效果好。布置时充分考虑建筑结构的特点，散流器平送方向不得有障碍物。散流器中心线和侧墙的距离，一般不应小于 1m。每个圆形或方形散流器所服务的区域最好为正方形或接近正方形。圆形或方形散流器相应送风面积的长宽比不宜大于 1:1.5。如果散流器服务区的长宽比大于 1.25 时，宜选用矩形散流器。如果采用顶棚回风，则回风口应布置在距散流器最远处。图 5-34 (c) 为某空调系统散流器布置例图。

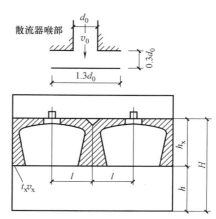

散流器送风气流组织的计算主要是选用合适的散流器，使房间内风速满足设计要求。设计应使气流进入工作区上边界时，其轴心速度 $v_x$ 衰减至工作区（$h = 1.8 \sim 2.0$m）允许风速以下，其轴心温差 $\Delta t_x$ 应小于空调精度。工作区允许风速计轴心温差值可参考侧送风的计算。图 5-35 所示为散流器平送流型计算模式图。

图 5-35 散流器平送流型图

如图 5-35 所示，当 $0.5 < l/h_x < 1.5$ 时，散流器平送轴心速度及轴心温度衰减公式为：

$$\frac{v_x}{v_0} = 1.2K \frac{\sqrt{F_0}}{h_x + l} \tag{5-13}$$

$$\frac{\Delta t_x}{\Delta t_0} = 1.1 \frac{\sqrt{F_0}}{K(h_x + l)} \tag{5-14}$$

式中：$v_0$、$v_x$——散流器喉部风速及气流达到工作区上边界时的轴心速度，m/s；散流器颈部最大风速 (m/s) 应满足表 5-16 的要求；

$\Delta t_0$、$\Delta t_x$——送风温差及气流达到工作区上边界时的轴心温差，℃；

1.2、1.1——实验得出的速度及温度衰减系数；

$F_0$——散流器喉部面积，$m^2$；

$K$——考虑气流受限的修正系数，可以通过图 5-36 查得；

$l$——水平射程值，当两个方向不同时，应取平均值，m；

$h_x$——垂直射程，m。

散流器颈部最大风速 (m/s)                    表 5-16

| 建筑物类别 | 允许噪声〔dB(A)〕 | 吊顶高度(m) | | | |
|---|---|---|---|---|---|
| | | 3 | 4 | 5 | 6 |
| 广播室 | 32 | 3.9 | 4.15 | 4.25 | 4.35 |
| 住宅、剧场 | 33~39 | 4.35 | 4.65 | 4.85 | 5.00 |
| 公寓、旅馆大堂、办公室 | 40~46 | 5.15 | 5.40 | 5.75 | 5.85 |
| 餐厅、商店 | 47~53 | 6.15 | 6.65 | 7.00 | 7.15 |
| 公共建筑 | 54~60 | 6.50 | 6.80 | 7.10 | 7.50 |

对于散流器平送，需要校核气流贴附长度。当阿基米德数 $Ar_x \geqslant 0.18$ 和射程 $l_x < l$ 时，气流失去贴附性能。修正后阿基米德数 $Ar_x$ 和 $l_x$ 可按照下述公式计算：

$$Ar_x = 0.06 A_r \left( \frac{h_x + l}{\sqrt{F_0}} \right)^2 \quad (5-15)$$

$$l_x = 0.54 \sqrt{\frac{F_0}{A_r}} \quad (5-16)$$

式中：$A_r$——阿基米德数，$A_r = \dfrac{g d_0 \Delta t_O}{v_0^2 T_N} = 11.1 \dfrac{\Delta t_O \sqrt{F_0}}{v_0^2 T_N}$；

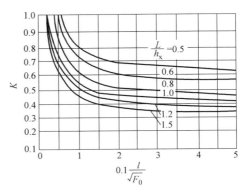

图 5-36 修正系数 $K$

0.06——试验系数。

考虑该型散流器平送时，气流温度、速度衰减而引起沿程 $A_r$ 改变的修正值。

散流器送风的计算可以按照以下步骤进行：

（1）根据房间建筑尺寸，考虑 $0.5 < l/h_x < 1.5$ 的要求，确定水平射程 $l$ 及垂直射程 $h_x = H - h$，布置散流器并决定其个数。

（2）选取送风温差，计算送风量，校核换气次数是否满足要求。

（3）选定喉部风速（一般宜为 $2 \sim 5 m/s$），根据单个散流器风量计算喉部面积。

（4）根据图 5-36 确定修正系数 $K$ 值。

（5）计算 $\Delta t_x$，其值应小于空调精度。

（6）校核工作区流速。计算气流轴心速度 $v_x$，该值若小于工作区允许风速即符合要求。

（7）校核气流贴附长度。

表 5-17 所示为常用规格的顶棚散流器送风量（L/s）。

| 尺寸(mm×mm) | 送风流速(m/s) | | | | | |
|---|---|---|---|---|---|---|
| | 1.0 | 1.5 | 2.0 | 2.5 | 3.75 | 5.0 |
| 250×250 | 50 | 70 | 95 | 120 | 175 | 235 |
| 300×300 | 70 | 100 | 135 | 170 | 255 | 340 |
| 350×350 | 90 | 140 | 185 | 230 | 350 | 465 |
| 400×400 | 120 | 180 | 240 | 295 | 440 | 590 |
| 500×500 | 190 | 280 | 380 | 470 | 710 | 945 |
| 600×600 | 270 | 410 | 545 | 680 | 1020 | 1360 |

顶棚散流器送风量（L/s）　　　　表 5-17

**【例 5-2】** 散流器平送计算示例

某空调房间尺寸为 $L \times B \times H = 6 \times 3.6 \times 3.2 m$，夏季室内设计温度 $t_N = 20 \pm 1 ℃$，夏季显热冷负荷 $\Sigma Q = 6090 kJ/h$，拟采用径向散流器平送，试确定有关参数并计算其气流

分布。

【解】 （1）根据房间建筑尺寸，沿长度方向，沿房间中轴线布置两个散流器，则每个散流器的服务面积 $F_n = 6 \times 3.6/2 = 10.8 \text{m}^2$，水平射程分别为 1.5m 和 1.8m，平均取 $l = 1.65 \text{m}$，垂直射程 $h_x = H - h = 3.2 - 2.0 = 1.20 \text{m}$，且满足 $0.5 < l/h_x = 1.375 < 1.5$ 的要求。

（2）设送风温差 $\Delta t_O = 6 \text{℃}$，则总送风量为：

$$Q_v = \frac{\sum Q}{\rho C_p \Delta t_O} = \frac{6090}{1.2 \times 1.01 \times 6} = 837 \text{m}^3/\text{h}$$

则换气次数：$n = \dfrac{Q_v}{L \times B \times H} = \dfrac{837}{6 \times 3.6 \times 3.2} = 12.1 h^{-1}$，满足要求。

则每个散流器的送风量为 $q_v = 418.5 \text{m}^3/\text{h}$。

（3）选定散流器的出风速度为 3.0m/s，则单个散流器喉部面积 $F_0 = 418.5/(3.0 \times 3600) = 0.0388 \text{m}^2$。

（4）首先计算 $0.1l/(F_0^{0.5}) = 0.838$，查图 5-36，$l/h_x = 1.375$，介于 1.2 和 1.5 之间，采用内插法，确定修正系数 $K = 0.47$。

（5）计算 $\Delta t_x$。

由 $\dfrac{\Delta t_x}{\Delta t_O} = 1.1 \dfrac{\sqrt{F_0}}{K(h_x + l)}$，可得

$$\Delta t_x = 1.1 \frac{\sqrt{F_0}}{K(h_x + l)} \Delta t_O = 1.1 \frac{\sqrt{0.0388}}{0.47(1.2 + 1.65)} \times 6 = 0.242 \text{℃} < 1 \text{℃}$$，满足要求。

（6）校核工作区流速：计算气流轴心速度 $v_x$，$v_x = 1.2K \dfrac{\sqrt{F_0}}{h_x + l} v_0 = 1.2 \times 0.47 \dfrac{\sqrt{0.0388}}{1.2 + 1.65} \times 3.0 = 0.12 \text{m/s}$

满足工作区流速要求

（7）校核气流贴附长度。

计算 $Ar_x$：

$$A_r = \frac{g d_0 \Delta t_O}{v_0^2 T_N} = 11.1 \frac{\Delta t_O \sqrt{F_0}}{v_0^2 T_N} = 11.1 \frac{6 \times \sqrt{0.0388}}{3 \times 3 \times 293} = 0.00497$$

$$Ar_x = 0.06 A_r \left(\frac{h_x + l}{\sqrt{F_0}}\right)^2 = 0.06 \times 0.00497 \times \left(\frac{1.2 + 1.65}{\sqrt{0.0388}}\right)^2 = 0.0624$$，可形成贴附射流。

附射流长度 $l_x = 0.54 \sqrt{\dfrac{F_0}{A_r}} = 0.54 \times \sqrt{\dfrac{0.0388}{0.00497}} = 1.51 > 0.90l$

则贴附射流长度基本满足要求。

**三、条缝送风气流组织**

条缝形送风口的宽长比大于 1：20，可由单条缝、双条缝或多缝组成，即单组型和多组型。其特点是气流轴心速度衰减快，适用于工作区允许风速 0.25～0.5m/s，温度波动范围 ±1～±2℃ 的场所（舒适性空调）。如果将条缝形风口与采光带相互配合布置，可使

室内显得整洁美观，因此在民用建筑，如办公室、会议室等中得到广泛应用。

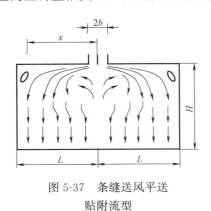

图 5-37　条缝送风平送
贴附流型

在空调房间里，一般将条缝形风口安装在顶棚上并与顶棚镶平，流以水平方向向两侧送出，也可设置在距侧墙 150mm 处。在槽内采用两个可调节叶片来控制气流方向，在长度方向根据安装需要，有单一段、中间段、端头段和角形段形成，供用户使用。条缝送风形式可调整成平送贴附气流流型（图 5-37）、垂直下送流型，也可使气流向一侧或两侧送出，出风速度一般为 2～5m/s。

条缝形风口既可以用于顶送风，也可以用于侧送风和地板送风，但在民用建筑中顶送风是目前最常用的形式。本书中仅介绍顶送风的设计方法，其他送风方式可参看有关文献。图 5-38 是条缝形风口顶送风的几种风口布置方式。

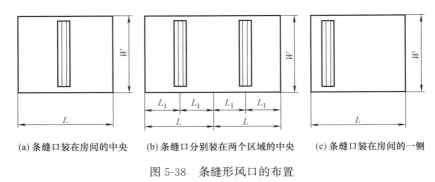

(a) 条缝口装在房间的中央　　(b) 条缝口分别装在两个区域的中央　　(c) 条缝口装在房间的一侧

图 5-38　条缝形风口的布置

以图 5-39 所示的条缝送风气流组织计算示意图，说明条缝送风的计算步骤：

（1）确定送风口的形式：条缝形送风口有出口不带挡板和带挡板的、有带静压箱的、也有垂直于管道中气流方向的或平行于管道中气流方向的多种形式，根据使用场所和使用条件要求加以选用。

（2）布置送风管道及确定送风口的位置和数量：根据负荷计算确定送风量；按照房间建筑条件及人员工作位置、工艺设备布置条件，布置管道在房间中的位置以及条缝形送风口的位置和数量。注意，第一个送风口距风道入口一般不宜少于 2m，否则该风口可能处于涡流区并出现吸风现象。

通过下式可以计算出每米长条缝口的送风量 $q_{s1}$，双条缝除以 2。

$$q_{s1} = \frac{\sum Q}{\rho \cdot c \cdot B \cdot \Delta t_O} \approx 0.83 \frac{\sum Q}{B \cdot \Delta t_O} \tag{5-17}$$

式中：$B$——布置条缝口有效长度方向的宽度，m；

　　　$\rho$——空气密度，1.2kg/m$^3$；

　　　$c$——1.01kJ/(kg·℃)；

　　　$\sum Q$——室内冷负荷，kW。

（3）计算确定送风口宽度：根据每个送风口的送风量，常假定送风口的长度及送风速度，计算并确定送风口的宽度 $b$。一般 $b < 30$mm 时加工困难，$b > 80$mm 时可能形成送风口有部分吸风的现象。

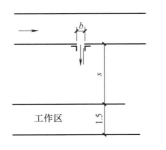 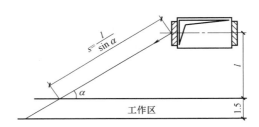

图 5-39　条缝送风气流组织计算示意图

（4）计算工作区平均风速 $v_s$，及最大风速 $v_{s,max}$：根据扁射流的试验公式，计算由送风口到工作区上边界处的平均风速 $v_s$，及最大风速 $v_{s,max}$。

$$v_s = v_0 \frac{0.582}{\sqrt{0.205 + \dfrac{as}{b}}} \tag{5-18}$$

$$v_{s,max} = v_0 \frac{0.866}{\sqrt{0.205 + \dfrac{as}{b}}} \tag{5-19}$$

式中：$s$——送风口到工作区上边界的距离，m。一般工作区高度按 1.5m 计算。

$v_s$——距送风口 $s$ 处的平均风速，m/s。

$v_{s,max}$——距送风口 $s$ 处的最大风速，m/s。

$v_0$——送风口风速，2.0～5.0m/s。

$a$——送风口稳流系数，一般条缝形送风口 $a = 0.25$，带导风叶的条缝形送风口 $a = 0.50$。

$b$——条缝口的有效宽度$\left(b = 500\dfrac{q_{sl}}{v_0}\right)$，m。

按上述计算结果，如果超过工作区允许风速，需要改变 $b$ 及 $v_0$，直到满足要求为止。

（5）条缝送风时的送风管道设计：在同一条送风管道上的条缝形送风口一般要求送风量相等，所以在设计送风管道时，应该考虑等量送风问题。一般用变断面的楔形风道或等断面的矩形风道，前者按楔形等量送风管道计算原理计算。在实际工程中常常为了与厂房建筑结构配合，送风管道需要做成不变的断面。为了达到均匀送风的要求，由试验证明应满足下式：

$$c = \frac{v_{01}}{v_k} \geqslant 1 \tag{5-20}$$

式中：$c$——风速比；

$v_{01}$——第一个条缝形送风口的出口平均风速，m/s；

$v_k$——送风管道入口的平均风速，m/s。

【例 5-3】　条缝送风计算示例

某一办公室尺寸 $L \times W \times H = 4m \times 4m \times 3m$，总送风量为 $Q_v = 1000 m^3/h$，送风温差

$\Delta t_o = 6℃$。试选用条缝送风进行空调。

**【解】** 对于该办公室采用条缝进行送风，条缝口设在房间中央，如图 5-40 所示。

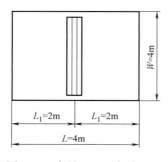

图 5-40　条缝口送风气流组织
设计例题图

条缝口设在房间中央，则 $L_1 = L_2 = 2m$，选取带导风叶的条缝形送风口（双条缝），稳流系数 $a = 0.50$。

已知总送风量为 $Q_v = 1000m^3/h$，则每米长条缝口的送风量 $q_{s1} = Q_v/W = 250m^3/(h \cdot m) = 0.0694m^3/(s \cdot m)$。采用双条缝时为 $0.0347m^3/(s \cdot m)$。

设定出口风速 $v_0 = 3.0m/s$，则条缝口的有效宽度：

$$b = 500 \frac{q_{s1}}{v_0} = 500 \times \frac{0.0347}{3.0} = 5.78$$

取 $b = 6.00mm$。取工作区高度为 1.50m，则送风口到工作区上边界的距离 $s = 1.5m$，则由送风口到工作区上边界处的平均风速 $v_s$ 为：

$$v_s = v_0 \frac{0.582}{\sqrt{0.205 + \dfrac{as}{b}}} = 3.0 \times \frac{0.582}{\sqrt{0.205 + \dfrac{0.5 \times 1.5}{0.006}}} = 0.15m/s$$

满足工作区风速要求。

距送风口 $s$ 处的最大风速为：

$$v_{s,max} = v_0 \frac{0.866}{\sqrt{0.205 + \dfrac{as}{b}}} = 0.223m/s < 0.25m/s$$

满足要求。

**四、喷口送风气流组织**

大空间空调或通风常用喷口送风，可以侧送，也可以垂直下送，喷口通常是平行布置的。当喷口相距较近时，射流达到一定射程时会互相重叠而汇合成一片气流。对于这种多股平行非等温射流的计算可采用中国建筑科学院试验研究综合的计算公式。但许多场合，多股射流在接近工作区附近重叠，为简单起见，可以利用单股自由射流计算公式进行计算。

1. 喷口送风的气流流型

喷口下送的流型类似于散流器下送，喷口侧送的气流流型如图 5-41 所示；空间较大时，也可采用两侧对喷的方式。喷流的形状主要取决于喷口位置和阿基米德数 $A_r$，即喷口直径 $d_s$、喷口风速 $v_0$ 和喷口角度 $\alpha$ 以及送风温差 $\Delta t_o$。回流的形状主要取决于喷流构造、建筑布置和回风口的位置。

喷口风速 $v_0$ 的大小直接影响喷流的射程，也影响涡流区的大小：$v_0$ 越大，射流就越远，涡流区越小。因此，设计时应根据工程要求，选择合理的喷口风速。当送风温度 $t_o$ 低于室内温度 $t_N$ 时为冷射流；当 $t_o$ 高于 $t_N$ 时为热射流。

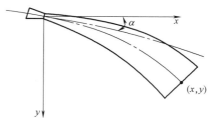

图 5-41　喷口侧送射流的轨迹

喷口形式有圆形（收缩段长度宜为喷口直径的 1.6 倍）和扁形［高宽比（1∶10）～（1∶20）为扁风口］两种形式。圆喷口紊流系数较小（$a=0.07$），射程较远，速度衰减也较慢，而扁喷口在水平方向扩散要比圆形快些，但在一定距离后，则与圆喷口相似。

2. 喷口侧送风气流组织的设计步骤

非等温射流的计算方法很多，世界各国所采用的计算公式基本相同，一般都是以美国的 Koestel 单股非等温（包括垂直和水平）射流计算公式为基础，通过试验得出经验系数，因而公式差别仅在试验系数和指数上有所不同。图 5-42 所示为喷口侧送风气流组织设计的一般流程。

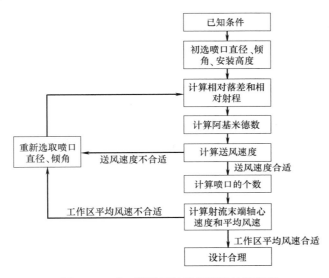

图 5-42　喷口侧送风气流组织设计流程图

以图 5-41 所示喷口送风冷射流轨迹，说明计算步骤如下：

（1）初选喷口直径 $d_0$、喷口倾角 $\alpha$、喷口安装高度 $h$。喷口直径 $d_0$ 一般在 0.2～0.8m 之间；喷口倾角 $\alpha$ 按计算确定，一般冷射流时 $\alpha=0\sim15°$，热射流时 $\alpha>15°$；喷口位置及安装高度 $h$ 应根据工程具体要求而确定：$h$ 太小，射流会直接进入工作区，影响舒适程度；$h$ 太大也不适宜。对于一些高大公共建筑，$h$ 一般在 6～10m。

（2）计算相对落差 $y/d_0$ 和相对射程 $x/d_0$。

（3）根据要求达到的气流射程 $x$ 和垂直落差 $y$，按下列公式计算阿基米德数 $A_r$。

① 当 $\alpha=0$ 且送冷风时：

$$A_r=\frac{y/d_0}{\left(\frac{x}{d_0}\right)^2\left(0.51\frac{ax}{d_0}+0.35\right)} \tag{5-21}$$

② 当 $\alpha$ 角向下且送冷风时：

$$A_r=\frac{\frac{y}{d_0}-\frac{x}{d_0}tg\alpha}{\left(\frac{x}{cos\alpha\cdot d_0}\right)^2\left(0.51\frac{ax}{cos\alpha\cdot d_0}+0.35\right)} \tag{5-22}$$

③ 当 $\alpha$ 角向下且送热风时：

$$A_r = \frac{\dfrac{x}{d_0}\text{tg}\alpha - \dfrac{y}{d_0}}{\left(\cos\alpha\,\dfrac{x}{d_0}\right)^2\left(0.51\dfrac{ax}{\cos\alpha\cdot d_0}+0.35\right)} \tag{5-23}$$

式中，$a$ 为喷口的紊流系数，对于带收缩口的圆喷口，$a=0.07$；对圆柱形喷口 $a=0.08$。

（4）计算送风速度 $v_0$：

根据阿基米德数定义式

$$v_0 = \sqrt{\frac{g d_0 \Delta t_O}{A_r(t_N+273)}} \tag{5-24}$$

计算出的 $v_0$ 如在 $4\sim10\text{m/s}$ 范围内是适宜的；若 $v_0>10\text{m/s}$ 时，应重新假设 $d_0$ 或 $\alpha$ 值重新计算，直到合适为止。

（5）根据 $d_0$、$v_0$、$Q_v$ 计算喷口的个数：

$$n = \frac{Q_v}{\dfrac{\pi}{4}d_0^2 v_0} \tag{5-25}$$

计算出的 $n$ 值取整后，可计算出实际的送风速度 $v_0$。

（6）计算射流末端轴心速度 $v_x$ 和射流平均风速 $v_p$。

$$v_x = v_0\frac{0.48}{\dfrac{ax}{d_0}+0.145} \tag{5-26}$$

$$v_p = \frac{v_x}{2} \tag{5-27}$$

$v_p$ 应当满足工作区的风速要求；若 $v_p$ 不满足要求，也应重新选取 $d_0$ 或 $a$，重新计算。

【例5-4】 喷口侧送风计算示例

已知房间的尺寸为长 $L=15\text{m}$、宽 $W=20\text{m}$、高 $H=7\text{m}$；要求夏季室内温度 $t_N=28℃$，送风温差 $\Delta t_o=8℃$，总送风量 $Q_v=10000\text{m}^3/\text{h}$，采用安装在 6m 高的圆喷口单侧侧送，回风方式为下回风。试进行喷口的设计计算。

【解】

（1）设 $d_0=0.25\text{m}$、$\alpha=0$、工作区高度为 2m，喷口安装位置如图 5-43 所示，从而有 $x=13\text{m}$、$y=4\text{m}$。

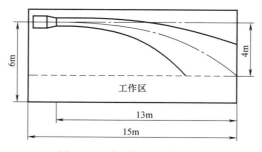

图 5-43　喷口侧送风例题图

（2）计算相对落差 $y/d_0$ 和相对射程 $x/d_0$。

$$\frac{y}{d_0}=\frac{4}{0.25}=16；\quad \frac{x}{d_0}=\frac{13}{0.25}=52$$

（3）计算阿基米德数 $A_r$

$$A_r=\frac{y/d_0}{\left(\frac{x}{d_0}\right)^2\left(0.51\frac{ax}{d_0}+0.35\right)}=\frac{16}{(52)^2\left(0.51\frac{0.07\times13}{0.25}+0.35\right)}=0.0015$$

（4）计算送风速度 $v_0$。

$$v_0=\sqrt{\frac{gd_0\Delta t_O}{A_r(t_N+273)}}=\sqrt{\frac{9.8\times0.25\times8}{0.0015\times(28+273)}}=6.6\text{m/s}$$

在 $4\sim10\text{m/s}$ 范围内，满足要求。

（5）根据 $d_0$、$v_0$、$Q_v$ 计算喷口的个数。

$$n=\frac{Q_v}{\frac{\pi}{4}d_0^2v_0}=\frac{10000\div3600}{\frac{\pi}{4}\times0.25^2\times6.6}=8.6$$

取 $n=9$。

实际送风速度 $v_0=6.34\text{m/s}$。

（6）计算射流末端轴心速度 $v_x$ 和射流平均风速 $v_p$。

$$v_x=v_0\frac{0.48}{\frac{ax}{d_0}+0.145}=6.34\times\frac{0.48}{\frac{0.07\times13}{0.25}+0.145}=0.80\text{m/s}$$

$$v_p=\frac{v_x}{2}=0.40\text{m/s}$$

满足工作区风速要求。

3. 喷口垂直向下送风气流组织

喷口垂直下送的气流组织的设计步骤如下：

（1）根据建筑平面特点布置风口，确定每个风口的送风量。

（2）假定喷口出口直径 $d_0$，通过轴心速度衰减方程（式5-28），计算射流到达工作区的风速 $v_x$；如果 $v_x$ 符合设计要求的风速，则进行下一步计算；如果不符合要求，需重新假定 $d_0$ 或重新布置风口，再进行计算。

$$\frac{v_x}{v_0}=K\frac{d_0}{x}\left[1\pm1.9\frac{A_r}{K}\left(\frac{x}{d_0}\right)\right]^{1/3} \tag{5-28}$$

式中：$x$——射程，即由送风口至工作区的距离，m；

　　　　$K$——射流常数，对于圆形、矩形喷口，当 $v_0$ 为 $2.5\sim5\text{m/s}$ 时，$K=5$；$v_0\geqslant$ $10\text{m/s}$ 时，$K=6.2$。公式中的正、负号送冷风取"＋"，送热风取"－"。

（3）用式（5-29）校核区域温差 $\Delta t_x$ 是否符合要求，如果不符合要求，也需重新假定 $d_0$ 或重新布置风口。

$$\frac{\Delta t_x}{\Delta t_O}=0.83\frac{v_x}{v_0} \tag{5-29}$$

4. 喷口送风设计中应当注意的问题？

（1）喷口送风适用于具有下列特点的建筑物的空调。

① 建筑高大，高度一般在 6～7m 以上。

② 由于喷口送风具有射程远、系统简单和投资较省的特点，因此，在要求舒适性空调的公共建筑中如礼堂、体育馆、剧院、大厅等，采用这种送风方式最为适宜。

③ 室内没有大量的热量、粉尘和有害气体的局部区域。

（2）喷口送风风速要均匀，且每个喷口的风速要接近相等，因此连接喷口的风道应设计为均匀风管或等截面（风管要起静压箱作用）风管。

（3）喷口的风量应能调节，有可能的话应使喷口角度可调，以满足冬季送热风时的要求。

# 第五节　高大空间分层空气调节

1. 基本原理与方式

近些年来，随着我国大型展览、会议场所和航空、铁路、陆路交通枢纽建设的大力发展，出现许多高大空间建筑，这些建筑中需要空调的区域仅为下部工作区域，可利用合理的分层空调技术实现高大空间节能。分层空调指使高大空间下部工作区域的空气参数满足设计要求的空气调节方式。分层空调方式是以送风口中心线作为分层面，将建筑空间在垂直方向分为 2 个区域，分层面以下空间为空调区域，分层面以上空间为非空调区域，如图 5-44 所示。

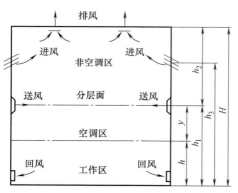

图 5-44　分层空调示意图

采用分层空调与全室空调相比，可显著地节省冷负荷、初投资和运行能耗。按国内的试验和工程实际运用，一般可节省冷量在 30% 左右。因此，对于高大空间建筑中，房间高度＞10m、容积＞10000m³ 的建筑，采用分层空调这种方式是非常适宜的。这种技术应用的基本原则是：

（1）供冷时，冷风只送到工作区，此外利用室外空气或回风以分隔形成上部非空调空间，或用于满足消防排烟之需。

（2）在供暖时，送风温差宜小，且应送到工作区。有条件时与辐射供暖相结合。采取这些措施后，空调负荷可减少 30%～40%。

2. 分层空调负荷特点

分层空调的空调区的冷负荷由两大部分组成，即空调区本身得热形成的冷负荷和非空调区向空调区热转移形成的冷负荷。热转移负荷包括对流和辐射。

当空调区送冷风时，非空调区的空气温度和内表面温度均高于空调区，由于送风射流卷吸作用，使非空调区部分热量转移到空调区直接成为空调负荷即对流热转移负荷。而非空调区辐射到空调区的热量，被空调区各个面接收后，其中只有以对流方式再放出的部分才转为空调负荷即辐射热转移负荷。

对于高大空间建筑，夏季由于太阳辐射热作用到各外围护结构中，屋盖的内表面温度最高，而地板的内表面温度往往是最低的，非空调区各个面（包括透过窗进入空调区的）对地板的辐射热占辐射热转移热量 $Q_f$ 的 $70\%\sim80\%$。

3. 分层空调气流组织

在分层空调的设计中，气流组织非常重要，它直接与空调效果有关。能否保证工作区的温度分布均匀，得到理想的速度场，达到分层空调的效果和节能的目的，很大程度上取决于合理的气流组织。只要将空调区的气流组织好，使送入室内的空气充分发挥作用，就能在满足工作区空调要求的前提下，最大限度地降低分层高度，节约空调负荷，减小空调设备容量并节省设备运转费用。

在高大空间中，利用合理的气流组织仅对大空间下部（或上部）的空间即工作区进行通风空调；而对上部（或下部）的大部分空间不进行空调，非空调区和空调区以大空间腰部喷口送风形成的射流层作为分界线。

常见的空调系统送回风方式在大空间建筑中应用的适用性分析如下：

（1）侧送下回方式

侧送方式是大空间建筑采用的最广泛的一种气流组织形式，它是将送风口设在大厅侧墙上部，冷风（或热风）由送风口送出，气流吹过一定距离后转折下落到工作区后以较低的速度流过整个工作区，由设置于同侧下部的回风口排出。根据空间跨度大小，分单侧送风单侧回风方式和双侧送风双侧回风方式。侧送方式中，以喷口侧送最为常见。除了喷口送风外，侧送方式还包括百叶侧送。

（2）上送下回方式

上送下回方式，是将送风口安装在建筑的顶棚或上部网架空间内，将回风口设在下部侧壁上，空气自上而下送至人员活动区，然后由回风口抽走，其送风形式包括散流器、喷口、旋流风口、条缝和孔板送风等。从使用效果上讲，上送下回方式是比较好的。它能把处理好的空气均匀送到各个部位，以满足不同区域的空调要求。但上送风也存在着诸多不足：空调区域包括了建筑内的上部空间，冷（热）负荷较大，能耗高，送风量比喷口侧送大 $25\%\sim30\%$ 左右。

（3）下送上回方式

这种气流组织的方式是由下部（如地板或侧墙下部）送风，由空调房间上部回、排风。它作为一种节能型气流组织形式，比较适合于人员较多的建筑。这种送风方式避免了将灯光和屋顶负荷的对流部分带入空调区域，可使送风量大大减小，从而节省了设备运行和投资费用。但下送风风口形式复杂、数量多，难以运行管理，目前对于很多空调设计单位技术上还难以实现，因此在大空间建筑空调实例中并不多见。

（4）假柱送风方式

目前，在我国一些大型会展建筑中采用了类似于机场候机厅风柱送风的送风方式，即假柱送风。假柱送风是在候车厅人员活动区均匀布置几根假柱，送风高度约 $2\sim2.5\text{m}$，柱体断面为方形或圆形，出风口为假柱顶面或侧面、面积较大（非喷射型）。此种送风方式，送风口离人员活动区近，因此送风速度小，但是布置假柱占用人员活动空间，采用时应综合考虑现场结构条件和经济条件。

目前，大空间建筑分层空调适用的气流组织形式主要有四种：

（1）带空气幕的双侧对喷下部排风；

（2）双侧对喷上、下部排风；

（3）双侧对喷上、下部排风中部一次回风；

（4）双侧对喷上、下部排风中部送新风。

实践证明，对于高度大于 10m、容积大于 $10000m^3$ 的高大空间，采用双侧对送、下部回风的气流组织方式是合适的，能够达到分层空气调节的要求。当空气调节区跨度小于 18m 时，采用单侧送风也可以满足要求。

为了保证实现分层，即能形成空气调节区和非空气调节区，提出"侧送多股平行气流应互相搭接"，以便形成覆盖。双侧对送射流末端不需要搭接，按相对喷口中点距离的 90％计算射程即可。送风口的构造，应能满足改变射流出口角度的要求。送风口可选用圆喷口、扁喷口和百叶风口，实践证明，都是可以达到分层效果的。

为保证空气调节区达到设计要求，应减少非空气调节区向空气调节区的热转移。为此，应设法消除非空气调节区的散热量。试验结果表明，当非空气调节区的散热量大于 $4.2W/m^2$ 时，在非空气调节区适当部位设置送排风装置，可以达到较好的效果。

此外，对于分层空调，空调区域冷负荷由两部分组成，即空调区域本身得热所形成冷负荷和非空调区域通过对流及辐射方式向空调区域转移的热负荷。也就是说，非空调区温度越高，热转移负荷越大。

自然通风与分层空调耦合运行时，在下部空调区域，气流组织与单独使用分层空调系统基本一样；在上部非空调区域，热空气受到自然通风的诱导排到室外，有效地减少了上部非空调区域热空气的滞留，同时降低了非空调区向空调区域对流及辐射热转移。

而当分层空调系统单独运行时，空调区域采用双侧水平送风，下部同侧回风，使工作区处于回流区，得到均匀的速度场和温度场；在上部非空调区域，部分空气受到热浮升力作用上升，导致热气流滞留。

4. 冬季工况注意事项

采用高大空间分层空调需注意，分层空调技术对于夏季空调是节能的，大约节约 30％的冷量，因此节省运行能耗和初投资，但对于严寒和寒冷地区，在冬季供暖工况下并不节能，冬季由于热空气上浮，人员活动区域的温度就会受到影响，上部空间的温度较高，通常有两种方法可应用：

（1）设置室内循环系统，将上部过热空气通过风道引至下部空间再利用；

（2）底层设置地板辐射供暖系统或地板送风供暖系统。

# 第六节 中央空调风道系统

图 5-45 的中央空调的风道传输及分配系统是整个空调系统设计的重要组成部分；空调房间的送风量、回风量及排风量能否达到设计要求，完全取决于风道系统的设计质量及风机的配置是否合理。同时，为克服空气输送及分配过程中的流动阻力，空气动力设备（风机）需要消耗大量能量。风系统的设计直接影响空调系统的实际使用效果和技术经济性能。空调风道系统的设计任务主要包括：

（1）合理确定空调风道系统的形式、走向和在建筑空间内的布置；

（2）准确计算空调风道系统的压力损失（沿程阻力和局部阻力）、确定空调风道系统各管段的断面尺寸；

（3）正确选择风机类型、规格、转速、配用电机型号和功率、传动方式、旋转方向及出口位置等。

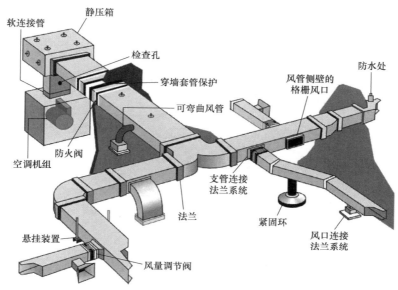

图 5-45　中央空调的风道传输及分配系统

## 一、风管及风机

### 1. 风道分类

（1）按风道内的空气流速可分为：

① 低速风道：风道内空气流速 $v<15\text{m/s}$。由于风速较低，与风机产生的主噪声源相比，风道系统产生的气流噪声可以忽略不计，广泛用于民用建筑通风空调系统。表 5-18 所示为低压风管尺寸选择表。表 5-19 所示为低速风管结构要求。

**低压风管尺寸选择表**　　　　　　　　　表 5-18

| 支风管 | | 主干风管 | | 圆形风管 | 当量矩形风管尺寸 | | | | | |
|---|---|---|---|---|---|---|---|---|---|---|
| 风速<br>(m/s) | 风量<br>(L/s) | 风速<br>(m/s) | 风量<br>(L/s) | 直径<br>(mm) | (mm) | | | | | |
| 2.5 | 30 | 3.0 | 37 | 125 | 200×75 | 125×100 | 125×125 | | | |
| | 50 | | 60 | 150 | 250×75 | 200×100 | 150×125 | | | |
| 3.0 | 75 | 4.0 | 100 | 180 | 275×100 | 200×125 | 175×150 | | | |
| | 100 | | 130 | 200 | 375×100 | 275×125 | 225×150 | 200×175 | | |
| | 150 | | 180 | 230 | 500×100 | 375×125 | 300×150 | 250×175 | 200×200 | |
| 4.0 | 200 | 5.0 | 240 | 250 | 625×100 | 475×125 | 375×150 | 300×175 | 275×200 | 225×225 |
| | 250 | | 315 | 280 | 575×125 | 450×150 | 375×175 | 325×200 | 275×225 | 250×250 |
| | 300 | | 380 | 300 | 550×150 | 450×175 | 400×200 | 350×225 | 300×250 | 275×275 |
| | 400 | | 490 | 330 | 675×150 | 550×175 | 450×200 | 400×225 | 350×250 | 300×300 |

续表

| 支风管 | | 主干风管 | | 圆形风管 | 当量矩形风管尺寸 | | | | | |
|---|---|---|---|---|---|---|---|---|---|---|
| 风速 (m/s) | 风量 (L/s) | 风速 (m/s) | 风量 (L/s) | 直径 (mm) | (mm) | | | | | |
| 5.0 | 500 | 6.0 | 600 | 360 | 650×175 | 550×200 | 475×225 | 425×250 | 350×300 | 325×325 |
| | 560 | | 720 | 380 | 775×175 | 650×200 | 550×225 | 475×250 | 400×225 | 350×350 |
| | 660 | | 840 | 400 | 900×175 | 750×200 | 625×225 | 550×250 | 450×300 | 375×350 |
| | 800 | | 1090 | 430 | 850×200 | 725×225 | 625×250 | 525×300 | 425×350 | 400×375 |
| | 950 | | 1200 | 460 | 975×200 | 825×225 | 725×250 | 575×300 | 500×350 | 425×400 |
| 6.0 | 1060 | 7.5 | 1340 | 480 | 950×225 | 825×250 | 650×300 | 550×350 | 475×400 | 450×425 |
| | 1200 | | 1590 | 500 | 1075×225 | 925×250 | 725×300 | 625×350 | 525×400 | 475×400 |
| | 1300 | | 1750 | 530 | 1050×250 | 800×300 | 675×350 | 575×400 | 525×450 | 475×475 |
| | 1600 | | 2000 | 560 | 1175×280 | 900×300 | 750×350 | 650×400 | 575×450 | 500×500 |
| | 1750 | | 2220 | 580 | 1000×300 | 825×350 | 700×400 | 625×450 | 550×500 | 525×525 |
| | 2150 | | 2500 | 610 | 1100×300 | 900×350 | 775×400 | 675×450 | 600×500 | 550×550 |
| | 2250 | | 2830 | 640 | 1225×300 | 1000×350 | 850×400 | 725×450 | 650×500 | 600×550 |
| 7.5 | 2500 | 9.0 | 3100 | 660 | 1100×350 | 925×400 | 800×450 | 725×500 | 650×550 | 625×575 |
| | 2750 | | 3400 | 680 | 1175×350 | 1000×400 | 875×450 | 775×500 | 700×550 | 650×600 |
| | 3200 | | 3700 | 720 | 1300×350 | 1075×400 | 950×450 | 825×500 | 750×550 | 700×600 |
| | 3400 | | 4100 | 740 | 1425×350 | 1175×400 | 1025×450 | 750×500 | 800×550 | 750×600 |
| | 3600 | 10 | 4600 | 760 | 1275×400 | 1100×450 | 975×500 | 875×550 | 800×600 | 725×650 |
| | 3900 | | 4900 | 780 | 1375×400 | 1175×450 | 1025×500 | 925×550 | 850×600 | 775×650 |
| | 4300 | | 5300 | 810 | 1475×400 | 1275×450 | 1100×500 | 1000×550 | 900×600 | 825×650 |
| | 4700 | | 5750 | 830 | 1600×400 | 1350×450 | 1200×500 | 1075×550 | 975×600 | 900×650 |
| | 5100 | | 6300 | 860 | 1725×400 | 1450×450 | 1275×500 | 1125×550 | 1025×600 | 950×650 |
| 9.0 | 5500 | | 6900 | 880 | 1825×400 | 1550×450 | 1350×500 | 1225×550 | 425×350 | 1000×650 |
| | 5850 | | 7500 | 910 | 1950×400 | 1675×450 | 1450×500 | 1300×550 | 500×350 | 1050×650 |
| | 6200 | | 8000 | 940 | 2075×400 | 1775×450 | 1550×500 | 1375×550 | 475×400 | 1125×650 |
| | 6800 | | 8400 | 960 | 2200×400 | 1875×450 | 1650×500 | 1450×550 | 525×400 | 1200×650 |
| | 7300 | | 9300 | 990 | 2375×400 | 2000×450 | 1750×500 | 1525×550 | 525×450 | 1250×650 |
| 10.0 | 8000 | 11.0 | 10200 | 1020 | 2150×450 | 1850×500 | 1625×550 | 1475×600 | 575×450 | 1125×750 |
| | 8600 | | 10900 | 1040 | 2250×450 | 2000×500 | 1725×550 | 1600×600 | 1400×650 | 1200×750 |
| | 9200 | | 11700 | 1070 | 2400×450 | 2100×500 | 1825×550 | 1650×600 | 1475×650 | 1250×750 |
| | 9800 | | 12400 | 1090 | 2550×450 | 2200×500 | 1925×550 | 1750×600 | 1550×650 | 1300×750 |
| | 10500 | | 13200 | 1120 | 2350×500 | 2025×550 | 1825×600 | 1650×650 | 1500×700 | 1375×750 |
| | 11100 | | 13900 | 1140 | 2450×500 | 2150×550 | 1900×600 | 1725×650 | 1575×700 | 1450×750 |
| | 11600 | | 14700 | 1170 | 2575×500 | 2275×550 | 2000×600 | 1800×650 | 1650×700 | 1525×750 |
| | 12300 | | 15400 | 1190 | 2700×500 | 2375×550 | 2100×600 | 1900×650 | 1750×700 | 1575×750 |

续表

| 支风管 | | 主干风管 | | 圆形风管 | 当量矩形风管尺寸 | | | | | |
|---|---|---|---|---|---|---|---|---|---|---|
| 风速 (m/s) | 风量 (L/s) | 风速 (m/s) | 风量 (L/s) | 直径 (mm) | | | (mm) | | | |
| 11.0 | 12900 | 11.0 | 16200 | 1220 | 2900×500 | 2525×550 | 2200×600 | 2000×650 | 1825×700 | 1675×750 |
| | 13500 | | 16900 | 1240 | 3000×500 | 2750×550 | 2350×600 | 2075×650 | 1900×700 | 1750×750 |
| | 14200 | 12.0 | 17700 | 1270 | 2750×550 | 2450×600 | 2000×650 | 2000×700 | 1825×750 | 1700×800 |
| | 14800 | | 18300 | 1300 | 3000×550 | 2700×600 | 2400×650 | 2200×700 | 2000×750 | 1900×800 |
| | 15500 | | 19000 | 1340 | 2900×600 | 2600×650 | 2300×700 | 2100×750 | 2000×800 | 1700×900 |
| | 16200 | | 19700 | 1380 | 3000×600 | 2800×650 | 2500×700 | 2300×750 | 2100×800 | 1800×900 |
| | 17000 | | 20500 | 1420 | 2700×700 | 2500×750 | 2250×800 | 1950×900 | 1700×1000 | 1550×1100 |
| | 18000 | | 21500 | 1470 | 2900×700 | 2650×750 | 2450×800 | 2100×900 | 1900×1000 | 1700×1100 |

**低速风管结构要求**　　　　表 5-19

| 长边或直径 (mm) | 钢板厚度 (mm) | 每段最大长度(mm) | | | 法兰角钢最小尺寸(mm) |
|---|---|---|---|---|---|
| | | 不带压边和加强 | 带压边 | 带加强 | |
| 矩形 | | | | | |
| ≤400 | 0.8 | — | — | — | — |
| 400~600 | 0.8 | 1500 | — | — | 25×25×3 |
| 600~800 | 1.0 | 1500 | — | 2000 | 25×25×3 |
| 800~1000 | 1.0 | 1200 | 1500 | 1500 | 25×25×3 |
| 1000~1500 | 1.2 | 800 | 1200 | 1200 | 40×40×4 |
| 1500~2250 | 1.2 | 800 | 800 | 800 | 40×40×4 |
| 2250~3000 | 1.6 | 600 | 600 | 600 | 50×50×5 |
| 圆形 | | | | | |
| ≤510 | 0.8 | | | | 25×25×3 |
| 510~760 | 1.0 | | | | 25×25×3 |
| 760~1020 | 1.2 | 1250 | | | 30×30×3 |
| 1020~1525 | 1.3 | 1250 | | | 40×40×4 |

② 高速风道：风道内空气流速 $v \geqslant 15 \mathrm{m/s}$。在这样高的风速下，应考虑风道系统产生的气流噪声，同时必须配备特殊的消声处理设备并采取有效的消声措施。过去仅在双风道和高速诱导空调系统中采用，由于其能耗较大（约为低速风道的两倍以上）及噪声等原因，现在民用建筑空调中已较少采用，常用于工业建筑或大型公共建筑中。高速送风系统风管内的最大允许风速可参照表 5-20 和表 5-21。此外，对消声有严格要求的空调系统风管和出风口的最大允许风速可参照表 5-22。

(2) 按风道形状可分为：

① 圆形风道：圆形风道具有强度大、相同断面积时消耗材料少于矩形风管及阻力小等优点。但它占据的有效空间较大，不易与建筑装修配合，而且圆形风道管件的放样、制

作较矩形风管困难。基于上述原因，在普通的民用建筑空调系统中较少采用。一般多用于除尘系统和高速空调系统。

通风、空调系统风管内风速及通过部分部件时的迎面风速　　　　　表 5-20

| 部　位 | 推荐风速(m/s) | | | 最大风速(m/s) | | |
|---|---|---|---|---|---|---|
| | 居住建筑 | 公共建筑 | 工业建筑 | 居住建筑 | 公共建筑 | 工业建筑 |
| 风机吸入口 | 3.5 | 4.0 | 5.0 | 4.5 | 5.0 | 7.0 |
| 风机出口 | 5.0~8.0 | 6.5~10.0 | 8.0~12.0 | 8.5 | 7.5~11.0 | 8.5~14.0 |
| 主风管 | 3.5~4.5 | 5.0~6.5 | 6.0~9.0 | 4.0~6.0 | 5.5~8.0 | 6.5~11.0 |
| 支风管 | 3.0 | 3.0~4.5 | 4.0~5.0 | 3.5~5.0 | 4.0~6.5 | 5.0~9.0 |
| 从支管上接出的风管 | 2.5 | 3.0~3.5 | 4.0 | 3.0~4.0 | 4.0~6.0 | 5.0~8.0 |
| 新风入口 | 3.5 | 4.0 | 4.5 | 4.0 | 4.5 | 5.0 |
| 空气过滤器 | 1.2 | 1.5 | 1.75 | 1.5 | 1.75 | 2.0 |
| 换热盘管 | 2.0 | 2.25 | 2.5 | 2.25 | 2.5 | 3.0 |
| 喷水室 | | 2.5 | 2.5 | | 3.0 | 3.0 |

高速送风系统风管内的最大允许风速　　　　　表 5-21

| 风量范围(m³/h) | 最大允许风速(m/s) | 风量范围(m³/h) | 最大允许风速(m/s) |
|---|---|---|---|
| 1000000~68000 | 30 | 22500~17000 | 20.5 |
| 68000~42500 | 25 | 17000~10000 | 17.5 |
| 42500~22500 | 22.5 | 10000~5050 | 15 |

对消声有严格要求的空调系统风管和出风口的最大允许风速 (m/s)　　　　　表 5-22

| 室内允许噪声级(dB) | 干管 | 支管 | 风口 |
|---|---|---|---|
| 25~35 | 3.0~4.0 | ≤2 | ≤0.8 |
| 35~50 | 4.0~7.0 | 2.0~3.0 | 0.8~1.5 |
| 50~65 | 6.0~9.0 | 3.0~5.0 | 1.5~2.5 |
| 65~85 | 8.0~12.0 | 5.0~8.0 | 2.5~3.5 |

注：1. 百叶风口叶片间的气流速度增加10%，噪声的声功率级将增加2dB；若流速增加一倍，噪声的声功率级约增加16dB；
　　2. 对于出口处无障碍物的敞开风口，表中的出风口速度可以提高1.5~2倍。

　　② 矩形风道：矩形风道具有占用的有效空间少、易于布置及管件制作相对简单等优点，广泛用于民用建筑空调系统。为避免矩形风道阻力过大，其宽高比宜小于6，最大不应超过10，在建筑空间允许的条件下，愈接近1愈好。矩形风管采取内外同心弧形弯管时，曲率半径宜大于1.5倍的平面边长；当平面边长大于500mm，且曲率半径小于1.5倍的平面边长时，应设置弯管导流叶片。图5-46所示为矩形风管制作示意图，图5-47为矩形支管做法示例图。

　　③ 扁圆风道：扁圆风道是螺旋风管中的一种。它是用专门的加工机械或生产流水线制作，其加工质量好、气密性高，风管之间和风管与附件之间可不用法兰连接，而采用快捷插入装配；而且扁圆风道还可节省安装空间。因此，扁圆风道常用于民用建筑空调中。

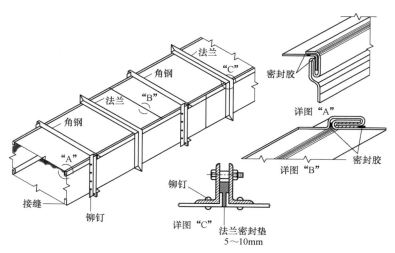

图 5-46　矩形风管制作示意图

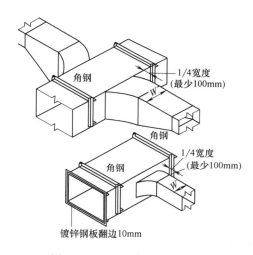

图 5-47　矩形支管做法示例图

　　为了设计、制作、安装的方便，按照优先数和优先数系原则，国家制定了统一的通风管道规格。钢板制圆形风管的常用规格见表 5-23，钢板制矩形风管的常用规格见表 5-24。

钢板制圆形风管的常用规格（mm）　　　　　　　　　　表 5-23

| | | | |
|---|---|---|---|
| $\phi100$ | $\phi120$ | $\phi140$ | $\phi160$ |
| $\phi180$ | $\phi200$ | $\phi220$ | $\phi250$ |
| $\phi280$ | $\phi320$ | $\phi360$ | $\phi400$ |
| $\phi450$ | $\phi500$ | $\phi560$ | $\phi630$ |
| $\phi700$ | $\phi800$ | $\phi900$ | $\phi1000$ |
| $\phi1120$ | $\phi1250$ | $\phi1400$ | $\phi1600$ |
| $\phi1800$ | $\phi2000$ | | |

钢板制矩形风管的常用规格（mm）                    表 5-24

| | | | |
|---|---|---|---|
| 120×120 | 160×120 | 160×160 | 200×120 |
| 200×160 | 200×200 | 250×120 | 250×160 |
| 250×200 | 250×250 | 320×160 | 320×200 |
| 320×250 | 320×320 | 400×200 | 400×250 |
| 400×320 | 400×400 | 500×200 | 500×250 |
| 500×320 | 500×400 | 500×500 | 630×250 |
| 630×320 | 630×400 | 630×500 | 630×630 |
| 800×320 | 800×400 | 800×500 | 800×630 |
| 800×800 | 1000×320 | 1000×400 | 1000×500 |
| 1000×630 | 1000×800 | 1000×1000 | 1250×400 |
| 1250×500 | 1250×630 | 1250×800 | 1600×1000 |
| 1600×1250 | 2000×800 | 2000×1000 | 2000×1250 |

2. 风道材料

板材是中央空调风道系统中制作风管的重要材料，常见的有镀锌薄钢板、不锈钢板及铝板等。

（1）镀锌薄钢板：镀锌薄钢板是指具有镀锌层的钢板板材，是中央空调系统中使用最为广泛的一种风管、风道制作材料。中央空调通风管路所用的薄钢板应满足表面光滑平整、厚薄均匀、无裂痕、结疤等要求。镀锌薄钢板表面的镀锌层有防锈性能，使用时应注意保护。不同规格风管或风道所应采用的钢板厚度必须满足《通风与空调工程施工质量验收规范》GB 50243—2016 的要求。

（2）不锈钢板：不锈钢板具有不易锈蚀、耐腐蚀和表面光滑等特点，主要用于高温环境下的耐腐蚀通风管路。

（3）铝板：铝板是指用金属铝制成的板材，具有防腐蚀性能好、传热性能良好等特点，多应用于风冷式中央空调系统中的风道板材。用铝板制作风道时多采用铆接形式连接。铆钉也应采用铝制铆钉。铝板风管用角钢作为连接法兰时，必须进行防腐蚀绝缘处理。另外，铝板焊接后应用热水洗刷焊缝表面的焊渣残药。

（4）玻璃钢：玻璃钢是一种非金属板材，具有强度高、防腐性和耐火性较好、成型工艺简单、刚度较差等特点，制作风管时应考虑满足刚度的要求。

（5）硬塑料板即硬聚氯乙烯板（UPVC），具有强度和弹性高、耐腐蚀性好、热稳定性较差的特点，一般应用在−10~60℃范围内，制作风管时，应选择表面平整、无伤痕、无气泡、厚薄均匀、无离层现象的板材。

（6）型钢（扁钢、角钢、圆钢、槽钢和 H 形钢）：在中央空调系统施工中，型钢主要用于设备框架、风管法兰盘、加固圈及管路的支、吊、托架等。常用的型钢种类有扁钢、角钢、圆钢、槽钢和 H 形钢。扁钢和角钢用于制作风管法兰及加固圈。圆钢主要用于吊架拉杆、管路卡环及散热器托钩。槽钢主要用于箱体、柜体的框架结构及风机等设备的机座。

根据《建筑设计防火规范》（2018 年版）GB 50016—2014 的规定，体育馆、展览馆、候机（车、船）楼（厅）等大空间建筑、办公楼和丙、丁、戊类厂房内的通风、空气调节系统，当风管按防火分区设置且设置了防烟防火阀时，可采用燃烧产物毒性较小且烟密度等级小于等于25的难燃材料。一些化学试验室、通风柜等排风系统所排出的气体具有一定的腐蚀性，需要用玻璃钢、聚乙烯、聚丙烯等材料制作风管、配件以及柔性接头等；当系统中有易腐蚀设备及配件时，应对设备和系统进行防腐处理。

3. 空调风道的保温

在空调系统中，为提高冷、热量的利用率，避免不必要的冷、热损失，保证空调运行参数，应对空调风道进行保温。此外，当空调风道送冷风时，其表面温度可能低于或等于周围空气的露点温度，使表面结露，加速传热，同时对风道造成一定腐蚀，基于此也应对风道进行保温（图5-48）。保温风管吊装做法如图5-49所示。

（1）保温材料

保温材料主要有软木、超细玻璃棉、玻璃纤维保温板、聚苯乙烯泡沫塑料、聚氨酯泡沫塑料、聚氯乙烯泡沫塑料、蛭石板及某些新型高分子材料等。保温材料应尽可能采用保温性能好、价格低廉、易于施工及耐用的材料。具体要求如下：

① 热导率小，价格低。空调工程中，常用的保温材料热导率 $\lambda = 0.025 \sim 0.15 W/(m \cdot ℃)$。一般是选用热导率与价格乘积较小的材料较为经济。当两种材料的乘积相差不大时，则选用热导率小的材料更经济。

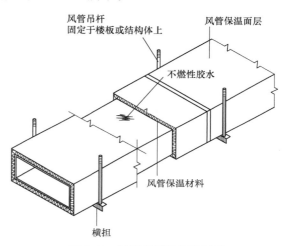

图5-48 风管保温层做法示例

② 尽量采用密度小的多孔材料。这类材料不但热导率小而且保温后管道重量轻，便于施工，风管支架荷重也较小。

③ 保温材料的吸水率低且耐水性能好。如果保温材料吸水率高，则材料易受潮，使热导率增大，保温性能恶化。此外，应保证即使由于某种原因吸收水分后，材料的机械强度不会降低，不会出现松散和腐烂现象。

④ 抗水蒸气渗透性能好。如果材料有小孔，则应为封闭型。目前常用的保温材料中，硬质聚氨酯泡沫塑料就是抗水蒸气渗透性能较好的材料。

⑤ 保温后不易变形并具有一定的抗压强度。最好采用板状或毡状等成型材料。采用散状材料时，应采取有效措施防止其由于压缩等原因而变形。

⑥ 保温材料不宜采用有机物和易燃物。其目的是防止发生虫蛀、腐蚀、生菌及火灾。

（2）保温结构

通常的保温结构有四层：

① 防腐层，一般刷防腐漆；

② 保温层，填贴保温材料；

③ 防潮层，包油毛毡或刷沥青，防止潮湿空气或水分侵入保温层内，破坏保温层或

在内部结露;

④ 保护层, 随敷设地点而异, 室内管道可用玻璃布、塑料布或木板、胶合板制成, 室外管道应用铁丝网、水泥或铁皮作为保护层。

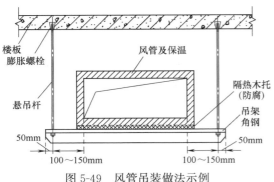

楼板
膨胀螺栓

风管及保温

隔热木托
(防腐)

悬吊杆

吊架
角钢

50mm          50mm
100～150mm      100～150mm

图 5-49 风管吊装做法示例

总之, 保温结构应结实, 外表平整, 无胀裂和松弛现象。具体做法可参阅有关的国家标准图。对于一般无特殊要求的设备或管道, 其保温层厚度是取防止结露的最小厚度和保温层的经济厚度两者中的较大值。具体计算过程可参见《空气调节设计手册》(中国建筑工业出版社出版) 的相关内容。

4. 空调风机

民用建筑空调系统中, 通风机按其作用原理的不同主要可分为离心式、轴流式和贯流式三类。

(1) 离心式通风机

离心式通风机主要由叶轮、机壳、进风口、出风口及电机等组成。叶轮上有一定数量的叶片, 叶片叶的形式有前向、后向和径向之分。当电动机带动叶轮旋转时, 叶片间的气体随叶轮旋转而获得离心力, 气体跟随叶片在离心力的作用下不断地流入与流出, 源源不断地输送气体, 同时在外界功的作用下, 气体获得能量。按照其风压大小可分为三类: 高压风机, 风机全压大于 3000Pa; 中压风机, 风机全压为 1000～3000Pa; 低压风机, 风机全压小于 1000Pa。离心式通风机可以在很宽的压力范围内有效地输送大风量或小风量, 性能较为平缓、稳定, 适应性较广。与轴流风机相比, 离心风机对进口空气的流场均匀度要求可以相对放宽一些。

(2) 轴流式通风机

当比转数增大一定程度后, 气流将由最初的径向流出而变成轴向流出, 此时称其为轴流风机。高比转数表明风机的流量大而压力低, 因此轴流风机产生的风压没有离心风机高, 但可以在低压下输送大量空气, 主要用在阻力小、输送风量大的通风换气场合。由于其安装简单、直接与风管相连、占用空间少, 用途也相当广泛。按照其风压大小分为两类: 高压风机, 风机全压≥500Pa; 低压风机, 风机全压<500Pa。轴流风机的基本风口位置有 0°、90°、180°、270°四种, 特殊用途可增加。其结构特点要求进风口风速尽可能均匀, 否则将会严重影响风机的性能参数。

为弥补离心风机风压大但风量偏小、轴流风机风量大而风压偏小的缺点, 近年来一些厂商开发研制了斜流式和混流式风机。这两类风机在外形上与轴流风机类似, 但其工作原理介于离心风机和轴流风机之间。由于该类风机能够提供中等风量和风压, 且安装方面也具有接管方便、占用空间少等优点, 正日益得到较广泛使用。轴流式通风机不如离心式通风机那样的风压, 但可以在低压下输送大风量, 其流量较高, 压力较低, 在性能曲线最高压力点的左边有个低谷, 这是由风机的喘振引起的, 使用时应避免在此段曲线间运行。

(3) 贯流式通风机

贯流式通风机不像离心式通风机是在机壳侧板上开口使气流轴向进入风机, 而是将机壳部分地敞开使气流直接径向进入风机，气流横穿叶片两次。贯流风机具有风量小、噪声低、压头适当、易与建筑物相配合等优点，但也存在许多问题有待解决，因此目前还仅用于设备产品中，如某些风机盘管、风幕等。

当系统的设计风量和计算阻力确定以后，选择通风机时，应考虑的主要问题之一是通风机的效率。在满足给定的风量和风压要求的条件下，通风机在最高效率点工作时，其轴功率最小。在具体选用中由于通风机的规格所限，不可能在任何情况下都能保证通风机在最高效率点工作，因此规定通风机的设计工况效率不应低于最高效率的90%。一般认为在最高效率的90%以上范围内均属于通风机的高效率区。根据我国目前通风机的生产及供应情况来看，做到这一点是不难的。

空调系统风机的单位风量耗功率应按下式计算，并不大于表5-25的规定值。

$$W_s = \frac{P}{3600e} \qquad (5\text{-}30)$$

式中：$W_s$——单位风量耗功率，W/（m³/h）；

　　　$P$——风机全压值，Pa；

　　　$e$——包含风机、电机及传动效率在内的总效率，%。

**风机的单位风量耗功率限值［W/（m³/h）］**　　　　　表5-25

| 系统形式 | 办公建筑 | | 商业、旅馆建筑 | |
|---|---|---|---|---|
| | 粗效过滤 | 粗、中效过滤 | 粗效过滤 | 粗、中效过滤 |
| 两管制定风量系统 | 0.42 | 0.48 | 0.46 | 0.52 |
| 四管制定风量系统 | 0.47 | 0.53 | 0.51 | 0.58 |
| 两管制 VAV 系统 | 0.58 | 0.64 | 0.62 | 0.68 |
| 四管制 VAV 系统 | 0.63 | 0.69 | 0.67 | 0.74 |
| 普通机械通风系统 | 0.32 | | | |

注：1. 严寒地区增设预热盘管时，单位风量耗功率增加0.035W/(m³/h)；

　　2. 低温送风空气处理机组单位风量耗功率增加可参照上述数值；

　　3. 当空气处理机组内采用湿膜加湿时，单位风量耗功率可增加0.053W/(m³/h)。

通风机的并联与串联安装，均属于通风机联合工作。采用通风机联合工作的场合主要有两种：一是系统的风量或阻力过大，无法选到合适的单台通风机；二是系统的风量或阻力变化较大，选用单台通风机无法适应系统工况的变化或运行不经济。并联工作的目的，是在同一风压下获得较大的风量；串联工作的目的，是在同一风量下获得较大的风压。在系统阻力即通风机风压一定的情况下，并联后的风量等于各台并联通风机的风量之和。当并联的通风机不同时运行时，系统阻力变小，每台运行的通风机之风量，比同时工作时的相应风量大；每台运行的通风机之风压，则比同时运行的相应风压小。通风机并联或串联工作时，布置是否得当是至关重要的。有时由于布置和使用不当，并联工作不但不能增加风量，而且适得其反，会比一台通风机的风量还小；串联工作也会出现类似的情况，不但不能增加风压，而且会比单台通风机的风压小，这是必须避免的。

由于通风机并联或串联工作比较复杂，尤其是对具有峰值特性的不稳定区在多台通风机并联工作时易受到扰动而恶化其工作性能；因此设计时必须慎重对待，否则不但达不到预期目的，还会无谓地增加能量消耗。为简化设计和便于运行管理，在通风机联合工作的情况下，应尽量选用相同型号、相同性能的通风机并联或串联。当不同型号、不同性能的通风机并联或串联安装时，必须根据通风机和系统的风管特性曲线，确定通风机的合理组合方案，并采取相应的技术措施，以保证通风机联合工作的正常运行。

随着工艺需求和气候等因素的变化，建筑对通风量的要求也随之改变。系统风量的变化会引起系统阻力更大的变化。对于运行时间较长且运行工况（风量、风压）有较大变化的系统，为节省系统运行费用，宜考虑采用双速或变频调速风机。通常对于要求不高的系统，为节省投资，可采用双速风机，但要对双速风机的工况与系统的工况变化进行校核。对于要求较高的系统，宜采用变频调速风机。采用变频调速风机的系统节能性更加显著。采用变频调速风机的通风系统应配备合理的控制。

5. 风道补偿器

风管机在与风道进行连接时，需要使用风道补偿器或帆布软管等进行连接。由于风管机工作时，可能产生振动，若安装有风道补偿器或帆布软管，可有效减小风道与风管机同时产生振动的可能，如图 5-50 所示为风道补偿器与帆布软管。

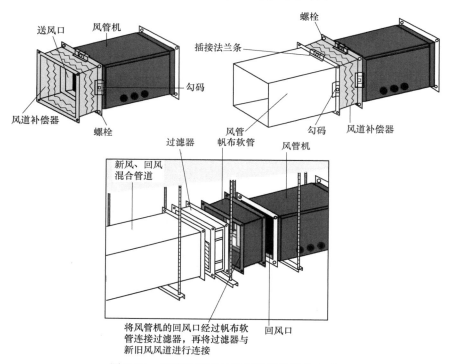

图 5-50　风道补偿器与帆布软管的安装方式

6. 消声静压箱

消声器是由吸声材料按不同的消声原理设计而成的构件，根据不同的消声原理，消声器可以分为阻性型、共振型、膨胀型和复合型等多种。其中，常用的形式为消声静压箱，结构如图 5-51 所示，它是在风机出口处设置内壁粘贴吸声材料的静压箱，既可以起稳定气流的作用，又可以起消声器的作用。风机出口处或在空气分布器前设置静压箱并贴吸声材料，既可以稳定气流，又可利用箱断面的突变和箱体内表面的吸声作用对风机噪声进行有效衰减。消声量与材料吸声能力、箱内面积和出口侧风道的面积等因素有关。

为了减少和防止机房噪声源对其他房间的影响，并尽量发挥消声设备应有的消声作用，消声设备一般应布置在靠近机房的气流稳定的管段上。当消声器直接布置在机房内时，消声器、检查门及消声器后至机房隔墙的那段风管必须有良好的隔声措施；当消声器布置在机房外时，其位置应尽量临近机房隔墙，而且消声器前至隔墙的那段风管（包括拐弯静压箱或弯头）也应有良好的隔声措施，以免机房内的噪声通过消声设备本体、检查门及风管的不严密处再次传入系统中，使消声设备输出端的噪声增高。

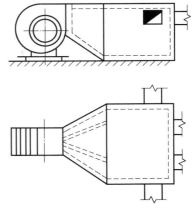

图 5-51　消声静压箱的结构

在有些情况下，如系统所需的消声量较大或不同房间的允许噪声标准不同时，可在总管和支管上分段设置消声设备。在支管或风口上设置消声设备，还可适当提高风管风速，相应减小风管尺寸。

**二、空调系统压力分布**

图 5-52 为只设送风机的一次回风式空调系统的风管压力分布图。图中 W 为新风进口，其压力为大气压；M 为送风入口；N 为回风口，其压力是室内正压值；P 点是回风与排风的分流点；X 点是新风与回风的混合点。

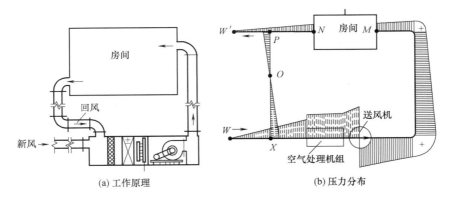

(a) 工作原理　　　　　　(b) 压力分布

图 5-52　单风机系统风管压力分布图

如图 5-52（b）所示，新风在风机吸力作用下，由 W 点吸入，其相对压力为零，混合点 X 的压力必定是负值。在回风管路上，从 N 点的正压演变到 X 点的负压的过程中，必然有个过渡点 O，该点的相对压力为零。此时，$\Delta p_{WX} = \Delta p_{OX}$。为保持房间正压，回风从 N 到混合点 X 的阻力，是由房间内正压 $\Delta p$ 和风机吸力 $\Delta p_{WX}$ 共同作用下克服的。从回风与排风的分流点 P 到排风口 $W'$ 的压力差，就是排风的动力。因此，排风口必须设在回风风管的正压段，否则排风口就无法排出空气。排风口应当设在靠近空调房间的地方，不要设在空气处理机附近，否则会使房间内的正压增大。

单风机空调系统简单、占地少、一次投资省、运转时耗电量少，因此常被采用。但在需要变换新风、回风和排风量时，单风机系统存在调节困难、空气处理机组容易漏风等缺点，特别是当系统阻力大时，风机风压高、耗电量大、噪声也较大。因此，宜采用双风机系统（图 5-53）。

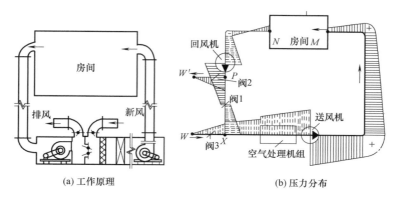

(a) 工作原理　　　　　　　　　(b) 压力分布

图 5-53　双风机系统风管压力分布图

设有送风机和回风机的空调系统称为双风机系统。送风机的作用压头用来克服从新风进口至空气处理机组整个吸入侧的阻力和送风风管系统的阻力，并为房间提供正压值；回风机的作用压头用来克服回风风管系统的阻力并减去一个正压值。两台风机的风压之和应等于系统的总阻力。在双风机系统中，排风口应设在回风机的压出段上；新风进口应处在送风机的吸入段上。

如图 5-53 所示为设有送风机和回风机的一次回风式空调系统的风管压力分布。和单风机系统一样，在排风与回风的分流点 $P$ 和新风与回风的混合点 $X$ 之间的管路压力，必须使之从正压变化到负压，才能保证一方面排风和另一方面吸入新风。这通常可以通过调节风阀 1，使管段 $PX$ 间的阻力 $\Delta p_{\mathrm{PX}}$ 与新风吸入管段 $WX$ 的阻力 $\Delta p_{\mathrm{WX}}$ 和排风管段 $W'P$ 的阻力 $\Delta p_{\mathrm{W'P}}$ 之和相等来满足，即 $\Delta p_{\mathrm{PX}} = \Delta p_{\mathrm{WX}} + \Delta p_{\mathrm{W'P}}$。风阀 1 应是零位阀，通过该处的风压为零，这样才能保证在排风的同时吸入新风，否则，由于回风机选择不当，导致新风进不来。

**三、风管布置及水力计算**

1. 风管布置

风道是空调工程的重要组成部分。空调房间的送、回风能否达到设计要求，完全取决于风道系统的压力分布以及风机在该系统中的平衡工作点，同时，空气在风道内流动所损失的能量，是靠风机消耗电能予以补偿的。因此，在进行风道系统的设计时，既要考虑满足设计风量等使用要求，又要考虑使其初投资和运行费用最低，同时，还应该考虑和建筑设计的密切配合，做到协调和美观。风管的布置应在气流组织及风口位置确定下来以后进行，布置风管要考虑以下因素：

（1）尽量缩短管线，减少分支管线，避免复杂的局部构件，以节省材料和减小系统阻力。如图 5-54（a）和（b）所示为相同房间、相同送风口的两种风管布置形式。对比两者，显然图 5-54（b）比图 5-54（a）的管线要长，分支管线和局部构件也较多。因此，图 5-54（a）优于图 5-54（b）。

（2）要便于施工和检修，恰当处理与空调水、消防水管道及其他管道系统在布置上可能遇到的矛盾。

图 5-55 至图 5-57 所示为某网球中心风管布置平面图和三维示意图（局部）。

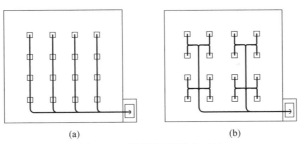

图 5-54　风管布置形式对比

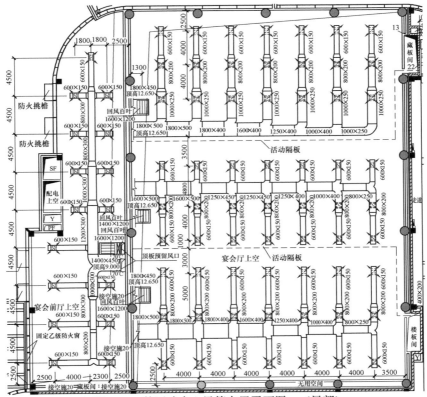

图 5-55　某网球中心风管布置平面图一（局部）

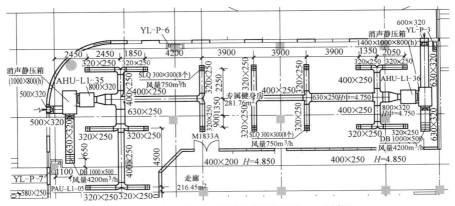

图 5-56　某网球中心风管布置平面图二（局部）

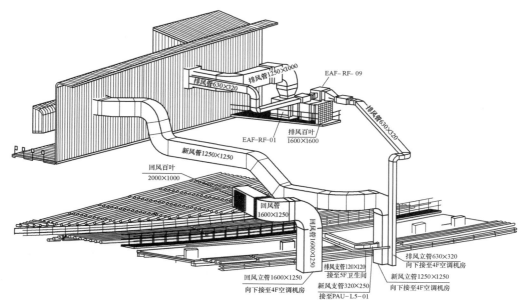

图 5-57　某网球中心场馆风管系统局部三维示意图

　　把通风和空气调节系统各并联管段间的压力损失差额控制在一定范围内，是保障系统运行效果的重要条件之一。在设计计算时，应用调整管径的办法使系统各并联管段间的压力损失达到所要求的平衡状态，不仅能保证各并联支管的风量要求，而且可不装设调节阀门，对减少漏风量和降低系统造价也较为有利。根据国内的习惯做法，规定一般送排风系统各并联管段的压力损失相对差额不大于 15%，相当于风量相差不大于 5%。这样做既能保证通风效果，设计上也是能办到的，如在设计时难于利用调整管径达到平衡要求时，则以装设调节阀门为宜。

　　此外，风管漏风量的大小，取决于很多因素，如风管材料、加工及安装质量、阀门的设置情况和管内的正负压大小等。风管的漏风量（包括负压段渗入的风量和正压段泄漏的风量），是上述诸因素综合作用的结果。由于具体条件不同，很难把漏风量标准制定得十分细致、确切。为了便于计算，条文中根据我国常用的金属和非金属材料风管的实际加工水平及运行条件，规定一般送排风系统附加 5%～10%。需要指出，这样的附加百分率适用于最长正压管段总长度不大于 50m 的送风系统，和最长负压管段总长度不大于 50m 的排风系统。对于比这更大的系统，其漏风百分率可适当增加。有的全面排风系统直接布置在使用房间内，则不必考虑漏风的影响。

　　与通风机、空气调节器及其他振动设备连接的风管，其荷载应由风管的支吊架承担。一般情况下风管和振动设备间应装设挠性接头，目的是保证其荷载不传到通风机等设备上，使其呈非刚性连接。这样既便于通风机等振动设备安装隔振器，有利于风管伸缩，又可防止因振动产生固体噪声，对通风等的维护检修也有好处。通风、空气调节系统中通风机及空气处理机组等设备的前或后宜装设调节阀，调节阀宜选用多叶式或花瓣式。

　　图 5-58 所示为某建筑空调风系统原理图。

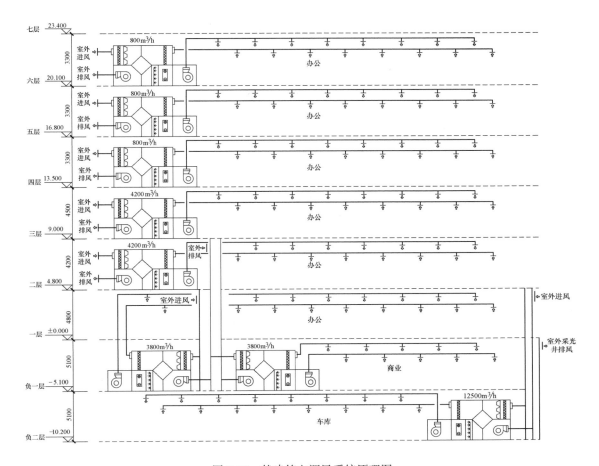

图 5-58  某建筑空调风系统原理图

## 2. 风管系统水力计算

风道水力计算的根本任务是解决下面两类问题：

（1）设计计算

在系统设备布置、风量、风道走向、风管材料及各送、回或排风点位置均已确定基础上，经济合理地确定风道的断面尺寸，以保证实际风量符合设计要求并计算系统总阻力，最终确定合适的风机型号及选配相应的电机。

（2）校核计算

有些改造工程经常遇到下面情况，即在主要设备布置、风量、风道断面尺寸、风道走向、风管材料及各送、回或排风点位置均为已知条件基础上，核算已有风机及其配用电机是否满足要求，如不合理则重新选配。

通过风管系统水力计算，准确地进行风管设计和风机选择是通风与空气调节系统满足室内空气品质、噪声水平和高效率运行的必要条件。有关风管水力计算的方法、消声计算方法可参看相关手册或《流体力学泵与风机》的相关教材，本书不再进行详述。

表 5-26 为进行水力计算的相关公式及说明。

风管系统水力计算公式

表 5-26

| 序号 | 名称 | 单位 | 计算公式 | | | | | | | | | |
|------|------|------|------|------|------|------|------|------|------|------|------|------|
| 1 | 单位长度摩擦阻力 $R_m$ | Pa/m | $R_m = \dfrac{\Delta P_m}{l} = \dfrac{\lambda}{D} \cdot \dfrac{\rho \cdot v^2}{2}$ | | | | | | | | | |
| 2 | 不同条件下的 $R'_f$ | Pa/m | $R'_f = K_t \cdot K_p \cdot K_k \cdot R_m$ | | | | | | | | | |
| 3 | 流速当量直径 $D_v$ | m | $D_v = \dfrac{2ab}{a+b}$ | | | | | | | | | |
| 4 | 局部阻力 $h_f$ | Pa | $h_f = \xi \cdot \dfrac{\rho \cdot v^2}{2}$ | | | | | | | | | |
| 5 | 送风机的静压 $P_s$ | Pa | $P_s = P_D + P_A$ | | | | | | | | | |
| 6 | 风管阻力 $P_D$ | Pa | $P_D = RL(1+K)$ | | | | | | | | | |
| 7 | 风管阻力 $P_A$ | Pa | $P_A = R(L + L_e)$ | | | | | | | | | |
| 8 | 温度修正系数 $K_t$ | $t$ | 0 | 10 | 15 | 20 | 25 | 30 | 40 | 50 | | |
| | | $K_t$ | 1.05 | 1.03 | 1.01 | 1.00 | 0.98 | 0.96 | 0.94 | 0.92 | | |
| 9 | 大气压力修正系数 $K_P$ | $P$ | 70 | | 80 | | 90 | | 95 | | 101 | |
| | | $K_P$ | 0.72 | | 0.80 | | 0.88 | | 0.94 | | 1.00 | |
| 粗糙度的修正系数 $K_k$ | 压力损失(Pa/m) | 0.1 | 0.2 | 0.5 | 1.0 | 2.0 | 5.0 | 10 | 20 | 50 | 100 |
| | 砖砌管 $K_s = 5$mm | 1.88 | 2.00 | 2.15 | 2.30 | 2.35 | 2.40 | 2.50 | 2.60 | 2.70 | 2.80 |
| | 混凝土管 $K_s = 1.2$mm | 1.32 | 1.35 | 1.42 | 1.47 | 1.53 | 1.60 | 1.63 | 1.68 | 1.72 | 1.74 |
| | 净水泥管 $K_s = 0.25$mm | 1.03 | 1.05 | 1.07 | 1.08 | 1.08 | 1.09 | 1.09 | 1.10 | 1.10 | 1.11 |
| | 螺纹镀锌管,木板 $K_s = 0.075$mm | 0.97 | 0.96 | 0.95 | 0.94 | 0.94 | 0.92 | 0.91 | 0.90 | 0.88 | 0.86 |
| | 铝管,塑料管 $K_s = 0.05$mm | 0.96 | 0.95 | 0.93 | 0.91 | 0.90 | 0.88 | 0.86 | 0.85 | 0.83 | 0.79 |

上式中,$\lambda$—摩擦阻力系数;$v$—风管内空气的平均速度,m/s;$\rho$—空气密度,kg/m³;$l$—管道长度,m;$D$—风管的直径(圆),m;$\Delta P_m$—风管的摩擦阻力,Pa;$K_t$—温度的修正系数;$K_P$—大气压力的修正系数;$K_k$—粗糙度的修正系数;$a$—矩形风管的长度,m;$b$—矩形风管的宽度,m;$P_D$—风管阻力,Pa;$P_A$—空气过滤器、盘管、阀门等各种空调装置的阻力之和,Pa;$R$—风管的单位长度阻力,Pa/m;$L$—送、回风管的最远总长度,m;$L_e$—局部阻力的当量长度,m;$K$—局部阻力占总阻力的比例。

空调系统中空气的流动状态大多处在紊流过渡区,各种管道的摩擦阻力系数 $\lambda$ 可以参考表 5-27 中的数据。

管道内表面摩擦阻力系数 $\lambda$

表 5-27

| 薄钢板和光滑水泥管 | 0.1～0.2 | 水泥胶砂抹的管 | 0.045～0.2 |
|------|------|------|------|
| 污秽钢管 | 0.75～0.9 | 水泥胶砂砖砌管 | 0.045～0.2 |
| 橡皮软管 | 0.01～0.03 | 混凝土涵管 | 0.045～0.2 |
| 胶合板管 | 0.06～0.08 | 木板 | 0.09～0.1 |

# 习　题

1. 气流组织的基本形式有哪些？其主要特点有哪些？

2. 阿基米德数 $A_r$ 的含义是什么？其值的大小主要取决于哪些参数？

3. 为什么在空调房间中，气流流型主要取决于送风射流？

4. 空调房间中常见的送风、回风方式有哪几种？它们各适合于什么场合？

5. 送风温差大一些，可以使风量减少、省钱、节能，但为什么《民用建筑供暖通风与空气调节设计规范》GB 50736—2012 对送风温差要加以限制呢？

6. 根据所提供的参数，绘制气流组织布置简图，并进行气流组织设计计算。

（1）房间尺寸 $L=6m$、$B=16m$，净高 $H=6.0m$；工作区温度为 $t_N=20\pm1℃$（对区域温差无要求）；

（2）单位面积冷负荷 $q_o=0.09kW/m^2$；采用双层可调百叶风口进行侧送风。

7. 某空调房间的长、宽、高为 7m、3.6m、3.5m，夏季每平方米空调面积的显热冷负荷为 $Q=69.5W$，采用盘式散流器平送，试进行气流组织设计计算（室温要求 20℃ $\pm1.0℃$）。

8. 某空调房间的长、宽、高为 20m、12m、8m，室温要求 $t_N=28℃$，房间显热冷负荷 $Q=6950W$，采用安装在 5m 高的圆喷口水平送风，喷口湍流系数 $a=0.07$，试进行集中送风设计计算。

9. 某空调房间恒温精度为 $22\pm0.5℃$，房间的长、宽、高分别为 6m、3.6m、3m，室内显热负荷为 $Q=1668W$，试做侧上送风的气流组织计算。

# 第六章　中央空调水系统

中央空调水系统包括冷冻（热）水系统、冷却水系统和冷凝水系统。

（1）冷冻（热）水系统：将中央制冷机房中冷（热）源供应的冷量或热量输送至各空调机组或末端装置内，主要通过冷冻水供回水管线、冷冻水循环水泵、热水管线及热水循环泵实现。

（2）冷却水系统：对于水冷式冷水机组，通过冷却水管线、冷却塔和冷却水循环水泵实现对冷凝器的冷却过程，将系统热量散发到室外空气中。

（3）冷凝水系统：冷凝水管线将空调器冷却干燥过程中产生的冷凝水排放出去。

此外，水系统还包括过滤与加药装置、定压与补水装置、分集水器、管道阀门等附件。本章将重点介绍以上系统的结构组成及设计计算要点。

## 第一节　空调水系统分类及制式

根据制冷（制热）方式不同，中央空调可分为水冷式中央空调和风冷式中央空调两种形式。

### 一、水冷式中央空调系统

水冷式中央空调主要是由冷（热）水机组、分（集）水器、冷却塔、末端装置、膨胀水箱、冷冻水管路、冷却水循环泵、冷冻水循环泵以及各类阀门组件和压力表等构成。其中，冷水机组是水冷式中央空调系统的核心组成部件，一般集中安装在专用的机房内。民用建筑空气调节常用的冷水机组主要包括电动压缩式冷水机组（螺杆式冷水机组、涡旋式冷水机组、离心式冷水机组等）和溴化锂吸收式冷水机组（直燃式或废热驱动型）。图 6-1 所示为水冷式中央空调系统组成及连接方式示例。

如图 6-1 所示，水冷式中央空调系统通过冷却塔和冷却水循环泵对冷却水进行降温循环，从而对冷水机组中冷凝器内的制冷剂进行降温，使降温后的制冷剂流向蒸发器中；经蒸发器对循环的冷冻水进行降温，并通过冷冻水管路系统将低温冷冻水（常规空调一般为 7~12℃）输送至组合式空调机组或室内末端设备（如风机盘管、新风机组等）的换热盘管（表冷器）中；由组合式空调机组的换热盘管或室内末端设备与待处理空气（室外新风或室内回风）进行热湿交换。水冷式中央空调系统主要是通过对水的降温处理，使室内末端设备可以进行热交换处理，对室内空气进行降温。若需要使用该系统制热时，需要系统中添加锅炉等制热设备或采用热泵型机组，热泵型机组通过换向阀切换制冷与制热工况。

### 二、风冷式中央空调系统

风冷式中央空调是指室外机借助空气流动（风）进行冷却的一类中央空调。根据室内实现供冷（或供热）循环介质的不同又可细分为风冷式风循环中央空调和风冷式水循环中央空调两种形式。

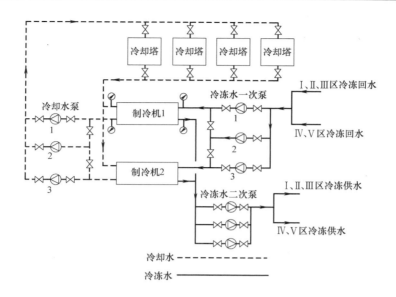

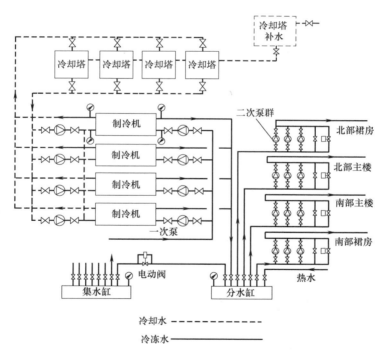

图 6-1　水冷式中央空调系统示例

风冷式风循环中央空调系统主要是由风冷式室外机、风冷式室内机、送风口、室外风机、风道连接器、过滤器、新风口、回风口、风道以及风道中的风量控制设备等构成。风冷式风循环是指室外机借助空气流动（风）对制冷管路中的制冷剂进行降温或升温处理，然后将降温或升温后的制冷剂经管路送至室内机（风管机）中；由室内机（风管机）将制冷（或制热）后的空气送入风道；经风道上的送风口（散流器等形式）将降温或升温的空气送入各个房间或区域，从而改变室内温度，实现制冷或制热效果。

为确保空气的质量，许多风冷式风循环中央空调安装有新风口、回风口和回风风道。室内的空气由回风口进入风道与新风口送入的室外新鲜空气进行混合后再吸入室内，起到良好的空气调节作用。这种中央空调对空气的需求量较大，所以要求风道的截面积也较大，很占用建筑物的空间。除此之外，该系统的中央空调其耗电量较大，有噪声。多数情况下应用于有较大空间的建筑物中，例如，超市、餐厅以及大型购物广场等。

图 6-2 所示为风冷式水循环中央空调系统结构。

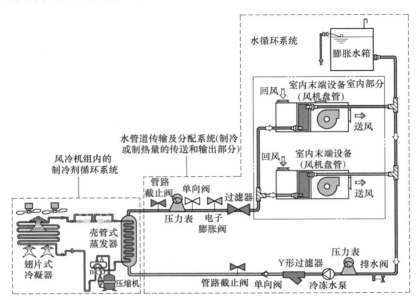

图 6-2　风冷式水循环中央空调系统结构

如图 6-2 所示，风冷式水循环中央空调系统主要是由风冷机组、室内末端设备、膨胀水箱、制冷管路、冷冻水泵以及闸阀组件和压力表等构成。闸阀组件中主要包括 Y 形过滤器、过滤器、水流开关、止回阀、旁通调节阀以及排水阀等。风冷式水循环是指室外机借助空气流动（风）对制冷管路中的制冷剂进行降温或升温处理，实现对冷冻管路中冷冻水的降温（或升温），然后将降温（或升温）后的水送入室内末端设备中，由室内末端设备与室内空气进行热交换，从而实现对空气的调节。

本章后续章节将主要介绍关于水冷式中央空调系统的水系统相关知识，即中央空调水系统的冷冻（热）水系统、冷却水系统和冷凝水系统三部分。

### 三、空调冷（热）水参数

水冷式中央空调系统中，空调冷热水参数应考虑对冷（热）源装置、末端设备、循环水泵功率的影响等因素，按以下原则确定：

（1）冷水机组直接供冷系统的空调冷水供水温度不宜低于 5℃；空调冷水供回水温差不应小于 5℃；宜适当增大供回水温差。

空调冷热水参数应保证技术可靠、经济合理，该数值适用于以水为冷热媒对空气进行冷却或加热处理的一般建筑的空调系统，有特殊工艺要求的情况除外。提高冷水机组冷水温度，对提高机组效率有利，因此根据冷水机组空调工况蒸发温度的要求，只规定冷水机组直接供冷系统的冷水供水温度的最低限制；当采用低于冷水机组的名义空调工况水温

（7℃）时，应考虑冷水机组性能系数比名义工况下降的因素。

大温差设计可减小水泵耗电量和管网管径，因此空调冷水和热水系统温差不得小于一般末端设备名义工况要求的 5℃。但当采用大温差，如要求末端设备空调冷水的平均水温基本不变时，冷水机组的出水温度则需降低，使冷水机组性能系数有所下降。当空调冷水或热水采用大温差时，还应校核流量减少对采用定型盘管的末端设备（如风机盘管等）传热系数和传热量的影响，必要时需增大末端设备规格。所以应综合考虑节能和投资因素确定采用的大温差数值。

（2）采用蓄冷装置的供冷系统，供水温度与蓄冷介质和蓄冷、取冷方式等有关，可参考表 6-1。

**供水温度与蓄冷介质和蓄冷、取冷方式关系**　　表 6-1

| 蓄冷介质和蓄冷、取冷方式 | 水 | 冰 | | | | 共晶盐 |
| --- | --- | --- | --- | --- | --- | --- |
| | | 动态冰片滑落 | 冰盘管式 | | 封装式（冰球会冰板） | |
| | | | 外融冰式 | 内融冰式 | | |
| 空调供水温度（℃） | 5～9 | 2～4 | 2～4 | 3～7 | 3～7 | 7～10 |

（3）采用蒸发冷却或天然冷源制取空调冷水时，空调冷水的供水温度，应根据当地气象条件和末端设备的工作能力合理确定。采用强制对流末端设备时，供回水温差不宜小于 4℃。根据对空调系统的综合能耗的研究，4℃ 的冷水温差对于供水温度 16～18℃ 左右的冷水系统并采用现有的末端产品，能够满足要求和得到能耗的均衡。当然，针对专门开发的一些干工况末端设备，以及某些露点温度较低而能够通过蒸发冷却得到更低水温（例如 12～14℃）的地区而言，可以将上述冷水温差进一步加大。

（4）采用市政热力或锅炉供应的一次热源通过换热器加热二次空调热水时，其空调热水供水温度宜根据系统需求和末端能力确定。对于严寒地区的预热时，不宜低于 70℃；对于一般的非预热盘管，宜采用 50～65℃。严寒地区空调热水的供回水温差不应小于 15℃，寒冷地区空调热水的供回水温差不应小于 10℃。

（5）采用直燃式冷（温）水机组、空气源热泵、地源热泵等作为热源时，产水温度一般较低，供回水温差也不可能太大，因此空调热水供回水温度和温差应按设备要求确定。

**四、空调冷（热）水系统制式**

中央空调冷冻（热）水系统制式可分为开式和闭式、一次泵和二次泵系统、同程式和异程式等。水系统具体制式分类及特点详见表 6-2。

**空调冷（热）水系统制式分类表**　　表 6-2

| 分类 | 制式 | 图示 | 系统特点 |
| --- | --- | --- | --- |
| 按照是否与空气接触 | 开式系统 | | （1）管路中有贮水箱或水池连通大气。<br>（2）空调系统采用喷水室冷却空气时，宜采用开式系统。<br>（3）优点：水箱有一定的蓄冷能力，可以减少开启冷冻机的时间，增加能量调节能力，且冷水温度波动可以小一些。<br>（4）缺点：存在水质污染问题；管路易腐蚀；喷水室如较低时，需增加回水池和回水泵；用户与冷冻站高差较大时，水泵耗电量大；回水管径大，投资高 |

| 分类 | 制式 | 图示 | 系统特点 |
|---|---|---|---|
| 按照是否与空气接触 | 闭式系统 | 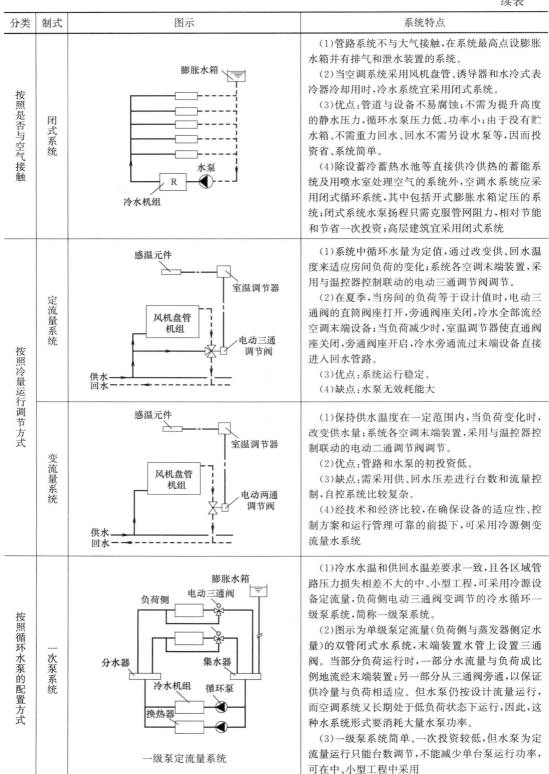 | (1)管路系统不与大气接触,在系统最高点设膨胀水箱并有排气和泄水装置的系统。<br>(2)当空调系统采用风机盘管、诱导器和水冷式表冷器冷却用时,冷水系统宜采用闭式系统。<br>(3)优点:管道与设备不易腐蚀;不需为提升高度的静水压力,循环水泵压力低、功率小;由于没有贮水箱、不需重力回水、回水不需另设水泵等,因而投资省、系统简单。<br>(4)除设蓄冷蓄热水池等直接供冷供热的蓄能系统及用喷水室处理空气的系统外,空调水系统应采用闭式循环系统,其中包括开式膨胀水箱定压的系统;闭式系统水泵扬程只需克服管网阻力,相对节能和节省一次投资;高层建筑宜采用闭式系统 |
| 按照冷量运行调节方式 | 定流量系统 | | (1)系统中循环水量为定值,通过改变供、回水温度来适应房间负荷的变化;系统各空调末端装置,采用与温控器控制联动的电动三通调节阀调节。<br>(2)在夏季,当房间的负荷等于设计值时,电动三通阀的直筒阀座打开,旁通阀座关闭,冷水全部流经空调末端设备;当负荷减少时,室温调节器使直通阀座关闭,旁通阀座开启,冷水旁通流过末端设备直接进入回水管路。<br>(3)优点:系统运行稳定。<br>(4)缺点:水泵无效耗能大 |
| | 变流量系统 | | (1)保持供水温度在一定范围内,当负荷变化时,改变供水量;系统各空调末端装置,采用与温控器控制联动的电动二通调节阀调节。<br>(2)优点:管路和水泵的初投资低。<br>(3)缺点:需采用供、回水压差进行台数和流量控制,自控系统比较复杂。<br>(4)经技术和经济比较,在确保设备的适应性、控制方案和运行管理可靠的前提下,可采用冷源侧变流量水系统 |
| 按照循环水泵的配置方式 | 一次泵系统 | | (1)冷水水温和供回水温差要求一致,且各区域管路压力损失相差不大的中、小型工程,可采用冷源设备定流量,负荷侧电动三通阀变调节的冷水循环一级泵系统,简称一级泵系统。<br>(2)图示为单级泵定流量(负荷侧与蒸发器侧定水量)的双管闭式水系统,末端装置水管上设置三通阀。当部分负荷运行时,一部分水流量与负荷成比例地流经末端装置;另一部分从三通阀旁通,以保证供冷量与负荷相适应。但水泵仍按设计流量运行,而空调系统又长期处于低负荷状态下运行,因此,这种水系统形式要消耗大量水泵功率。<br>(3)一级泵系统简单、一次投资较低,但水泵为定流量运行只能台数调节,不能减少单台泵运行功率,可在中、小型工程中采用 |

| 分类 | 制式 | 图示 | 系统特点 |
|---|---|---|---|
| 按照循环水泵的配置方式 | 一次泵系统 | 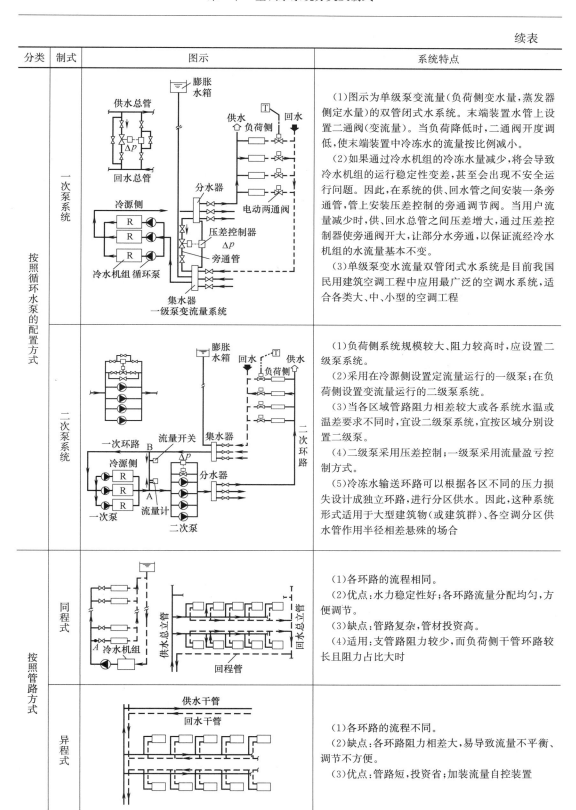 | （1）图示为单级泵变流量（负荷侧变水量，蒸发器侧定水量）的双管闭式水系统。末端装置水管上设置二通阀（变流量）。当负荷降低时，二通阀开度调低，使末端装置中冷冻水的流量按比例减小。<br>（2）如果通过冷水机组的冷冻水量减少，将会导致冷水机组的运行稳定性变差，甚至会出现不安全运行问题。因此，在系统的供、回水管之间安装一条旁通管，管上安装压差控制的旁通调节阀。当用户流量减少时，供、回水总管之间压差增大，通过压差控制器使旁通阀开大，让部分水旁通，以保证流经冷水机组的水流量基本不变。<br>（3）单级泵变流量双管闭式水系统是目前我国民用建筑空调工程中应用最广泛的空调水系统，适合各类大、中、小型的空调工程 |
| | 二次泵系统 | | （1）负荷侧系统规模较大、阻力较高时，应设置二级泵系统。<br>（2）采用在冷源侧设置定流量运行的一级泵；在负荷侧设置变流量运行的二级泵系统。<br>（3）当各区域管路阻力相差较大或各系统水温或温差要求不同时，宜设二级泵系统，宜按区域分别设置二级泵。<br>（4）二级泵采用压差控制；一级泵采用流量盈亏控制方式。<br>（5）冷冻水输送环路可以根据各区不同的压力损失设计成独立环路，进行分区供水。因此，这种系统形式适用于大型建筑物（或建筑群）、各空调分区供水管作用半径相差悬殊的场合 |
| 按照管路方式 | 同程式 | | （1）各环路的流程相同。<br>（2）优点：水力稳定性好；各环路流量分配均匀，方便调节。<br>（3）缺点：管路复杂，管材投资高。<br>（4）适用：支管路阻力较少，而负荷侧干管环路较长且阻力占比大时 |
| | 异程式 | | （1）各环路的流程不同。<br>（2）缺点：各环路阻力相差大，易导致流量不平衡、调节不方便。<br>（3）优点：管路短，投资省；加装流量自控装置 |

| 分类 | 制式 | 图示 | 系统特点 |
|---|---|---|---|
| 按照管道连接形式分类 | 两管制 | 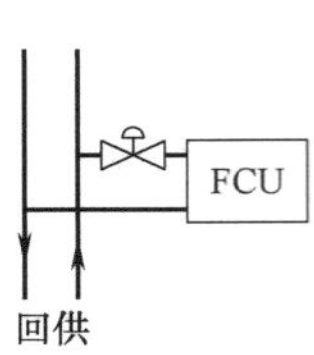 | (1)适用范围:当建筑物所有区域只要求按季节同时进行供冷和供热转换时,应采用两管制的空调水系统。<br>(2)缺点:冬季内区风机盘管不能供应冷水,如存在内区等发热量大的房间可以出现过热的情况。<br>(3)在一些工程中,通过增加一路进水管的方式,可以将二管制系统改造为三管制,但三管制在冷热水切换过程中,回水存在冷热量抵消的问题 |
| | 分区两管制 | 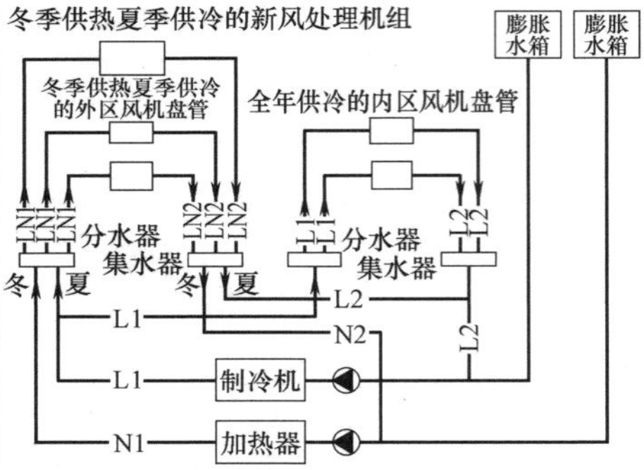 | (1)适用范围:当建筑物内一些区域的空调系统需全年供应空调冷水、其他区域仅要求按季节进行供冷和供热转换时,可采用分区两管制的空调水系统。<br>(2)建筑物内存在需全年供冷的区域时(不仅限于内区),这些区域在非供冷季首先应该直接采用室外新风作冷源,例如全空气系统增大新风比、独立新风系统增大新风量。只有在新风冷源不能满足供冷量需求时,才需要在供热季设置为全年供冷区域单独供冷水的管路,即分区两管制系统。图示为内外区集中送新风的风机盘管加新风的分区两管制系统的系统形式。<br>(3)对于一般工程,如仅在理论上存在一些内区,但实际使用时发热量常比夏季采用的设计数值小且不长时间存在,或者这些区域面积或总冷负荷很小,冷源设备无法为之单独开启,或这些区域冬季即使短时温度较高也不影响使用;如为之采用相对复杂投资较高的分区两管制系统,工程中常发生不能正常使用,甚至在冷负荷小于热负荷时房间温度过低而无供热手段的情况。因此工程中应考虑建筑物是否真正存在面积和冷负荷较大的需全年供应冷水的区域,确定最经济和满足要求的空调管路制式 |
| | 四管制 | 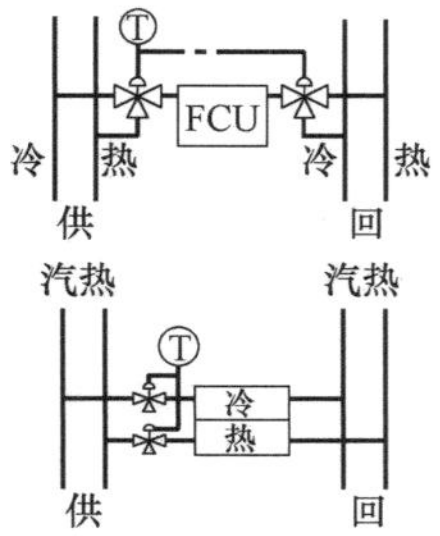 | (1)供冷、供热分别由供、回水管分开设置,具有冷热两套独立的系统。<br>(2)优点:能同时满足供冷、供热的要求。<br>(3)缺点:初投资高,管路系统复杂,且占用一定的空间。<br>(4)适用于规模较大、进深较深、标准很高、全年需要供冷或同时需要供冷和供热的建筑物,例如五星级宾馆、高级办公楼等 |

**五、水泵级数及定变流量确定原则**

按照循环水泵串联级数和运行方式的不同,集中空调冷(热)水系统的水泵级数及定变流量确定应符合下列原则:

1. 冷源侧、负荷侧的分界

对于冷水机组,为保证其蒸发器水量恒定,冷源侧(冷水机组)和对应水泵为"定流量"运行。而对于设置水路控制阀的末端空气处理设备和输送管网(负荷侧)则为"变流量"或"定流量"。一般冷源侧和负荷侧的分界在冷源总供回水总管之间的旁通管或平衡管两端。当一级泵系统末端设备设置三通阀时，以三通处分界，负荷侧仅为末端设备。三级泵等多级泵系统的中间串联水泵则是为冷源和各区域或末端设备之间的共用输送管网单独配置的，相对于为冷源服务的一级泵，也可归类为负荷侧水泵。

2. 一级泵系统

（1）一级泵定流量系统

如图 6-3（a）和（b）所示，一级泵定流量系统在运行过程中各末端用户的总阻力系数不变，因而其通过的总流量不变，使得整个水系统不具有实时变化设计流量的功能。当整个建筑处于低负荷时，只能通过冷水机组的自身冷量调节来实现供冷量的改变，而无法根据不同的末端冷量需求来做到总流量的按需供应。当这样的系统设置有多台水泵时，如果空调末端装置不设水路电动阀或电动三通阀，仅运行一台水泵时，系统总流量减少很多，但仍按比例流过各末端设备（或三通阀的旁路）。由于各末端设备负荷的减少与机组总负荷的减少并不是同步的，因而会造成供冷（热）需求较大的设备供冷（热）量不满足要求；而供冷（热）需求较小的设备供冷（热）量过大。同时由于水泵运行台数减少，尽管总水量减小，但无电动两通阀的系统其管网曲线基本不发生变化，运行的水泵还有可能发生单台超负荷情况，严重时甚至出现事故。因此，该系统限制只能用于 1 台冷水机组和水泵的小型工程。

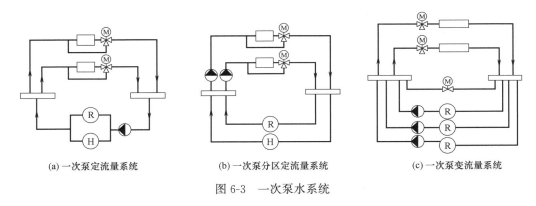

(a) 一次泵定流量系统　　　　(b) 一次泵分区定流量系统　　　　(c) 一次泵变流量系统

图 6-3　一次泵水系统

（2）一级泵变流量系统

一级泵变流量系统包括冷水机组定流量、冷水机组变流量两种形式。图 6-3（c）所示的冷水机组定流量、负荷侧变流量的一级泵系统，形式简单，通过末端用户设置的两通阀自动控制各末端的冷水量需求。同时，系统的运行水量也处于实时变化之中，在一般情况下均能较好地满足要求，是目前应用最广泛、最成熟的系统形式。当系统作用半径较大或水流阻力较高时，循环水泵的装机容量较大，由于水泵为定流量运行，使得冷水机组的进出水温差随着负荷的降低而减少，不利于在运行过程中水泵的运行节能，因此一般适用于最远环路总长度在 500m 之内的中、小型工程。

随着制冷机组制冷效率的提高，循环水泵能耗所占比例上升，尤其是单台冷水机组所需流量较大时，冷源变流量运行节能潜力较大。但该系统涉及冷水机组允许变化范围，减少水量对冷机性能系数的影响，对设备、控制方案和运行管理等的特殊要求等；因此应"经技术和经济比较"，与其他系统相比，节能潜力较大，并确有技术保障的前提下，可以作为供选择的节能方案。

系统设计时，以下两个方面应重点考虑：

① 冷水机组对变水量的适应性：重点考虑冷水机组允许的变水量允许范围和允许的水量变化速率；

② 设备控制方式：需要考虑冷水机组的容量调节和水泵变速运行之间的关系，以及所采用的控制参数和控制逻辑。

3. 二级泵系统

（1）负荷侧系统规模较大、阻力较高时，应设置二级泵系统［图 6-4（a）］。宜采用在冷源侧和负荷侧分别设置定流量运行的一级泵和变流量运行的二级泵系统。但要注意，当空调系统负荷变化很大时，首先应通过合理设置冷源设备的台数和规格解决小负荷运行问题，仅用负荷侧的二级泵无法解决根本问题。

（2）当各区域管路阻力相差较大或各系统水温或温差要求不同时，宜设二级泵系统，宜按区域分别设置二级泵［图 6-4（b）］。当系统各环路阻力相差悬殊时，如分区分环路按阻力大小设置和选择二级泵，比设置一组二级泵更节能。阻力相差"较大"的界限推荐值可采用 0.05MPa，相当于输送距离 100m 或送回水管道在 200m 左右的阻力，水泵所配电机容量也会变化一挡。

（3）当各区域水温一致且阻力接近，仅使用时间等特性不同，以往工程中也常按区域分别设置二级泵，带来如下问题：

① 水泵设置总台数多于合用系统，有的区域流量过小采用一台水泵还需设置备用泵，增加投资；

② 各区域水泵不能互为备用，安全性差；

③ 各区域最小负荷小于系统最小负荷，各区域水泵台数不可能过多，每个区域泵的流量调节范围减少，使某些区域在小负荷时流量过大、温差过小、不利于节能。

各区域水温一致且阻力接近时完全可以合用一组二级泵［图 6-4（c）］，多台水泵根据末端流量需要进行台数和变速调节，大大增加了流量调解范围和各水泵的互为备用性。且各区域末端的水路电动阀自动控制水量和通断，即使停止运行或关闭检修也不会影响其他区域。

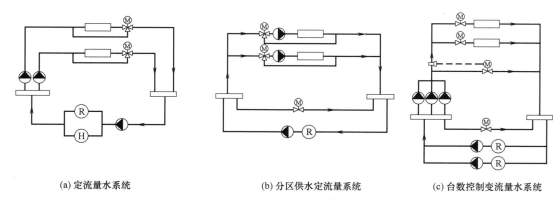

(a) 定流量水系统　　　　(b) 分区供水定流量系统　　　　(c) 台数控制变流量水系统

图 6-4　二次泵水系统

（4）工程中常有空调冷热水的一些系统与冷（热）源供水温度的水温或温差要求不同，又不单独设置冷（热）源的情况。可以采用再设换热器的间接系统，也可以采用设置二级混水泵和旁通调节的直接串联系统。后者相对于前者有不增加换热器的投资和运行阻力，不需再设置一套补水定压膨胀设施的优点。因此增加了当各环路水温要求不一致时按系统分设二级泵的推荐条件。

（5）冷源设备集中设置且各用户单体建筑分散的大规模空调冷水系统，当输送距离较远且各用户管路阻力相差悬殊或水温要求不同时，工程中常在制冷站设置共用的一级泵和二级泵，分别负担冷源侧和室外管网等共用干管阻力；在用户设置三级泵，负担各用户管网阻力。如用户所需水温或温差与冷源水温不同，还可通过三级（或四级）泵作为混水泵满足要求。多级泵系统与二级泵系统同属于直接串联系统，因此是否设置的条件与二级泵系统相同。

## 第二节　空调冷冻水系统

冷冻水（热水）系统的功能是输配冷量（热量），以满足末端装置或空调机组的负荷要求。为达此目的，设计中正确设计冷冻水（热水）系统的形式是十分重要的。空调冷（热）水系统设计的原则是：

（1）力求水力平衡；

（2）防止大流量小温差；

（3）水输送系数要符合规范要求；

（4）变流量系统宜采用变频调节；

（5）要处理好水系统的膨胀与排气；

（6）解决好水处理与水过滤；

（7）注意管网的保冷与保温效果等。

本节重点以冷冻水系统进行说明。

**一、空调冷冻水系统的分区**

1. 按水系统承压能力分区

目前，高层建筑内的冷冻水系统多采用闭式系统，系统中冷冻水输送管道和冷水机组的承压能力十分关键。普通型冷水机组的蒸发器和冷凝器水侧工作压力一般为 1.0MPa，加强型为 1.7MPa，特加强型为 2.0MPa。风机盘管的承压能力一般为 1.6MPa。使用机械轴封的水泵壳体的承压能力在 1.0MPa 以上。低压管道的承压能力一般小于 2.5MPa，中压管道为 4～6.4MPa。低压阀门为 1.6MPa，中压阀门为 2.5～6.4MPa。

空调水系统设计中，应以设备、管路和附件的承压能力为主要依据，来决定在垂直方向是否分区（一般根据供水高度是否超过 100m 作为分区依据）或分几个区。当系统水压超过设备承压能力时，则在高区另设独立的闭式系统。

如图 6-5 所示，通常的做法有以下几种：

（1）冷、热源设备均在地下室 [图 6-5（a）]，但高区和低区分为两个系统，高区系统用加强型设备，低区系统用普通型设备。

（2）冷、热源设备设置在塔楼中间的技术设备层或避难层内，如图 6-5（b）所示。

（3）高低区合用冷、热源设备，如图 6-5（c）所示。低区采用冷水机组直接供冷，同时在设备层设置板式换热器，作为高、低区水压的分界设备，分段承受水静压力。

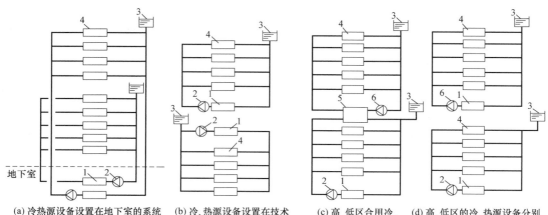

图 6-5　空调水系统分区

1—冷水机组；2—循环水泵；3—膨胀水箱；4—用户末端装置；5—板式换热器；6—高压循环水泵

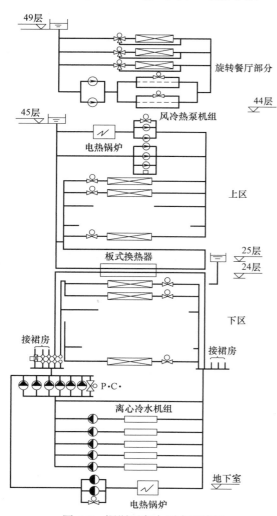

图 6-6　深圳国贸大厦水系统图

（4）高、低区的冷（热）源设备分别设置在地下室和技术设备层内，如图 6-5 （d）所示。高区的冷水机组可以是冷水机组，也可以是风冷机组，风冷机组一般设置在屋顶上。

图 6-6 所示为深圳国贸大厦水系统图，在该系统中离心式冷水机组集中设置；顶部区域（旋转餐厅部分）单独设置了风冷热泵机组系统。上区与下区共用冷水机组，通过板式换热器换热。裙楼与下区共用冷热源系统。

2. 按用户侧负荷特性分区

（1）现代建筑的规模越来越大，其使用功能也越来越复杂，公共服务建筑（中西餐厅、大宴会厅、酒吧、商店、健身房、休息厅、娱乐用房等）所占面积的比例很大。而公共服务用房空调系统大都具有间歇使用的特点。因此，在水系统分区时，应考虑建筑物各区的使用时间和使用功能上的差异，将水系统按上述特点进行分区。这样，便于各区独立管理、独立运行，不用时可以最大限度地节省能源，使用既方便又灵活。

（2）空调水系统还应考虑建筑物各部分的朝向和内、外区的差别进行分区。南北朝向的房间由于太阳辐射不一样，在过渡季时可能会出现南向房间需要供冷，而北向房间又可能需要供热的情况。同样，建筑物内区的负荷与室外气温的关系不大，需要全年供冷，而建筑外区负荷随着室外气温的变化而变化，有时要供冷，有时要供热。因此，在空调水系统分区时，对建筑物的不同朝向和内、外区应给予充分的重视，根据上述特点进行合理地分区或分环。

**二、冷冻水系统的定压**

空调水系统定压的功能有：

（1）防止水系统的水倒空：即必须保证水系统无论在运行中，还是停止运行时，管路及设备内都要充满水，以防系统倒空，吸入空气。

（2）防止水系统中的水汽化：即水系统中压力最小、水温最高处的压力要高于该点处水汽化的饱和压力。

《设计规范》GB 50736—2012 中规定，闭式空调水系统的定压和膨胀应按下列要求设计：

（1）定压点的确定

定压点一般选择在循环水泵吸入口处，这是目前广泛采用的定压点位置，因为这里是全系统能量最低的地方。定压点最低压力应使管道系统任何一点的表压均应高于大气压力 5kPa 以上。当定压点远离循环水泵吸入口时，应按水压图校核，最高点不应出现负压。

（2）定压方式

目前，空调水系统中常采用的定压方式主要有三种：高位膨胀水箱定压（图 6-7）、补给水泵定压（图 6-8）和气体定压罐定压（图 6-9）。

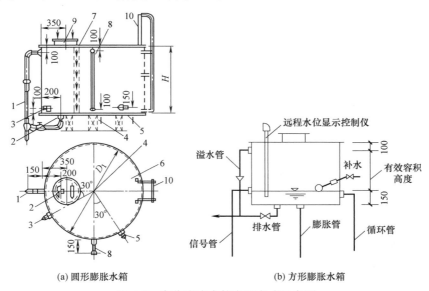

(a) 圆形膨胀水箱　　　　　　　　　(b) 方形膨胀水箱

图 6-7　高位膨胀水箱定压方式示意图

1—溢流管；2—排水管；3—循环管；4—膨胀管；5—信号管；
6—箱体；7—内人梯；8—玻璃管水位计；9—人孔；10—人梯

其中，高位膨胀水箱具有定压简单、可靠、稳定、省电等优点，是目前最常用的定压方式。《设计规范》GB 50736—2012 推荐闭式系统宜优先采用高位水箱定压，并设置在系统的最高处。膨胀水箱定压方法可同时实现系统的补水、膨胀和定压三个功能，方法简单、可靠、水力稳定性好。膨胀水箱有圆形和方形两种。图 6-7（a）为圆形膨胀水箱构造图，图 6-7（b）为方形膨胀水箱配管图。水箱上设有膨胀管、信号管、排水管、溢流管、循环管。

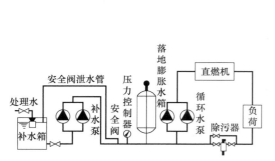

图 6-8　补给水泵定压方式示意图

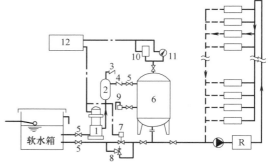

图 6-9　气压罐方式定压的空调水系统工作原理图

1—补给水泵；2—补气罐；3—吸气阀；
4—止回阀；5—闸阀；6—气压罐；7—泄水电磁阀；
8—安全阀；9—自动排气阀；10—压力控制器；
11—压力表；12—电控箱

膨胀水箱的容积是由系统中的水容量和最大的水温度变化幅度决定的，可按下式计算：

$$V_{ex} = \beta \Delta t_{max} V_{sy} \tag{6-1}$$

式中：$V_{ex}$——膨胀水箱有效容积，即由信号管到溢流管之间的水箱容积，$m^3$；

$\beta$——水的体积膨胀系数，$\beta = 0.0006 ℃^{-1}$；

$V_{sy}$——系统在初始温度下的系统水容量，$m^3$；

$\Delta t_{max}$——水温的最大波动值，制冷空调水系统常取 $\Delta t = 5℃$，则

$$V_{ex} = 0.003 V_{sy} \tag{6-2}$$

低温水供暖系统取 $\Delta t = 75℃$，则

$$V_{ex} = 0.045 V_{sy} \tag{6-3}$$

工程中系统水容量 $V_{sy}$ 可参照表 6-3 估算。室外管线较长时取较大值，应注意空调水系统采用冷水、热水共用的双管系统时，膨胀水箱有效容积的大小应按冬季工况来确定。根据计算结果，可选定膨胀水箱的规格尺寸及配管的公称直径，可参照表 6-4 选型。

空调水系统的单位水容量（L/m² 建筑面积）　　　　　　表 6-3

| 空调方式 | 全空气系统 | 水-空气系统 |
|---|---|---|
| 供冷和采用换热器供热 | 0.40～0.55 | 0.70～1.30 |
| 供热（锅炉供热） | 1.25～2.00 | 1.20～1.90 |

当水系统设置独立的定压设施时，膨胀管上不应设置阀门；当各系统合用定压设施且需要分别检修时，膨胀管上应设置带电信号的检修阀，且各空调水系统应设置安全阀。随着技术发展，建筑物内空调、采暖等水系统类型逐渐增多，如均分别设置定压设施则投资较大，但合用时膨胀管上不设置阀门则各系统不能完全关闭泄水检修，因此仅在水系统设置独立的定压设施时，规定膨胀管上不应设置阀门；当各系统合用定压设施且需要分别检

修时，增加了防止误操作的措施：规定膨胀管上的检修阀应采用电信号阀进行警示，并在各空调系统设置安全阀，一旦阀门未开启且警示失灵，可防止事故发生。

膨胀水箱的规格尺寸和配管的公称直径　　　　表 6-4

| 形式 | 型号 | 公称容积（m³） | 有效容积（m³） | 外形尺寸(mm) | | 水箱配管的公称直径(mm) | | | | | 水箱自重（kg） |
|---|---|---|---|---|---|---|---|---|---|---|---|
| | | | | $L \times B(D)$ | $H$ | 溢流管 | 排水管 | 膨胀管 | 信号管 | 循环管 | |
| 方形 | 1 | 0.5 | 0.61 | 900×900 | 900 | 40 | 32 | 25 | 20 | 20 | 156.3 |
| | 2 | 0.5 | 0.63 | 1200×700 | 900 | 40 | 32 | 25 | 20 | 20 | 164.4 |
| | 3 | 1.0 | 1.15 | 1100×1100 | 1100 | 40 | 32 | 25 | 20 | 20 | 242.3 |
| | 4 | 1.0 | 1.20 | 1400×900 | 1100 | 40 | 32 | 25 | 20 | 20 | 255.1 |
| 圆形 | 1 | 0.3 | 0.35 | 900 | 700 | 40 | 32 | 25 | 20 | 20 | 127.0 |
| | 2 | 0.3 | 0.33 | 800 | 800 | 40 | 32 | 25 | 20 | 20 | 119.4 |
| | 3 | 0.5 | 0.54 | 900 | 1000 | 40 | 32 | 25 | 20 | 20 | 153.6 |
| | 4 | 0.5 | 0.59 | 1000 | 900 | 40 | 32 | 25 | 20 | 20 | 163.4 |
| | 5 | 0.8 | 0.83 | 1000 | 1200 | 50 | 32 | 32 | 20 | 25 | 193.0 |
| | 6 | 0.8 | 0.81 | 1100 | 1000 | 50 | 32 | 32 | 20 | 25 | 193.8 |
| | 7 | 1.0 | 1.10 | 1100 | 1300 | 50 | 32 | 32 | 20 | 25 | 238.4 |
| | 8 | 1.0 | 1.20 | 1200 | 1200 | 50 | 32 | 32 | 20 | 25 | 253.1 |

系统的膨胀水量应能够回收。从节能节水的目的出发，膨胀水量应回收，例如膨胀水箱应预留出膨胀容积，或采用其他定压方式时，将系统的膨胀水量引至补水箱回收等。

**三、冷冻水循环水泵**

1. 循环水泵的连接方式及台数

选择冷冻水循环泵与冷水机组的连接方式时，应充分考虑冷水机组的承压能力大小、控制方式、管路连接的繁简、设备的安全运行及它们之间的互为备用等。为保证流经冷水机组蒸发器的水量恒定，并随冷水机组的运行台数向用户提供适应负荷变化的空调冷水流量，要求按与冷水机组"一机对一泵"的原则设置一级循环泵（图 6-10 至图 6-13）。需要注意的是，一级泵（变速）变流量系统的水泵和冷水机组独立控制，不要求对应设置，因此与冷水机组对应设置的水泵强调为"定流量"运行。

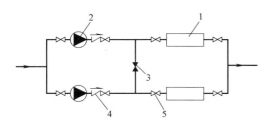

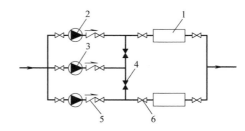

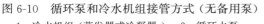

图 6-10　循环泵和冷水机组接管方式（无备用泵）
1—冷水机组（蒸发器或冷凝器）；2—循环水泵；
3—常闭手动转换阀；4—止回阀；5—设备检修阀

图 6-11　循环泵和冷水机组接管方式（设备用泵）
1—冷水机组（蒸发器或冷凝器）；2—循环水泵；3—备用泵；
4—常闭手动转换阀；5—止回阀；6—设备检修阀

变流量运行的每个分区的各级水泵的流量调节，可通过台数调节或水泵变速调节实现。但即使是流量较小的系统，也不宜少于 2 台水泵，以便可轮流检修。空调冷水和水温较低的空调热水，负荷调节一般采用变流量调节，因此多数时间在小于设计流量状态下运行，只要水泵不少于 2 台，即可做到轮流检修。但考虑到严寒及寒冷地区对供暖的可靠性要求较高，且设备管道等有冻结的危险，可增加水泵设置台数不少于 3 台，其中一台宜设置为备用泵，以免水泵故障检修时，流量减少过多。舒适性空调供冷的可靠性要求一般低于严寒及寒冷地区供暖，因此是否设置备用泵，可根据工程的性质、标准、水泵的台数、室外气候条件等因素确定，不做硬性规定。

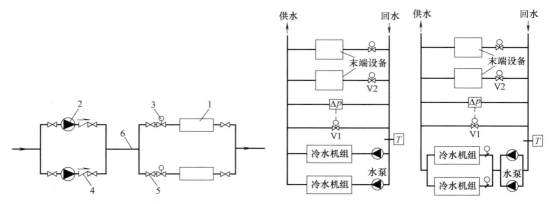

图 6-12　循环泵和冷水机组之间
共用集管连接方式

1—冷水机组（蒸发器或冷凝器）；2—循环水泵；
3—电动隔断阀；4—止回阀；5—设备检修阀；6—共用集管

图 6-13　一次泵变流量系统冷水机组和水泵的连接

## 2. 阀门与仪表设置

空调水系统应在下列部位设置阀门：

（1）空气处理机组或风机盘管的供回水支管；

（2）垂直系统每对立管和水平系统每一环路的供回水总管；

（3）分、集水器处供回水干管；

（4）水泵的吸水管和出水管应设阀门，闭式循环系统各并联水泵的出水管上，以及开式系统供水管阀门前（水泵出口与阀门之间）还应设止回阀；

（5）冷水机组、换热器等设备的供回水管。

应按下列要求设置温度计或压力表：

（1）冷水机组进出口应设压力表及温度计；

（2）换热器一、二次侧进出口应设压力表及温度计；

（3）分、集水器处应设压力表及温度计；

（4）集水器各分路阀门外的管道上应设温度计、压力表，分水器各分路阀门外应设压力表；

（5）水泵进出口应设压力表；

（6）过滤器或除污器的前后应设压力表；

（7）空气处理机组出水支管应设温度计。

3. 防超压措施

此外，空调水系统的冷水机组、末端装置等设备和管路及部件的工作压力不应大于其承压能力。应采取的防超压措施包括：

（1）当仅冷水机组进水口侧承受的压力大于所选冷水机组蒸发器的承压能力时，可将水泵安装在冷水机组蒸发器的出水口侧，减少冷水机组的工作压力。

（2）选择承压更高的设备和管路及部件。

（3）空调系统竖向分区。空调系统竖向分区也可采用分别设置高、低区冷（热）源、高区采用换热器间接连接的闭式循环水系统、超压部分另设置自带冷（热）源的风冷设备等多种形式。

4. 两管制系统循环泵设置要求

由于冬夏季空调水系统流量及系统阻力相差很大，两管制系统如冬夏季合用循环水泵，一般按系统的供冷运行工况选择循环泵，供热时系统和水泵工况不吻合，往往水泵不在高效区运行，且系统为小温差大流量运行，造成电能浪费；即使冬季改变系统的压力设定值，水泵变速运行，水泵冬季在设计负荷下也需长期低速运行，效率也会降低，因此不允许合用。

如冬夏季冷热负荷大致相同、冷热水温差也相同（例如采用直燃机、水源热泵等），流量和阻力基本吻合的情况除外，可以合用循环泵。

分区两管制和四管制系统的冷热水为独立的系统，所以循环泵必然分别设置。

5. 一次泵系统设计要点

一级泵空调水系统的设计应符合下列要求：

（1）空调末端装置应设电动控制阀。当末端空气处理装置采用电动两通阀时，应在冷（热）源侧和负荷侧的总供、回水管（或集、分水器）之间设旁通管及由压差控制的电动旁通调节阀（图6-14），旁通管和旁通调节阀的设计流量应取单台最大冷水机组的额定流量。

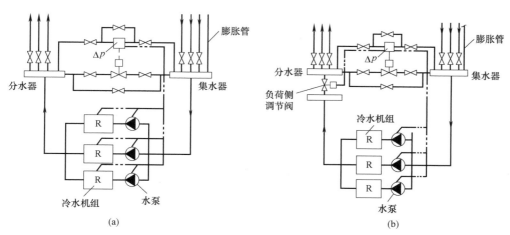

图6-14 一级泵变流量水系统控制原理图

一级泵系统末端设备设置温度控制的电动二通阀（包括开关控制和连续调节阀门）时［图6-15（a）］，为保证流经冷水机组蒸发器的流量恒定，应在冷（热）源侧和负荷侧的总

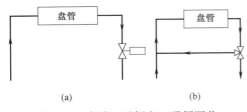

图 6-15　末端二通阀和三通阀调节

供、回水管（或集、分水器）之间设旁通管及由压差控制的电动旁通调节阀，因末端设备二通阀价格低廉，为经常采用和推荐的做法。当末端设备数量较少时，也可采用温度控制的电动三通阀［图 6-15（b）］，则可省去总供、回水管之间由压差控制的电动旁通装置。

（2）多台冷水机组和冷水泵之间通过共用集管连接时，每台冷水机组进水或出水管道上应设置与对应的冷水机组和水泵联锁开关的电动两通阀。多台冷水机组和循环水泵之间宜采用一对一的管道连接方式，机组与水泵之间的水流量一一对应地保证蒸发器水流量恒定。即使设备台数较少时，考虑机组和水泵检修时的交叉组合互为备用，仍可采用设备一对一地连接管道，在机组和冷水泵连接管之间设置互为备用的手动转换阀。冷水机组与冷水循环泵之间采取一对一连接有困难时，常采用共用集管的连接方式，当一些冷水机组和对应冷水泵停机，应自动隔断（设置电动隔断阀）对应冷水机组的冷水通路，以免流经运行的冷水机组流量不足。

6. 二次泵和多级泵系统设计要点

二级泵和多级泵空调水系统的设计应符合下列要求：

（1）空调末端装置应设置水路电动两通阀。设置二级泵系统的主要目的之一是改变水泵流量达到节能目的，因此规定空调末端装置的回水支管上应设置使系统变流量的电动两通阀（包括开关控制和连续调节阀门）。

（2）应在供回水总管之间冷源侧和负荷侧分界处设平衡管（图 6-16 中 A-B 管段）。平衡管宜设置在冷源机房内，管径不宜小于总供回水管管径。一、二级泵之间的平衡管两侧接管端点，即为一级泵和二级泵负担管网阻力的分界点。

当分区域设置的二级泵采用分布式布置时，如平衡管远离机房设在各区域内，定流量运行的一级泵则需负担外网阻力，并按最不利区域所需压力配置，功率很大，较近各区域平衡管前的一级泵多余资用压头需用阀门调节克服，不符合节能原则。因此规定平衡管位置应在冷源机房内。

一级泵和二级泵流量在设计工况完全匹配时，平衡管内无水量通过即接管点之间无压差。当一级泵和二级泵的流量调节不完全同步时，平衡管内有水通过，使一级泵和二级泵维持在设计工况流量，其主要目的是保证冷水机组蒸发器的流量恒定。在旁通管内有水流过时，也应尽量减小旁通管阻力，因此管径应尽可能加大。

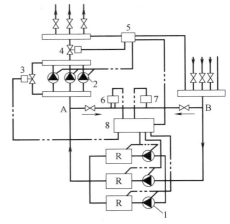

图 6-16　二级泵采用压差控制，一级泵
采用流量盈亏控制的原理图

1——级泵；2—二级泵；3—旁通调节阀；
4—负荷侧调节阀；5—压差控制器；6—流量计；
7—流量计开关；8—程序控制器；A-B—平衡管

二级泵与三级泵之间也有流量调节可能不同步的问题，但没有保证蒸发器流量恒定问题。如二级泵与三级泵之间设置平衡管，当各三级泵用户远近不同，且二级泵按最不利用户配置时，近端用户需设置节流装置克服较大的剩余资用压头。当系统控制精度要求不高时如不设置平衡管，近端用户三级泵可以利用二级泵提供的资用压头，对节能有利。因此，二级泵与三级泵之间没有规定必须设置平衡管。但当三级泵或四级泵用户需要不同水温或温差时，则应设置平衡管作为混水旁通管用。

（3）采用二级泵系统且按区域分别设置二级泵时，应考虑服务区域的平面布置、系统的压力分布等因素，合理确定二级泵的设置位置。二级泵的设置位置，指集中设置在冷站内（集中式设置），还是设在服务的各区域内（分布式设置）。集中式设置便于设备的集中管理，但系统所分区域较多时，总供回水管数量增多、投资增大、外网占地面积大，且相同流速下小口径管道水阻力大、增大水泵能耗，可考虑分布式设置。

二级泵分布式设置在各区域靠近负荷端时，应校核系统压力。当系统定压点较低或外网阻力很大时，二级泵入口（系统最低点压力）低于水泵高度时系统容易进气，低于水泵允许最大负压值时水泵会产生气蚀。因此，应校核从平衡管的分界点至二级泵入口的阻力不应大于定压点高度，一般空调系统均能满足要求，外网很长、阻力很大时可考虑三次泵或间接连接系统。

（4）二级泵等负荷侧各级泵应采用变速泵。二级泵等负荷侧水泵采用变频调速泵，比仅采用台数调节更加节能，因此规定采用。

（5）一级泵与冷水机组之间的接管和转换、控制阀门的设置应符合一级泵设计要求内的相关规定。

7. 循环水泵的流量与扬程

循环水泵的流量应按照下式计算：

$$G=\frac{0.859Q}{\Delta t} \tag{6-4}$$

式中：$G$——空调制冷设备冷冻循环水量，$m^3/h$；

$Q$——水泵所承担的冷（热）负荷，$kW$；

$\Delta t$——供回水温差，$℃$。

循环水泵的扬程，应按下列方法计算确定：

（1）一次泵系统

① 闭式循环系统应按管路和管件阻力、自控阀及过滤器阻力、冷水机组的蒸发器（或换热器）阻力、末端设备的换热器阻力之和计算；

② 开式系统除上述阻力之外，还应包括从蓄水池或蓄冷水池最低水位到末端设备之间的高差，如设喷淋室，末端设备的换热器阻力应以喷嘴前的必要压头代替。

（2）二次泵系统

① 闭式循环系统一级泵扬程应按冷源侧的管路和管件阻力、自控阀及过滤器阻力、冷水机组的蒸发器阻力之和计算；

② 开式系统一级泵扬程除第①项的阻力之外，还应包括从蓄水池或蓄冷水池最低水位到冷水机组的蒸发器之间的高差；

③ 闭式循环系统二级泵扬程应按负荷侧的管路和管件阻力、自控阀与过滤器阻力、末端设备的换热器阻力之和计算；

④ 开式系统二级泵扬程除第③项的阻力之外，还应包括从蓄水池或蓄冷水池最低水

位到末端设备之间的高差，如设喷淋室，末端设备的换热器阻力应以喷嘴前的必要压头代替。

（3）水泵扬程应增加 5%～10% 的附加值。

8. 循环水泵的输送能效比

空调冷热水系统循环水泵的输送能效比（ER）应符合现行国家标准《公共建筑节能设计标准》GB 50189—2015 的规定；系统最大输送能效比的目的是要求在确定冷（热）源位置、供冷供热管网布置、确定管网管径等设计时，应考虑降低管网输配能耗。当管路长度、流量超过输送能效比限值表的使用范围时，说明循环泵功率较大，应采取其他节能措施，例如采用水泵变速技术等。

（1）输送能效比（ER）不应大于表 6-5 中规定的限值。

空调冷热水系统的最大输送能效比（ER）　　　　　表 6-5

| 管道类型 | 两管制空调热水管道 | | | 四管制空调热水管道 | 空调冷水管道 |
|---|---|---|---|---|---|
| | 严寒地区 | 寒冷地区/夏热冬冷地区 | 夏热冬暖地区 | | |
| ER | 0.00577 | 0.00618 | 0.00865 | 0.00673 | 0.0241 |

注：1. 表中的数据适用于独立建筑物内的空调冷热水系统，最远环路总长度一般在 200～500m 范围内。区域供冷（热）等管道总长更长的水系统可参照执行。

2. 两管制热水管道数值不适用于供回水温差小于 10℃ 的系统，例如采用直燃型溴化锂吸收式冷（温）水机组、空气源热泵、地源热泵等作为热源的情况。

（2）工程设计的输送能效比（ER），应按下式计算：

$$ER = 0.002342H/(\Delta t \times \eta) \tag{6-5}$$

式中：$H$——水泵设计扬程（m）；

$\Delta t$——供回水温差（℃）；

$\eta$——水泵在设计工作点的效率（%），查取相关水泵性能曲线确定。

**四、空调系统分（集）水器**

分水器起到向各支路分配水流量的作用。集水器起到由各支路、环路汇集水流量的作用。分水器和集水器是为了便于连接各个水环路的并联管道而设置的，起到均压作用，以使流量分配均匀。分水管和集水管的管径，可根据并联管道的总流量，通过该管径时的断面流速 $v = 1.0～1.5m/s$ 来确定。流量特别大时，可增加流速，但不宜超过 3.5m/s。封头板形式的分水器和集水器的外形，如图 6-17 所示。带有椭圆形封头的分集水器如图 6-18 所示。

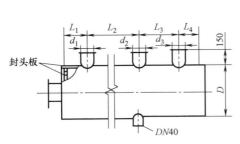

图 6-17　封头板形式的分（集）水器结构图

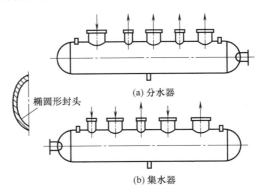

图 6-18　椭圆形封头的分（集）水器结构图

封头板形式的集水器筒体长度 $L$ 可按下式计算，分水器和集水器的尺寸可参见表 6-6。

$$L = L_1 + L_2 + L_3 + L_4 \qquad (6\text{-}6)$$

**分水器和集水器尺寸参数（mm）** 表 6-6

| 内径 $D$ | 200 | 250 | 300 | 350 | 400 | 450 |
|---|---|---|---|---|---|---|
| 管壁厚度 | 6 | 6 | 6 | 8 | 8 | 8 |
| 封头壁厚 | 10 | 12 | 14 | 16 | 18 | 20 |
| 角钢支架 | $50\times50\times5$ | $50\times50\times5$ | $60\times60\times5$ | $60\times60\times5$ | $60\times60\times5$ | $60\times60\times5$ |
| 圆钢支架 | $\phi12$ | $\phi12$ | $\phi14$ | $\phi14$ | $\phi16$ | $\phi16$ |
| $L_1$ | $d_1+60$ | | | | | |
| $L_2$ | $d_1+d_2+120$ | | | | | |
| $L_3$ | $d_2+d_3+120$ | | | | | |
| $L_4$ | $d_3+60$ | | | | | |

注：$d_i$ 为任意相邻接管的外径，mm。

图 6-19 所示为分水器和集水器与各个空调分区的供回水管的连接方式示意图。图 6-20 所示为分（集）连接示例图。

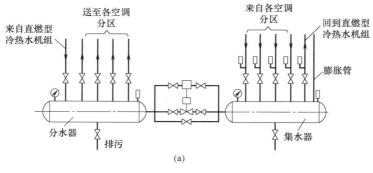

(a)

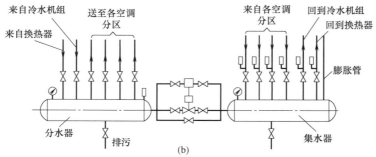

(b)

图 6-19　分（集）水器与冷冻水供、回水管连接方式

### 五、补水、泄水与排气

#### 1. 冷冻水系统的补水

空调水系统运行中，总是不同程度存在漏水问题，如阀门、水泵等设备由于密封原因造成漏水，也由于管理原因造成水量损失。因此，在空调水系统中，为补充系统的漏水量，需要设置补水系统，具体图示可参见本章工程示例图。空调水补水泵的选择及设置应满足以下要求：

（1）补水点设在循环水泵吸入口，以减小补水点处压力及补水泵扬程。

（2）补水泵扬程是根据补水点压力确定的，但还应注意计算水泵至补水点的管道阻

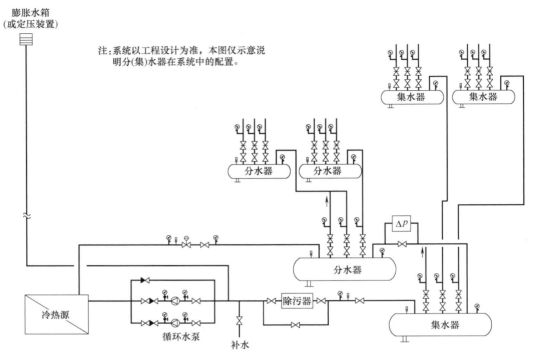

图 6-20　分（集）连接示例图（节选自《国家建筑标准设计图集》05K232）

力。因此，不应小于补水点压力加 30～50kPa 的富余量。

$$H_{bs}=1.15(P_A+H_1+H_2-\rho gh)\tag{6-7}$$

式中：$P_A$——系统补水点压力，Pa；

　　　$H_1$——补给水泵吸入管路的总阻力损失，Pa；

　　　$H_2$——补给水泵压出管路的总阻力损失，Pa；

　　　$h$——补给水箱最低水位高出系统补水点的高度，m；

　　　$\rho$——水的密度，kg/m$^3$；

　　　$g$——重力加速度，m/s$^2$。

（3）空调冷、热水系统的补水。空调冷、热水系统通常为闭式系统，正常的补水量主要取决于冷、热水系统的规模、施工安装质量和运行管理水平，准确计算比较困难。为了设计计算简单，在确定补给水泵的流量时，可按系统的水容量估算。通常取水容量的 1%作为正常补给水量。空调水系统水容量可以按表 6-3 估算。但是选择补给水泵时，补给水泵的流量除应满足上述水系统的正常补水量外，还应考虑发生事故时增加的补给水量，因此，补充水泵的流量通常不小于正常补水量的 5～10 倍。

（4）推荐补水泵流量的上限值，以防止水泵流量过大而导致膨胀水箱等的调节容积过大等问题。推荐设置 2 台补水泵，可在初期上水或事故补水时同时使用，平时使用 1 台，可减小膨胀水箱的调节容积，又可互为备用。

（5）补水泵间歇运行有检修时间，即使仅设置 1 台，也不强行规定设置备用泵；但考虑到严寒及寒冷地区冬季运行应有更高的可靠性，当因水泵过小等原因只能选择 1 台泵时宜再设 1 台备用泵。

<br>

（6）当设置补水泵时，空调水系统应设补水调节水箱；水箱的调节容积应按照水源的供水能力、软化设备的间断运行时间及补水泵稳定运行等因素确定。空调冷水直接从城市管网补水时，不允许补水泵直接抽取；当空调热水需补充软化水时，离子交换软化设备供水与补水泵补水不同步，且软化设备常间断运行；因此需设置水箱储存一部分调节水量。一般可取 30～60min 补水泵流量，系统较小时取大值。

2. 排水与排气

无论是闭式还是开式系统均应设置在系统最高处排除空气和管道上下拐弯及立管的底部排除存水的排气和泄水装置。

水系统或设备在检修时，需要把系统或设备中的水放掉。因此，在水系统最低点应设置排水管和排水阀门。排水管管径的大小应由被排水的管段直径、长度以及坡度决定，应使该管段内的水能在 1h 内排空，也可按表 6-7 中推荐的排水管管径选用。

排水管管径 （mm）　　　　表 6-7

| 被排水管管径 | <50 | 65 | 80 | 100 | 125 | 150 | 200 | 250 | 300 | 350 | 400 |
|---|---|---|---|---|---|---|---|---|---|---|---|
| 排水管管径 | 25 | 25 | 25 | 40 | 50 | 50 | 80 | 80 | 80 | 100 | 100 |

在系统充水时，要同时排放系统中的空气。因此，在水系统的最高点应设置集气罐，集气罐上放气管管径见表 6-8。

放气管管径 （mm）　　　　表 6-8

| 被放气管管径 | <50 | 65 | 80 | 100 | 125 | 150 | 200 | 250 | 300 | 350 | 400 |
|---|---|---|---|---|---|---|---|---|---|---|---|
| 放气管管径 | 15 | 15 | 15 | 20 | 20 | 20 | 25 | 25 | 25 | 32 | 32 |

闭式冷、热水系统的每个最高点（当无坡度敷设时，在水平管水流的终点）设置放空气器，其连接如图 6-21 所示。

此外，冷水机组或换热器、循环水泵、补水泵等设备的入口管道上，应根据需要设置过滤器〔如图 6-22（a）所示 Y 形过滤器〕或除污器〔如图 6-22（b）所示立式除污器〕。

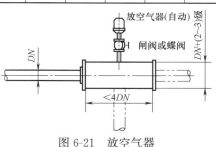

图 6-21　放空气器

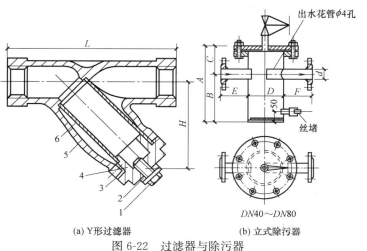

(a) Y 形过滤器　　　(b) 立式除污器

图 6-22　过滤器与除污器

1—螺栓；2、3—垫片；4—封盖；5—网片；6—滤网

　　设备入口需除污，应根据系统大小和设备的需要，确定除污装置的设置位置。例如系统较大、产生污垢的管道较长时，除系统冷（热）源、水泵等设备的入口需设置外，各分环路或末端设备、自控阀前也应根据需要设置，但距离较近的设备可不重复串联设置除污装置。

**六、水系统的管路设计计算**

　　空调水系统的管路计算是在已知水流量和推荐流速（假定流速）下，确定水管管径及水流动阻力。

　　1. 推荐设计流速

　　表 6-9～表 6-11 分别给出了空调水系统水流速度的推荐值，供设计时参考。

管内流速推荐值　　　　　　　　　　　　　　　　　　表 6-9

| 管段 | 水泵吸水管 | 水泵出水管 | 一般供水干管 | 室内供水立管 | 集管（分水器和集水器） |
|---|---|---|---|---|---|
| 流速（m/s） | 1.2～2.1 | 2.4～3.6 | 1.5～3.0 | 0.9～3.0 | 1.2～4.5 |

注：室内要求安静时，宜取下限；直径大的管道，宜取上限。

不同管径冷冻水和冷却水管内流速推荐值　　　　　　　　　　表 6-10

| 管径（mm） | <32 | 32～70 | 70～100 | 125～250 | 250～400 | >400 |
|---|---|---|---|---|---|---|
| 冷水 | 0.5～0.8 | 0.6～0.9 | 0.8～1.2 | 1.0～1.5 | 1.4～2.0 | 1.8～2.5 |
| 冷却水 |  |  | 1.0～1.2 | 1.2～1.6 | 1.5～2.0 | 1.8～2.5 |

不同管径闭式系统和开式系统管内流速推荐值　　　　　　　　表 6-11

| 管径（mm） | 15 | 20 | 25 | 32 | 40 | 50 | 65 | 80 |
|---|---|---|---|---|---|---|---|---|
| 闭式系统 | 0.4～0.5 | 0.5～0.6 | 0.6～0.7 | 0.7～0.9 | 0.8～1.0 | 0.9～1.2 | 1.1～1.4 | 1.2～1.6 |
| 开式系统 | 0.3～0.4 | 0.4～0.5 | 0.5～0.6 | 0.6～0.8 | 0.7～0.9 | 0.8～1.0 | 0.9～1.2 | 1.1～1.4 |
| 管径（mm） | 100 | 125 | 150 | 200 | 250 | 300 | 350 | 400 |
| 闭式系统 | 1.3～1.8 | 1.5～2.0 | 1.6～2.2 | 1.8～2.5 | 1.8～2.6 | 1.9～2.9 | 1.6～2.5 | 1.8～2.6 |
| 开式系统 | 1.2～1.6 | 1.4～1.8 | 1.5～2.0 | 1.6～2.3 | 1.7～2.4 | 1.7～2.4 | 1.6～2.1 | 1.8～2.3 |

　　2. 管道阻力损失

　　表 6-12 所示为水系统的流量及阻力损失参考简表。

水系统的流量及阻力损失　　　　　　　　　　表 6-12

| 钢管直径（mm） | 闭式水系统 | | 开式水系统 | |
|---|---|---|---|---|
| | 流量（m³/h） | 百米压降（m/100m） | 流量（m³/h） | 百米压降（m/100m） |
| 25 | 1～2 | 1.7～4.0 | 0～1.3 | 0～4.0 |
| 32 | 2～4 | 1.2～4.0 | 1.3～2.0 | 1.2～4.0 |
| 40 | 4～6 | 2.0～4.0 | 2.0～4.0 | 1.5～4.0 |
| 50 | 6～10 | 1.3～4.0 | 4.0～8.0 | 1.5～4.0 |
| 65 | 10～18 | 2.0～4.0 | 8～14 | 1.2～4.0 |
| 80 | 18～32 | 1.5～4.0 | 14～22 | 1.8～4.0 |
| 100 | 32～65 | 1.25～4.0 | 22～45 | 1.0～4.0 |
| 125 | 65～115 | 1.5～4.0 | 45～80 | 1.3～4.0 |

续表

| 钢管直径(mm) | 闭式水系统 | | 开式水系统 | |
|---|---|---|---|---|
| | 流量(m³/h) | 百米压降(m/100m) | 流量(m³/h) | 百米压降(m/100m) |
| 150 | 115～185 | 1.25～4.0 | 80～130 | 1.6～4.0 |
| 200 | 185～350 | 1.0～4.0 | 130～200 | 1.6～2.3 |
| 250 | 350～550 | 1.25～2.75 | 200～300 | 0.8～2.0 |
| 300 | 550～800 | 1.25～2.75 | 350～450 | 0.8～1.6 |
| 350 | 800～950 | 1.25～2.0 | 450～600 | 1.0～1.5 |
| 400 | 950～1250 | 1.0～1.75 | 600～750 | 0.8～1.2 |
| 450 | 1250～1600 | 0.9～1.5 | 750～1000 | 0.6～1.2 |
| 500 | 1600～2000 | 0.8～1.25 | 1000～1230 | 0.7～1.0 |

空调水系统设计时，首先应通过系统布置和选定管径减少压力损失的相对差额，但实际工程中常常较难通过管径选择计算取得管路平衡，因此没有规定计算时各环路压力损失相对差额的允许数值；只规定达不到15%的平衡要求时，可通过设置平衡装置达到空调水管道的水力平衡。空调水系统的平衡措施除调整管路布置和管径外，还包括设置可测量数据的平衡阀（包括静态平衡和动态平衡）、具有流量平衡功能的电动阀等装置；应根据工程标准、系统特性正确选用，并在适当的位置正确设置，例如末端设置电动两通阀的变流量的空调水系统中，各支环路不应采用自力式流量控制阀（定流量阀）。具体水力计算过程本书不再详述，管路水力计算公式及方法可参照《空气调节设计手册》、相关设计规范、标准、图集进行。

3. 管线保温

空调冷热水管线需做好保温措施，空气调节系统的冷热水管的绝热厚度，应按现行国家标准《设备及管道绝热设计导则》GB/T 8175—2008中的经济厚度和防止表面凝露的保冷层厚度的方法计算。建筑物内空气调节系统冷热水管的经济绝热厚度可按表6-13的规定选用。

建筑物内空气调节冷、热水管的经济绝热厚度　　　　　　　表6-13

| 绝热材料／管道类型 | 离心玻璃棉 | | 柔性泡沫橡塑 | |
|---|---|---|---|---|
| | 公称管径(mm) | 厚度(mm) | 公称管径(mm) | 厚度(mm) |
| 单冷管道<br>(管内介质温度7℃～常温) | ≤DN32 | 25 | 按防结露要求计算 | |
| | DN40～DN100 | 30 | | |
| | ≥DN125 | 35 | | |
| 热或冷合用管道<br>(管内介质温度5～60℃) | ≤DN40 | 35 | ≤DN50 | 25 |
| | DN50～DN100 | 40 | DN70～DN150 | 28 |
| | DN125～DN250 | 45 | ≥DN200 | 32 |
| | ≥DN300 | 50 | | |
| 热或冷合用管道<br>(管内介质温度0～95℃) | ≤DN50 | 50 | 不适宜使用 | |
| | DN70～DN150 | 60 | | |
| | ≥DN200 | 70 | | |

### 七、空调冷冻水系统原理图示例

图6-23和图6-24所示为某空调系统水系统原理图。

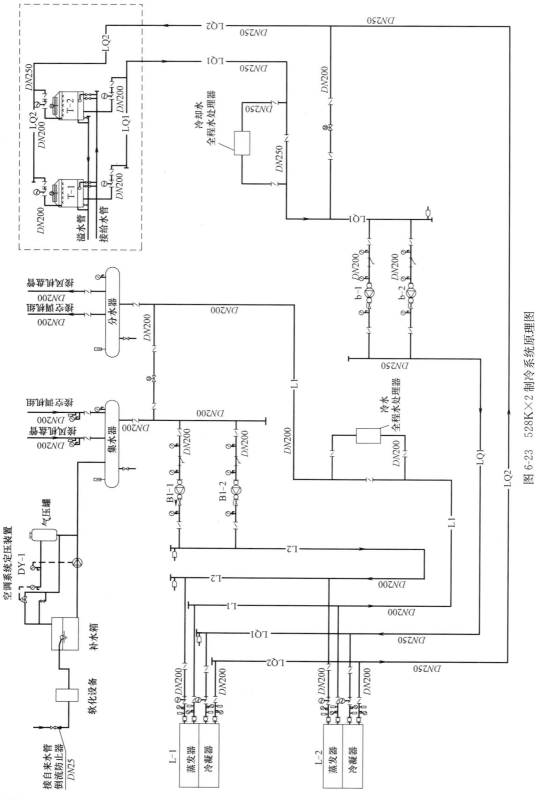

图 6-23 528K×2 制冷系统原理图

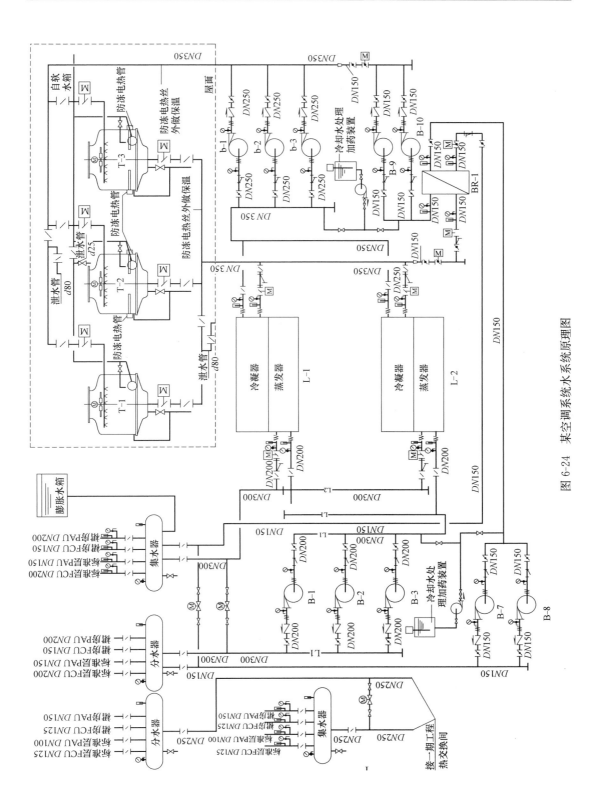

图 6-24 某空调系统冷冻水系统原理图

## 第三节 空调冷却水系统

空调冷却水的作用是利用冷却塔等冷却构筑物向冷水机组的冷凝器供给循环冷却水。

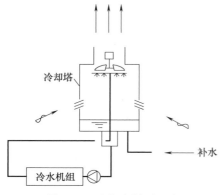

图 6-25 冷却水循环组成

当制冷设备冷凝器、吸收器和压缩机的冷却方式采用水冷方式时，均需要设置冷却水系统。对于风冷式冷冻机组，则不需要冷却水系统。如图 6-25 所示，空调冷却水系统主要由冷水机组（冷凝器）、循环水泵、冷却塔等组成。冷却水系统运行时吸收冷水机组的冷凝器排热，并将此热量排入室外大气、低温水体、低温土壤或传递给显热回收装置。

**一、冷却水系统形式**

1. 冷却水系统分类

（1）循环冷却水系统按通风方式，可分为自然通风冷却循环系统和机械通风冷却循环系统。

① 自然通风冷却循环系统采用冷却塔或冷却喷水池等构筑物，使冷却水和自然风相互接触进行热量交换，冷却水被冷却降温后循环使用，适用于当地气候条件适宜的小型冷冻机组。

② 机械通风冷却循环系统采用机械通风冷却塔或喷射式冷却塔，使冷却水和机械通风接触进行热量交换，从而降低冷却水温度后再送入冷凝器等设备循环使用。这种系统适用于气温高、湿度大，自然通风冷却塔不能达到冷却效果的情况。目前，运行稳定、可控的机械通风冷却循环系统被广泛地应用。

（2）按照流经空调制冷设备冷凝器的冷却水是否与大气接触分为开式冷却水系统和闭式冷却水系统。

（3）按照空调制冷设备冷凝器排热渠道分为单一型系统（如仅通过冷却塔向大气排热）和耦合型系统（如设有冷却塔的井水抽灌型与埋管型地源热泵系统）。

（4）按照冷却水低位热能是否利用分为单纯冷却型（冷凝热不利用）和热回收型。

（5）冬季供冷型：冬季不经空调制冷设备由冷却塔直接制备空调冷水。

2. 系统形式选择

（1）除非水质要求严格，冷却水宜采用开式系统。

（2）对井水抽灌型地源热系空调系统，当按设计制热工况负荷确定的水源流量不能满足设计制冷工况的排热要求时，经技术经济分析可考虑采用耦合式冷却水系统。

（3）对地理管地源热系空调系统，属于下列条件之一时，应采用耦合式冷却水系统：

① 当按制热设计工况负荷确定的地埋管换热器热交换能力不能满足制热设计工况的排热要求时；

② 空调设备全年向土壤的总排热量大于总取热量的 25％时。

（4）空调制冷设备制冷工况运行时间长，且有集中生活热水需要，可采用热回收空调冷却水系统，常用形式有两种：

① 空调制冷设备设有专门用于热回收的冷凝器，用于自来水预热；

② 设有热泵热水机组的空调冷却水系统。

（5）空调系统冬季有供冷需求，当地冬季气象参数能使冷却塔出水温度满足冬季空调系统要求，且持续时间足够长时，宜考虑采用能实现冷却塔冬季直接供冷的冷却水系统形式。如图 6-26（a）所示为冷却塔供冷的典型模式图。系统在过渡季节可直接利用冷却塔进行免费供冷运行时，冷水机组不运行，直接通过冷却塔提供冷水。也可以通过板式换热器间接换热的方式供冷，如图 6-26（b）所示，进行免费供冷运行时，关闭冷水机组，经冷却塔冷却后的冷却水旁通进入板式换热器，作为换热器的一次水；冷水侧的冷水泵将负荷侧的回水泵入换热器便获得二次水供负荷使用。

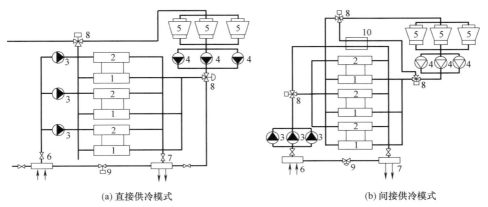

(a) 直接供冷模式　　　　　　　　　　(b) 间接供冷模式

图 6-26　冷却塔直接（间接）供冷模式图

1—冷凝器；2—蒸发器；3—冷冻水循环泵；4—冷却水循环泵；5—冷却塔；6—集水器；

7—分水器；8—电动三通阀；9—压差调节阀；10—板式换热器

（6）采用免费供冷系统时，要注意如下几点问题：

① 室外空气在什么温度时才能被作为冷源，这取决于需要的冷水温度。冷水机组的标准出水温度为 7℃，在非夏季工况时，应根据用户的性质确定是否还需要 7℃冷水。冷水温度越高，可利用免费供冷的时间就越长、系统就越经济。若冷却塔为开式，则它的出水温度除了与空气的干球温度有关外，还与湿球温度有关。因此，在比较寒冷且空气相对湿度较低的地区，建筑物内有需要全年供冷的区域时，免费供冷系统的经济性更加明显。

② 工程中一般采用板式换热器，其原因是一、二次水温差可以小些，一般达到 1～1.5 ℃即可，获得的二次水温度较低有利于冷量利用。

③ 如果取消板式换热器，将冷却水直接作为冷水供负荷使用，则此时的冷水系统便成为开式系统，它对水质的要求远比仅是冷却水系统的水质要求高。冷水管路的长度长，用户情况复杂，从而增加了运行管理的难度。

④ 如果非免费供冷系统的冷水泵与冷却水泵的性能参数不符合免费供冷系统的要求，应另行配置。

3. 系统设置要求

（1）冷却水循环泵相对于冷凝器的安装位置宜根据空调制冷设备的冷凝器额定承压能力确定。

（2）冷却水系统的温差应与空调制冷设备冷凝器的工况要求相适应，当采用大温差参数时，必须符合空调制冷设备的技术要求，进行冷却塔的性能校核，并应综合空调制冷设备能耗与冷却水系统能耗进行技术经济评价。

（3）电动空调制冷设备的冷却水系统宜设计为定流量运行；吸收式空调制冷设备的冷却水系统可设计为变流量运行；变流量冷却水系统的变流量范围应与空调制冷设备的技术要求相适应，并应采取保证机组安全运行的下限流量控制措施。

（4）变流量冷却水系统应采用循环水泵变频调速，控制逻辑宜为：保证水冷冷凝器合理进水温度的定温差控制。

（5）热回收型空调冷却水系统，必须设有能实现功能转换与确保排除全部冷凝热的控制装置。

（6）有关标准对冷水机组的正常使用范围进行了推荐（表6-14）。

国家标准推荐的使用范围的有关数据　　　　表 6-14

| 冷水机组类型 | 冷却水进口最低温度(℃) | 冷却水进口最高温度(℃) | 冷却水流量范围(%) | 名义工况冷却水进出口温差(℃) | 标准号 |
|---|---|---|---|---|---|
| 电动压缩式 | 15.5 | 33 | — | 5 | GB/T 18430.2 |
| 直燃型吸收式 | — | — | — | 5～5.5 | GB/T 18362 |
| 蒸汽单效型吸收式 | 24 | 34 | 60～120 | 5～8 | GB/T 18431 |
| 蒸汽双效和热水型吸收式 | | | | 5～6 | |

制冷机组的冷却水进口温度不宜高于33℃。冷却水进口最低温度应按制冷机组的要求确定，电动压缩式冷水机组不宜小于15.5℃，溴化锂吸收式冷水机组不宜小于24℃。冷却水系统，尤其是全年运行的冷却水系统，宜对冷却水的供水温度采取调节措施。冷却水进出口温差应按冷水机组的要求确定，电动压缩式冷水机组不宜小于5℃，溴化锂吸收式冷水机组宜为5～7℃。

**二、冷却塔**

1. 冷却塔分类及特点

空气调节系统常用的冷却塔形式及特点见表6-15。

冷却塔形式分类表　　　　表 6-15

| 类　型 | | 特　点 |
|---|---|---|
| 按通风方式 | 机械抽风式冷却塔 | 最常见的冷却塔通风形式,通过置于塔顶部的轴流风机实现水、空气的持续热交换(图 6-27) |
| | 喷射抽风式冷却塔 | 无风机冷却塔,冷却水由塔底部布水器喷嘴高速喷出,诱导空气实现水、空气的持续热湿交换 |
| | 鼓风式冷却塔 | 离心式风机使空气从冷却塔下部进入,上部排出,实现水、空气的持续热交换(图 6-28) |
| 按冷却水与冷凝器接触方式 | 开式冷却塔 | 与大气接触实现热湿交换后,降温后的水直接进入冷凝器,形成冷却塔、冷凝器的直接闭路循环 |
| | 闭式冷却塔 | 与大气接触实现热湿交换后,降温后的水不进入冷凝器,通过塔内置换热器实现对冷凝器的间接冷却,相同冷却能力时,塔的体积和重量均较开式塔高许多(图 6-29) |
| 按空气与冷却水的流动方向 | 逆流式冷却塔 | 在冷却塔填料层中的空气与冷却水逆向流动,热湿交换效果较横流式冷却塔好(图 6-30) |
| | 横流式冷却塔 | 在冷却塔填料层中的空气与冷却水横向交叉流动(图 6-31) |

（1）机械通风开式冷却塔包括抽吸型与鼓风型两种，通过风机排出水蒸气降低冷却水温度来排除空调系统及制冷压缩机做功转换的热量。系统循环冷却水与大气直接接触，适用于多数民用建筑中央空调系统，但不适用于水环热泵等水分散型空调系统（如用于此类空调系统时应与水-水换热器配合使用）。与闭式冷却塔相比，冷却效率高，冷幅较小，有利于冷水机组 COP 值的提高，冷却水与大气直接接触，需设置冷却水水质处理系统。

图 6-27 是机械通风冷却塔的工作原理和结构示意图。冷凝器的冷却回水由上部喷淋在塔内的填充层上，被空气冷却后流至下部水池中，通过水泵再送回冷凝器循环使用。冷却塔顶部装有风机，使室外空气以一定流速自下而上通过填充层，加强冷却效果。这种冷却塔的冷却效率高，结构紧凑，适用范围广，并有定型产品可供选用。

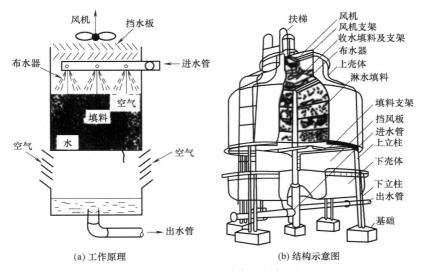

图 6-27　机械通风冷却塔结构图

（2）鼓风型冷却塔：由于采用离心风机，压头大但噪声小，除风机进口和空气出口外，其他部位均封闭可以接风管。适用于设在室内、半室内、下沉地面等较恶劣的环境，且填料处于半封闭状态，有利于冬季防冻。鼓风式冷却塔结构原理图如图 6-28 所示。

（3）喷射式冷却塔：是开式冷却塔的另一种形式，利用冷却水通过布水器喷嘴产生的喷射诱导通风作用替代冷却塔风机，排走水蒸气，降低水温。此种冷却塔亦称无风机（无动力）冷却塔，实际上并非无动力，只是排走冷却水水蒸气的动力不是冷却塔风机，而是冷却水循环泵的额外扬程。相对于机械通风冷却塔，此种冷却塔噪声较低，无运转部件，较适合对噪声环境要求严格的场合。除前述特征外，此种冷却塔的特征与机械通风开式冷却塔相同。

（4）闭式冷却塔（图 6-29）相当于将开式机械通风冷却塔与换热器组合在一起，通常外形与开式冷却塔相似。

闭式冷却塔又称为蒸发式冷却塔。如图 6-29 所示为闭式冷却塔的工作原理图。中央空调系统的冷却水在冷却水泵的驱动作用下从闭式冷却塔的换热盘管内流过，其热量通过盘管传递给流过盘管外壁的喷淋水。同时，冷却塔周围的空气在风机的抽吸作用下从冷却塔下方的进风格栅进入塔内，与喷淋水的流动方向相反，自下而上流出塔体。喷淋水在与

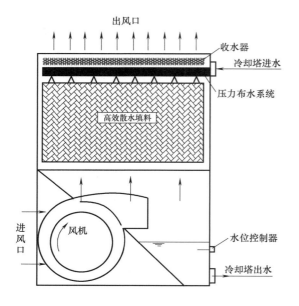

图 6-28　鼓风式冷却塔结构原理图

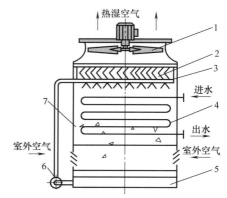

图 6-29　闭式冷却塔结构原理图

1—风机；2—收水器；3—喷淋水管；4—换热盘管；

5—集水盘；6—循环泵；7—冷却塔塔体

空气逆向流动的过程中进行热湿交换，一小部分水蒸发变成饱和温热蒸汽，带走热量，从而降低换热盘管内冷却水的温度。饱和温热蒸汽由风机向上排出，被空气带出去的水滴由收水器收集为水珠自上而下流动，热空气被风机排出机外，未蒸发而吸走热量的喷淋水直接落入塔底部的集水盘中，由循环泵再输送到喷淋水管中，喷淋到换热盘管上。

闭式冷却塔换热盘管内的冷却水封闭循环，不与大气相接触，不易被污染。在室外气温较低时，可利用制备好的冷却水作为冷媒水使用，直接送入中央空调系统中的末端设备，以减少冷水机组的运行时间，在低湿球温度地区的过渡季节里，可利用它制备的冷却水向中央空调系统供冷，达到节能效果。

（5）逆流式冷却塔：是指在塔内空气和水的流动方向是相逆的。空气从底部进入塔内，而热水从上而下淋洒，两者进行热交换。当处理水量在 100t/h（单台）以上时，宜采用逆流式。如图 6-30 所示是逆流式冷却塔的结构。为增大水与空气的接触面积，在冷却塔内装满淋水填料层。填料一般是压成一定形状（如波纹状）的塑料薄板。水通过布水器淋在填料层上，空气由下部进入冷却塔，在填料层中与水逆流流动。这种冷却塔的优点是结构紧凑、冷却效率高，而缺点是塔体较高、配水系统较复杂。逆流式冷却塔以多面进风的形式使用最为普遍。

（6）横流式冷却塔：是指空气通过填料层时是横向流动的，结构如图 6-31 所示。空气从横向进入塔内进行换热。其优点是体积小、高度低、结构和配水装置简单、空气进出口方向可任意选择，有利于布置。当处理水量在 100t/h（单台）以下时，采用横流式较为合适。缺点是这种冷却塔中空气和水热交换不如逆流式充分，其冷却效果较差。

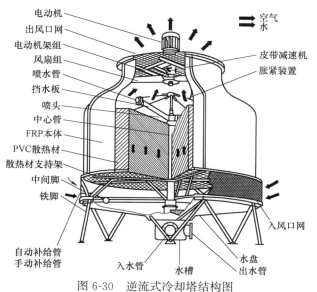

图 6-30 逆流式冷却塔结构图

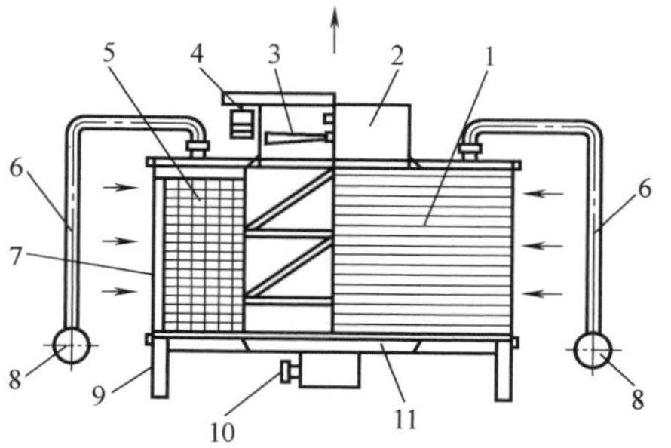

图 6-31 横流式冷却塔结构图

1—冷却塔塔体；2—出风筒；3—风机叶轮；

4—电动机；5—填料层；6—进水立管；

7—进风百叶；8—进水主管；

9—立柱；10—出水管；11—集水盘

2. 冷却塔的选型步骤

（1）确定气象参数

① 基本气象参数应包括工作环境（室外）空气干球温度 $t_g$、空气湿球温度 $t_s$、大气压力 $B$、夏季主导风向、风速或风压、冬季最低气温等。

② 冷却塔设计计算所采用的空气干、湿球温度，应与空调系统的夏季室外空气计算干、湿球温度相吻合，并应采用历年平均不保证 50h 的温度值。

③ 在选用气象参数时，应考虑因冷却塔排出的湿热空气回流和干扰对冷却效果的影响，必要时应对干、湿球温度进行附加。如多台冷却塔布置时，取当地空调计算湿球温度值附加 0.1～1.3℃作为冷却塔选型用湿球温度。

④ 冷却塔选型的设计风压值应大于冷却塔安装场所设计风压值。

（2）确定冷却水参数

查阅空调制冷设备样本，确定设计工况时冷凝器的进水温度与流量，进而确定冷却水系统的温度和温差。

（3）确定冷却塔设计水量 $G$

$$G = 1.1 \frac{3600Q}{\rho \cdot C \cdot \Delta t} = \frac{0.953Q}{\Delta t} \qquad (6\text{-}8)$$

式中：1.1——裕量系数；

$\quad\quad Q$——空调制冷设备冷凝热：$Q$＝空调制冷设备制冷量＋压缩机输入功率，kW；

$\quad\quad \rho$——35℃时水的密度，993.96kg/m$^3$；

$\quad\quad C$——水的定压比热，4.1784kJ/(kg·K)；

$\quad\quad \Delta t$——冷却水系统温差，℃。

（4）确定冷却塔类型

空调用冷却塔的选用原则如下：

① 应优先选用无布水压力要求的节能型冷却塔；安装与景观条件允许时，宜优先采用逆流型冷却塔。

② 应根据建筑空调制冷设备类型与环境要求确定冷却塔的具体形式，并宜优先选用机械通风开式冷却塔。

③ 冷却塔的出水温度、进出口水温差和循环水量，在夏季空调室外计算湿球温度条件下，应满足空调制冷设备的工况要求。冷却塔标准设计工况为：进水温度 37℃，出水温度 32℃，湿球温度 28℃，设计温差 5℃。此性能标准不应与制冷机标准工况混淆。

④ 供暖室外计算温度在 0℃ 以下的地区，冬季运行的冷却塔应采取防冻措施，其原则如下：宜单独设置，且应采用自身有利于防冻的冷却塔类型；设在室外的补水管、冷却水供回水管应保温并采取伴热措施；存水的冷却塔底盘也应设置伴热设施；设置能通过全部或部分循环水量的旁通水管。

⑤ 冷却塔的制作材料应符合防火要求，其燃烧性能不应低于 $B_1$ 级。

（5）冷却塔的选型

冷却塔的选型通常有两种方法：

① 将以上步骤中得到的有关参数与预期目标值的冷却塔形式提供给冷却塔制造商，由其根据产品选型软件选择冷却塔规格，并提供性能曲线。

② 以计算的设计水量及其他参数为依据在产品样本上初选冷却塔规格，根据样本性能曲线校核所选冷却塔规格是否能满足冷却水的参数要求；如不满足，则应进行规格修正，通常经过规格修正的冷却塔名义水量会大于设计水量。

图 6-32 所示为圆形逆流低噪声玻璃钢冷却塔性能参数表及热力特性曲线。

（6）冷却塔直接供冷

当所选择的冷却塔用于冬季直接供冷时，应根据工程所在地冬季设计工况点气象参数，对冷却塔冬季能实现的冷却水出水温度值及其持续时间进行分析校核，并应综合考虑以下因素确定冷却塔供冷的各项参数和设备规格。

① 末端盘管的供冷能力，应在所能获得的空调冷水的最高计算供水温度和供回水温差条件下，满足冬季冷负荷需求；宜尽可能提高计算供水温度，利于延长冷却塔供冷时间。

② 冷却塔的最高计算供冷水温、温差和冬季供冷冷却塔的使用合数，应根据冬季冷负荷需求、空调冷水的计算温度、冷却塔在冬季室外气象参数下的冷却能力（由生产厂提供或参考有关资料）、换热器的换热温差等因素，经计算确定。

③ 开式冷却塔应设置板式换热器，可考虑 1～2℃ 换热温差，实现冷却塔间接供冷；闭式冷却塔可直接供冷水。

④ 冬季空调冷水的循环泵和设置板式换热器的冷却水循环泵的规格、台数，应与冬季供冷工况相匹配。

3. 冷却塔的布置

（1）冷却塔的设置位置，应保证：

① 其接水盘的最低水位成为冷却水系统的最高点。

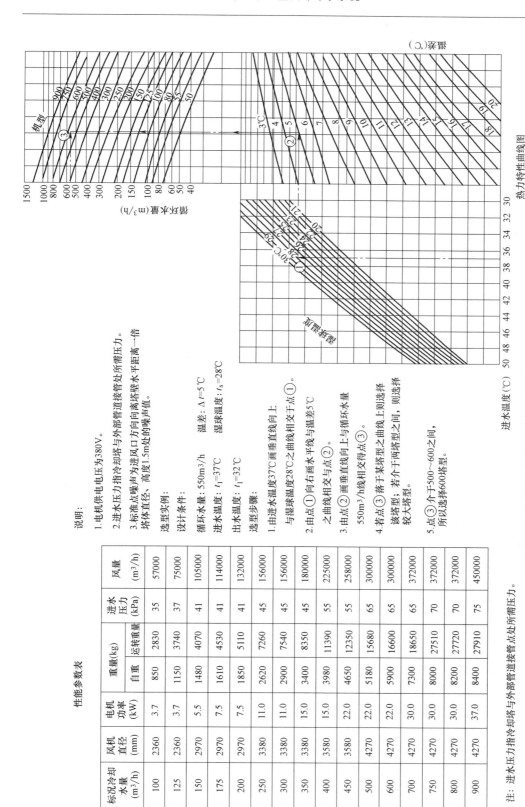

## 性能参数表

| 标况冷却水量 (m³/h) | 风机直径 (mm) | 电机功率 (kW) | 重量(kg) 自重 | 重量(kg) 运转重量 | 进水压力 (kPa) | 风量 (m³/h) |
|---|---|---|---|---|---|---|
| 100 | 2360 | 3.7 | 850 | 2830 | 35 | 57000 |
| 125 | 2360 | 3.7 | 1150 | 3740 | 37 | 75000 |
| 150 | 2970 | 5.5 | 1480 | 4070 | 41 | 105000 |
| 175 | 2970 | 7.5 | 1610 | 4530 | 41 | 114000 |
| 200 | 2970 | 7.5 | 1850 | 5110 | 41 | 132000 |
| 250 | 3380 | 11.0 | 2620 | 7260 | 45 | 156000 |
| 300 | 3380 | 11.0 | 2900 | 7540 | 45 | 156000 |
| 350 | 3380 | 15.0 | 3400 | 8350 | 45 | 180000 |
| 400 | 3580 | 15.0 | 3980 | 11390 | 55 | 225000 |
| 450 | 3580 | 22.0 | 4650 | 12350 | 55 | 258000 |
| 500 | 4270 | 22.0 | 5180 | 15680 | 65 | 300000 |
| 600 | 4270 | 22.0 | 5900 | 16600 | 65 | 300000 |
| 700 | 4270 | 30.0 | 7300 | 18650 | 65 | 372000 |
| 750 | 4270 | 30.0 | 8000 | 27510 | 70 | 372000 |
| 800 | 4270 | 30.0 | 8200 | 27720 | 70 | 372000 |
| 900 | 4270 | 37.0 | 8400 | 27910 | 75 | 450000 |

说明：

1. 电机供电电压为380V。
2. 进水压力指冷却塔与外部管道接管处所需压力。
3. 标准点噪声为进风口方向向离塔塔壁水平距离一倍塔体直径、高度1.5m处的噪声值。

选型实例：

设计条件：

循环水量：550m³/h   温差：$\Delta t = 5℃$
进水温度：$t_1 = 37℃$   湿球温度：$t_s = 28℃$
出水温度：$t_2 = 32℃$

选型步骤：

1. 由进水温度37℃画垂直线向上与湿球温度28℃之曲线相交于点①。
2. 由点①向右画水平线与温差5℃之曲线相交与点②。
3. 由点②画垂直线向上与循环水量550m³/h线相交与点③。
4. 若点③落于某塔型之曲线上则选择该塔型；若介于两塔型之间，则选择较大塔型。
5. 点③介于500~600之间，所以选择600塔型。

注：进水压力指冷却塔与外部管道接管点处所需压力。

图 6-32  圆形逆流低噪声玻璃钢冷却塔性能参数表及热力特性曲线

283

② 额定流量运行时冷却水循环泵进口处不应产生负压。

③ 气流应通畅，湿热空气回流影响小，且应布置在建筑物的最小频率风向的上风侧；单侧进风塔的进风面宜面向夏季主导风向，双侧进风塔的进风面宜平行夏季主导风向。

④ 冷却塔不应布置在热源、废气和烟气的排放口附近，不宜布置在高大建筑物中间的狭长地带上。

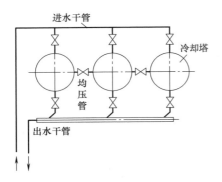

进水干管

冷却塔

均压管

出水干管

图 6-33　多台冷却塔并联布置

（2）多台冷却塔通过共用集管连接时，其台数宜与冷却水泵台数对应。通过共用集管连接的冷却塔（图 6-33），其冷却水管道系统的设计应实现各塔间的流量平衡，并使接水盘水位相同。通过共用集管连接的多台空调制冷设备与多台冷却塔组成的冷却水系统的设计应采取措施，避免系统在"减"台数运行时，冷却水在冷却塔与冷凝器处的"旁流"，即冷却水流过风机不工作的冷却塔和停止工作的冷机冷凝器。

（3）冷却塔宜单排布置，当需要多排布置时，逆流塔塔排之间的距离应符合下列要求：

① 长轴位于同一直线上的相邻塔排，净距不小于 4m；

② 长轴不在同一直线上，相互平行布置的塔排，净距不小于塔的进风口高度的 4 倍，每排的长度与宽度之比不宜大于 5：1；

③ 冷却塔进风侧与建筑物的距离宜大于塔进风口高度的 2 倍；

④ 冷却塔四周除满足通风要求和管道安装位置外，还应留有检修通道，通道净距不宜小于 1.0m；

⑤ 冷却塔与相邻建筑物面向冷却塔的有窗房间之间的距离不宜小于 3.0m，不但要满足塔的通风要求，还应考虑噪声、漂水等对建筑物的影响。

（4）间歇运行的开式冷却水系统，冷却塔底盘或集水箱的有效集水容积，应大于湿润冷却塔填料等部件的所需水量与停泵时靠重力流入的管道水容量之和。

（5）冷却塔应设在专用基础上，不得直接设置在楼板或屋面上。

（6）冷却塔安装环境对噪声控制要求较高时，可采取下列措施：

① 冷却塔的位置远高于对噪声敏感的区域；

② 采用低噪声型或超低噪声型冷却塔；

③ 进水管、出水管、补水管上设置隔振防噪装置；

④ 冷却塔设导风罩，将冷却塔出风导向远离建筑物的方向；

⑤ 建筑上安装隔声吸音屏障；

⑥ 冷却塔基础设隔振装置。

4. 冷却塔管道设计

（1）冷却塔循环管道的流速，宜采用下列数据：

① 循环干管管径小于等于 250mm 时，为 1.5～2.0m/s；管径大于 250mm、小于 500mm 时，为 2.0～2.5m/s；管径大于等于 500mm 时，为 2.5～3.0m/s。

② 当循环水泵从冷却塔集水池中吸水时，吸水管的流速宜为 1.0～1.2m/s。

③ 当循环水泵直接从循环管道吸水，吸水管直径小于等于 250mm 时，流速宜为 1.0～1.5m/s，吸水管直径大于 250mm 时，流速宜为 1.5～2.0m/s。

④ 水泵出水管的流速可取循环干管下限流速。

（2）冷却塔通过共用集管连接时，如不设连通水槽式的公用集水箱，则应设连接各塔的平衡连通管。

（3）对进口水压有要求的多台开式冷却塔通过共用集管连接，应在每台冷却落的进水管上设开关型电动阀；无集水箱或连通管、连通水槽时，还宜在每台冷却塔的出水管上设置开关型电动两通阀，电动阀应与对应的冷却水泵联锁。

（4）不同规格型号的冷却塔不宜通过共用集管连接。

### 三、冷却水循环泵

（1）除采用分散设置的水冷整体式空气调节器或小型户式冷水机组等，可以合用冷却水系统外，冷却水泵台数和流量应与冷水机组相对应；冷却水泵的扬程应能满足冷却塔的进水压力要求。泵的扬程可按式 6-9 确定。

$$H = 1.1(h_1 + h_2 + h_3 + h_4) \tag{6-9}$$

式中：$h_1$——冷却塔集水盘最低水位至布水器或进水口的高差（设置冷却水箱时为水箱最低水位至冷却塔布水器或进水口的高差），m；

$h_2$——冷却塔布水器所需水头，由产品技术资料提供，m；

$h_3$——空调制冷设备冷凝器阻力，由产品技术资料提供，m；

$h_4$——管道系统总阻力，包括控制器、除污器等局部阻力，m。

（2）冷却水循环泵的流量，应按空调制冷设备产品技术资料提供的数据确定。冷却水量可按下式计算：

$$G = \frac{0.869Q}{\Delta t} (\text{m}^3/\text{h}) \tag{6-10}$$

式中：$G$——空调制冷设备冷却循环水量，$\text{m}^3/\text{h}$；

$Q$——空调制冷设备冷凝热 $Q$＝空调制冷设备制冷量＋压缩机输入功率，kW；

$\Delta t$——冷却水温升（℃）。

（3）冷却循环水泵的选型，应符合下列要求：

① 宜选用低比转数的高效率单级离心泵；

② 水泵入口承受较高静压时，设计选型应明确提出水泵承压能力要求。

### 四、冷却水系统补水与水处理

（1）室外空气温度低于 0℃时使用的冷却塔，宜采用自来水直接向冷却塔补水，但补水管应设置伴热装置。采用自来水直接补水，但室外空气温度低于 0℃时不使用的冷却塔，自来水管室外部分冬季应能泄空。

（2）冷却水补水管管径应按补水量 $Q_{bc}$ 确定，冷却水补水量为冷却水系统的蒸发损失、排污损失和风吹损失之和，可按下式计算：

$$Q_{bc} = q_z + q_p + q_f = N_n \cdot q_z/(N_n - 1) \tag{6-11}$$

式中：$q_z$——蒸发损失水量，$\text{m}^3/\text{h}$；

$q_p$——排污损失水量，$\text{m}^3/\text{h}$；

$q_f$——风吹损失水量，$\text{m}^3/\text{h}$；

$N_n$——浓缩倍数，设计浓缩倍数不宜小于3.0。对于非吸收式制冷补水量约相当于冷却循环水量的1%～2%；对于吸收式制冷，根据冷却水系统温差补水量，约相当于冷却循环水量的1.5%～2.5%。

（3）为防止冷却水泵启动时缺水工作及停泵时的溢水浪费，应采取以下措施：

① 冷却塔底盘存水容积应能够保证水泵吸水口所需的最小淹没深度，当吸水管内流速小于等于0.6m/s时，最小淹没深度不应小于0.3m；当吸水管内流速为1.2m/s时，最小淹没深度不应小于0.6m。

② 冷却水箱或冷却塔底盘存水量，不应小于满足湿润冷却塔填料等部件所需水量与靠重力可自流到冷却水箱或冷却塔底盘的管道水量之和；其中湿润冷却塔填料部件水量由厂家提供或按冷却塔的小时循环水量进行估算，逆流塔为循环水量的1.2%，横流塔为1.5%。

③ 冬季运行的制冷系统宜设置冷却水箱。

（4）在设置集水箱且冬季不需防冻的条件下，当管径较大、管段较长时，应采取在停机时使管道内存水的措施，以减少冷却水箱容积。

（5）冷却水系统应配置适当的水处理设施，经过处理的水应符合《工业循环冷却水处理设计规范》GB/T 50050—2017关于冷却水水质的规定。

**五、空调冷却水系统设计示例**

图6-34为常规空调冷却水系统设计原理图。

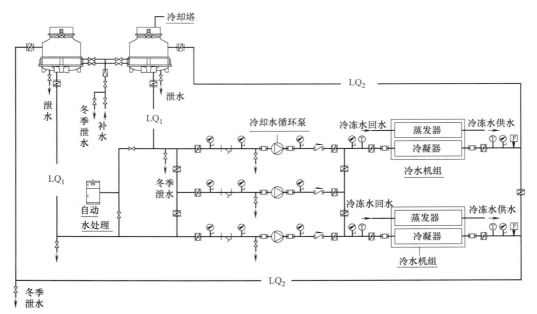

图6-34　常规空调冷却水系统设计原理图

图6-35为埋管式地源热泵空调冷却/热源水系统原理图。

图6-36为井水抽灌型地源热泵空调冷却/热源水系统原理图。

图6-37为水环热泵空调冷却水系统原理图（开式冷却塔）。

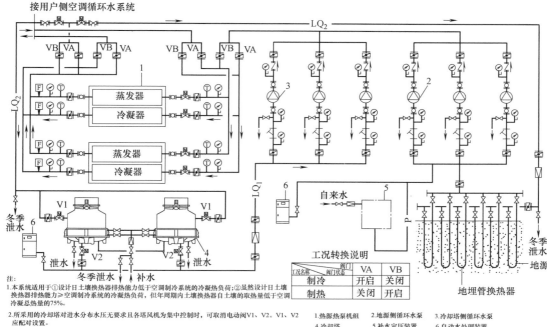

注：
1. 本系统适用于①设计日土壤换热器排热能力低于空调制冷系统的冷凝热负荷；②虽然设计日土壤换热器排热能力≥空调制冷系统的冷凝热负荷，但年周期内土壤换热器自土壤的取热量低于空调冷凝总热量的75%。
2. 所采用的冷却塔对进水分布水压无要求且各塔风机为集中控制时，可取消电动阀V1、V2。V1、V2应配对设置。
3. 所有开关型电动阀均与相应的制冷设备联锁，所有电动阀均应具有手动关断功能。
4. 开式冷却塔安装高度应使接水盘最低水位高于冷却/水源侧系统最高点2~3m。
5. 应保证冷却/水源侧系统最高点工作压力不小于2~3mH₂O。
6. 本图所示冬季泄水阀位置仅为示意，具体设置位置应保证冷却水系统冬季不使用时，室外部分能泄空。

1. 热源热泵机组　2. 地源侧循环水泵　3. 冷却塔侧循环水泵
4. 冷却塔　5. 补水定压装置　6. 自动水处理装置

图 6-35　埋管式地源热泵空调冷却/热源水系统原理图

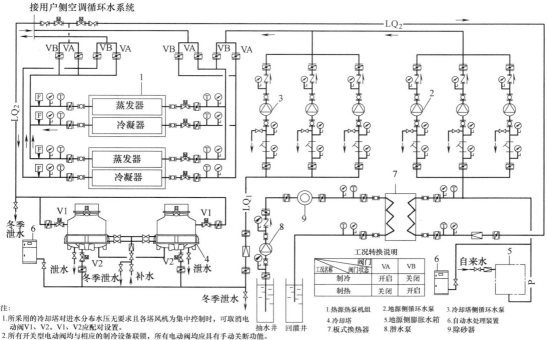

注：
1. 所采用的冷却塔对进水分布水压无要求且各塔风机为集中控制时，可取消电动阀V1、V2。V1、V2应配对设置。
2. 所有开关型电动阀均与相应的制冷设备联锁，所有电动阀均应具有手动关断功能。
3. 开式冷却塔安装高度应使接水盘最低水位高于冷却/水源侧系统最高点2~3m。
4. 应保证冷却/水源侧系统最高点工作压力不小于2~3mH₂O。
5. 本图所示冬季泄水阀位置仅为示意，具体设置位置应保证冷却水系统冬季不使用时，室外部分能泄空。

1. 热源热泵机组　2. 地源侧循环水泵　3. 冷却塔侧循环水泵
4. 冷却塔　5. 地源侧膨胀水箱　6. 自动水处理装置
7. 板式换热器　8. 潜水泵　9. 除砂器

图 6-36　井水抽灌型地源热泵空调冷却/热源水系统原理图

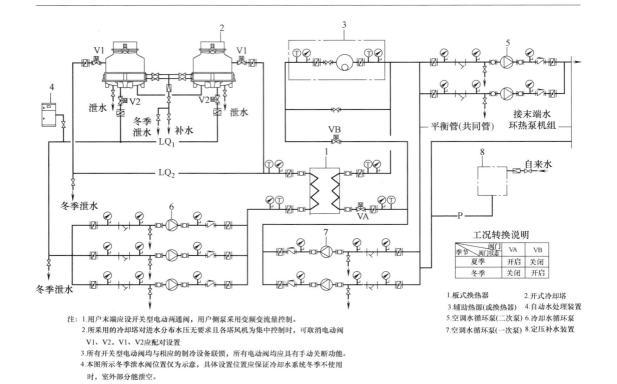

注：1.用户末端应设开关型电动两通阀，用户侧泵采用变频变流量控制。

2.所采用的冷却塔对进水分布水压无要求且各塔风机为集中控制时，可取消电动阀 V1、V2。V1、V2应配对设置

3.所有开关型电动阀均与相应的制冷设备联锁，所有电动阀均应具有手动关断功能。

4.本图所示冬季泄水阀位置仅为示意，具体设置位置应保证冷却水系统冬季不使用时，室外部分能泄空。

图 6-37　水环热泵空调冷却水系统原理图（开式冷却塔）

## 第四节　冷凝水系统

各种空调设备，如风机盘管机组、吊顶式空调机、柜式空调机、组合式空调机、新风机组等在夏季运行时，应对空气进行冷却除湿处理，产生的凝结水必须及时排走。一般空调冷凝水被收集在设置于表冷器下的集水盘中，再由集水盘接管依靠自身重力，在水位差的作用下自流排出。

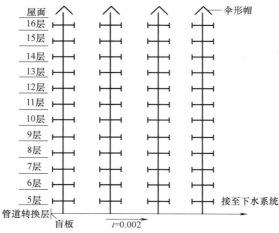

图 6-38　某宾馆客房风机盘管机组冷凝水排放系统

冷凝水的排放方式主要有两种：就地排放和集中排放。安装在酒店客房内使用的风机盘管，可就近将冷凝水排放至洗手间，排水管道短，系统漏水的可能性小，但排水点多而分散，有可能影响使用和美观。集中排放是借助管路，将不同地点的冷凝水汇集到某一地点排放，如安装在写字楼各个房间内的风机盘管，需要专门的冷凝水管道系统来排放冷凝水。集中排放的管道长，漏水可能性大，同时管道的水平距离过长时，为保持管道坡度会占用很大的建筑空

间。图 6-38 给出某宾馆客房风机盘管机组冷凝水排放系统。

空气处理设备冷凝水管道，应按下列规定设置：

（1）当空气调节设备的冷凝水盘位于机组的正压段时，冷凝水盘的出水口宜设置水封；位于负压段时，也应设置水封，水封高度应大于冷凝水盘处正压或负压值。处于正压段和负压段的冷凝水积水盘出水口处设水封，是为了防止漏风及负压段的冷凝水排不出去。在正压段和负压段设置水封的方向应相反。

通常卧式组装式空调机组、立式空调机组、变风量空调机组的表冷器均设于机组的吸入段（图 6-39）。

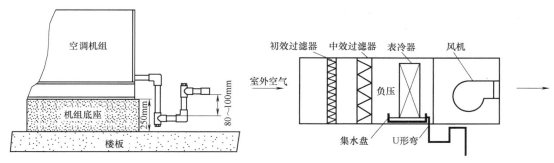

图 6-39 空调机组冷凝水管做法示意图

在机组运行中，表冷器冷凝水的排放点处于负压，为保证冷凝水的有效排放，要在排水管线上设置一定高度的 U 形弯，以使排出冷凝水在 U 形弯中能形成排放冷凝水所必需的高差原动力，且不致使室外空气被抽入机组，而严重影响冷凝水的正常排放。工程实践中出现大量冷凝水排水管线配置不合理，所设 U 形弯高差不够，而导致未能形成必需的水柱高差；另外排水管线坡度不够，有时还有反坡和抬高情况，均会使集水盘中的冷凝水溢至空调机组而导致冷凝水排水不畅，这样在空调机组运行时，冷凝水会从箱体四周滴出。

（2）机组水盘的泄水支管坡度，不宜小于 0.01；其他水平支、干管，沿水流方向，应保持不小于 0.002 的坡度且不允许有集水部位；如无坡敷设时，管内流速不得小于 0.25m/s。

（3）为便于定期冲洗、检修，冷凝水水平干管始端应设置扫除口。

（4）冷凝水管处于非满流状态，内壁接触水和空气，不应采用无防锈功能的焊接钢管；冷凝水为无压自流排放，当软塑料管中间下垂时，影响排放；因此，冷凝水管道宜采用强度较大和不易生锈的排水塑料管或热镀锌钢管，管道应采取防结露措施。

（5）冷凝水排入污水系统时，应有空气隔断措施，冷凝水管不得与室内密闭雨水系统直接连接，以防臭味和雨水从空气处理机组凝水盘外溢。

（6）冷凝水管管径应按冷凝水的流量和管道坡度确定。1kW 冷负荷每小时约产生 0.4～0.8kg 的冷凝水，此范围内的冷凝水管径可按表 6-16 进行估算。

冷凝水管管径选择表 表 6-16

| 最小坡度 | 冷负荷（kW） | | | | | | | | |
|---|---|---|---|---|---|---|---|---|---|
| 0.001 | ≤7 | 7.1～17.6 | 17.7～100 | 101～176 | 177～598 | 599～1055 | 1056～1512 | 1513～12462 | ＞12462 |
| 0.003 | ≤17 | 17～42 | 43～230 | 231～400 | 401～1100 | 1101～2000 | 2001～3500 | 3501～15000 | ＞15000 |
| 直径（mm） | DN20 | DN25 | DN32 | DN40 | DN50 | DN80 | DN100 | DN125 | DN150 |

## 习 题

1. 两管制、四管制及分区两管制水系统的特点各是什么？

2. 开式循环和闭式循环水系统各有什么优缺点？

3. 一级泵系统、二级泵系统的区别何在？它们分别适用于何种场合？

4. 什么是定流量和变流量系统？

5. 一级泵变流量系统末端设备的流量控制方式是什么？

6. 空调水系统的定压点如何确定？

7. 高层建筑空调水系统需要分区的原因何在？系统中承压最薄弱的环节是什么？

8. 常用的空调水系统定压方式有哪几种？

9. 带有开式膨胀水箱的水系统是开式系统还是闭式系统？

10. 分水器和集水器的作用是什么？

11. 简述冷却塔的工作原理及如何选择冷却塔。

12. 横流式和逆流式冷却塔的主要区别是什么？

13. 冷水机组与冷冻水循环泵的设置原则是什么？

14. 冷凝水系统设计时应注意什么？

# 第七章 空调机房与中央制冷机房

空调机房和中央制冷机房是空调系统最为核心的组成部分，分别负责分区集中处理空气和制备冷冻水（向空调系统提供冷量）的作用。本章将分别对空调机房和制冷机房相关的设备、设计原则、设计示例等进行介绍。区域供冷和分布式热电冷联供技术也将在本章进行介绍。

## 第一节 组合式空调机组

集中式空调机组又称组合式空气调节机组，其自身不带冷（热）源，是以冷、热水或蒸汽为媒介，用于完成对空气的过滤、加热或冷却、加湿或除湿、消声、热回收、新风处理和新/回风混合等功能的箱体组合式机组。组合式空调机组的特点是以功能段为组合单元，用户可根据空气处理的需要，任选各功能段进行组合，有极大的自由度和灵活性。目前，对于具有综合性功能的高层建筑，为了满足所需湿度、温度和新风量等调节需求，多采用组合式空调机组进行分层或分区集中空气处理，其优点是便于建筑物内的物业管理和系统节能。

### 一、分类与代码

表 7-1 所示为组合式空调机组的分类与代码。

**组合式空调机组的分类与代码**　　　　表 7-1

| 序号 | 分类形式 | | 代码 |
|---|---|---|---|
| 1 | 按结构形式分类 | 立式 | L |
| | | 卧式 | W |
| | | 混合式 | H |
| | | 吊挂式 | D |
| 2 | 按箱体材料分类 | 金属 | J |
| | | 玻璃钢 | B |
| | | 复合 | F |
| | | 其他 | Q |
| 3 | 按用途特征分类 | 通风机组 | T |
| | | 新风机组 | X |
| | | 净化机组 | J |
| | | 变风量机组 | B |
| | | 其他机组 | Q |

表 7-2 所示为组合式空调机组的基本规格和代码。

**组合式空调机组的基本规格和代码**　　　　　　表 7-2

| 规格代码 | 2 | 3 | 4 | 5 | 6 | 7 | 8 |
|---|---|---|---|---|---|---|---|
| 额定风量($m^3/h$) | 2000 | 3000 | 4000 | 5000 | 6000 | 7000 | 8000 |
| 规格代码 | 9 | 10 | 15 | 20 | 25 | 30 | 40 |
| 额定风量($m^3/h$) | 9000 | 10000 | 15000 | 20000 | 25000 | 30000 | 40000 |
| 规格代码 | 50 | 60 | 80 | 100 | 120 | 140 | 160 |
| 额定风量($m^3/h$) | 50000 | 60000 | 80000 | 100000 | 120000 | 140000 | 160000 |

在工程设计文件编制时，组合式空气处理机一般可按照图 7-1 所示形式表示，如 ZKL10-JX 表示：立式金属的新风机组，额定风量 $10000m^3/h$。当组合式空调机组生产商有设定的机组编号时，可以按照厂家编号选用同规格机组。

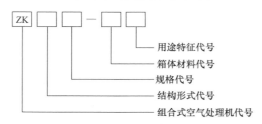

图 7-1　组合式空气处理机形式表示

### 二、机组功能段特点

典型的组合式空调机组内各功能段包含新风进风段或新风回风混合段、粗效过滤段、冷却段（或喷水冷却段、喷水室）、中间段、加热段、加湿段、送风机段、中效过滤段、出风段等，这是单风机系统模式。若是净化空调系统或可调新风量的空调系统，也可设计有回风机的双风机系统。特殊场合的净化空气处理机内，还设有亚高效或高效过滤段等。

1. 新风回风混合段

新风回风混合段一般在端部和顶部分别设新风、回风进入口，也可只在顶部或端部开口。

2. 空气过滤段

（1）空气过滤器形式：平板式、平板折叠式、自动卷绕式、袋式、密折式等；

（2）空气过滤器种类：粗效、中效、高中效、亚高效、高效等；

（3）粗效过滤器形式有平板式、平板折叠式、自动卷绕式、袋式等，要求结构简单，能清洗或更换，且操作方便；

（4）中效、高中效过滤器的形式有袋式、密折式等，要求结构简单，更换方便；宜采用能清洗的过滤器；

（5）亚高效、高效过滤器宜采用额定风量下断面风速大的过滤器，要求更换方便，应安装在机组末端；

（6）根据工程的要求，采用其他形式的空气过滤器，如活性炭空气过滤器、静电除尘空气过滤器等；

（7）各类空气过滤器设微压差计，带信号输出，供就近及远距离观察；微压差计的安装位置应便于观察，并设超压报警。

3. 冷却段

（1）冷却段的断面风速一般为 2～2.75m/s，根据断面风速和过水量的要求确定是否加装挡水板，优先考虑不设挡水板，以利于节能；

（2）由于空调系统新风比例高且室内外空气焓差较大等原因，用一级 8 排冷却段处理达不到要求时，需用两级冷却段处理；

（3）根据实际工程的要求，可将冷却段改为喷水冷却段或喷水室；喷水室应有观察窗、挡水板、循环泵和水过滤器等装置；

（4）在缺水地区或无集中冷源等情况下，可采用直接蒸发式冷却段。

4. 中间段

中间段一般用于安装、检修、更换空调处理机内的设备。

5. 加热段

（1）加热段分热水、蒸汽、电热三种，工程中应优先采用热水和蒸汽加热段；没有热源或热源不足的工程，可选用电加热段；

（2）当工程中能提供低于 65℃ 的热水以及房间的参数要求不需同时降温和加热时，可将冷却段兼作加热段用；

（3）电加热段的加热功率应根据室温要求的精度分挡设置，电加热段应设无风超温断电保护及可靠接地，并与送风机联锁。

6. 加湿段

（1）加湿器分蒸汽加湿和水加湿两种方式：

① 蒸汽加湿又分干蒸汽加湿、电热加湿、电极加湿三种；这三种加湿方法均是利用外界热源使水升温变成蒸汽混入空气中进行加湿，在 $h$-$d$ 图上的处理过程近似为等温加湿过程。

② 水加湿又分喷循环水加湿、高压喷雾加湿、湿膜及超声波加湿等；这类加湿方法均是利用水和水雾吸收空气中的显热进行蒸发加湿，在 $h$-$d$ 图上的处理过程近似为等焓加湿过程。

（2）干蒸汽加湿器：应提供蒸汽压力及供汽量，并考虑冷凝水及加湿效率所损失的蒸汽量，因此供汽量应比加湿所需蒸汽量大 20%～30%；干蒸汽加湿器一般自带电动调节装置，当该装置不带自动复位时，供汽管上设电磁开关阀并与送风机联锁。

（3）电热（电极）式加湿器：应提供水质、水压及有效加湿量；电热（电极）加湿器应设无水超温断电保护，可靠接地，并与送风机联锁。

（4）各种水加湿方法：应设相应的自控措施调节加湿量。

7. 送风机段

（1）风机的形式：通常采用双进风的离心风机和无蜗壳风机，离心风机叶片通常为前倾式、后倾式；

（2）风机出风口方向一般为 0°、90°和 180°三种形式，风机和电动机安装在一个共用减振台座上，所有减振器应受压均匀、振动平稳；

（3）选用定转速风机时，风机的选用风量应在使用风量上附加 10%，风机的选用压力应在实际需要的压力上附加 10%～15%；

（4）采用变频风机时，风机压力应以空调系统计算的总压风压；电动机功率应在额定风压下的计算值上附加 15%～20%；

（5）风机出风口为 0°或 180°安装时，风机段出风口宜设均流装置；

（6）风机出风口为 90°时，应考虑顺出风气流方向安装。

8.消声段

为减小空调机房的面积，空气处理机内不考虑设消声段，而在风管上设消声夸头或消声器，有特殊要求的工程例外。

9.出风段部

出风段的出风口根据工程实际情况可设在顶部也可设在端部。

表 7-3 所示为卧式组合式中央空调机组结构示例。

表 7-4 所示为立式组合式中央空调机组结构示例。

卧式组合式中央空调机组结构示例　　　　　　　　表 7-3

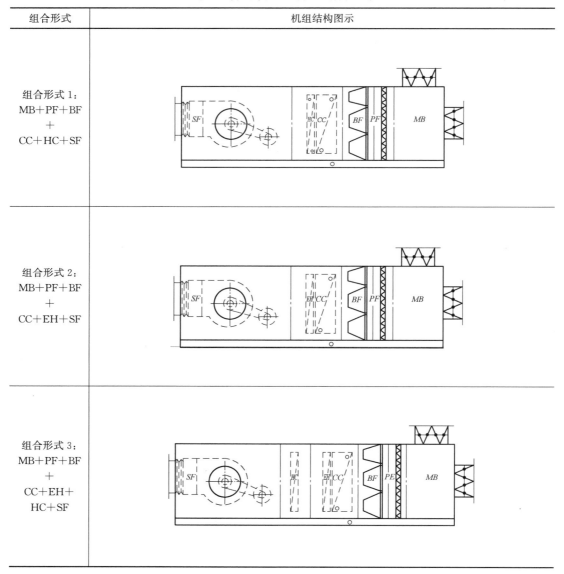

| 组合形式 | 机组结构图示 |
| --- | --- |
| 组合形式 1：<br>MB+PF+BF<br>+<br>CC+HC+SF | |
| 组合形式 2：<br>MB+PF+BF<br>+<br>CC+EH+SF | |
| 组合形式 3：<br>MB+PF+BF<br>+<br>CC+EH+<br>HC+SF | |

| 组合形式 | 机组结构图示 |
|---|---|
| 实物图 | 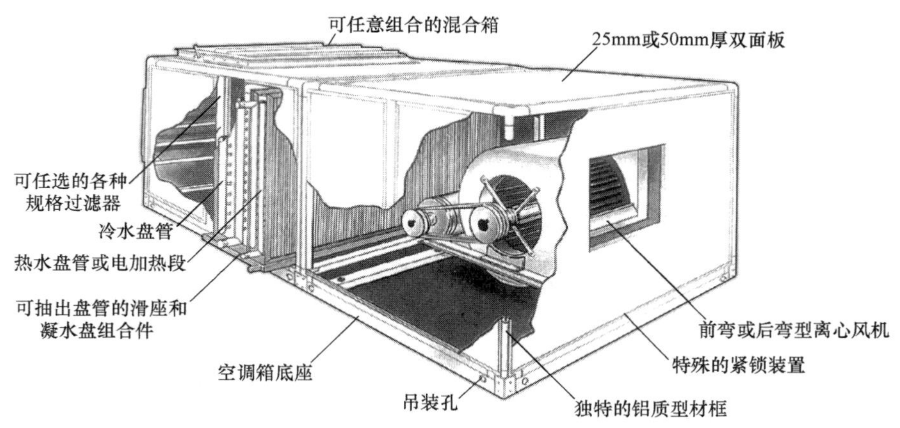 |
| 符号注释 | MB:混合段;PF:板式过滤器;BF:袋式过滤器;CC:表冷段;EH:湿膜加湿器;HC:加热器;SF:送风机 |

**立式组合式中央空调机组结构示例** 表 7-4

| 组合形式 | 机组结构图示 |
|---|---|
| 组合形式 1:MB+PF+BF+CC+HC+SF | 组合形式 2:MB+PF+BF+CC+HC+EH+SF |

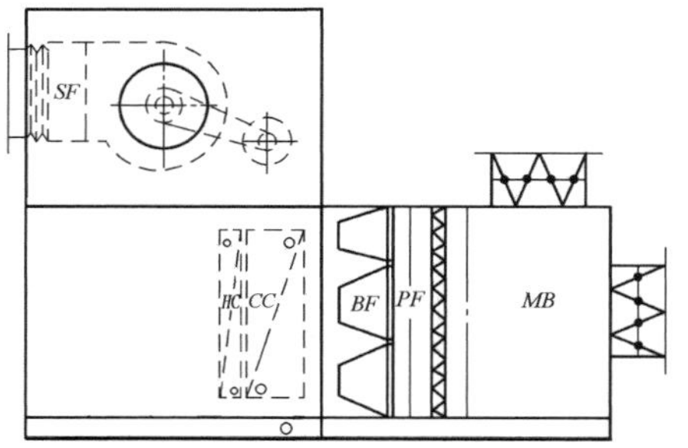

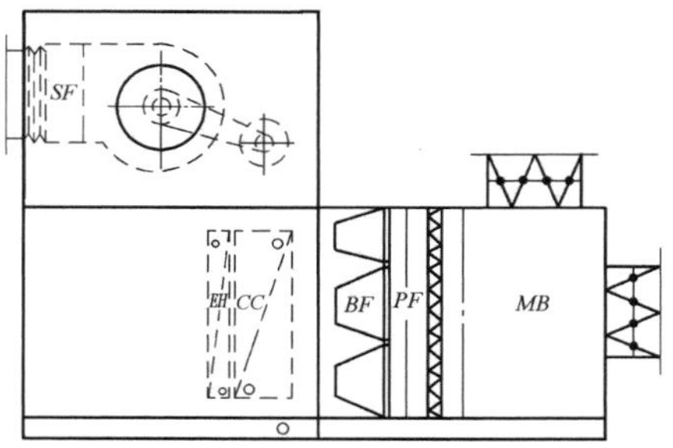

注释:MB:混合段;PF:板式过滤器;BF:袋式过滤器;CC:表冷段;EH:湿膜加湿器;HC:加热器;SF:送风机

图 7-2 所示为含有热回收功能段的二次回风式空调系统的组合式空调机组结构图示，由新风回风混合段、消声段、回风段、热回收段、初效过滤段、中间段、表冷段（含挡水板段）、再加热段、二次回风段、送风机段、消声段、中间段、中效过滤段和送风段等功能段组成。

图 7-3 所示为某二次回风式空调系统中的组合式空气机组结构图。

如图 7-3 所示，新风通过新风阀 1 进入空调机组，与室内来的一次回风在混合室 4 中混合；经过滤器 5 滤去尘埃和杂质，经一次加热器 8 加热后进入喷水室 10；在喷水室 10 中进行热湿处理，降温除湿后，接着与二次回风进行混合。混合后的空气经二次加热器

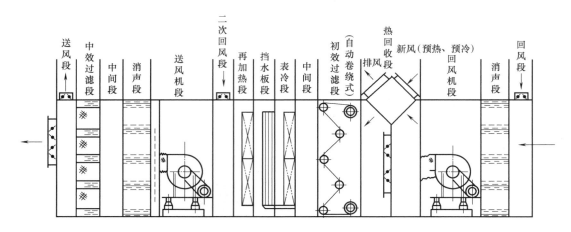

图 7-2　组合式中央空调机组结构图示（含热回收功能段）

14 加热到规定的送风状态点。由送风机经设置在送风管道内的消声器降噪，最后送入室内。由室内排出的空气经回风管道和回风管道内设置的消声器降噪，由回风机将一部分空气排出系统，其余部分作为回风加以利用。一次回风量和二次回风量由回风阀 3 和 12 的开度来确定。

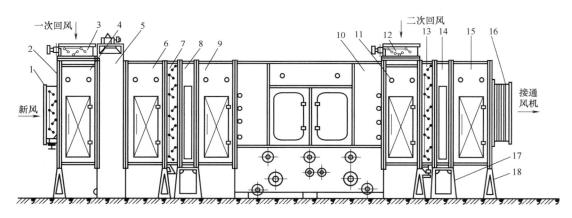

图 7-3　某二次回风式系统中组合式空气机组结构图

1—新风阀；2—混合室法兰盖；3、12—回风阀；4、11—混合室；
5—过滤器；6、9、15—中间段；7、13—混合阀；8——次加热器；
10—喷水室；14—二次加热器；16—风机接管；17—加热器支架；18—三角支架

表 7-5 所示为 YSM 系列组合式空气处理机组技术参数，表 7-6 所示为 YAH 和 YSE 系列空气处理机组技术参数表。

### 三、典型空气处理流程

空气处理流程是根据不同地区的室外气象条件，室内不同温、湿度精度要求及尽量利用室外空气所含冷热量作为辅助冷（热）源来配合人工冷（热）源对空气进行综合处理的过程。空气处理流程的方式是多种多样的，表 7-7 列出了几种民用建筑中央空调常见的空气处理流程。

## YSM 系列组合式空气处理机组技术参数　　　　表 7-5

| 型号 YSM- | 风量 (m³/h) | 表冷段 4 排 显热量 (kW) | 表冷段 4 排 全热量 (kW) | 表冷段 6 排 显热量 (kW) | 表冷段 6 排 全热量 (kW) | 表冷段 8 排 显热量 (kW) | 表冷段 8 排 全热量 (kW) | 加热段 1 排 显热量 (kW) | 加热段 2 排 全热量 (kW) | 机组规格 箱体 25mm 厚 高 (mm) | 机组规格 箱体 25mm 厚 宽 (mm) | 机组规格 箱体 50mm 厚 高 (mm) | 机组规格 箱体 50mm 厚 宽 (mm) |
|---|---|---|---|---|---|---|---|---|---|---|---|---|---|
| 10 20 | 1490 | 6 | 8 | 7 | 11 | 8 | 13 | 6 | 9 | 550 | 742 | 600 | 792 |
| 10 30 | 2510 | 9 | 12 | 10 | 14 | 13 | 20 | 9 | 17 | 550 | 1084 | 600 | 1134 |
| 10 40 | 3610 | 15 | 20 | 17 | 26 | 20 | 31 | 14 | 26 | 500 | 1426 | 600 | 1476 |
| 20 20 | 2340 | 10 | 13 | 12 | 18 | 13 | 21 | 11 | 17 | 742 | 742 | 792 | 792 |
| 20 30 | 3950 | 16 | 22 | 20 | 31 | 23 | 36 | 15 | 26 | 742 | 1084 | 792 | 1134 |
| 20 40 | 5680 | 25 | 34 | 29 | 43 | 33 | 51 | 21 | 40 | 742 | 1426 | 792 | 1476 |
| 20 50 | 7280 | 31 | 43 | 35 | 53 | 39 | 62 | 27 | 50 | 742 | 1768 | 792 | 1818 |
| 30 30 | 6170 | 27 | 37 | 33 | 49 | 37 | 57 | 26 | 44 | 1084 | 1084 | 1134 | 1134 |
| 30 40 | 8880 | 39 | 54 | 44 | 65 | 50 | 78 | 34 | 63 | 1084 | 1426 | 1134 | 1476 |
| 30 50 | 11390 | 46 | 62 | 58 | 87 | 65 | 103 | 45 | 79 | 1084 | 1768 | 1134 | 1818 |
| 30 60 | 14090 | 58 | 80 | 72 | 110 | 80 | 127 | 56 | 99 | 1084 | 2110 | 1134 | 2160 |
| 30 70 | 16610 | 71 | 99 | 87 | 135 | 98 | 156 | 68 | 121 | 1084 | 2452 | 1134 | 2502 |
| 40 40 | 12890 | 52 | 72 | 63 | 97 | 67 | 105 | 55 | 89 | 1426 | 1426 | 1476 | 1476 |
| 40 50 | 16530 | 68 | 96 | 79 | 119 | 88 | 139 | 69 | 111 | 1426 | 1768 | 1476 | 1818 |
| 40 60 | 20450 | 80 | 109 | 98 | 150 | 109 | 173 | 85 | 139 | 1426 | 2110 | 1476 | 2160 |
| 40 70 | 20490 | 97 | 135 | 119 | 184 | 133 | 211 | 104 | 169 | 1426 | 2452 | 1476 | 2502 |
| 40 80 | 28020 | 115 | 160 | 139 | 214 | 154 | 246 | 121 | 197 | 1426 | 2794 | 1476 | 2844 |
| 50 50 | 20730 | 80 | 109 | 100 | 152 | 112 | 179 | 80 | 142 | 1768 | 1768 | 1818 | 1818 |
| 50 60 | 25640 | 103 | 141 | 128 | 194 | 142 | 226 | 101 | 180 | 1768 | 2110 | 1818 | 2160 |
| 50 70 | 30210 | 127 | 174 | 154 | 237 | 172 | 274 | 123 | 218 | 1768 | 2452 | 1818 | 2502 |
| 50 80 | 35130 | 148 | 205 | 180 | 277 | 200 | 318 | 145 | 254 | 1768 | 2794 | 1818 | 2844 |
| 60 60 | 30740 | 124 | 170 | 154 | 234 | 171 | 272 | 119 | 214 | 2110 | 2110 | 2160 | 2160 |
| 60 70 | 36210 | 151 | 219 | 185 | 285 | 207 | 329 | 146 | 260 | 2110 | 2452 | 2160 | 2502 |
| 60 80 | 42090 | 179 | 249 | 218 | 337 | 243 | 386 | 174 | 306 | 2110 | 2794 | 2160 | 2844 |
| 70 70 | 42700 | 176 | 245 | 216 | 334 | 242 | 385 | 174 | 309 | 2452 | 2452 | 2502 | 2502 |
| 70 80 | 50810 | 207 | 288 | 252 | 387 | 279 | 443 | 204 | 358 | 2452 | 2794 | 2502 | 2844 |
| 70 90 | 57660 | 243 | 334 | 297 | 440 | 331 | 507 | 221 | 373 | — | — | 2502 | 3186 |
| 70 100 | 64520 | 243 | 334 | 337 | 499 | 375 | 575 | 250 | 422 | — | — | 2502 | 3528 |
| 80 80 | 57330 | 240 | 326 | 295 | 434 | 329 | 502 | 219 | 370 | — | — | 2844 | 2844 |
| 80 90 | 65070 | 273 | 379 | 337 | 497 | 375 | 574 | 252 | 423 | — | — | 2844 | 3186 |
| 80 100 | 72810 | 311 | 421 | 380 | 564 | 420 | 645 | 285 | 480 | — | — | 2844 | 3528 |
| 90 90 | 73000 | 291 | 403 | 359 | 531 | 399 | 611 | 267 | 449 | — | — | 3186 | 3186 |
| 90 100 | 81600 | 330 | 457 | 404 | 598 | 445 | 684 | 302 | 509 | — | — | 3186 | 3528 |

注：1. 制冷：进风干球 27℃；湿球 19.5℃。制热：进风温度 20℃。
　　2. 盘管迎面风速：2.5m/s，冷凝水接管直径：42mm 外径。
　　3. 冷冻水进出水温度：7℃/12℃，热水进出水温度 60℃/50℃。

## YAH和YSE系列空气处理机组技术参数

表7-6

| 型号 | 额定风量 | 回风工况 4排 | | | | 回风工况 6排 | | | | 全新风工况 4排 | | | | 全新风工况 6排 | | | | 机外静压 (Pa) | | 接管尺寸 (mm) | | 电机功率 | 外形尺寸 | | |
|---|---|---|---|---|---|---|---|---|---|---|---|---|---|---|---|---|---|---|---|---|---|---|---|---|---|
| | | 全热量 | 显热量 | 水流量 | 水压降 | 全热量 | 显热量 | 水流量 | 水压降 | 全热量 | 显热量 | 水流量 | 水压降 | 全热量 | 显热量 | 水流量 | 水压降 | 4排 | 6排 | 4排 | 6排 | | 长 | 宽 | 高 |
| | m³/h | kW | kW | L/s | kPa | kW | kW | L/s | kPa | kW | kW | L/s | kPa | kW | kW | L/s | kPa | | | | | kW | mm | mm | mm |
| YAH02 | 2000 | 11.3 | 8.5 | 0.5 | 6.2 | 13.1 | 9.5 | 0.6 | 4.1 | 28.8 | 11.7 | 1.3 | 31.4 | 32.7 | 13.2 | 1.5 | 18.2 | 131 | 100 | 34 | 34 | 1×0.32 | 1219 | 1240 | 397 |
| YAH03 | 3000 | 17.9 | 13.0 | 0.8 | 17.1 | 19.8 | 14.3 | 0.9 | 4.7 | 43.1 | 17.5 | 2.0 | 78.0 | 49.1 | 19.8 | 2.3 | 22.6 | 147 | 100 | 34 | 48 | 2×0.32 | 1572 | 1240 | 397 |
| YAH04 | 4000 | 20.5 | 15.9 | 0.9 | 4.5 | 28.8 | 19.9 | 1.3 | 10.7 | 52.7 | 21.5 | 2.5 | 24.3 | 67.8 | 27.4 | 3.1 | 48.0 | 136 | 92 | 34 | 48 | 2×0.32 | 1969 | 1240 | 397 |
| YAH05 | 5000 | 25.6 | 19.8 | 1.2 | 4.9 | 35.8 | 24.9 | 1.7 | 11.3 | 65.9 | 26.9 | 3.1 | 26.7 | 84.6 | 34.1 | 4.0 | 52.0 | 184 | 140 | 48 | 48 | 1×0.45 | 1969 | 1240 | 473 |
| YAH06 | 6000 | 34.0 | 25.3 | 1.6 | 9.0 | 40.7 | 29.0 | 1.9 | 6.2 | 84.0 | 34.1 | 3.9 | 44.9 | 98.7 | 39.9 | 4.6 | 29.7 | 187 | 143 | 48 | 60 | 2×0.8 | 2269 | 1240 | 473 |
| YAH02C | 2000 | 11.3 | 8.5 | 0.5 | 6.2 | 13.1 | 9.5 | 0.6 | 4.1 | 28.8 | 11.7 | 1.3 | 31.4 | 32.7 | 13.2 | 1.5 | 18.2 | 250 | 200 | 34 | 34 | 0.75 | 1219 | 1240 | 397 |
| YAH03C | 3000 | 17.9 | 13.0 | 0.8 | 17.1 | 19.8 | 14.3 | 0.9 | 4.7 | 43.1 | 17.5 | 2.0 | 78.0 | 49.1 | 19.8 | 2.3 | 22.6 | 250 | 200 | 34 | 48 | 1.1 | 1572 | 1240 | 397 |
| YAH04C | 4000 | 20.5 | 15.3 | 0.9 | 4.5 | 28.8 | 19.9 | 1.3 | 10.7 | 52.7 | 21.5 | 2.5 | 24.3 | 67.8 | 27.4 | 3.1 | 48.0 | 250 | 200 | 34 | 48 | 1.5 | 1969 | 1240 | 397 |
| YAH05C | 5000 | 25.6 | 19.8 | 1.2 | 4.9 | 35.8 | 24.9 | 1.7 | 11.3 | 62.9 | 26.9 | 3.1 | 26.7 | 84.6 | 34.1 | 4.0 | 52.0 | 250 | 200 | 48 | 48 | 1.5 | 1969 | 1240 | 473 |
| YAH06C | 6000 | 34.0 | 25.3 | 1.6 | 9.0 | 40.7 | 29.0 | 1.9 | 6.2 | 84.0 | 34.1 | 3.9 | 44.9 | 98.7 | 39.9 | 4.6 | 29.7 | 250 | 200 | 48 | 60 | 2.2 | 2269 | 1240 | 473 |
| YAH08C | 8000 | 49.9 | 35.8 | 2.3 | 23.9 | 61.8 | 42.0 | 2.9 | 19.3 | 119.6 | 48.4 | 5.5 | 114.8 | 143.8 | 58.0 | 6.7 | 86.7 | 230 | 180 | 48 | 60 | 1×3.0 | 1772 | 1670 | 781 |
| YAH10C | 10000 | 57.9 | 43.0 | 2.7 | 8.1 | 66.7 | 47.9 | 3.1 | 6.2 | 145.2 | 58.9 | 6.8 | 43.3 | 164.3 | 66.4 | 7.6 | 31.4 | 280 | 240 | 60 | 76 | 1×3.0 | 2172 | 1670 | 781 |
| YAH12C | 12000 | 70.9 | 52.1 | 3.3 | 12.6 | 87.7 | 60.9 | 4.1 | 10.6 | 174.9 | 70.9 | 8.2 | 65.4 | 208.8 | 84.2 | 9.7 | 51.8 | 320 | 260 | 60 | 76 | 1×5.5 | 2422 | 1670 | 781 |
| YAH15C | 15000 | 86.5 | 63.9 | 4.0 | 18.8 | 107.9 | 75.3 | 5.0 | 16.4 | 211.6 | 85.9 | 9.9 | 97.2 | 255.1 | 103 | 11.8 | 78.0 | 400 | 330 | 60 | 76 | 1×7.5 | 2622 | 1770 | 781 |
| YSE30 | 5000 | 34.1 | 23.5 | 1.6 | 12 | 43.9 | 28.1 | 2.1 | 11 | 80.1 | 31.2 | 3.8 | 35 | 96.4 | 37.6 | 4.6 | 50 | 120 | 100 | 60 | | 1.1 | 1400 | 705 | 1750 |
| YSE50 | 8500 | 51.5 | 36.6 | 2.5 | 18 | 69.2 | 44.9 | 2.8 | 23 | 124.0 | 48.2 | 5.9 | 74 | 155.1 | 59.8 | 6.7 | 110 | 180 | 150 | 60 | | 2.2 | 1400 | 705 | 1750 |
| YSE70 | 12000 | 67.5 | 49.3 | 3.2 | 8 | 96.3 | 62.6 | 4.6 | 13 | 172.5 | 67.2 | 8.2 | 20 | 217.8 | 84.9 | 10.4 | 39 | 270 | 250 | 76 | | 4 | 1820 | 975 | 2100 |
| YSE80 | 13500 | 77.6 | 56.6 | 3.7 | 8 | 106.9 | 69.4 | 5.1 | 13 | 190.8 | 74.3 | 9.1 | 23 | 242.7 | 94.6 | 11.6 | 47 | 280 | 250 | 76 | | 4 | 1820 | 975 | 2100 |
| YSE100 | 17000 | 90.4 | 67.8 | 4.3 | 8 | 127.5 | 85.4 | 6.1 | 16 | 224.7 | 89.9 | 10.7 | 29 | 293.4 | 114.4 | 14 | 63 | 350 | 300 | 76 | | 5.5 | 1820 | 1175 | 2300 |
| YSE120 | 20000 | 121.0 | 87.1 | 5.8 | 11 | 163.1 | 106.0 | 7.8 | 20 | 292.8 | 114.2 | 14.0 | 35 | 336.1 | 142.8 | 17.4 | 73 | 430 | 400 | 上管60 下管76 | | 7.5 | 2156 | 1175 | 2625 |
| YSE150 | 25000 | 140.9 | 102.8 | 6.7 | 12 | 194.4 | 128.3 | 9.3 | 27 | 345.0 | 138 | 16.4 | 50 | 441.6 | 172.2 | 21 | 102 | 490 | 450 | 上管60 下管76 | | 11 | 2156 | 1175 | 2625 |

注：回风标准制冷工况：进风27°DB/19.5°WB；进出水温7℃/12℃。全新风标准制冷工况：进风34°DB/19.5°WB；进出水温7℃/12℃。

民用建筑中央空调常见的空气处理流程 表 7-7

| 分类 | 空调形式 | 典型空气处理流程 |
|---|---|---|
| 舒适性空调系统 | 全新风直流降温系统 | 新风 → 粗效 → (中效) → 一级冷却 → (二级冷却) → 风机 → 送风 → 降温房间<br><br>该系统用作降温房间不允许回风的送风系统或满足人员所需新风量的新风集中处理系统。新风降温处理焓差大于 8 排冷却段的处理能力,应设置二级冷却段处理。若房间内空气品质要求高应在粗效过滤器后加中效过滤器 |
| | 新风、回风降温系统 | 回风 ←————————— 降温房间<br>新风 → → 粗效 → 冷却 → 风机 → 送风 → 降温房间 |
| 工艺性空调系统 | 夏季降温、冬季加热系统(仅有温度要求) | 回风 ←————————— 空调房间<br>新风 → → 粗效(中效) → 冷却兼加热 / 冷却→加热 / 加热→冷却 → 风机 → 送风 → 空调房间 |
| | 空调系统(温、湿度同时有要求) | 回风 ←————————— 空调房间<br>新风 → 粗效 → 中效 → 冷却 → 加热 → 加湿 → 风机 → 送风 → 空调房间<br><br>一次回风 二次回风 → 空调房间<br>新风 → 粗效 → 冷却 → 加热 → 加湿 → 风机 → 中效 → 送风 → 空调房间<br><br>一次回风 二次回风 → 空调房间<br>新风 → 粗效 → 一次加热 → 喷淋冷却淋水室 → 二次加热 → 风机 → 中效 → 送风 → 空调房间 |
| | 考虑防冻的空调系统(温、湿度同时有要求) | 回风 ←————————— 空调房间<br>新风 → 粗效 → 中效 → 一次加热 → 冷却 → 二次加热 → 加湿 → 风机 → 送风 → 空调房间<br><br>一次回风 二次回风 → 空调房间<br>新风 → 粗效 → 中效 → 一次加热 → 冷却 → 二次加热 → 加湿 → 风机 → 送风 → 空调房间 |

续表

| 分类 | 空调形式 | 典型空气处理流程 |
|---|---|---|
| | 双风机空调系统 | 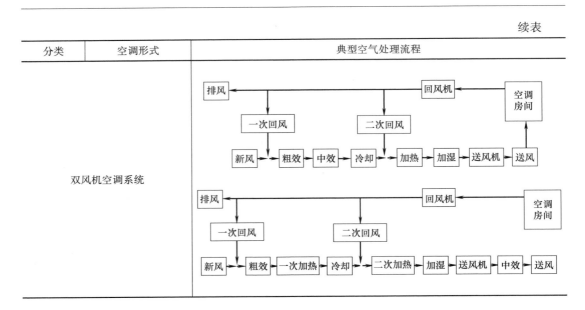 |

## 四、机组管线连接

图 7-4 所示为空调处理机出口风管连接方式示例。

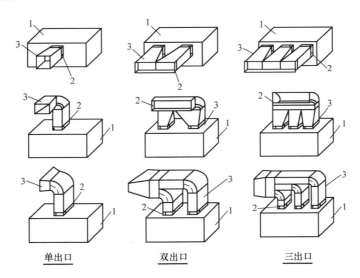

单出口　　　　　双出口　　　　　三出口

图 7-4　空调处理机出口风管连接方式

1—空调机组；2—保温软接头；3—风管

图 7-5 所示为空调处理机水管连接方式示例。

## 五、空气处理机的调试

1. 空气处理系统的风量测定：

（1）测定机组的送风量、新风量、排风量和一、二次回风量，检查机组的风量是否符合设计要求；

（2）测定各支、干风管风量和各空调房间送、回风口的风量等，即将总风量按各空调房间的设计风量进行分配调试；

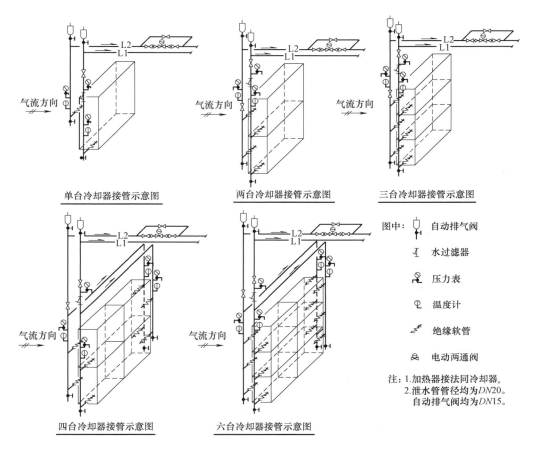

单台冷却器接管示意图　　两台冷却器接管示意图　　三台冷却器接管示意图

四台冷却器接管示意图　　六台冷却器接管示意图

图中：
自动排气阀
水过滤器
压力表
温度计
绝缘软管
电动两通阀

注：1.加热器接法同冷却器。
　　2.泄水管管径均为DN20。
　　　自动排气阀均为DN15。

图 7-5　空调处理机水管连接方式

（3）空调房间若有正压要求，需调节房间回风口的回风量，使其室内保持一定的正压值。

（4）测定风量参见国标图集《风管测量孔和检查门》06K131 中的有关部分。

2. 空气处理机的性能测定与调整：空调系统风量调整到符合设计要求后，再对冷却段、加热段、加湿段和空气过滤段等各功能段的单体进行性能测定与调整。

3. 在进行上述工作的同时，应对自动调节和检测系统的线路、仪表以及调节执行机构等进行检查、检验和调整，使其达到设计要求；然后将自动调节和检测系统的各部件联动运行，考核动作是否灵活、准确，为自动调节系统特性的调试创造条件。

4. "露点"温度调节性能的调试：在机组性能测定完毕，自动调节和检测系统可联动运行，通过试调使冷却器后的"露点"温度在设计要求的范围内波动，以达到空调房间内的相对湿度要求。

5. 冷却后的二次回风量或加热器调节性能的调试：在"露点"温度调节性能试调好后，再调节二次回风量或调节加热量，使空调处理机出口处干球温度在设计的范围内波动，以达到空调房间内的温度要求。

6. 空调房间内温、湿度调节性能的调试与调整：温、湿度精度要求高的房间，必须先进行气流组织调试，先调好送风气流的分布，使室内气流分布合理，然后使空调系统的自动调节环节全部投入运行，使室内温湿度达到允许波动范围的要求。

7. 空调系统综合效果检验与测定：在分项进行调试的基础上，最后进行 24～48h 的测试运行，以考核系统的综合效果，并确定空调房间内可能维持的温度和相对范围。系统综合效果测定后，宜将测定数据整理成便于分析的图表，绘制出空气被处理变化的实际工况图，以便与设计工况进行比较。

8. 空调房同噪声控制有一定要求时，应对空调系统的送、回风口以及排风口等进行噪声测定后，再对不利于工作人员停留位置的人耳高度进行环境噪声测定，如达不到要求，应增加或更换消声设施，直至满足要求为止。

**六、制冷量试验及计算方法**

根据《房间空气调节器》GB/T 7725—2004 的要求，应以空气焓值法（Air-Enthalpy Test Method）为基础，通过空气焓差法试验室测定空调器的实际制冷量或热泵制热量。

其中，空气焓值法是一种测定空调器制冷、制热能力的试验方法，它对空调器的送风参数、回风参数及循环风量进行测定，用测出的风量与送风、回风焓差的乘积确定空调器的能力。

焓差试验室是用于测定空调机制冷、制热能力的试验室。焓差试验室常用于提供所需要的工况条件，如一定温度、一定相对湿度等环境条件，常用于测量空调产品的水流量、风量、耗电量、制冷制热能力等，是现代空调检测装置和设计的重要检测场所。

完整的焓差试验室一般包括试验室房间结构、压缩冷凝机组、空气再处理设备、加湿加热器、风量测试装置、控制柜、测量仪表、制冷系统管道工程、配水系统、电气接线、冷却及给水排水系统、计算机系统等。

某些焓差试验室结构简图（室内侧试验室）及制冷量计算公式详见表 7-8。

**焓差试验室结构简图（室内侧试验室）及制冷量计算公式**　　表 7-8

| 项目 | 计算公式 |
| --- | --- |
| 焓差试验室结构及试验参数 | 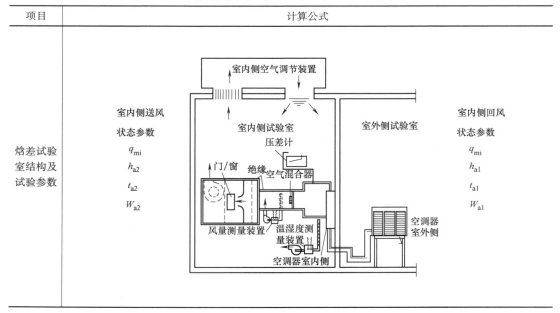 |

续表

| 项目 | 计算公式 |
|------|---------|
| 制冷量(W) | $\varphi_{tci}=q_{mi}(h_{a1}-h_{a2})/[V'_a(1+W_a)]$ |
| 显冷量(W) | $\varphi_{sci}=q_{mi}C_{pa}(t_{a1}-t_{a2})/[V'_a(1+W_a)]$ |
| 潜冷量(W) | $\varphi_{lci}=K_iq_{mi}(W_{a1}-W_{a2})/[V'_a(1+W_a)]=\varphi_{tci}-\varphi_{sci}$ |
| 参数变量 | $\varphi_{tci}$——室内侧测量的总冷量,W;<br>$q_{mi}$——空调器室内测点的风量,m³/s;<br>$h_{a1}$——空调器室内侧回风空气焓值(干空气),J/kg;<br>$h_{a2}$——空调器室内侧送风空气焓值(干空气),J/kg;<br>$V'_a$——测点处湿空气比容,m³/kg;<br>$W_a$——测点处空气湿度,kg/kg(干);<br>$\varphi_{sci}$——室内侧测量的显冷量,W;<br><br>$C_{pa}$——$1005+1864W_a$,J/(kg K)(干);<br>$t_{a1}$——空调器室内侧回风空气温度,℃;<br>$t_{a2}$——空调器室内侧送风空气温度,℃;<br>$\varphi_{lci}$——潜冷量,W;<br>$K_i$——2.47E6,此值为$15\pm1$℃时的蒸发潜热,J/kg;<br>$W_{a1}$——室内侧回风空气的绝对湿度,kg/kg(干);<br>$W_{a2}$——室内侧送风空气的绝对湿度,kg/kg(干) |
| 技术条件 | (1)采用标准机标定,在额定工况下与国家测试中心相比偏差小于2%;<br>(2)一次性装机连续5次测量的冷量重复性偏差小于2%;<br>(3)一次性装机连续7次测量风量偏差小于2% |

具体测试要求及过程详见《房间空气调节器》GB/T 7725—2004 附录 A,本书不再赘述。

# 第二节　集中空调机房设计

## 一、集中空调机房设计要点

1. 机房位置

(1) 空调机房应尽量靠近空调房间,并宜设在负荷中心,但应远离要求振动、噪声等严格的房间。

(2) 高层建筑的集中式系统,机房宜设在设备技术层内,以便集中管理。20 层以内的高层建筑宜在上部或下部设一个技术层,如上部为办公或客房,下部为商场、厨房、餐厅等则技术层宜设在下部。20～30 层的高层建筑宜在上、下部各设一个技术层。30 层以上时,其中部应增加一两个技术层。

(3) 空气水系统,例如带新风的风机盘管系统,用于高层建筑时,其新风机房宜每层或几层(一般不应超过 5 层)设一个新风机房。当新风量较小,吊顶内可以设置空调机时,也可将新风机组悬挂在吊顶内。

(4) 空调机房宜有非正立面的外墙,以便新风进入。如设置在地下室或大型建筑的内区,应有足够断面的新风竖井或新风通道。

2. 机房面积和高度

(1) 机房的面积与采用的空调方式、系统的风量大小、空气处理的要求等有关。即与空调机房内放置设备的数量和占地面积有关。送风空调机房占地面积比例(%)见表 7-9。一般全空气集中式系统,当有净化要求或参数要求严格时,约为空调面积的 $10\%～20\%$;民用和一般降温系统约为 $5\%～10\%$。仅送新风的空气-水系统,新风机房约占空调面积的 $1\%～2\%$。

空调机房所占建筑面积的概略比例　　　　　　　　表 7-9

| 空调建筑面积 | 空调方式 | | | | |
|---|---|---|---|---|---|
| (m²) | 分楼层单风道(全空气系统) | 风机盘管机组加新风 | 双风道(全空气系统) | 柜式机组 | 平均估算法 |
| 1000 | 7.5 | 4.5 | 7.0 | 5.0 | 7.0 |
| 3000 | 6.5 | 4.0 | 6.7 | 4.5 | 6.5 |
| 5000 | 6.0 | 4.0 | 6.0 | 4.2 | 5.5 |
| 10000 | 5.5 | 3.7 | 5.0 | | 4.5 |
| 15000 | 5.0 | 3.6 | 4.0 | | 4.0 |
| 20000 | 4.8 | 3.5 | 3.5 | | 3.8 |
| 25000 | 4.7 | 3.4 | 3.2 | | 3.7 |
| 30000 | 4.6 | 3.0 | 3.0 | | 3.6 |

（2）机房的高度应按空调器的高度及风管、水管和电线管高以及检修空间决定。一般净高为 4～6m。

（3）风管布置应尽量避免交叉，以减少空调机房和吊顶的高度。

3. 机房内布置

（1）大型机房设单独的管理人员值班室，值班室应设在便于观察机房的位置，自动控制屏宜设置在值班室内。

（2）机房最好有单独的出入口，以防止人员、噪声等对空调房间的影响。

（3）经常操作的操作面宜有不小于 1m 的净距离，需要检修的设备旁要有不小于 700mm 的检修距离。

（4）空气调节机房的门和装拆、搬运设备的通道应考虑能顺利地运入最大空调构件的可能，如构件不能由门搬入，则应预留安装孔洞和通道，并应考虑拆换的可能。

（5）过滤器如需定期清洗时，过滤器小室的隔间和门应考虑搬运过滤器的方便。对于可清洗的过滤器还应考虑洗、晾的场地。

（6）经常调节的阀门应设置在便于操纵的位置。

（7）空气调节器、自动控制仪表等的操作面应有充足的光线，最好是自然光线。需要检修的地点应设置检修照明，当机房与冷冻站分设或机房对外有较多联系时应设电话。

4. 整体机组的布置

在下列情况下，机组不能直接设置在空调房间内，应隔开：

（1）室温允许波动范围小于 ±1℃ 的系统；

（2）机组的噪声或振动影响生产或生活时；

（3）机组影响室内清洁或操作时；

（4）机组的水系统的发湿量造成对工艺生产不利时。

**二、常用空调系统设计图例**

图 7-6 所示为空调系统设计常用图例（部分图例，仅供阅读本书使用）。

**三、空调机房设计示例图（1）**

图 7-7 至图 7-11 所示为机房内设置一台 10000m³/h 风量卧式空气处理机组的中央空调机房设计示例图。相关图纸节选自国家建筑标准设计图集——《空调机房设计与安装》07K304 中的示例一。

| 序号 | 名称 | 图例 | 附注 | 序号 | 名称 | 图例 | 附注 |
|---|---|---|---|---|---|---|---|
| | | 水、汽管道阀门和附件 | | 16 | 短臂消声弯头 | | |
| 1 | 水管、蒸汽管 | | 代号说明：<br>R1—热水供水管<br>R2—热水回水管<br>L1—冷水供水管<br>L2—冷水回水管<br>Z—蒸汽管<br>S—自来水管 | 17 | 联箱 | | |
| | | | | 18 | 消声静压箱 | | |
| | | | | 19 | 进出风方向 | | |
| | | | | | | 暖通空调设备 | |
| 2 | 阀门(通用) | | | 20 | 风机 | | 离心风机<br>无蜗壳风机 |
| 3 | 电动二通阀 | | | | | | |
| 4 | 电磁阀 | | | 21 | 空调冷、热盘管 | | 左：冷却器<br>右：加热器 |
| 5 | 水(汽)过滤器 | | | | | | |
| 6 | 疏水阀 | | | 22 | 空气过滤器 | | 左：粗效过滤<br>中：中效过滤<br>右：高效过滤 |
| 7 | 绝缘软管 | | | | | | |
| 8 | 丝堵 | | | | | | |
| 9 | 自动排气阀 | | | 23 | 空气加湿器 | | |
| 10 | 管道坡向及坡度 | i=0.003 | | 24 | 挡水板 | | |
| 11 | 介质流向 | | | | | 调控装置及仪表 | |
| | | 风管阀门和附件 | | 25 | 温度传感器 | | |
| 12 | 对开多叶调节阀<br>(手动) | | | 26 | 湿度传感器 | | |
| | | | | 27 | 焓值传感器 | | |
| 13 | 电动密闭阀 | | | 28 | 压差传感器 | | |
| | | | | 29 | 压力表 | | |
| 14 | 防火阀<br>(70℃熔断) | | | 30 | 温度计 | | |
| 15 | 软接头 | | | | | | |

图 7-6　空调系统设计常用图例

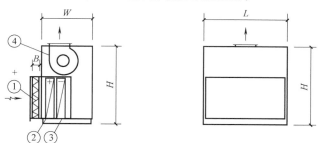

| 空调系统编号：＿＿＿＿＿＿＿ | | 机组数量：<br>左式＿＿台；右式＿＿台 | 外形尺寸要求：$L \leqslant 1650$，$W \leqslant 950$，$H \leqslant 1850$ | |
|---|---|---|---|---|
| 功能段编号 | ① | ② | ③ | ④ |
| 功能段名称 | 粗效过滤器 | 加热器 | 冷却器 | 风机 |
| 性能要求 | 大气尘计数效率：<br>$\eta \geqslant$ ＿＿%($\geqslant 5\mu m$)<br>初阻力：＿＿＿＿Pa | 进风参数：<br>$t_g=$ ＿＿℃<br><br>出风参数：<br>$t_g=$ ＿＿℃ | 进风参数：<br>$t_g=$ ＿＿℃<br>$t_s=$ ＿＿℃<br>出风参数：<br>$t_g=$ ＿＿℃<br>$t_s=$ ＿＿℃ | 风量：＿＿＿ m³/h<br>机组机外余压：<br>＿＿ Pa<br>配用电机功率：<br>＿＿ kW<br>风机出口方向： |
| 备注 | 过滤器可清洗；<br>带指针式压差计；<br>过滤器形式：平板式<br>$B \leqslant 60$；<br>能从侧面抽出 | 进出口水温：＿＿＿<br>盘管材质：＿＿＿<br>水阻力：＿＿ kPa<br>工作压力：＿＿MPa | 进出口水温：＿＿＿<br>盘管材质：＿＿＿<br>滴水盘材质：＿＿<br>水阻力：＿＿ kPa<br>工作压力：＿＿MPa | 上部出风<br>是否变频：＿＿＿ |

图 7-7　空气处理机组及性能参数图

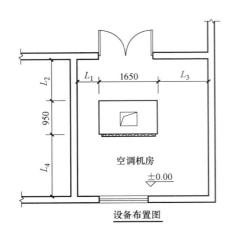

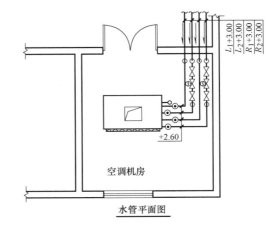

空气处理机定位尺寸表

| 尺寸代号 | $L_1$ | $L_2$ | $L_3$ | $L_4$ |
|---|---|---|---|---|
| 长度(mm) | ≥600 | ≥1200 | ≥1400 | ≥1800 |

注:1.水管管径及管道间距由设计人员根据具体工程情况确定。
2.旁通管管径比主管管径小一号。

图 7-8  设备平面图、水管平面图

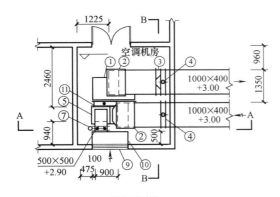

说明表

| 序号 | 名称 | 型号及规格 | 单位 | 数量 | 备注 |
|---|---|---|---|---|---|
| ① | 立式空气处理机 | 风量:10000m³/h | 台 | 1 | 左式 |
| ② | 短臂消声弯头 | 400×1000(B×H) | 个 | 2 | 单个消声量≥12dB(A) |
| ③ | 手动对开多叶调节阀 | 1000×400 | 个 | 1 | |
| ④ | 防火阀 | 1000×400 | 个 | 2 | 70℃熔断,24V电信号 |
| ⑤ | 联箱 | 1700×700×1000(H) | 个 | 1 | 钢板厚度δ=1.2~1.5 |
| ⑥ | 手动对开多叶调节阀 | 500×500 | 个 | 1 | |
| ⑦ | 新风电动密闭阀 | 500×500 | 个 | 1 | 24V电信号 |
| ⑧ | 手动对开多叶调节阀 | 800×500 | 个 | 1 | |
| ⑨ | 新风百叶窗 | 1400×1000(H) | 个 | 1 | 有效面积≥50% 根据建筑外观确定安装高度及尺寸 |
| ⑩ | 新风百叶联箱 | 1400×500×1000(H) | 个 | 1 | 钢板厚度δ=1.2~1.5 |
| ⑪ | 保温软接头 | 长度L=150~200 | 个 | 2 | 尺寸同空调开口尺寸 |
| ⑫ | 混凝土基础 | | 个 | 1 | 做法见立式空气处理机基础示意图 |

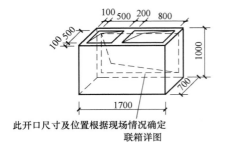

此开口尺寸及位置根据现场情况确定
联箱详图

图 7-9  风管平面图

## 四、空调机房设计示例图 (2)

图 7-12 至图 7-15 所示为机房内设置两台 6000m³/h 风量卧式空气处理机组的中央空调机房设计示例图。相关图纸节选自国家建筑标准设计图集——《空调机房设计与安装》07K304 中的示例十四。

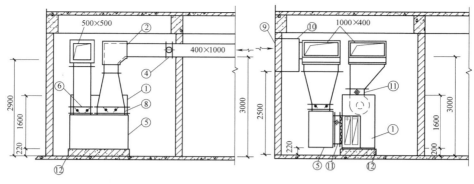

图 7-10　风管剖面图

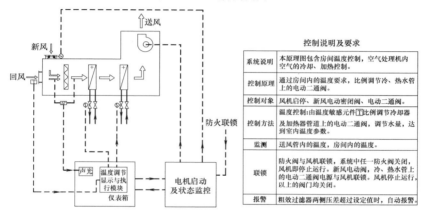

| 控制说明及要求 | |
|---|---|
| 系统说明 | 本原理图包含房间温度控制，空气处理机内空气的冷却、加热控制。 |
| 控制原理 | 通过房间内的温度要求，比例调节冷、热水管上的电动二通阀。 |
| 控制对象 | 风机启停、新风电动密闭阀、电动二通阀。 |
| 控制方法 | 温度控制：由温度敏感元件 $\boxed{T}$ 比例调节冷却器及加热器管道上的电动二通阀，调节水量，达到室内温度参数。 |
| 监测 | 送风管内的温度，房间内的温度。 |
| 联锁 | 防火阀与风机联锁，系统中任一防火阀关闭，风机即停止运行。新风电动阀，冷、热水管上的电动二通阀电源与风机联锁，风机停止运行，以上的阀门均关闭。 |
| 报警 | 粗效过滤器两侧压差超过设定值时，自动报警。 |

图 7-11　空调自动控制原理图

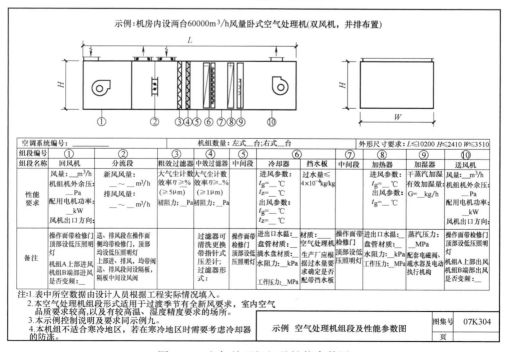

示例:机房内设两台60000m³/h风量卧式空气处理机(双风机，并排布置)

| 空调系统编号:_____ | | | 机组数量:左式__台;右式__台 | | | | 外形尺寸要求:L≤10200 H≤2410 W≤3510 | | |
|---|---|---|---|---|---|---|---|---|---|
| 组段编号 | ① | ② | ③ | ④ | ⑤ | ⑥ | ⑦ | ⑧ | ⑨ | ⑩ |
| 组段名称 | 回风机 | 分流段 | 粗效过滤器 | 中效过滤器 | 中间段 | 冷却器 | 挡水板 | 中间段 | 加热器 | 加湿器 | 送风机 |

| 组段编号 | ① 回风机 | ② 分流段 | ③ 粗效过滤器 | ④ 中效过滤器 | ⑤ 中间段 | ⑥ 冷却器 | ⑦ 挡水板 | ⑧ 中间段 | ⑨ 加热器 | ⑩ 加湿器 | 送风机 |
|---|---|---|---|---|---|---|---|---|---|---|---|
| 性能要求 | 风量:__m³/h 机组机外余压:__Pa 配用电机功率:__kW 风机出口方向: | 新风量:__ ~ __m³/h 排风量:__ ~ __m³/h | 大气尘计数效率η≥_% (≥5μm) 初阻力:__Pa | 大气尘计数效率η≥_% (≥1μm) 初阻力:__Pa | | 进风参数: $t_g$=__℃ $t_z$=__℃ 出风参数: $t_g$=__℃ $t_z$=__℃ | 过水量≤ $4×10^{-4}$ kg/kg | | 进风参数: $t_g$=__℃ $t_z$=__℃ 出风参数: $t_g$=__℃ | 干蒸汽加湿 有效加湿量:G=__kg/h | 风量:__m³/h 机组机外余压:__Pa 配用电机功率:__kW 风机出口方向: |
| 备注 | 操作面带检修门 顶部设低压照明灯 机组A上部进风机组B端部进风是否变频:__ | 送、排风段在操作面侧均带检修门，顶部均带低压照明灯 上部进、排风，均带阀送、排风间设隔板，隔板中间设风阀 | 过滤器可清洗更换 带指针式压差计;过滤器形式:__ 工作压力:__MPa | 操作面带检修门 顶部设低压照明灯 | | 出水温:__ 盘管材质:__ 滴水盘材质:__ 水阻力:__kPa 是否配挡水板 | 材质:__ 空气处理机生产厂应根据水量要求确定是否配备挡水板 | | 进出口水温:__ 盘管材质:__ 水阻力:__kPa 工作压力:__MPa | 蒸汽压力:__MPa 配套电磁阀、疏水器及电动执行机构 | 操作面带检修门 顶部设低压照明灯 机组A上部出风机组B端部出风是否变频:__ |

| | |
|---|---|
| 注:1.表中所空数据由设计人员根据工程实际情况填入。<br>2.本空气处理机组段形式适用于过渡季节有全新风要求，室内空气品质要求较高，以及有较高温、湿度精度要求的场所。<br>3.本示例控制说明及要求同示例九。<br>4.本机组不适合寒冷地区，若在寒冷地区时需要考虑冷却器的防冻。 | |

| 示例　空气处理机组段及性能参数图 | 图集号 | 07K304 |
|---|---|---|
| | 页 | |

图 7-12　空气处理机组及性能参数图

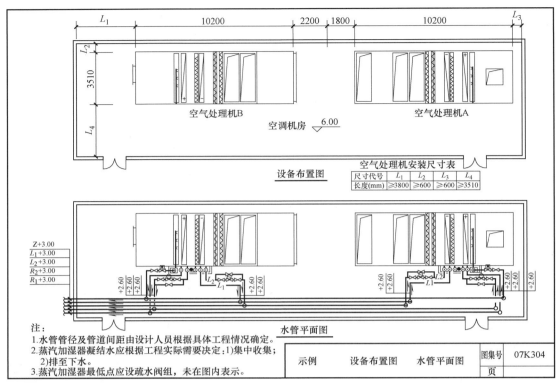

| 示例 | 设备布置图 | 水管平面图 | 图集号 | 07K304 |
|---|---|---|---|---|
| | | | 页 | |

注：
1.水管管径及管道间距由设计人员根据具体工程情况确定。
2.蒸汽加湿器凝结水应根据工程实际需要决定:1)集中收集；
 2)排至下水。
3.蒸汽加湿器最低点应设疏水阀组，未在图内表示。

图 7-13　空调机房设备布置图与水管平面图

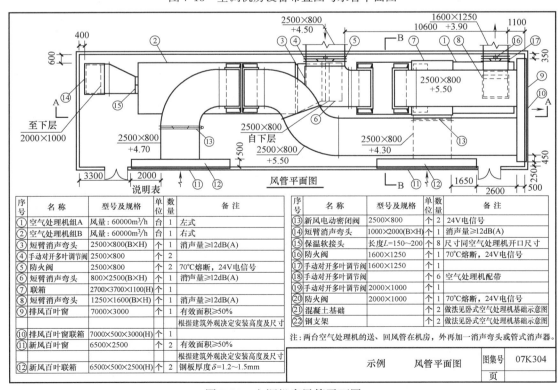

| 序号 | 名称 | 型号及规格 | 单位 | 数量 | 备注 |
|---|---|---|---|---|---|
| ① | 空气处理机组A | 风量：60000m³/h | 台 | 1 | 左式 |
| ② | 空气处理机组B | 风量：60000m³/h | 台 | 1 | 右式 |
| ③ | 短臂消声弯头 | 2500×800(B×H) | 个 | 1 | 消声量≥12dB(A) |
| ④ | 手动对开多叶调节阀 | 2500×800 | 个 | 2 | |
| ⑤ | 防火阀 | 2500×800 | 个 | 2 | 70℃熔断，24V电信号 |
| ⑥ | 短臂消声弯头 | 800×2500(B×H) | 个 | 1 | 消声量≥12dB(A) |
| ⑦ | 联箱 | 2700×3700×1100(H) | 个 | 1 | |
| ⑧ | 短臂消声弯头 | 1250×1600(B×H) | 个 | 1 | 消声量≥12dB(A) |
| ⑨ | 排风百叶窗 | 7000×3000 | 个 | 1 | 有效面积≥50% |
| ⑩ | 排风百叶联箱 | 7000×500×3000(H) | 个 | 1 | 根据建筑外观决定安装高度及尺寸 |
| ⑪ | 新风百叶窗 | 6500×2500 | 个 | 2 | 有效面积≥50% |
| ⑫ | 新风百叶联箱 | 6500×500×2500(H) | 个 | 2 | 根据建筑外观决定安装高度及尺寸　钢板厚度δ=1.2~1.5mm |
| ⑬ | 新风电动密闭阀 | 2500×800 | 个 | 2 | 24V电信号 |
| ⑭ | 短臂消声弯头 | 1000×2000(B×H) | 个 | 1 | 消声量≥12dB(A) |
| ⑮ | 保温软接头 | 长度L=150~200 | 个 | 8 | 尺寸同空气处理机开口尺寸 |
| ⑯ | 防火阀 | 1600×1250 | 个 | 1 | 70℃熔断，24V电信号 |
| ⑰ | 手动对开多叶调节阀 | 1600×1250 | 个 | 1 | |
| ⑱ | 手动对开多叶调节阀 | | 个 | 6 | 空气处理机配带 |
| ⑲ | 手动对开多叶调节阀 | 2000×1000 | 个 | 1 | |
| ⑳ | 防火阀 | 2000×1000 | 个 | 1 | 70℃熔断，24V电信号 |
| ㉑ | 混凝土基础 | | 个 | 2 | 做法见卧式空气处理机基础示意图 |
| ㉒ | 钢支架 | | 个 | 2 | 做法见卧式空气处理机基础示意图 |

注:两台空气处理机的送、回风管在机房内，外再加一消声弯头或管式消声器。

| 示例 | 风管平面图 | 图集号 | 07K304 |
|---|---|---|---|
| | | 页 | |

图 7-14　空调机房风管平面图

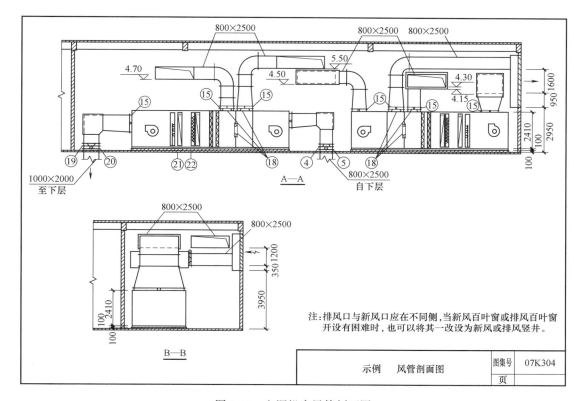

图 7-15　空调机房风管剖面图

# 第三节　电动压缩式冷水机组

空调工程中，为空调系统提供冷量的设备称为冷热源设备。集中式和半集中式空调系统最常用的冷源是冷水机组；热源是热泵型热水机组、锅炉或电加热器等。冷水机组按照驱动动力可分为电力驱动（常用的为电力驱动的蒸气压缩式机组）和热力驱动（溴化锂吸收式机组）。蒸气压缩式冷水机组按照压缩形式的不同可分为活塞式、离心式、螺杆式和涡旋式。吸收式冷水机组按照热源形式可分为蒸汽型、热水型和直燃型。冷水机组根据冷却介质的不同，又分为水冷式冷水机组和风冷式冷水机组两类。本书仅对蒸气压缩式冷水机组进行简单的介绍，其他类型机组特点及参数可参照相关规范、手册或书籍。

制冷压缩机是蒸气压缩式制冷系统的核心设备，主要作用是抽吸来自蒸发器的低压、低温制冷剂蒸气，进行压缩，将制冷剂蒸气的压力和温度提高，然后将高温、高压的制冷剂蒸气排送至冷凝器；制冷剂在此过程中不断循环流动。图 7-16 为各类型压缩机的结构示意图。其图 7-17 所示为各类压缩机在制冷和空调工程中的应用范围。

## 一、活塞式冷水机组

活塞式制冷压缩机分类如下：

（1）按压缩机汽缸分布形式可分为：卧式、立式、V 形、W 形和扇形，如图 7-18 所示。活塞式制冷压缩机虽然种类繁多、结构复杂，但其基本结构和主要部件都大体相同，

(a) 活塞连杆式　(b) 活塞斜盘式　(c) 单螺杆式　(d) 双螺杆式

(e) 涡旋式　(f) 滚动转子式　(g) 滑片式　(h) 离心式

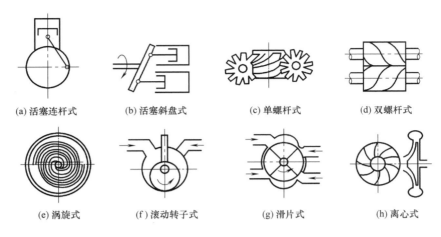

图 7-16　各类型压缩机的结构示意图

| 压缩机型式 \ 用途 | 家用冷藏箱、冻结箱 | 房间空调器 | 汽车空调设备 | 住宅用空调器和热泵 | 商用制冷和空调设备 | 大型空调设备 |
|---|---|---|---|---|---|---|
| 活塞式 | 100W ← | | | | → 200kW | |
| 滚动转子式 | 100W ← | | | → 10kW | | |
| 涡旋式 | | 5kW ← | | | → 70kW | |
| 螺杆式 | | | | | 150kW ← | → 1400kW |
| 离心式 | | | | | | 350kW及以上 ←→ |

图 7-17　各类压缩机在制冷和空调工程中的应用范围

(a) 卧式　(b) 立式

(c) V形　(d) W形　(e) 扇形

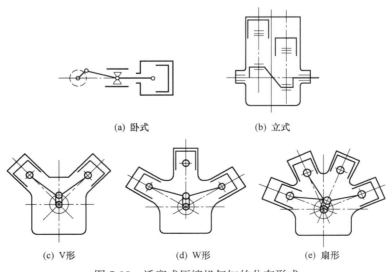

图 7-18　活塞式压缩机气缸的分布形式

包括机体、活塞组件、曲轴连杆组件、气缸套及进排气阀组件、卸载装置和润滑系统等，如图 7-19 所示为立式两缸活塞式制冷压缩机结构示意图。

（2）按使用的制冷剂种类分：氟利昂和氨制冷压缩机。

（3）按压缩机与电动机的组合形式分：开启式（图 7-20）、半封闭式（图 7-21）和全封闭式（图 7-22）。

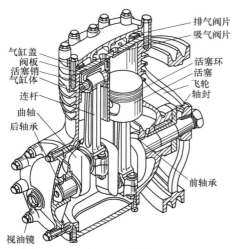

图 7-19　立式两缸活塞式制冷压缩机

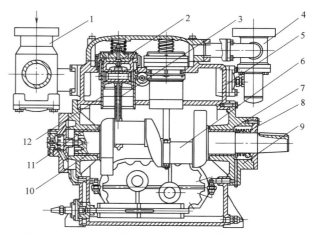

图 7-20　8FS10 型制冷压缩机的总体结构（开启式）

1—吸气管；2—假盖；3—连杆；4—排气管；

5—气缸体；6—曲轴；7—前轴承；8—轴封；9—前轴承盖；

10—后轴承；11—后轴承盖；12—活塞

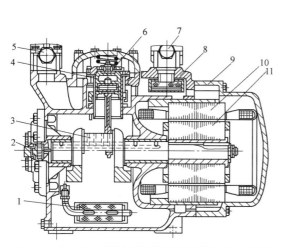

图 7-21　B47F55 型半封闭式制冷压缩机结构示意图

1—油过滤器；2—油泵；3—曲轴；4—活塞；

5—排气管；6—气阀组；7—吸气管；8—压缩机壳体；

9—电动机壳体；10—电动机定子

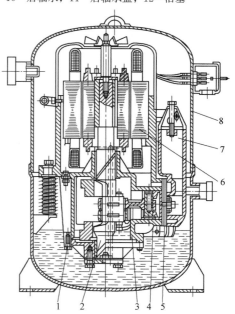

图 7-22　Q25F30 型全封闭式

制冷压缩机结构示意图

1—机体；2—曲轴；3—连杆；4—活塞；5—气阀；

6—电动机；7—排气消声部件；8—机壳

311

（4）按压缩机的级数分：单机单级和单机双级制冷压缩机。

活塞式冷水机组由活塞式制冷压缩机、热力膨胀阀和蒸发器、卧式壳管式冷凝器、节流机构、自动（或手动）能量调节和自动安全保护装置等设备组成。根据一台冷水机组中压缩机台数的不同，活塞式冷水机组可分为单机头（一台压缩机）和多机头（两台以上压缩机）两种。图7-23为活塞式冷水机组外形图。

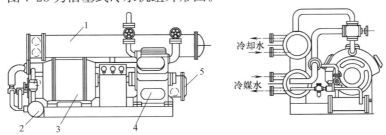

图 7-23　活塞式冷水机组外形图
1—冷凝器；2—气液热交换器；3—电动机；4—压缩机；5—蒸发器

活塞式制冷压缩机曾经是制冷空调领域早期使用最为广泛的压缩机形式，但随着其他形式制冷压缩机的出现和发展，活塞式压缩机的应用领域已经大为收缩。在空调领域，离心、螺杆、涡旋和滚动转子压缩机，因为能效比较高，已逐渐替代活塞式压缩机，成为容量从大到小、广泛使用的压缩机形式。

**二、螺杆式冷水机组**

以各种形式的螺杆式压缩机为主机的冷水机组，称为螺杆式冷水机组；由螺杆式制冷压缩机、冷凝器、蒸发器、节流装置、油泵、电气控制箱以及其他控制元件等组成。螺杆式冷水机组具有结构紧凑、运转平稳、操作简便、冷量无级调节、体积小、重量轻及占地面积小等优点。螺杆式制冷压缩机的制冷和制热输入功率范围已经发展到 $10\sim1000\mathrm{kW}$，由于其单级具有较大的压力比和较宽的容量范围，故适用于高、中、低温各种工况，特别在低温工况及变工况下仍具有较高的效率，已广泛用于采暖空调的冷、热水机组。螺杆式制冷压缩机的冷量可在 $15\%\sim100\%$ 之间无级调节，当冷量在 $60\%\sim100\%$ 之间调节时，其损耗功率几乎与制冷量以相同比例变化。

图 7-24 所示为半封闭螺杆式制冷压缩机结构图。图 7-25 所示为螺杆冷水机组实物图。

**三、离心式冷水机组**

以离心式制冷压缩机为主机的冷水机组，称为离心式冷水机组。目前使用有单级压缩离心式冷水机组和两级压缩离心式冷水机组。离心式制冷压缩机能产生较高的压差，因而适宜于制冷空调装置。吸气从轴向进入旋转叶轮而排气以高速径向流出叶轮，产生的动压通过扩压过程转变为静压。离心式冷水机组适用于大中型建筑物，如宾馆、剧院、办公楼等舒适性空调制冷，以及纺织、化工、仪表、电子等工业所需的生产性空调制冷，也可为某些工业生产提供工艺用冷水。目前，单机容量在 1200kW 以上的制冷压缩机，几乎全部采用离心式制冷压缩机。

离心式制冷压缩机应用于各种空调制冷机组上，吸气量为 $0.03\sim15\mathrm{m^3/s}$，转速为 $1800\sim9000\mathrm{r/min}$，吸气温度在 $-100\sim10℃$，吸气压力在 $14\sim700\mathrm{kPa}$，排气压力小于 $2\mathrm{MPa}$，压力比为 $2\sim30$，几乎所有制冷剂都可采用。图 7-26 所示为一台 2800kW 制冷量

的空调用单级离心式制冷压缩机纵剖面图。它由叶轮、电动机、增速齿轮、导叶电动机和进口导叶等部件组成。图 7-27 所示为离心式冷水机实物图（格力 CE 系列）。

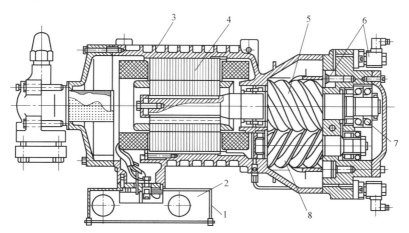

图 7-24 半封闭螺杆式制冷压缩机结构图

1—接线盒；2—电动机保护装置；3—电动机散热肋片；4—电动机；

5—阳转子；6—输气量控制器；7—滚动轴承；8—阴转子

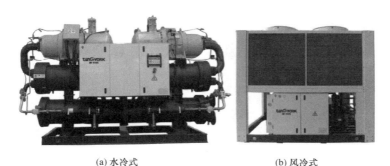

(a) 水冷式　　　　　　　　　　(b) 风冷式

图 7-25 螺杆冷水机组实物图

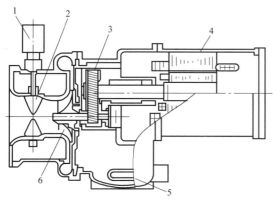

图 7-26 空调用单级离心式制冷压缩机纵剖面图

1—导叶电动机；2—进口导叶；3—增速齿轮；

4—电动机；5—油加热管；6—叶轮

图 7-27 离心式冷水机实物图（格力 CE 系列）

#### 四、模块式冷水机组

模块式冷水机组是一种新型的制冷装置，它是由多台模块式冷水机单元并联组成的。模块式系统中每个单元制冷量为 130kW，其中有两个完全独立的制冷系统，各自有双速或单速压缩机、蒸发器、冷凝器及控制器，它以 R22 为制冷剂，空调制冷量 65kW。模块式机组可由多达 13 个单元组合而成，总的制冷量为 1690kW。模块式冷水机组内设有电脑监控系统，控制整个机组，按空调负荷的大小，定期启停各台压缩机或将高速运行变为低速运行，包括每一个独立制冷系统和整机运行。

模块式冷水机组的优点：按照冷负荷变化，随时调整运行的模块数，使输出冷量与空调负荷达到最佳配合，节约能耗；多台压缩机并联工作，如果其中一台压缩机停止运转，其他运转的压缩机能保证制冷量基本不变，在输出容量不变的运行状态下，对机组内的压缩机逐一进行检修；重量轻，外形尺寸小，节省建筑面积；模块式的组合，对制冷系统提供最大的备用能力，而且扩大机组容量非常简单易行。

模块式冷水机组的最大缺点是对水质要求较高，因为冷凝器、蒸发器均为板式，如果水质不好，一旦结垢阻塞，就会影响冷凝器和蒸发器的传热。

图 7-28 所示为格力模块式机组实物图。

(a)格力E系列风冷冷(热)水模块机组　　(b)格力MS系列套管式水源热泵涡旋机组

图 7-28　格力模块式机组实物图

### 第四节　中央制冷（热）机房

中央制冷（热）机房是整个中央空调系统的冷（热）源中心，同时又是整个中央空调系统的控制调节中心。中央机房一般由冷水机组、冷水泵、冷却水泵、集水缸、分水缸和控制系统组成（如果考虑冬季运行送热风，还有中央空调热水机组等生产热水装置）。中央空调工程中常用载冷剂为水，因此冷水机组是中央空调工程中采用最多的冷源设备。一般而言，将制冷系统中的全部组成部件组装成一个整体设备，并向中央空调提供处理空气所需要低温水（通常称为冷冻水或冷水）的制冷装置，被简称为冷水机组。

#### 一、中央空调冷（热）源设计选型原则

中央空调冷（热）源包括冷热水机组、建筑物内的锅炉和换热设备等。工程统计数据表明，建筑能耗占我国能源总消费的比例已达 27.6%，在建筑能耗中，暖通空调系统和

生活热水系统耗能比例接近 60%。公共建筑中，冷（热）源的能耗占空调系统能耗 40% 以上。当前各种机组、设备类型繁多，电制冷机组、溴化锂吸收式机组及蓄冷蓄热设备等各具特色，地源热泵、水源热泵、蒸发冷却等利用可再生能源或天然冷源的技术应用广泛。由于使用这些机组和设备时会受到能源、环境、工程状况使用时间及要求等多种因素的影响和制约，因此应客观全面地对冷（热）源方案进行经济技术分析比较，以可持续发展的思路确定合理的冷（热）源方案。

根据《设计规范》GB 50736—2012 及其条文说明，空气调节冷（热）源应根据建筑物空气调节规模、用途、建设地点的能源条件、结构、价格，以及国家节能减排和环保政策的相关规定等，按下列要求通过综合论证确定：

（1）空调冷源的容量应为空调系统夏季冷负荷与冷水通过水泵、管道、水箱等部件的温升引起的附加冷负荷之和。冷水箱温升引起的冷量损失计算，可根据水箱保温情况、水箱间的环境温度、水箱内冷水的平均温度，按稳定传热进行计算。

（2）有可供利用的废热或工厂余热的区域，热源应优先采用废热或工厂余热。当废热或工厂余热的温度较高、经技术经济论证合理时，冷源宜采用吸收式冷水机组，可以利用热源制冷。

（3）在经济技术合理的情况下，冷、热源宜优先利用浅层地能、太阳能、风能等可再生能源。当采用可再生能源受到气候等原因的限制无法时刻保证时，应设置辅助冷、热源。有城市或区域热网的地区，集中式空气调节系统的供热热源宜采用城市或区域热网。

（4）不具备以上条件时，但城市电网夏季供电充足，且全年供冷运行时间达到 3 个月（供冷运行季节时间，非累积小时）以上的地区，空气调节系统的冷源宜采用电动压缩式冷水机组；电动压缩式冷水机组具有能效高、技术成熟、系统简单和灵活、占地面积小等特点。选择电动压缩式机组时，其制冷剂必须符合国家现行有关环保的规定，应选用环境友好的制冷剂。

选择水冷电动压缩式冷水机组机型时，宜按表 7-10 中的制冷量范围，经过性能价格综合比较后确定。各类型冷水机组的主要特点对比见表 7-11。

水冷式冷水机组选型范围　　　　　　　　　　　　　　表 7-10

| 单机名义工况制冷量(kW) | 冷水机组机型 |
| --- | --- |
| ≤116 | 涡旋式 |
| 116～1054 | 螺杆式 |
| 1054～1758 | 螺杆式、离心式 |
| ≥1758 | 离心式 |

注：名义工况出水温度 7℃，冷却水温度 30℃，蒸发器的污垢系数 $0.018\text{m}^2 \cdot ℃/\text{kW}$，冷凝器的污垢系数 $0.044\text{m}^2 \cdot ℃/\text{kW}$。

各类型冷水机组优缺点比较　　　　　　　　　　　　　　表 7-11

| 类型 | 适用范围 | 主要优点 | 主要缺点 |
| --- | --- | --- | --- |
| 活塞式 | 单机制冷量 $Q<580\text{kW}$ | 在空调工况下（压缩比为 4 左右），其容积效率仍比较高；系统装置较简单；用材为普通金属，加工易，造价低 | 往复运动，惯性力大，振动大，转速不能太高；单机容量小，单位制冷量的重量指标大；COP 值低 |

续表

| 类型 | 适用范围 | 主要优点 | 主要缺点 |
|---|---|---|---|
| 涡旋式 | 单机制冷量 $Q<100kW$ | 涡旋式压缩机的零件数量比往复式压缩机少60%左右,因此使用寿命更长,运行更可靠;压缩机为回转容积式设计,余隙容积小,摩擦损失小,运行效率高;振动小、噪声低,抗液击能力高;$COP$值较高 | 涡盘在加工方面的精度要求很高,必须采用专用的加工设备和装配技术,高形位公差的要求限制了它的普及;出于强度方面的考虑,涡旋壁的高度不能做得太高,所以排量一般较小 |
| 螺杆式 | 单机制冷量 $Q=580\sim1700kW$ | $COP$值较高,单机制冷量大,容积效率高;结构简单,无往复运动的惯性力,转速高;对湿冲程不敏感,无液击危险;易损件少,运行可靠,调节方便,通过滑阀,可实现制冷量无级调节 | 单机容量比离心式小,转速比离心式低;润滑油系统比较庞大、复杂,耗油量较多;加工精度和装配精度要求高 |
| 离心式 | 单机制冷量 $Q>580kW$ | $COP$值高,单机容量大,叶轮转速高,结构紧凑,重量轻,占用机房面积少;叶轮做旋转运动,运转平稳,振动较小,噪声较低;调节方便,在15%~100%范围内能较经济地实现无级调节;采用多级压缩时,效率可提高10%~20%左右,且能改善低负荷时的喘振现象 | 由于转速高,对材料强度、加工精度等要求严格;单级压缩时,在低负荷下运行时,易发生喘振(除非热气旁通或变频) |
| 吸收式 | 单机制冷量 $Q=170\sim3490kW$ | 加工简单,成本低,制冷量调节范围大,可实现无级调节;蒸汽或热水型机组的运行费用低;可利用余热、废热作为热源;运动部件少,振动小、噪声低;直燃型机组可直接供冷和供热,节省机房面积 | 使用寿命低于压缩式冷水机组;蒸汽型机组的耗汽量大,热效率较低;作为制冷机时,一次能源性能系数低;制冷运行中,负荷变化时,产生溶液结晶 |

（5）城市燃气供应充足的地区，宜采用燃气锅炉、燃气热水机供热或燃气吸收式冷（温）水机组供冷、供热。当具有电、城市供热、天然气、城市煤气等能源中两种以上能源时，可采用几种能源合理搭配作为空调冷（热）源。不具备上述条件的地区，可采用燃煤锅炉、燃油锅炉供热，蒸汽吸收式冷水机组或燃油吸收式冷（温）水机组供冷、供热。

（6）在高温干燥地区（室外空气夏季设计状态点的露点温度低于14℃的气候地区），应优先采用间接蒸发冷却系统来提供空调系统的冷源；但水资源严重短缺或当地政府明文规定不允许采用生活给水用于空调系统时，不应采用蒸发冷却系统。

（7）天然气供应充足的地区，当建筑的电力负荷、热负荷和冷负荷能较好匹配，能充分发挥热、电、冷联产系统的能源综合利用效率，并且技术经济论证比较合理时，应优先采用分布式热电冷联供技术。大型热电冷联产是利用热电系统发展供热、供电和供冷为一体的能源综合利用系统。冬季用热电厂的热源供热，夏季采用溴化锂吸收式制冷机供冷，使热电厂冬夏负荷平衡，高效经济运行。

（8）全年进行空气调节，且各房间或区域负荷特性相差较大，需要长时间向建筑物同时供热和供冷并且技术经济论证比较合理时，宜采用水环热泵空气调节系统供冷、供热；用水环路将小型的水/空气热泵机组并联在一起，构成一个以回收建筑物内部余热为主要特点的热泵供热、供冷的空调系统。需要长时间向建筑物同时供热和供冷时，可节省能源和减少向环境排热。但从能耗上看，只有当冬季建筑物内存在明显可观的冷负荷时，才具有较好的节能效果。

（9）在执行分时电价、峰谷电价差较大的地区，经技术经济分析，采用低谷电价能够明显起到对电网"削峰填谷"和节省运行费用时，可采用蓄冷系统供冷。蓄冷系统的合理使用，能够明显地提高城市或区域电网的供电效率，优化供电系统。蓄冷空调系统对转移电力高峰，平衡电网负荷，有较大的作用。

（10）夏热冬冷地区以及干旱缺水地区的中、小型建筑宜采用空气源热泵或土壤源地源热泵系统供冷、供热。有天然地表水等资源可供利用或者有可利用的浅层地下水且能保证100%回灌时，可采用地表水或地下水地源热泵系统供冷、供热。

（11）对于一般的舒适型空调来说，不应采用电能作为空气加湿的能源。当房间因为工艺要求（例如高精度的珍品库房等）的相对湿度精度比较高时，通常宜设置末端再热。

（12）冷水（热泵）机组台数及单机制冷量（制热量）选择，应满足空气调节负荷变化规律及部分负荷运行的调节要求。一般不宜少于两台；当小型工程仅设一台时，应选调节性能优良的机型。冷水（热泵）机组的单台容量及台数的选择，应能适应空气调节负荷全年变化规律，满足季节及部分负荷要求。对于空调设计冷负荷大于528kW以上的公共建筑（一般为3000～6000$m^2$），机组设置不宜少于2台。

（13）公共建筑群中，需要设置集中空调系统的建筑，其容积率达到2.0以上时，用户空调负荷及其特性明确、区域内空调建筑全年供冷时间长，且需求一致、具备规划建设区域供冷站及管网的条件时，若经过技术经济论证比较合理，可采用区域供冷系统。即：由专门的供冷站集中制备冷冻水，并通过区域管网进行供给冷冻水的供冷系统；也可由一个供冷站或多个供冷站联合组成。

（14）符合下列情况之一时，宜采用分散设置的直接膨胀式风冷、水冷式或蒸发冷却式空气调节系统：

① 采用集中供冷、供热系统不经济的建筑；

② 需设空气调节的房间布置过于分散的建筑；

③ 设有集中供冷、供热系统的建筑中，使用时间和要求不同的少数房间；

④ 需增设空气调节，而机房和管道难以设置的既有建筑；

⑤ 居住建筑。

分散设置的空气调节系统，虽然设备安装容量下的能效比低于集中设置的冷（热）水机组或供热、换热设备，但其使用灵活多变，可适应多种用途、小范围的用户需求。同时，由于它具有容易实现分户计量的优点，对行为节能能够起到好的促进作用。

**二、中央制冷机房设计要点**

根据《设计规范》GB 50736—2012的规定，制冷机房设计时应符合下列要求：

（1）制冷机房的位置应根据工程项目的实际情况确定，宜设置在空气调节负荷的中心，以尽可能地避免输送管路长短不一、难以平衡而造成的供冷（热）质量不良，避免过长的输送管路而造成输送能耗过大。

（2）在大中型公共建筑中，或者对于全年供冷负荷需求变化幅度较大的建筑，冷水（热泵）机组的台数和容量的选择，应根据冷（热）负荷大小及变化规律而定，单台机组制冷量的大小应合理搭配，当单机容量调节下限的制冷量大于建筑物的最小负荷时，可选1台适合最小负荷的冷水机组，在最小负荷时开启小型制冷系统满足使用要求，这已在许多工程中取得很好的节能效果。如果每台机组的装机容量相同，也可以采用一台变频调速机组的方式。对于空调设计冷负荷大于 528kW 以上的公共建筑（一般为 $3000 \sim 6000 m^2$），机组设置不宜少于 2 台，除可提高安全可靠性外，也可达到经济运行的目的。当特殊原因仅能设置 1 台时，应采用可靠性高、部分负荷能效高的机组。

（3）根据空调系统功能、规模及使用情况，考虑冷水系统采用一次泵或二次泵系统设计。根据系统静压的大小，考虑冷水系统采用水泵压入式或吸出式系统设计。当静压超过 1.0MPa 时，冷水机组及循环水泵选用时应提出承压要求。根据空调系统的部分负荷情况，可考虑冷水机组的形式及机组大小配置。

（4）水泵的扬程应根据工程实际情况，经过详细水力计算后确定。根据工程实际情况，确定分集水器的接管尺寸。二次泵系统环路的划分，应根据功能区或使用时间等划分。冷却塔选择应经热力计算确定。分水器和集水器设计参照国家标准设计图集《分（集）水器分气缸》05K232。

（5）制冷机房等不宜靠近声环境要求较高的房间；当必须靠近时，应采取隔声和隔振措施。机房宜设置辅助的值班室或控制室，根据使用需求也可设置必要的维修及工具间。

（6）机房内应有良好的通风设施；地下层机房应设置机械通风，必要时设置事故通风；制冷机房的机器设备间通风系统应独立设置且应直接排向室外，不得与其他通风系统联合。制冷机房设备间的室内温度冬季不宜低于 10℃，夏季不宜高于 35℃。

（7）值班室或控制室内的参数宜按照办公室的要求考虑；大型机房内设备运行噪声较大，按照办公环境的要求设置值班室或控制室除了保护操作人员的健康外，也是机房自动化控制设备运行环境的需要。

（8）机房应考虑预留安装孔、洞及运输通道；管道穿过机房围护结构时，管道与围护结构之间的缝隙应使用具备防火隔声能力的弹性材料填充密实。

（9）机组制冷剂安全阀泄压管应接至室外安全处；根据其所选用的不同制冷剂，采用不同的检漏报警装置，并与机房内的通风系统联锁。测头应安装在制冷剂最易泄漏的部位。对于设置了事故通风的冷冻机房，在冷冻机房两个出口门外侧，宜设置紧急手动启动事故通风的按钮。

（10）机房应设电话及事故照明装置，照度不宜小于 100lx，测量仪表集中处应设局部照明。

（11）机房内的地面和设备机座应采用易于清洗的面层；机房内应设置给水与排水设施，满足水系统冲洗、排污要求。

（12）当冬季机房内设备和管道中存水或不能保证完全放空时，机房内应有供热措施，保证房间温度达到 8℃ 以上。

（13）机房内设备布置应符合以下要求：①机组与墙之间的净距不小于 1m，与配电柜的距离不小于 1.5m；②机组与机组或其他设备之间的净距不小于 1.2m；③留有不小于蒸发器、冷凝器或低温发生器长度的维修距离；④机组与其上方管道、烟道或电缆桥架的净距不小于 1m；⑤机房主要通道的宽度不小于 1.5m。

（14）直燃式吸收式机组通常采用燃气或燃油为燃料，这两种燃料的使用都涉及防火、防爆、泄爆、安全疏散等安全问题；对于燃气机组的机房还有燃气泄漏报警、紧急切断燃气供应的安全措施。这些内容在国家有关的防火设计规范和燃气设计规范中都作了详细的规定。直燃吸收式冷热水机组机房的设计应符合下列要求：

① 符合国家现行有关防火及燃气设计规范的相关规定。

② 宜单独设置机房；不能单独设置机房的直燃吸收式冷热水机组，机房应靠建筑物的外墙，并采用耐火极限大于 2.00h 防爆墙和耐火极限大于 1.50h 现浇楼板与相邻部位隔开；当必须设门时，应设甲级防火门。

③ 机房不应与人员密集场所和主要疏散口贴邻设置。

④ 燃气直燃型吸收式冷热水机组机房单层面积大于 $200\text{m}^2$ 时，机房应设直接对外的安全出口。

⑤ 机房应设置泄压口，泄压口面积应不小于机房占地面积的 10%（当通风管道或通风井直通室外时，其面积可计入机房的泄压面积）；泄压口应避开人员密集场所和主要安全出口。

⑥ 直燃型机组的机房不应设置吊顶。

⑦ 应合理布置烟道，以免影响机组的燃烧效率及制冷效率。

⑧ 某些新型一体化直燃机组的机房可参照生产厂家图纸进行选用设计，图 7-29 所示为远大中央空调一体化直燃溴化锂机组的制冷机房示例。

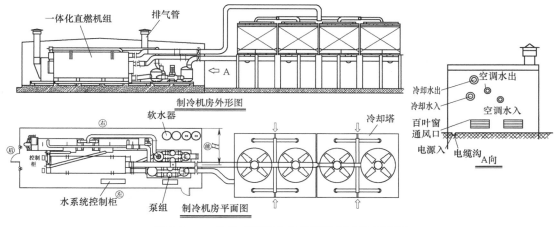

图 7-29　一体化直燃溴化锂机组的制冷机房示例

（15）尽管氨制冷在目前具有一定的节能减排的应用前景，但由于氨本身的易燃易爆特点，因此对于民用建筑，在使用氨制冷时，需要非常重视安全问题。氨制冷机房，应满足下列要求：

① 氨制冷机房单独设置且远离建筑群；

② 机房内严禁采用明火采暖；

③ 机房应有良好的通风条件，同时应设置事故排风装置，换气次数每小时不少于 12 次，排风机选用防爆型；

④ 制冷剂泄压口应高于周围 50m 范围内最高建筑屋脊 5m，并采取防止雷击、防止雨水或杂物进入泄压管的装置；

⑤ 应设置紧急泄氨装置，在紧急情况下，能将机组氨液溶于水中（每 1kg/min 的氨至少提供 17L/min 的水）排至经有关部门批准的储罐或水池。

如图 7-30 所示是两种比较典型的中央空调机房平面布置示例。

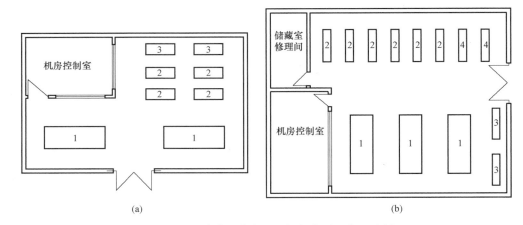

图 7-30  两种典型的中央空调机房平面布置示例

1—冷水机组；2—冷冻水（冷却水）循环泵；3—分（集）水器；4—热交换式热水器

### 三、中央制冷机房设计图纸内容

1. 机房平面图

（1）机房平面图应根据需要增大比例。绘出通风、空调、制冷设备（冷水机组、新风机组、空调器、冷热水泵、冷却水泵、通风机消声器、水箱等）的轮廓位置及编号，注明设备和基础距离墙或轴线的尺寸。

（2）绘出连接设备的风管制冷机房平面图、水管位置及走向；注明尺寸、管径、标高。

（3）标注机房内所有设备、管道附件（各种仪表、阀门、柔性短管、过滤器等）的位置。

2. 机房剖面图

（1）当其他图纸不能表达复杂管道相应关系及位置时，应绘制剖面图。

（2）剖面图应绘出对应于机房平面图的设备、设备基础、管道和附件的竖向位置、竖向尺寸和标高，标注连接设备的管道位置尺寸，注明设备和附件编号及详图索引编号。

3. 流程图、系统图

（1）空调冷热水系统应绘制系统流程图。系统流程图应绘制出设备、阀门、控制仪表、配件，标注介质流向、管径及设备编号；流程图可不按比例绘制，但管路分支应与平面图相符。

（2）空调、制冷系统有监测与控制时，应有控制原理图，图中以图例绘制设备、传感器及控制元件位置，说明控制要求和必要的控制参数。

（3）空调的供冷供热分支水路采用竖向输送时，应绘制系统图并编号，注明管径、坡向、标高及设备等的型号。

### 四、中央制冷机房设计示例

图 7-31 至图 7-33 所示为中央制冷机房设计示例，相关图纸节选自国家建筑标准设计图集《空调机房设计与安装》07K304。

（1）设计总制冷量 $Q=9142kW$（2600 RT）；机组配置：$2286kW \times 4$（$650RT \times 4$）；机组型式：离心式冷水机组；冷水温度：7℃/12℃；冷却水温度：32℃/37℃。

（2）综合技术指标：空调面积：$80000m^2$；机房净面积：$525m^2$；设备安装容量：$2334kW$（$29.2W/m^2$）；最大补水量：$6.24m^3/h$。

其中，图 7-31 所示为中央制冷机房设计图例，图 7-32 所示为中央制冷机房平面图，图 7-33 所示为中央制冷机房剖面图，图 7-34 所示为中央制冷系统原理图。表 7-12 所示为设备明细表。

设备明细表　　　　　　　　　　　表 7-12

| 序号 | 编号 | 名称 | 型号及规格 | 单位 | 数量 | 备注 |
|---|---|---|---|---|---|---|
| 1 | L—1～4 | 离心式冷水机组 | $Q=2286kW(650RT),N=438kW,$ $COP=5.2,$蒸发器 $\Delta P=103kPa,$ 冷凝器 $\Delta P=84kPa,$外形尺寸 $L\times B\times H=5000mm\times2000mm\times2300mm$ | 台 | 4 | — |
| 2 | T—1～4 | 冷却塔 | $G=550m^3/h,N=5.5kW\times3,$ 32℃/37℃ | 台 | 4 | — |
| 3 | B1—1～4 | 一次冷水泵 | $G=420m^3/h,H=20m,N=37kW$ | 台 | 4 | — |
| 4 | b—1～4 | 冷却水泵 | $G=500m^3/h,H=30m,N=55kW$ | 台 | 4 | — |
| 5 | B2—1～2 | 二次冷水泵 | $G=255m^3/h,H=20m,N=18.5kW$ | 台 | 2 | 变频 |
| 6 | B2—3～4 | | | 台 | 2 | 变频 |
| 7 | B2—5～6 | | | 台 | 2 | 变频 |
| 8 | B2—7～8 | | | 台 | 2 | 变频 |
| 9 | — | 水处理装置 | 全自动软水器双头双罐 FA-5A | 台 | 1 | — |
| 10 | — | 软化水箱 | 5 号 1800mm×1200mm×1200mm | 个 | 1 | V |
| 11 | — | 定压装置 | $(DN1400,H3500)$ | 套 | 1 | 冷水用 |
| 12 | — | 全程水处理器 | $DN500,1405mm\times2400mm(DN\times H)$ | 台 | 1 | 冷水用 |
| 13 | — | 全程水处理器 | $DN500,1405mm\times2400mm(DN\times H)$ | 台 | 1 | 冷却水用 |

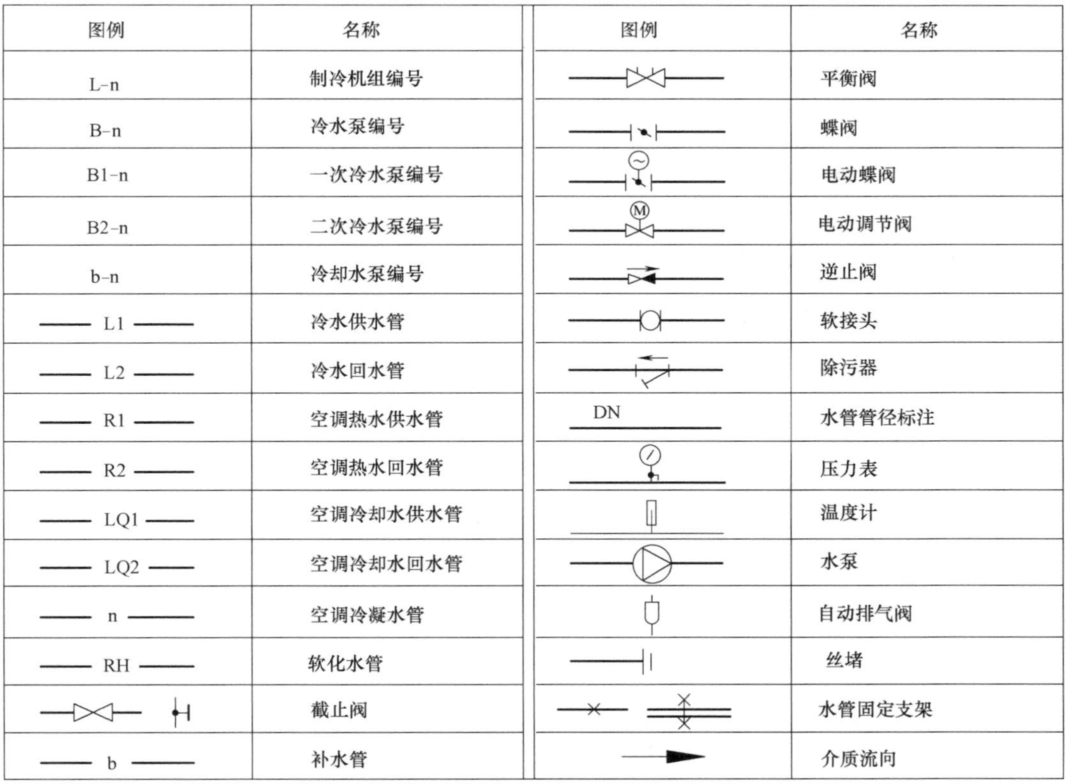

| 图例 | 名称 | 图例 | 名称 |
|---|---|---|---|
| L-n | 制冷机组编号 | | 平衡阀 |
| B-n | 冷水泵编号 | | 蝶阀 |
| B1-n | 一次冷水泵编号 | | 电动蝶阀 |
| B2-n | 二次冷水泵编号 | | 电动调节阀 |
| b-n | 冷却水泵编号 | | 逆止阀 |
| —— L1 —— | 冷水供水管 | | 软接头 |
| —— L2 —— | 冷水回水管 | | 除污器 |
| —— R1 —— | 空调热水供水管 | DN | 水管管径标注 |
| —— R2 —— | 空调热水回水管 | | 压力表 |
| —— LQ1 —— | 空调冷却水供水管 | | 温度计 |
| —— LQ2 —— | 空调冷却水回水管 | | 水泵 |
| —— n —— | 空调冷凝水管 | | 自动排气阀 |
| —— RH —— | 软化水管 | | 丝堵 |
| 截止阀 | | 水管固定支架 | |
| —— b —— | 补水管 | | 介质流向 |

图 7-31　中央制冷机房设计图例

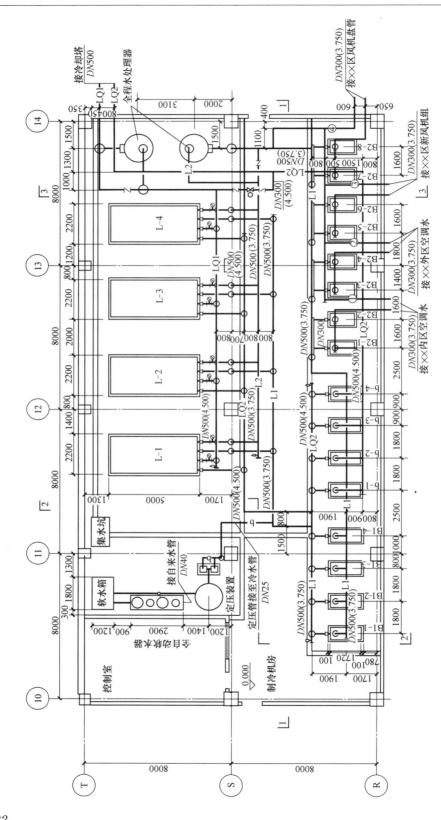

图 7-32　中央制冷机房平面图

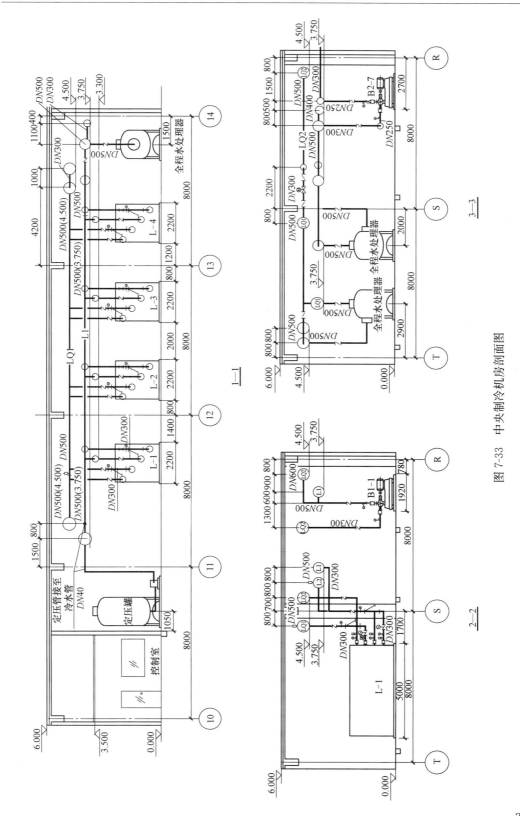

图 7-33　中央制冷机房剖面图

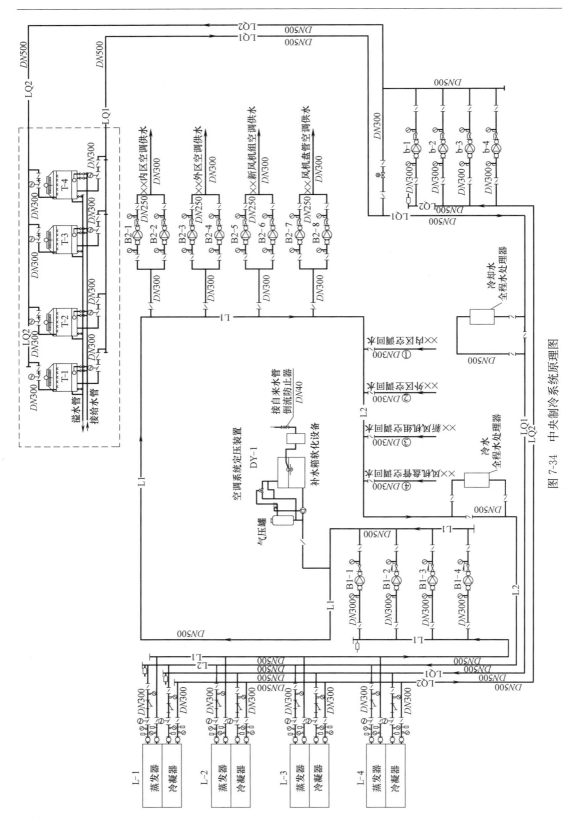

图7-34 中央制冷系统原理图

## 习　题

1. 简述空调系统节能的主要技术措施有哪些?

2. 进行区域供冷系统设计时,应遵循哪些规定?

3. 空调机房应尽量靠近负荷中心的目的是什么?

4. 空气调节系统设计的内容与步骤大致有哪些?

5. 空调冷源的容量如何计算?

6. 组合式空调机组的功能段有哪些形式? 其作用是什么?

7. 冷热源设计选用应遵循哪些原则?

8. 电动式冷水机组分类及容量确定方法有哪些?

9. 吸收式冷水机组的工作原理及特点是什么?

10. 中央空调系统电动压缩式冷源的形式及适用范围是什么?

# 参 考 文 献

[1] 彦启森，石文星，田长青. 空气调节用制冷技术［M］. 北京：中国建筑工业出版社，2010.
[2] 赵荣义，范存善，薛殿华，等. 空气调节（第五版）［M］. 北京：中国建筑工业出版社，2009.
[3] 吴萱. 供暖通风与空气调节［M］. 北京：清华大学出版社，2006.
[4] 钱以明. 简明空调设计手册（第二版）［M］. 北京：中国建筑工业出版社，2017.
[5] GB 50736—2012 民用建筑供暖通风与空气调节设计规范［S］. 北京：中国建筑工业出版社，2012.
[6] 民用建筑供暖通风与空气调节设计规范编写组. 民用建筑供暖通风与空气调节设计规范宣贯辅导教材［M］. 北京：中国建筑工业出版社，2012.
[7] GB 50019—2015 工业建筑供暖通风与空气调节设计规范［S］. 北京：中国建筑工业出版社，2015.
[8] 黄翔. 蒸发冷却空调原理与设备［M］. 北京：中国机械工业出版社，2019.
[9] 刘晓华，江亿，张涛. 温湿度独立控制空调系统（第二版）［M］. 北京：中国建筑工业出版社，2013.
[10] 中国建筑标准设计研究院. 全国民用建筑工程设计技术措施：暖通空调·动力［M］. 北京：中国计划出版社，2009.
[11] 马最良，姚杨民. 民用建筑空调设计［M］. 北京：化学工业出版社，2015.
[12] 电子工业第十设计院. 空气调节设计手册（第二版）［M］. 北京：中国建筑工业出版社，1995.
[13] 数码维修工程师鉴定指导中心. 图解中央空调安装、检修及清洗完全精通（双色版）［M］. 北京：化学工业出版社，2014.
[14] 辛长平，李星活. 制冷技术基础与制冷装置［M］. 北京：电子工业出版社，2013.
[15] 何帆. 暖通空调设计细节与禁忌［M］. 北京：中国电力出版社，2012.
[16] 顾洁. 暖通空调设计与计算方法（第三版）［M］. 北京：化学工业出版社，2017.
[17] 李联友. 暖通空调节能技术［M］. 北京：中国电力出版社，2014.
[18] 沈雅钧. 制冷与空调技术［M］. 北京：北京大学出版社，2019.
[19] 党玉连，李秀婷，黄小红，等. 洁净手术部管理手册［M］. 长沙：湖北科学技术出版社，2010.
[20] 中国国家建筑标准设计研究院. 国家建筑设计标准图集 07K506—多联式空调机系统设计与施工安装［S］. 北京：中国计划出版社，2009.
[21] 韩雪涛. 微视频全图讲解中央空调［M］. 北京：化学工业出版社，2018.
[22] 金文，杜鹃. 制冷技术与工程应用［M］. 北京：化学工业出版社，2019.
[23] 陈东. 热泵技术手册（第二版）［M］. 北京：化学工业出版社，2019.
[24] 徐伟. 地源热泵技术手册［M］. 北京：中国建筑工业出版社，2011.
[25] 张国东. 地源热泵应用技术［M］. 北京：化学工业出版社，2014.
[26] 徐鑫. 暖通空调设计与施工数据图表手册［M］. 北京：化学工业出版社，2019.
[27] 陈舒萍. 城市轨道交通—车站空调与通风系统［M］. 成都：西南交通大学出版社，2018.
[28] 徐伟. 民用建筑供暖通风与空气调节设计规范技术指南［M］. 北京：中国建筑工业出版社，2012.
[29] 刘天川. 超高层建筑空调设计［M］. 北京：中国建筑工业出版社，2004.
[30] 中国建筑学会暖通空调分会. 暖通空调工程优秀设计图集⑥［M］. 北京：中国建筑工业出版社，2017.
[31] 黄翔. 空调工程（第三版）［M］. 北京：中国机械工业出版社，2017.
[32] DL/T 1646—2016 采用吸收式热泵技术的热电联产机组技术指标计算方法［S］. 北京：中国电力出版社，2016.
[33] 李元哲，姜蓬勃，许杰. 太阳能与空气源热泵在建筑节能中的应用［M］. 北京：化学工业出版

社，2015.

［34］ 吴继红，李佐周. 中央空调设计与施工（第二版）［M］. 北京：高等教育出版社，2001.

［35］ 中国国家建筑标准设计研究院. 国家建筑设计标准图集 07K304—空调机房设计与安装［S］. 北京：中国计划出版社，2007.

［36］ 中国国家建筑标准设计研究院. 国家建筑设计标准图集 07K202—空调用电制冷机房设计与施工［S］. 北京：中国计划出版社，2007.

［37］ 中国国家建筑标准设计研究院. 国家建筑设计标准图集 05K210—采暖空调循环水系统定压［S］. 北京：中国计划出版社，2011.

［38］ 王如竹，王丽伟，吴静怡. 吸附式制冷理论与应用［M］. 北京：科学出版社，2007.

［39］ 中国气象局气象信息中心气象资料室，清华大学建筑技术科学系. 中国建筑热环境分析专用气象数据集［M］. 北京：中国建筑工业出版社，2005.

［40］ 国家发展改革委经济运行调节局. 中央空调节电资源调查与评估［M］. 北京：中国电力出版社，2017.

［41］ 国家发展改革委经济运行调节局. 热泵系统节能资源调查与评估［M］. 北京：中国电力出版社，2017.

［42］ 陈砺，严宗诚，方利国. 能源概论［M］. 北京：化学工业出版社，2019.

［43］ 葛剑青. 中央空调系统操作与维修教程［M］. 北京：电子工业出版社，2013.

［44］ 张国东. 中央空调设计及典型案例［M］. 北京：化学工业出版社，2017.

［45］ T/CECS 500—2018 温湿度独立控制空调系统工程技术规程［S］. 北京：中国计划出版社，2018.

［46］ 赵熙，张宗兴，祁建城. 我国生物安全型高效空气过滤装置研究现状及建议［J］. 暖通空调，2020，50（01）：5-9＋91.

［47］ 公绪金，董玉奇. 孔结构分布对活性炭-甲醇工质对吸附制冷特性的影响［J/OL］. 制冷学报，2020，41（05）：48-57.

［48］ 公绪金，董玉奇. 基于活性炭/纳米矿晶/石墨烯致密化复合吸附剂的吸附式制冷系统［P］. CN210740788U，2020-06-12.

［49］ 公绪金，董玉奇，郭子瑞，唐金花. 耦合微电场吸附与微波增强光催化空气净化单元的系统［P］. CN209263173U，2019-08-16.

［50］ 公绪金，董玉奇. 一种以原位同步调控活性炭纤维为载体的微波增强光催化氧化空气调节系统［P］. CN109595708A，2019-04-09.